Roger Fouts
mit Stephen Tukel Mills
Unsere nächsten Verwandten

Roger Fouts
mit Stephen Tukel Mills

Unsere nächsten Verwandten

Von Schimpansen lernen, was es heißt, ein Mensch zu sein

Mit einem Vorwort von Jane Goodall

Aus dem Amerikanischen
von Barbara Schaden

Limes

Die Originalausgabe erschien 1997
unter dem Titel *Next of Kin.*
What Chimpanzees Have Taught Me About Who We Are
bei William Morrow, New York

Wir danken für die freundliche Genehmigung
folgende Fotografien verwenden zu dürfen:
Bildseiten 1, 14, 15: April Ottey; Seiten 2, 3 (unten),
4, 5, 8, 9, 10, 11, 13: Roger und Deborah Fouts;
Seite 3 (oben): *Life* Magazin; Seiten 6, 7:
Science Year. The World Book Science Annual 1974,
© 1973 Field Enterprise Educational Corporation
mit der Erlaubnis von World Book, Inc.;
Seite 12: PETA; Seite 16: Hillary Fouts.

Die Fotografie auf den Buchseiten 13 und 313
mit Erlaubnis von Roger und Deborah Fouts;
auf Buchseite 147 mit Erlaubnis von April Ottey.

Die Deutsche Bibliothek – CIP-Einheitsaufnahme
Fouts, Roger: Unsere nächsten Verwandten :
von Schimpansen lernen, was es heißt,
ein Mensch zu sein / Roger Fouts.
Mit Stephen Tukel Mills. Mit einem Vorw.
von Jane Goodall. Aus dem Amerikan. von
Barbara Schaden. – München : Limes, 1998
Einheitssacht.: Next of kin ⟨dt.⟩
ISBN 3-8090-30-13-9

1 2 3 4 99 98

Satz: Wilhelm Röck, Weinsberg
Druck und Bindung: Pustet, Regensburg

ISBN 3-8090-3013-9

INHALT

FÜR WASHOE

und all die anderen Schimpansen,
die nie mehr nach Hause
zurückkehren können

Vorwort
von Jane Goodall

Endlich! Mehr als zehn Jahre lang habe ich Roger Fouts immer wieder gedrängt, dieses Buch zu schreiben. Es ist die Geschichte eines wissenschaftlichen Experiments, das uns geholfen hat, unsere eigene Stellung im Verhältnis zum übrigen Tierreich besser zu verstehen, das zugleich aber eine düstere und häßliche Seite der wissenschaftlichen Methode aufzeigt. Schritt für Schritt beschreibt es, wie die Leben eines jungen Studenten (Roger) und eines kleinen Schimpansenmädchens (Washoe) sich unauflöslich ineinander verflechten. Und wie Roger mit Mut und Entschlossenheit Washoe vor der lebenslänglichen Gefangenschaft rettete – indem er um ihretwillen die Karriere opferte, die er hätte haben können. In wissenschaftlicher, menschlicher und geistiger Hinsicht ist es eine der bemerkenswertesten Geschichten unserer Zeit, die alle Elemente eines wahrhaft großen Romans aufweist – Abenteuer, Leid, Kampf gegen das Böse, Mut und natürlich auch Liebe. Manchmal trieb sie mir die Tränen in die Augen; aber vieles darin läßt uns auch lächeln, sogar laut lachen. Am unglaublichsten ist die Beziehung, die schrittweise zwischen Roger und Washoe entstand – Wesen aus verschiedenen Welten, die sich in einer menschlichen Sprache miteinander verständigen.

Roger war ein junger Wissenschaftler, als ich ihm 1971 zum ersten Mal begegnete. Ich hatte mich um einen Termin für einen Vortrag an der Universität in Norman, Oklahoma, bemüht – denn ich wollte mit eigenen Augen die Schimpansen sehen, die sich, wie es hieß, in der American Sign Language (ASL) miteinander unterhielten. Und ich wollte Roger, ihren außergewöhnlichen Tutor, kennenlernen. Es war ein erstaunliches

Erlebnis. Was mich verblüffte, war nicht so sehr Washoes Intelligenz – schließlich hatte ich die Intelligenz und das soziale Bewußtsein der Schimpansen aus eigener Erfahrung kennengelernt. Sondern am meisten beeindruckte mich, Roger und Washoe, damals eine übermütige Sechsjährige, bei der Arbeit zu erleben. Ich beobachtete, wie sie die Ereignisse in ihrer Umgebung kommentierten, und staunte über die Qualität ihrer Beziehung. Es bestand kein Zweifel – sie waren Freunde, die zusammenarbeiteten.

Von all den Fakten, die aus meiner jahrelangen Feldforschung bei den Schimpansen am Gombe zum Vorschein kommen, fasziniert die Leute am meisten ihr menschenähnliches Verhalten – ihre Fähigkeit, Werkzeuge zu gebrauchen und herzustellen, die engen, tragfähigen Familienbande, die manchmal ein ganzes Leben, fünfzig Jahre oder länger, halten, die komplexen sozialen Interaktionen, die Zusammenarbeit, der Altruismus und der Ausdruck von Gefühlen wie Freude und Trauer. Durch seinen fortgesetzten Dialog mit Washoe und ihrer ausgedehnten Familie hat Roger ein Fenster aufgetan, das uns einen Blick in die kognitiven Vorgänge im Bewußtsein des Schimpansen werfen läßt und unserem Verständnis eine neue Dimension eröffnet. Es besteht kein Zweifel, daß Schimpansen intellektueller Leistungen fähig sind, die wir bisher als Vorrecht des Menschen betrachteten. Sie können nicht nur denken, die unmittelbare Zukunft planen und einfache Probleme lösen, sondern ihre Leistungen in der ASL beweisen, daß sie imstande sind, abstrakte Symbole zu verstehen und in ihrer Kommunikation anzuwenden. Washoe war sogar in der Lage, diese Fertigkeiten an ihren Adoptivsohn weiterzugeben. Mehr als alles andere ist es unsere Erkenntnis der intellektuellen und emotionalen Übereinstimmung zwischen den Schimpansen und uns selbst, die die einst so klare Trennlinie zwischen Menschen und anderen Tieren hat verschwimmen lassen.

Das ist ein wenig demütigend. Natürlich sind die Menschen einzigartig, aber so anders, wie wir immer glaubten, sind wir nicht. Wir stehen keineswegs in einsamer Pracht auf einem Gipfel, vom Rest des Tierreichs durch einen unüberbrückbaren Abgrund getrennt. Schimpansen – zumal jene, die eine menschliche Sprache gelernt haben – helfen uns, den imaginären Graben geistig zu überwinden, und diese Brücke läßt uns eine neue Achtung nicht nur vor den Schimpansen, sondern vor all den anderen erstaunlichen Tieren empfinden, mit denen wir, das menschliche Tier, diesen Planeten teilen.

Aber wie gut, daß Roger sich lange Zeit ließ, ehe er dieses Buch schrieb. Hätte er es bereits Anfang der achtziger Jahre getan, so hätte er eine spannende Geschichte geschrieben und einen großartigen Beitrag zur Wissenschaft geleistet. Doch das folgende Jahrzehnt ließ aus der Geschichte sehr viel mehr werden. Roger wurde auf die Probe gestellt – und bewährte sich. Nachdem er bewiesen hatte, wie ähnlich uns die Schimpansen in intellektueller und emotionaler Hinsicht sind, besaß er den Mut, sich den ethischen Konsequenzen seiner eigenen Forschung zu stellen. Er setzte nicht nur seine Karriere aufs Spiel, um Washoe die lebenslängliche Haft in einer winzigen, trostlosen Zelle zu ersparen, sondern wagte auch, sich gegen das wissenschaftliche Establishment und die grausame Behandlung unserer nächsten stammesgeschichtlichen Verwandten aufzulehnen.

Sein Buch liefert ein quälendes Bild von der dunklen Seite der Wissenschaft, und es beschreibt manche seiner Versuche, in dieser Finsternis eine Kerze anzuzünden. Einmal begleitete ich ihn auf einer Reise in die Schattenwelt eines unterirdischen Forschungslabors, in dem Hunderte von Schimpansen – jeder mit seiner eigenen, lebendigen Persönlichkeit, seiner wachen Intelligenz und seinem Sinn für Humor – für immer von der Welt des Sonnenscheins und des Lächelns ausgeschlossen sind. Das können wir nie vergessen und nie verzeihen. Und ich bezweifle, daß irgendein Leser nach der Lektüre derselbe sein wird wie zuvor.

Washoe und ihre ausgedehnte Familie haben das Glück, in Roger einen Beschützer und Verbündeten gefunden zu haben – so wie die Schimpansen auf der ganzen Welt. Auch ich schätze mich glücklich, Roger als Kollegen und Freund zu kennen. Und ich hatte das unvergeßliche Erlebnis, eine Zeitlang mit dieser großen Dame der Schimpansenwelt zusammenzusein, mit Washoe selbst. Denn es sind Individuen wie sie – und wie Flo und David Greybeard vom Gombe –, die einen so entscheidenden Beitrag zur Klärung unserer besonderen stammesgeschichtlichen Beziehung zu den Schimpansen leisteten. Sie sind in der Tat unsere nächsten Verwandten, und deshalb sind wir in besonderem Maß für ihr Überleben und ihr Wohlergehen verantwortlich.

Nun können die Leser auf der ganzen Welt an dieser wunderbaren, authentischen Abenteuergeschichte einer wissenschaftlichen und emotionalen Entdeckung teilhaben, die mit größter Aufrichtigkeit, mit Staunen und mit Liebe erzählt ist.

I
Eine Familiensache

Reno, Nevada, 1966–1970

Aufgrund verschiedener Hinweise bin ich geneigt anzunehmen, daß die Menschenaffen viel zu reden haben, aber nicht die Fähigkeit, einzelne … Gedanken durch Laute wiederzugeben. Vielleicht kann man ihnen beibringen, ihre Finger zu benutzen, ungefähr so wie ein Taubstummer, und ihnen damit helfen, sich eine einfache, nichtlautliche »Zeichensprache« anzueignen.

Robert Yerkes, 1925[1]

1
Eine Geschichte von zwei Schimpansen

Der erste Schimpanse, den ich kennenlernte, war »Coco, der neugierige Affe«: der übermütige Held des klassischen Kinderbuchs von H. A. Rey.

Es war Ende der vierziger Jahre, und ich war ein kleiner Junge. Eines Abends las mir meine Mutter die Geschichte von einem »braven kleinen Affen« vor, der in Afrika von »einem Mann mit gelbem Hut« gefangen wird. Der geheimnisvolle Mann stopft Coco in einen Sack, verfrachtet ihn auf ein Schiff und bringt ihn weit fort, in eine große Stadt.

Coco ist traurig, weil er seine Heimat verlassen muß. Aber bald hat er eine Menge Spaß. Er bemüht sich sehr, artig zu sein, trotzdem gerät er immer wieder in die Klemme, und am Ende landet »das schlimme Äffchen« im Gefängnis. Sein Freund, der Mann mit dem gelben Hut, rettet ihn und bringt ihn in einen Zoo, und die Geschichte geht gut aus: »Wie schön hat es Coco dort!«

Ich liebte diese Geschichte. Nie kam ich auf die Idee, mich zu fragen, warum Coco seine Heimat im Dschungel verlassen mußte, wer der Mann mit dem gelben Hut war oder warum er Coco in den Zoo steckte. Ich war nur ein Kind.

Als Kind war mir auch nicht klar, daß Coco nicht einfach ein Affe war, sondern ein Schimpanse. Tatsächlich hatte der Autor des Buchs seine Figur ursprünglich »Zozo der Schimpanse« nennen wollen. Unter Affen versteht man in der Regel die Tieraffen: vorwiegend kleine, schlanke Wesen, die ausschließlich auf allen vieren gehen und sich mit Hilfe ihres Schwanzes im Gleichgewicht halten. Sie sind unsere fernen stammesgeschichtlichen Verwandten. Coco hingegen ist eindeutig ein Schimpanse: Er hat keinen Schwanz, läuft manchmal auf zwei Beinen, und sein Gesicht mit der flachen Nase und dem vorspringenden Kiefer ist dem des Menschen ähnlich. Der Schimpanse ist der nächste lebende Verwandte des Menschen und gehört zusammen mit dem Gorilla und dem Orang-Utan zur Familie der Menschenaffen. Ein aufrecht stehender, hundert Kilo schwerer erwachsener Schimpanse ist unseren frühesten Vorfahren, den Hominiden, ähnlicher als jeder Tieraffe.

Zwanzig Jahre später, an der Universität, lernte ich einen anderen, echten Schimpansen kennen, ein Mädchen namens Washoe. Auch sie war aus dem afrikanischen Dschungel entführt worden – in ihrem Fall, weil sie am amerikanischen Raumfahrtprogramm teilnehmen sollte. Auch sie war ein Ausbund an Übermut, unbezähmbar.

In einer entscheidenden Hinsicht war Washoe, die echte Schimpansin, phantastischer als Coco: Sie lernte sprechen und benutzte dazu ihre Hände und die Gebärden der American Sign Language (ASL). Washoe war das erste sprechende nichtmenschliche Wesen, und angesichts ihrer Leistung geriet die herkömmliche Vorstellung von der Einzigartigkeit des menschlichen Sprachvermögens sehr ins Wanken.

Aber Washoes sprachliche Äußerungen, an sich schon bemerkenswert genug, waren erst der Anfang. Mit diesem ersten Austausch von Gebärden begann ein lebenslanges Gespräch zwischen zwei Freunden, die zufällig verschiedenen Spezies angehören. Von dem Augenblick an, als ich Washoe zum ersten Mal begegnete, verbanden sich unsere Schicksale miteinander wie zwei ineinander verschlungene Hände. Dieses Buch erzählt von unserem gemeinsamen Leben, seinen Freuden und Schwierigkeiten, bahnbrechenden wissenschaftlichen Erkenntnissen und Kontroversen.

Wie läßt sich diese außergewöhnliche Verbindung zwischen einem Menschen und einem Schimpansen erklären? Merkwürdigerweise hat die Antwort mit der Ursache der kindlichen Liebe zu Coco zu tun. Im Unterschied zu anderen Tieren aus Kinderbüchern wurde Cocos Verhalten nicht vermenschlicht dargestellt, sondern das Verhalten von Schimpansen ist *tatsächlich* wie menschliches Verhalten – es besteht kein Grund, es künstlich so erscheinen zu lassen.

Kinder identifizieren sich mit Cocos Staunen über seine Umgebung, mit seinem unschuldigen Bedürfnis, Verwüstungen zu veranstalten, seiner überlegten Art und Weise, Probleme zu lösen und dadurch noch viel größere Scherereien anzurichten, dem Vergnügen, mit dem er Regeln bricht und Autoritätspersonen ein Schnippchen schlägt, und mit seiner Zerknirschung, wenn er erwischt und bestraft wird. Kurz, Kinder können sich in Coco wiedererkennen. Aber in der Regel wissen sie nicht, daß die Figur des Schimpansen kein Phantasieprodukt ist. In seinem Denken und Fühlen, selbst in seinen Trotzreaktionen gleicht das Schimpansenkind tatsächlich dem menschlichen Kind.

Diesen bemerkenswerten Umstand erfahren die meisten Kinder nie. Sie werden erwachsen und lassen ihr Alter ego aus den Kinderbüchern hinter sich. Ich wurde erwachsen und begegnete Washoe.

Als ich 1967 Washoe kennenlernte, lag mir nichts ferner, als mich um die Beziehung des Menschen zu anderen Spezies zu kümmern. In klaren Linien zeichnete sich meine Zukunft vor mir ab: Ich würde eine aufregende Karriere als Kinderpsychologe haben.

Aber dann begann Washoe zu sprechen und nahm mich mit auf die erstaunliche Reise in eine Welt, in der Tiere denken und fühlen können – und ihre Gedanken und Gefühle durch Sprache mitteilen.

Unterwegs traf ich Dutzende anderer Schimpansen, die alle nicht weniger individualistisch und ausdrucksstark als Washoe waren. Und am Ende lernte ich mehr über meine eigene Spezies, als ich je für möglich gehalten hatte: über die Art unseres Denkens, den Ursprung unserer Sprache, das Ausmaß unseres Mitgefühls und den Abgrund unserer Grausamkeit.

Dies ist Washoes Geschichte. Ich erzähle sie, um eine lebenslange Schuld zu begleichen: gegenüber ihr und allen anderen Schimpansen, die mein Herz gerührt und mir die Augen geöffnet haben.

»Coco, der neugierige Affe« war nicht das einzige Tier, das ich als Kind kannte. Ich bin auf einer Farm aufgewachsen, und im Leben unserer Familie spielten Tiere eine äußerst wichtige Rolle.

Mein engster tierischer Gefährte war unsere Hündin Brownie. Temperamentvoll und von unerschütterlicher Treue, war sie ein fester Bestandteil unseres Haushalts. Sie brauchte uns, und wir brauchten sie. Sie bewachte nicht nur das Haus, sondern während der Erntezeit auch die jüngsten Kinder in den Feldern.

Brownie tat etwas, das meine Einstellung gegenüber Tieren für immer prägte: Sie rettete meinem Bruder das Leben. Es war während der Gurkenernte; ich war vier. Die gesamte Familie – meine Eltern, sechs Brüder und eine Schwester – hatte den ganzen Tag draußen im Feld gearbeitet, während Brownie mich und, wenn er vom Pflücken müde war, auch meinen neunjährigen Bruder Ed bewachte. Bei Sonnenuntergang stapelten sich die Kisten mit Gurken meterhoch auf der Ladefläche unseres Chevy, und es war Zeit, nach Hause zurückzukehren. Ed bestand darauf, mit dem Fahrrad unseres älteren Bruders zu fahren, einem Monstrum, das er kaum beherrschte. Meine Eltern erlaubten es ihm, und in Begleitung von Brownie machte er sich mit dem Rad auf den Weg. Zwanzig Minuten später kletterten wir anderen auf den Lastwagen und brachen auf, am Steuer mein zwanzigjähriger Bruder Bob.

Es war die trockene Jahreszeit, seit mindestens sechs Monaten hatte es nicht geregnet, und auf der Lehmstraße lag eine zehn Zentimeter dicke Schicht Kalkstaub. Der Lastwagen, der durch die tiefen Spurrinnen fuhr, wirbelte eine gewaltige Staubwolke auf, die uns vollständig einhüllte, so daß die Sichtweite vor und hinter uns allenfalls einen halben Meter betrug. Nach einer Weile hörten wir auf einmal Brownie sehr laut und hartnäckig bellen. Wir schauten hinunter und konnten sie vor dem vorderen Kotflügel knapp erkennen. Sie schnappte nach dem rechten Vorderreifen, was ein äußerst merkwürdiges Verhalten war: Hunderte von Malen war Brownie in die Felder mitgekommen, ohne je den Lastwagen anzubellen. Mein Bruder Bob wunderte sich zwar, achtete aber nicht weiter auf sie, sondern fuhr dahin, während sie immer rasender bellte. Und auf einmal warf sich Brownie ohne weitere Vorwarnung vor das Vorderrad. Ich hörte sie aufjaulen und spürte einen dumpfen Schlag, als der Wagen über ihren Körper hinwegrollte. Bob trat scharf auf die Bremse, alle sprangen heraus. Brownie war tot. Und direkt vor dem Lastwagen, keine drei Meter entfernt, war Ed mit seinem Rad in der tiefen Fahrrinne steckengeblieben und kam nicht mehr heraus. Noch zwei Sekunden, und wir hätten ihn überfahren.

Brownies Tod war für uns alle verheerend. Ich hatte schon früher Tiere sterben sehen, aber dieser Hund war mein liebster Freund gewesen. Meine Eltern versuchten zu erklären, daß Brownie nur getan hatte, was sie beide auch für uns getan hätten. Niemand zweifelte eine Sekunde daran, daß Brownie ihr Leben geopfert hatte, um meinen Bruder zu retten. Sie hatte gesehen, wie eine gefährliche Situation entstand, und tat, was sie tun mußte, um den Jungen, den sie so viele Jahre lang bewacht hatte, zu schützen. Hätte sie nicht gehandelt, wäre das weitere Leben unserer Familie sehr anders verlaufen.

Meine Mutter hatte tiefen Respekt vor allen Geschöpfen Gottes, und sie kannte eine Menge Geschichten über die Intelligenz von Tieren, an denen wir uns nie satthörten, so etwa die Geschichte von dem Pferd ihrer Kindheit, das Knoten lösen konnte. Meine Mutter war zu Beginn des Jahrhunderts in einer Gegend aufgewachsen, die uns als der romantische Wilde Westen erschien, und sie stand auf vertrautem Fuß mit Pferden, Gewehren und Klapperschlangen, wie sie immer wieder gern betonte.

Anfang der vierziger Jahre hatten meine Eltern einen kleinen Weinberg in Kalifornien gepachtet. 1943, als ich zur Welt kam – das letzte von acht Kindern, die in einem Zeitraum von achtzehn Jahren geboren wurden –, waren sie soweit, daß sie sich ihren eigenen bescheidenen Grund kaufen konnten. Ich war drei, als unsere große Familie mit sämtlichen Tieren auf das sechzehn Hektar große Land in der Nähe von Florin zog, einer Kleinstadt südlich von Sacramento.

Auf dem Bauernhof lernte ich rasch, daß Tiere am besten als Individuen zu begreifen sind, jedes mit unverwechselbaren Eigenschaften – genauso wie Menschen. Ich kannte eine Reihe von Schweinen, eine Reihe von Kühen, eine Reihe von Pferden. Wenn wir von einem bestimmten Tier sprachen, nannten wir es immer beim Namen: »Bessie ist wirklich ein Goldschatz.« Wenn meine Mutter sagte: »Was für ein Dickschädel!«, beschwerte sie sich nicht unbedingt über einen Menschen, sondern vielleicht über ein Pferd oder eine Kuh. Man war sich einig, daß alle drei Spezies gelegentlich zur Sturheit neigen.

Als ich laufen lernte, mußte ich wissen, welche Kuh freundlich und welche boshaft war, andernfalls wäre ich der falschen nachgelaufen und womöglich übel zugerichtet worden. Mit fünf Jahren wußte ich genau, wo jede Kuh den Melkeimer haben wollte; wenn ich mich irrte, gab sie keine Milch. Für uns war die Vorstellung vom »blöden Vieh« ohne ausgeprägte Persönlichkeit ein Irrglaube der Städter, den eine Bauernfamilie sich nicht leisten konnte. Wer sich um die Eigenheiten eines Tiers nicht scherte, dem tanzte es auf der Nase herum.

Mit sechzehn Hektar Land zehn Menschen zu ernähren war keine leichte Aufgabe. Meine Eltern waren unzertrennlich, auf den Feldern oder in der Küche waren sie selten weiter als drei Meter voneinander entfernt. Alle acht Kinder wurden zur Arbeit gebraucht, und wir alle waren dabei auf die Tiere als unsere Partner angewiesen. Ich lernte, dieselbe Rücksicht auf sie zu nehmen wie auf meine Geschwister. Sie gehörten zu unserer Familie, und ihre Charaktereigenschaften, Krankheiten und Leistungen wurden ausführlich besprochen. Natürlich fand sich gelegentlich eines unserer Schweine, eine Ente oder Kuh auf dem Eßtisch wieder. In solchen Augenblicken begriff ich, wie sehr unsere Familie von den Tieren abhing, und beim Tischgebet wußte ich genau, wem ich zu Dank verpflichtet war.

Als ich zwölf war und von allen Kindern nur noch Ed und ich zu Hause wohnten, änderte sich das Familienleben radikal. Meine Eltern gaben die Farm auf und zogen nach Los Angeles, damit meine Mutter ihren kränkelnden Vater pflegen konnte. Eines Morgens verabschiedete ich mich von der Farm, von den Tieren, dem hölzernen Schulhaus mit den drei Klassenzimmern und dem gewundenen Mokelumne River, an dem ich so gern gespielt hatte. Am nächsten Morgen wachte ich im Haus meines Großvaters in Compton auf, einem Viertel im Stadtgebiet von Los Angeles, in dem Schwarze und Weiße zusammenlebten. Zu meinem ersten Tag in der Roosevelt Junior High-School erschien ich in meiner besten Kordhose, mit sorgfältig gebügeltem Hemd und meinem Farmjungen-Haarschnitt – auf den Seiten geschoren und oben geplättet. Ich sah aus wie einer, der frisch vom Rübenlaster gefallen war. Es war 1955, und alle übrigen Achtkläßler waren Doubles von James Dean. Sie trugen ausgebeulte Levis, die ihnen auf der Hüfte hingen, die Gürtelschlaufen abgeschnitten und die Hosenbeine aufgekrempelt, und dazu weiße T-Shirts mit Zigarettenschachteln im Ärmel.

Um diese Zeit fing ich an, von einer Laufbahn als Psychologe zu träumen. Dieser Wunsch war aus einem einschneidenden Ereignis in unserer Familie zwei Jahre zuvor entstanden, als ich in der sechsten Klasse gewesen war. Einer meiner Brüder hatte einen Nervenzusammenbruch erlitten und sich erst durch die Hilfe des Schulpsychologen erholt. Ich war tief beeindruckt von diesem »Seelenheiler« und entwickelte bald eine Art Florence-Nightingale-Syndrom – ich wollte andere gesund machen.

Um Psychologe zu werden, mußte ich studieren, und das war ein eher unwahrscheinlicher Weg in einer Familie von Bauern und Klempnern. Manche meiner Brüder versuchten es zwar mit dem College, aber sie wurden offenbar nie damit fertig. Donald ging ein Jahr mit einem Stipendium nach Berkeley, dann kehrte er auf die Farm zurück, heiratete seine Liebste aus Schulzeiten und wurde ein erfolgreicher Klempner. Ed hielt es immerhin ein paar Jahre am College aus, ehe er in die Klempnerei einstieg. Raymond kam nach zwei Jahren College zurück und wartete fortan die Brenner in einem Heizwerk. Arthur war Soldat im Zweiten Weltkrieg, kam nach Hause und kaufte einen kleinen Weinberg. Jack wurde Elektriker. Bob war

Hilfssheriff in Stockton. Florence, meine einzige Schwester, wurde Malerin.

Aber eine Person gab es in meiner Familie, die entschlossen war, ihre Ausbildung zu beenden: meine Mutter. Mit zweiundfünfzig schrieb sie sich an der High-School ein. Seit der wunderbaren Heilung meines Bruders wollte auch sie Psychologin werden, und ihre Begeisterung für den Beruf des Heilers hat mich tief beeinflußt. Während ich mich durch die unteren Klassen der High-School von Compton arbeitete, verwandte meine Mutter ihre beträchtliche Energie auf die Schul- und Hochschulausbildung, die sie in ihrer Jugend versäumt hatte. Tag für Tag, wenn ich von der Schule nach Hause kam, saß sie am Küchentisch und machte ihre Hausaufgaben, und ihre Neugier, ihr Lerneifer erlahmten nie. Sie genoß jede Minute jedes Kurses, den sie belegte, und nachdem sie ihre Studienzulassung erhalten hatte, meldete sie sich zuerst beim Junior College von Compton an und später beim Long Beach State College, womit sie mir einen Weg vorgab, dem ich später folgen sollte.

Im September 1960 schrieb ich mich am Compton College ein. Ich wollte zwar Humanpsychologie studieren, aber dafür mußte ich auch Vorlesungen in Tierpsychologie belegen. Eine der ersten Lehren, die ich dort erhielt, lautete, Tiere seien geistlose Wesen, deren starre Verhaltensmuster, anders als beim Menschen, ausschließlich vom Instinkt geleitet seien. Ehrfurchtsvoll sprachen meine Professoren von »wissenschaftlicher Objektivität«, und für jene Ignoranten, die immer noch dem alten Aberglauben anhingen, Tiere hätten ein menschenähnliches Bewußtsein, hatten sie nur Verachtung übrig. Ich begriff auf der Stelle, daß auch ich zu diesen unwissenden Narren gehörte. Ich schämte mich meiner früheren Einstellung gegenüber Tieren und verdoppelte meine Anstrengungen, objektiv zu sein und mich des weißen Laborkittels würdig zu erweisen, während ich das Verhalten von Tauben und Ratten studierte. Personifiziert war die objektive Wissenschaft durch die Verheißungen des neuen amerikanischen Raumfahrtprogramms, und als Schimpansen ins Weltall katapultiert wurden, damit die Biologen und Techniker der NASA ihre körperlichen Reaktionen analysieren konnten, saß ich gebannt vor dem Fernsehapparat.

Erst als ich ans Long Beach State College wechselte und bei einem Professor namens Joe White Vorlesungen über Kinderpsychologie hörte, wurde mir klar, daß ich mit Kindern arbeiten wollte. Joe war mehr als ein großartiger Lehrer, und er beeinflußte mein Leben tief. Er war ein kleiner und dynamischer schwarzer Mann und hatte einen unprätentiösen und lebenserfahrenen Arbeitsstil im Umgang mit Kindern, Erwachsenen und Familien gleichermaßen. Er nahm mich unter seine Fittiche und wurde mein Mentor. Viele seiner Studenten wüßten Bescheid über sämtliche Theorien über Kinder, sagte Joe, aber er finde, ich hätte das seltene Talent, tatsächlich mit Kindern zu arbeiten. Unter seiner Leitung stellte ich fest, daß ich mich leicht in Kinder, die sich nicht mitteilen konnten oder Kummer hatten, einfühlen konnte. Mir war zwar klar, daß sich mit der Behandlung neurotischer Erwachsener mehr Geld verdienen ließ, aber es zog mich zu diesen verletzten Kindern hin, die zu klein waren, um sich ihre quälenden Familien oder ihre deprimierenden Umstände auszusuchen. Sie verdienten einen Verbündeten, fand ich.

Aber so engagiert ich in der Kinderpsychologie war, gab es doch Augenblicke, in denen ich in die Fußstapfen meiner Brüder treten wollte. Anfang der sechziger Jahre hatte Donald einen sehr erfolgreichen Installateurbetrieb. Während meines ersten Jahrs in Long Beach warf meine Freundin einen kurzen Blick auf Donalds bequemes Leben in einem Vorort, und von Stund an bedrängte sie mich, das College zu vergessen und statt dessen ins Geschäft meines Bruders einzusteigen. Wir würden ein nettes Haus mit Garten, ein Auto und Kinder haben. Eine durchaus verlockende Aussicht.

Dann lernte ich Debbi Harris kennen. Als ich sie zum ersten Mal auf dem Campus sah, hielt ich sie für das fremdartigste Mädchen der ganzen Universität. Damals liefen alle mit toupierten Frisuren und dickem Make-up herum, Debbi hingegen band ihr dunkles Haar zu einem Pferdeschwanz, und ihre durchdringenden blauen Augen und ihre natürliche Schönheit waren unberührt von jeglicher Schminke. Ihre Vitalität und ihr Selbstvertrauen ließen sie von innen heraus strahlen. Sie war die Anti-Barbie inmitten einer Heerschar von Barbiepuppen und unternahm keinen Versuch, ihr Inneres zu maskieren.

Debbi stammte aus San Francisco, geographisch nur vierhundert Meilen, aber kulturell so weit entfernt von Los Angeles – mit seinem Disneyland, American Graffiti und den Beach Boys –, wie man es sich nur vorstellen kann. Politisch war sie sehr liberal und wußte bestens Bescheid über die Bürgerrechtsbewegung. Ich war gewohnt, mit Mädchen über Autos, Kleider und Sport zu reden – nicht über ethische Probleme und die Abschaffung gesellschaftlicher Mißstände. Noch nie hatte ich jemanden getroffen, dem die Benachteiligten der Welt wirklich am Herzen lagen. Aber was das Beste war: Debbi liebte Kinder. Während der High-School hatte sie sich einen Sommer lang um Kinder mit Down-Syndrom (Mongolismus) gekümmert, und diese Erfahrung hatte ihr Leben verändert. Sie *wußte*, daß sie mit besonderen Kindern arbeiten wollte. Und sie ermutigte mich, meinen eigenen Traum zu verwirklichen.

Neun Monate, nachdem wir uns kennengelernt hatten, heirateten wir, im August 1964. Sie war entschlossen, sich durch die Ehe nicht von ihrer beruflichen Laufbahn abhalten zu lassen. Wir kehrten beide ans Long Beach State College zurück, um unser Studium abzuschließen, und vereinbarten, uns bei der Fachausbildung in der Kinderpsychologie abzuwechseln.

Aber im Sommer 1966, als Debbi soeben ihr Bakkalaureat hinter sich gebracht hatte und ich mich auf den Magister vorbereitete, erfuhren wir, daß sie schwanger war. Die frohe, aber überraschende Neuigkeit – Kinder waren erst *nach* dem Studium vorgesehen – verschob Debbis berufliche Pläne und trieb mich zu verschärfter Eile und Konzentration an. Ich fing an, intensiv zu studieren, um meinen Notendurchschnitt zu verbessern, und bewarb mich als Doktorand in klinischer Psychologie.

Die Konkurrenz war sehr hart. An manchen Universitäten bewarben sich vierhundert Kandidaten um eine einzige Doktorandenstelle. Meine Noten waren gut, aber den unübertrefflichen Schnitt, den viele Bewerber anzubieten hatten, brachte ich nicht zustande. Trotzdem ließ ich mich durch diese offenkundige Unzulänglichkeit nicht abhalten, sondern bewarb mich an den neun besten klinischen Fakultäten des Landes.

Joe White witterte Schwierigkeiten. »Roger«, riet er mir, »bewerben Sie sich lieber an einer zweitrangigen Fakultät für experimentelle Psychologie.«

Die experimentelle Psychologie – oder Rattenpsychologie, wie wir sie nannten – studiert Tiere in Käfigen. Sie mißt repetitives Verhalten wie Hebeldrücken bei Ratten und Picken bei Tauben, als wären die Tiere Moleküle in einem Reagenzglas. Nichts war weiter entfernt von der klinischen Psychologie – der Behandlung menschlicher Probleme durch die Freudsche »Gesprächstherapie« oder andere psychotherapeutische Verfahren.

Dennoch war Joe der Meinung, die strengen wissenschaftlichen Methoden der Tierpsychologie würden mir eine ausgezeichnete Grundlage verschaffen, und nach der Promotion könnte ich mich dann auf Kinderpsychologie spezialisieren. Er empfahl mir, mich auch bei der University of Nevada in Reno zu bewerben, und das tat ich. Sechs Monate später, im März 1967, als mich die berühmteren Universitäten des Landes eine nach der anderen ablehnten, akzeptierte mich die University of Nevada als Doktorand in experimenteller Psychologie. Die Zulassung traf einen Tag nach der Geburt unseres ersten Kindes Joshua ein.

Ein erhebliches Problem blieb jedoch ungelöst: die hohen Universitätsgebühren, die von Studenten aus anderen Bundesstaaten verlangt wurden, konnte ich mir nicht leisten. Deshalb schrieb ich sofort einen Brief, in dem ich um eine Assistentenstelle ansuchte – um irgendeinen Job, den die Fakultät mit den Studiengebühren verrechnen konnte.

Als Wochen und Monate ohne irgendeine Antwort vergingen, machte ich mich auf die durchaus wahrscheinliche Möglichkeit gefaßt, daß mein Studium damit beendet war. Ich würde nie promovieren und nie mit Kindern arbeiten. Ich hatte mir bereits einen Sommerjob als Sachbearbeiter in einer Aluminiumgießerei besorgt, und plante, im darauffolgenden Herbst ins Geschäft meines Bruders einzusteigen. Nach all den Studien und großen Plänen, nachdem ich schon so weit gekommen war, sollte ich letztlich doch Klempner werden.

Als ich schon aufgeben wollte, läutete eines Juninachmittags das Telefon. Ich schnellte aus meinem Sessel und griff nach dem Hörer. Am Apparat war Dr. Paul Secord, der Leiter des Instituts für Psychologie.

»Roger, wir haben eine Teilzeitassistentenstelle«, sagte er. »Wären Sie daran interessiert?«

»Natürlich«, antwortete ich. »Was für eine Arbeit ist es?« Ich stellte mir schon vor, wie ich weiße Mäuse durch faszinierende Labyrinthe laufen ließ.

»Sie sollen einem Schimpansen das Sprechen beibringen«, sagte er sachlich.

»Wie bitte?«

»Sie sollen einem Schimpansen das Sprechen beibringen«, wiederholte er, als würde meine Verwirrung dadurch geringer. Zuerst fühlte ich mich auf den Arm genommen. Vielleicht war der »sprechende Schimpanse« ein Witz, den sie an allen Doktoranden im ersten Jahr ausprobierten.

Aber dann erzählte er mir von zwei Laborwissenschaftlern an der Universität in Reno – einem Ehepaar namens Allen und Beatrix Gardner –, die in ihrem Haus ein kleines Schimpansenmädchen aufzögen, Washoe genannt.

Sie hätten vor, ihr die aus Gebärden bestehende American Sign Language beizubringen, und dazu brauchten sie einen Assistenten.

»Kann sie denn schon ein paar Gebärden?« fragte ich Dr. Secord.

»Aber ja«, antwortete er unbekümmert. »Das Projekt läuft seit einem Jahr, und Washoe hat schon ein kleines Vokabular.«

Dr. Secord schien keineswegs so verblüfft über Washoes sprachliche Fähigkeiten wie ich. Er war Sozialpsychologe: Was ihn weitaus mehr beeindruckte, war beispielsweise die Tatsache, daß Washoe ihre Adoptiveltern nachahmte, indem sie ihre Puppen in der Abwaschschüssel badete, in der sie auch selbst gebadet wurde. Nur Menschen seien in der Lage, solches Verhalten zu imitieren – das dachten jedenfalls die Sozialpsychologen.

Je mehr ich über Washoe erfuhr, desto neugieriger wurde ich. Mit Puppen spielen, das war etwas ganz anderes als Ratten durch Labyrinthe zu schicken, sondern ähnelte viel mehr der Arbeit mit einem Kind. Was konnte mich besser auf die Beschäftigung mit unkommunikativen Kindern vorbereiten, als zu lernen, mit einem stummen Schimpansen zu kommunizieren!

»Ich nehme den Job«, verkündete ich Dr. Secord.

»Ich kann ihn Ihnen nicht geben«, gab er zurück. »Sie werden sich bei Allen Gardner vorstellen müssen.«

Allen Gardner war ein äußerst strenger Vertreter der experimentellen Psychologie, bekannt für seine harten Labormethoden und seine mathematische Präzision. Mir war klar, daß er einen Kliniker wie mich wahrscheinlich als saftlosen Freudianer ansehen würde, der sein Geld durch Reden verdiente und außerstande war, zwischen Gefühlen und Tatsachen zu unterscheiden.

Mit Sicherheit suchte Gardner jemanden, der stärker an Laborarbeit orientiert war als ich. Das Vorstellungsgespräch war eine riskante Angelegenheit, aber mir blieb keine andere Wahl.

An einem heißen Augustsonntag setzten Debbi, Joshua und meine Eltern mich in Reno ab und wünschten mir viel Glück. Während Dr. Gardner und ich über den Campus wanderten, auf dem ironischerweise der Schimpansenfilm *Bedtime for Bonzo* mit Ronald Reagan gedreht worden war, erklärte er mir, worin der Job im wesentlichen bestand. Erstens sollte ich bei der Aufzucht von Washoe helfen, indem ich sie Tag für Tag versorgte, fütterte, anzog und mit ihr spielte, und zweitens mich mit ihr in der Gebärdensprache ASL unterhalten. Der ersten Aufgabe fühlte ich mich gewachsen, nachdem ich ohnehin schon ein Primatenkind zu versorgen hatte, meinen Sohn, und das Erlernen der Gebärdensprache würde zwar schwierig sein, aber ich bezweifelte nicht, daß ich es schaffen würde, sofern ich genug Zeit hätte.

Doch der Schwerpunkt des Gesprächs verlagerte sich bald auf mich, und meine schlimmsten Befürchtungen bestätigten sich. Gardner hatte erhebliche Zweifel hinsichtlich meiner Eignung für sein Forschungsprojekt. Es war nicht meine akademische Vorbildung, die ihn zögern ließ – ich hatte immerhin etliche Vorlesungen in Tierpsychologie und Statistik absolviert –, sondern mein Wunsch, mit Kindern zu arbeiten. Das war in seinen Augen ein schwerwiegender Charakterfehler. Für jemanden, der bereit war, seine Zeit mit nebulösen, nicht im Labor nachweisbaren Begriffen zu vergeuden, hatte Gardner keine Verwendung.

Das Gespräch nahm eine schlechte Wendung. In meiner Verzweiflung versuchte ich, ihn für mich einzunehmen, indem ich ihm erzählte, wie sehr ich mich auf die Vorlesungen zweier berühmter Wissenschaftsphilosophen im kommenden Studienjahr freute.

»Wissenschaft braucht keine Philosophie«, schnauzte er. »Wenn Sie sich von den Philosophen beeinflussen lassen, dann beweist das, daß Sie sowieso nichts taugen.«

Unser Spaziergang war beendet und das Vorstellungsgespräch ebenso. Ich hatte alles verpfuscht. Mir war übel, als ich daran dachte, daß es mit meiner Karriere in der Psychologie nun vorbei war. Ich überlegte, ob ich ihn anflehen sollte, aber mir war klar, daß es nichts nützen würde.

Als wir uns verabschiedeten, fragte Gardner, ob ich noch zum Kindergarten der Universität hinübergehen und Washoe sehen wolle, die dort jeden Sonntag, wenn keine Kinder da seien, auf dem Klettergerüst herumturne. Das war natürlich der Trostpreis für den Verlierer; aber ich war nicht zu stolz, ihn anzunehmen.

Als wir auf den eingezäunten Kindergarten zugingen, sah ich zwei Erwachsene, die im Schatten eines Baums mit einem Kind spielten. Zumindest dachte ich, es sei ein Kind. Als es uns näher kommen sah, sprang es auf und stieß ein Juchzen aus. Dann raste es auf uns zu – auf allen vieren. Wir waren nur noch ein kurzes Stück von dem 1,20 Meter hohen Zaun entfernt. Washoe sauste weiter auf uns zu, schwang sich in voller Geschwindigkeit über den Zaun und hüpfte herab. Was dann passierte, erstaunt mich bis heute. Washoe sprang nicht zu Allen Gardner, wie ich erwartet hatte. Sie sprang in *meine* Arme. Ehe ich wußte, wie mir geschah, hatte mir dieses Schimpansenkind die Arme um den Hals und die Beine um die Taille geschlungen und umarmte mich stürmisch. Völlig verdattert erwiderte ich ihre Umarmung. Nachdem meine Träume in Scherben lagen, brauchte ich diesen Trost mehr als alles auf der Welt.

Dann drehte sich das kleine Mädchen in Windelhosen in meinen Armen herum und griff zu Allen Gardner hinüber. Sie kletterte in seine Arme und umschlang ihn ebenfalls.

Verblüfft registrierte ich, wie Gardner mich über Washoes Schulter hinweg freundlich anlächelte. Washoe mochte mich, das sah er.

Ich weiß nicht, warum Washoe mich an diesem Tag umarmte. In den folgenden Jahren sollte ich feststellen, daß sie ein unheimliches Talent hatte, zu erkennen, wenn jemand traurig oder gekränkt war, und ihn zu trösten, aber nie wieder erlebte ich, daß sie einem Fremden in die Arme sprang. Als Allen Gardner mich ein paar Tage später anrief, um mir mitzuteilen, daß ich die Assistentenstelle haben könne, wußte ich genau, wer die Wahl getroffen hatte. Ich war wohl nicht Gardners idealer Doktorand, aber für Washoe gäbe ich einen recht guten Spielgefährten ab. Dank einer zweijährigen Schimpansin würde ich doch Psychologe werden, nicht Klempner.

2
Ein Baby in der Familie

Als ich Anfang September mein Promotionsstudium an der University of Nevada begann, schaute ich zuallererst bei Allen und Beatrix Gardner vorbei. Ich wollte gern einen Blick in ihr »Schimpansensprachlabor« werfen, und zu meiner großen Überraschung zeigten sie mir ihren Garten.

Die Gardners wohnten in einem kleinen, ebenerdigen Haus mit einer Garage. Im Garten hinter dem Haus – vielleicht fünfhundert Quadratmeter groß – gab es einen gemauerten Grill, ein paar Blumenbeete, ein Klettergerüst, einen Sandkasten und eine Schaukel, bestehend aus einem Autoreifen, der von einer Trauerweide herabhing. Auf der einen Seite des Gartens lag ein Kiesplatz, auf dem ein kleiner Wohnwagen abgestellt war. Alles sah aus wie das typische Familieneigenheim am Stadtrand – mit der Ausnahme, daß in dem Wohnwagen ein Schimpansenbaby lebte.

Gleich nachdem ich das Haus der Gardners betreten hatte, fiel mir auf, daß alle sich flüsternd unterhielten. Das war Teil des Experiments: Washoe sollte nicht merken, daß ihre menschlichen Freunde mit ihrer Stimme sprechen konnten, sonst hätte sie vielleicht versucht, sich ebenfalls durch Laute zu äußern – woran andere Schimpansen gescheitert waren –, statt die Gebärdensprache zu lernen. Jeder, der am Projekt Washoe mitarbeitete, legte ein Schweigegelübde ab. Wir durften mit den Händen sprechen, aber nicht mit dem Mund.

Die Gardners führten mich in ihre Küche, so daß wir Washoe durchs Fenster beobachten konnten. Ich hatte erwartet, Leute in weißen Laborkitteln zu sehen, die mit Klemmbrettern und Stoppuhren herumliefen. Aber es gab nur eine Studentin,

Susan Nichols, die mit Washoe spielte. Während sie Washoe auf den Schultern im Garten herumtrug, unterhielten sich die beiden mit Gebärden. Das ging eine ganze Weile, bis Washoe das Spiel anscheinend leid war. Sie sprang von Susan herab und sauste die Trauerweide hinauf. Susan zog ein Notizbuch hervor und schrieb etwas hinein. Das war der einzige Hinweis auf Wissenschaftlichkeit.

Ein namhafter Experimentalpsychologe wie Allen Gardner, nahm ich an, würde zweifellos in einem hochmodernen Labor mit High-Tech-Apparaturen arbeiten, wie meine eigenen College-Professoren. Wissenschaft bedeutete für mich Tretmühlen für Tiere, Reagenzgläser, Raumschiffe. Aber wie ich bald feststellte, hatten die Gardners in diese angenehme und freundliche Umgebung strengste Kontrollen eingebaut.

In der ersten Woche besuchte ich Washoe mehrmals, während sie mit Susan oder einem anderen menschlichen Gefährten spielte. Unsere gemeinsamen Spiele schienen ihr zu gefallen, so daß die Gardners fanden, ich sei nun reif für meine Feuertaufe: eine Schicht mit Washoe allein.

Am nächsten Morgen kam ich kurz vor sieben zum Haus der Gardners. Ich betrat Washoes Wohnwagen und sperrte die Tür hinter mir zu, damit sie nicht davonlaufen konnte. Ich schaltete das Babyphon aus, das die Gardners installiert hatten, um sich über Washoes nächtliche Aktivitäten auf dem laufenden zu halten. Dann schaute ich ins Schlafzimmer. Washoe war wach, aber noch schlaftrunken und sichtlich nicht erfreut, einen Fremden in ihrem Haus anzutreffen.

Ich zog ihr das Nachthemd aus und versuchte, ihre Stoffwindel zu wechseln, die spürbar voll war. Auf der Stelle wurde mir klar, daß die Wickelaktion bei einem Schimpansen sich in keiner Weise mit dem Windelwechsel bei meinem Sohn vergleichen ließ – er ließ die Prozedur über sich ergehen, ohne sich zu rühren. Mit Washoe mußte ich einen Ringkampf auf dem Bett veranstalten, bis ich es schaffte, ihr die Windel zu entreißen, hastig den Hintern abzuwischen und den Inhalt der Windel in der Chemotoilette zu versenken. Als ich endlich die Windel im Eimer hatte, wandte ich mich für zwei Minuten ab:

gerade lang genug, damit Washoe die Windel wieder herausfischen und ins Klo stopfen konnte.

Als nächstes räumte ich ihre Decken beiseite und holte ihre Kleider hervor, aber bald stellte ich fest, daß es praktisch unmöglich war, einen Schrank zu öffnen, ohne daß Washoe zuerst dort war und ihn durchwühlte. Und sie anzuziehen war eine regelrechte Schlacht. Als sich die Kleider kniehoch auf dem Boden türmten, begriff ich endlich, weshalb jeder einzelne Wandschrank im Wohnwagen mit Vorhängeschlössern versehen war. Irgendwie gelang es mir, sie in ihren Kinderstuhl zu setzen, und sie gestikulierte ausgelassen, während ich den Kühlschrank aufsperrte und begann, ihr Fläschchen mit Milchnahrung und ihre Frühstücksflocken herzurichten. Wieder beging ich den Fehler, ihr eine Sekunde den Rücken zuzudrehen: auf der Stelle schoß sie aus ihrem Stuhl, riß den Kühlschrank auf, raffte aufs Geratewohl verschiedene Lebensmittel an sich wie ein Kunde im Kaufrausch und floh damit ins Schlafzimmer.

Sie tanzte mir auf der Nase herum, kein Zweifel. Washoe ließ keinen Trick aus und erwischte mich jedesmal, wenn mir ein Fehler unterlief, jedesmal, wenn ich vergaß, eine Schranktür abzusperren. Wann immer ich etwas abdeckte, verschloß oder verräumte, schien sie zu sagen: »Okay, und was kann ich jetzt tun, um ihn endgültig auf die Palme zu bringen?« Sie wartete ihre Chance ab, und dann schlug sie zu. Nicht einmal eine Stunde war ich mit ihr allein, aber dieses Schimpansenbaby hatte mir bereits das blanke Entsetzen eingejagt. Kein Vergleich mit der Pflege eines Hundes oder einer Katze, wie ich halb erwartet hatte. Washoe war ein zweijähriger Kobold und hatte nichts als Streiche im Kopf.

Washoes kindähnliches Verhalten schien mir besonders surreal, weil sie äußerlich so anders aussah als ein menschliches Kind. Sie hatte zwar ungefähr dieselbe Größe wie ein zweijähriger Mensch, war etwa fünfundsiebzig Zentimeter groß und knapp über elf Kilo schwer, und sie war gekleidet wie ein menschliches Kind, mit Windeln und Sweatshirt, dessen Ärmel abgeschnitten waren, damit sie klettern und schaukeln konnte.

Aber ihre flache, spatenähnliche Nase über dem massigen, vorgewölbten Kiefer, ihre stark entwickelten Brauenbogen, die riesigen henkelförmigen Ohren, das glatte Fell, das sie von Kopf bis Fuß bedeckte, und ihre unglaublich langen Arme und handartigen Füße waren unübersehbare Hinweise, daß Washoe kein Mensch war. Ganz zu schweigen von der Art, wie sie durch ihren Lieblingsbaum turnte – wie ein Akrobat. Schimpansenbabys lernen viel früher als Menschenkinder zu krabbeln, zu laufen und zu klettern. Als ich die zweijährige Washoe kennenlernte, spielte sie schon seit mindestens einem Jahr in den höchsten Zweigen ihres Baums.

Angesichts ihrer verwegenen Klettertouren in Baumwipfeln war ich geneigt, Schimpansen für eine Art Affen zu halten, denn wie den meisten war mir der Unterschied zwischen Tieraffen und Menschenaffen immer noch nicht recht klar. Die Tieraffen sind, wie sich zeigt, für das Leben auf Bäumen geschaffen. Dank ihrer Anatomie sind sie in der Lage, sich beim Laufen auf Ästen perfekt im Gleichgewicht zu halten: ein schmaler Körper, bewegliche Hände und Füße, um sich festzuklammern, Vorder- und Hintergliedmaßen annähernd gleich lang, so daß der Schwerpunkt niedrig ist, und ein Greif- oder Wickelschwanz, der als Halt und zur Balance dient.

Vor ungefähr dreißig Millionen Jahren begann ein affenähnliches Wesen, sich von den Bäumen herunterzuwagen; ein kühner Schritt, der allmählich zur Entstehung der Menschenaffen – Schimpansen, Gorillas und Orang-Utans – sowie der Menschen führte. Wilde Schimpansen essen und schlafen auf Bäumen, aber den größten Teil ihrer Zeit, den ihr Sozialleben und ihre Wanderungen in Anspruch nehmen, verbringen sie auf dem Boden. Washoes Körper war für diese Lebensweise auf zwei Ebenen geschaffen.[1]

Wenn sie auf einen Baum kletterte, sah sie aus wie der Störungssucher einer Telefongesellschaft: Ihre langen Arme dienten demselben Zweck wie der Sicherheitsgürtel, den der Kabelreparateur um den Mast schlingt, so daß er sich zurücklehnen, die Arme ausstrecken und hinaufklettern kann. Einmal im Baum, konnte sie sich dank ihres mächtigen Oberkörpers, der bald unvergleichlich kräftiger als der eines hervorragend trainierten erwachsenen Menschen werden würde, mit Leichtigkeit in den Ästen bewegen. (Schimpansen sind in der Lage, bis zu 450 Kilogramm zu stemmen: mit einem Arm.) Mit ihren kurzen Beinen, ihrem breiten Rücken und ihren voll drehbaren Schultern konnte sie sich elegant von Ast zu Ast schwingen und sich vorwärts hangeln. Ihre Handgelenke waren starr, sie bogen sich nicht nach hinten wie beim Menschen, so daß sie nicht den Halt verlor, wenn sie in voller Geschwindigkeit nach einem Ast griff. Einen Schwanz brauchte sie nicht, denn sie balancierte nicht auf Ästen wie ein Tieraffe. Zusätzlich zu ihren langen Händen mit den von Natur aus gekrümmten Fingern hatte sie Greiffüße mit breiten, opponierbaren Zehen, so daß sie bestens gerüstet war, um in Baumkronen herumzuklettern.

Auf dem Boden konnte Washoe dank einer genialen anatomischen Neuerung trotz ihrer langen Finger auf allen vieren laufen: die beiden oberen Fingerglieder zweifach unter die Handfläche gefaltet, stützte sie sich beim Gehen auf ihre dick gepolsterten Fingerknöchel. Wenn sie aß, sich groomte oder gebärdete, saß sie aufrecht, einem Menschen sehr ähnlich. Sie ging oder rannte auch auf zwei Beinen, vor allem wenn sie wütend war oder wenn sie jemanden umarmen wollte.

Aber trotz aller äußeren Unterschiede hatten Washoe und ein menschliches Kleinkind eines gemeinsam: die Augen. Wenn ich Washoe in die Augen schaute, erwiderte sie meinen Blick und betrachtete mich nachdenklich, genau wie mein eigener Sohn. In diesem »Affenkostüm« steckte eine Person. Und wenn ein solcher bewußter Augenkontakt stattfand, begriff ich, daß Washoe ein Kind war, gleichgültig, wie sie aussah und welche Kunststücke sie in Baumkronen vollführte.

Daran erinnerten mich auch ihre Windeln, die mir ziemlich schnell klarmachten, wie unspektakulär mein »Laborjob« in Wirklichkeit war. Wie ein frischgebackener Vater ermutigte ich Washoe bei ihren Toilettengeschäften mit einer Begeisterung, die normalerweise den ersten Schritten und den ersten Worten vorbehalten ist.

Im Wohnwagen war es schon schwierig genug, Washoe die Windeln zu wechseln, im Garten hingegen waren blitzartige Reflexe vonnöten. War die Hose voll, pflegte sie an einem Arm von einem Ast herabzuhängen und gab einem maximal zwanzig Sekunden Zeit, um sie zu säubern und ihr eine neue Windel anzulegen. Mir kam das immer vor wie das Auftanken eines Rennwagens: Nach kurzem Boxenstopp raste sie wieder los, egal, ob ich fertig war oder nicht. Aber so frustriert wir über diese Wickelaktionen auch waren, Washoe selbst schienen ihre Windeln nicht zu mißfallen.

Das Töpfchentraining wurde zu einem der wichtigsten Themen bei unseren Lagebesprechungen, zu denen die Gardners Washoes Gefährten allwöchentlich einberiefen. Zuerst wollten wir sie an das Töpfchen gewöhnen, indem wir zu erraten versuchten, wann sie soweit war, aber sie tat ihr Bestes, um ihr Geschäft für die Windel aufzubewahren, bis wir schließlich beschlossen, die Methode anzuwenden, auf die Debbi und ich später bei unseren eigenen Kindern zurückgriffen: Wir verzichteten völlig auf die Windeln und stellten überall an strategischen Orten im Garten Töpfchen auf. Es war die reinste Hexerei: Washoe ging sofort darauf ein. Bevor wir den Wohnwagen oder den Garten verließen, baten wir sie, sich aufs Töpfchen zu setzen. Diese Bitte wurde bald so zur Routine, daß die arme Washoe manchmal auf dem Topf saß, während ich sie mit Gebärden bat: BITTE BITTE VERSUCH oder BITTE VERSUCH MACH MEHR WASSER. Sie strengte sich noch eine Weile an und antwortete dann, beinahe entschuldigend: KANN NICHT KANN NICHT.

Es gab noch ein weiteres Problem. Manchmal hatte es Washoe sehr eilig, auf den Topf zu kommen – das wußten wir, weil sie sich selbst die Gebärde für SCHNELL machte –, aber die hohen Rücken- und Seitenwände des Topfstuhls waren ihr im Weg. Nach vielen Mißgeschicken dachten sich die Gardners einen schimpansenfreundlichen Topf aus: eine mit Beinen versehene Platte aus schwarzem Plastik mit einem Loch in der Mitte. So konnte sie sich direkt darauf stürzen und traf immer, gleich, aus welcher Richtung sie kam.

Washoe merkte schnell, wie wenig es uns behagte, ihre Mißgeschicke zu beseitigen, und nachdem sie die Windeln hinter sich hatte, brauchte sie nicht lang, um zu begreifen, daß sie uns manipulieren konnte, indem sie einen »Unfall« passieren ließ oder auch nur androhte. Es muß ihr ungeheuren Spaß gemacht haben, auf die Spitze ihres Baums zu klettern und eine simple natürliche Handlung zu verrichten, mit der sie erwachsene Menschen dazu bringen konnte, auf dem Boden unter ihr verzweifelt hin- und herzurennen. Dann kletterte sie gemächlich, in ihrem eigenen Tempo, herunter, ließ sich mit Gebärden auszanken und begrub das sprichwörtliche Kriegsbeil, indem sie sich pflichtbewußt aufs Töpfchen setzte.

Das große Aufheben um Windeln, Töpfchen und Fläschchen scheint mit der eigentlichen Aufgabe, einem Schimpansen die Gebärdensprache beizubringen, ziemlich wenig zu tun zu haben. Aber die Gardners vertraten die Theorie, daß dem Schimpansen als dem nächsten stammesgeschichtlichen Verwandten des Menschen die Fähigkeit zur Kommunikation genauso angeboren sein könnte wie uns, und folglich sollte sich neben anderen kindhaften Verhaltensweisen auch das Sprachvermögen auf natürliche Weise äußern, wenn ein Schimpanse von einer Menschenfamilie wie ein menschliches Kind aufgezogen würde. Diese Methode nennt man Ammenaufzucht.[2]

Ammenaufzucht zwischen verschiedenen Spezies wurde bei Tieren eingehend untersucht. Das beste Beispiel sind die Gänse- oder Entenküken, die vom ersten beweglichen Objekt, das sie erblicken, »geprägt« werden und ihm fortan nachlaufen, gleichgültig, ob das Objekt ihre Mutter ist, ein Angehöriger einer anderen Spezies oder ein Paar Gummistiefel. Das berühmteste Beispiel einer Fremdprägung war wohl die Graugans Martina, das »Adoptivkind« von Konrad Lorenz. Aber auch ein Film, der vor einiger Zeit in den Kinos lief, *Ein Schweinchen namens Babe*, beruht auf dem Prinzip der Ammenaufzucht, die er ins komische Extrem steigert: Zwei Schäferhunde erziehen ein Schwein, das schließlich zu einem recht brauchbaren Schafhirten heranwächst.

Das »Schweinchen Babe« ist gar nicht so weit hergeholt. In meiner Kindheit habe ich an unseren eigenen Tieren viel mit Ammenaufzucht experimentiert. Mit Vorliebe schob ich einer brütenden Henne Enteneier unter und sah dann zu, wie die Küken schlüpften. Die Glucke und ihre artfremden Küken schienen eine große glückliche Familie zu bilden, bis die kleinen Enten groß genug waren, um in den Bewässerungsgraben zu springen und zu schwimmen, während Mutter Huhn angesichts dieses abartigen Verhaltens aufgeregt flatternd auf und ab hüpfte.

Eines Tages wollte ich herausfinden, wie weit ich das Ammenexperiment treiben konnte, und schob unserer alten Farmkatze mehrere Enteneier unter. Als die Küken schlüpften, sah ich mit Erstaunen, wie anhänglich sie gegenüber ihrer pelzigen, vierbeinigen Mama waren. Aber noch verblüffender war, daß die Katze die kleinen Vögel behandelte, als wären sie Kätzchen, sie hätschelte und wärmte und ihnen die Federn leckte. Natürlich kam der Tag, an dem ihre gefiederten Jungen den Bewässerungsgraben entdeckten. Als sie eines nach dem anderen ins Wasser stiegen, sprang die Katzenmutter in Panik von einer Seite des Grabens zur anderen und miaute laut. Schließlich gab sie auf und kletterte in den Graben, stellte sich mit steil aufgerichtetem Schwanz vor ihre Entenbrut hin und führte sie durch das Wasser, fast genauso, wie eine Entenmutter es getan hätte.

Ausgeklügeltere Studien als diese haben gezeigt, daß beinahe jedes angeborene Verhalten durch frühe Erfahrungen formbar ist. Diese Erkenntnisse lassen die alte Kontroverse, ob ein Verhalten angeboren oder erlernt ist, als hinfällig erscheinen. Sogar ein Verhalten, das wir für instinktiv, also angeboren, und für artspezifisch halten, wie der Gesang und die Zugrouten der Vögel, kann durch Eltern von einer anderen Spezies verändert werden. Das ist der Grund, weshalb wir aus der Ammenaufzucht soviel gelernt haben: Sie zeigt uns das Ausmaß der Anpassungs- und Lernfähigkeit eines Organismus.

Wenn wir eine Katze mit Hunden aufwachsen lassen, sehen wir, inwieweit eine Katze fähig ist, sich wie ein Hund zu verhalten. Und wenn wir ein Schwein von Schäferhunden aufziehen lassen, erfahren wir, ob ein Schwein tatsächlich lernen kann, Schafe zu hüten.

Wie steht es mit dem Menschen? Was geschähe, wenn ein Menschenkind von einer anderen Tierspezies aufgezogen würde, in einer Umwelt, der alle unsere kulturell erworbenen Annehmlichkeiten fehlen? Diese Frage haben sich unsere Vorfahren immer wieder gestellt, spätestens seit den mythischen Zwillingen Romulus und Remus, den Begründern Roms, die von einer Wölfin aufgezogen wurden. Heutzutage gibt es die zeitlos populären Bücher und Filme über Tarzan den Affenmenschen, der im Dschungel von Menschenaffen aufgezogen wurde.

Einem Schimpansen oder Gorilla ein Menschenkind »vor die Tür« zu legen, wirft natürlich ein moralisches Problem auf; abgesehen davon ließe sich das Experiment kaum wissenschaftlich überwachen. Aber Schimpansen können von Menschen aufgezogen werden, und Anfang der dreißiger Jahre machten sich zwei Wissenschaftler, Winthrop und Luella Kellogg, daran, einen Schimpansen wie ein menschliches Kind großzuziehen, um zu ergründen, wie weit die angeborene geistige Fähigkeit der Schimpansen reicht, Werkzeuge zu benutzen, unser Sozialverhalten zu imitieren und unsere Sprache zu sprechen. Es war eine ungewöhnliche Abwandlung des Tarzan-Themas – Cheetah wächst als Amerikanerin auf –, die, wie man hoffte, indirekt die uralte Frage nach dem Wesen des Menschen beantworten würde: Wie tierähnlich sind wir? Wenn sich herausstellte, daß der Affe so ist wie wir, dann müßte daraus wohl oder übel folgen, daß wir sind wie der Affe.

Schon vor dem radikalen Projekt der Kelloggs waren Menschenaffen häufig als Haustiere gehalten worden, aber niemand hatte sie je wie Kinder behandelt. Der unterschiedliche Umgang war entscheidend, wie die Kelloggs in ihrem Buch *The Ape and the Child* betonten, das sie über ihr Experiment veröffentlichten:

> *Wenn ein Organismus dieser Art* [ein Schimpanse] *jeden Tag oder jede Nacht stundenweise im Käfig gehalten, mittels eines Halsbandes und einer Leine herumgeführt oder aus einem Napf am Boden gefüttert wird, dann wird dies, wie man vernünftigerweise annehmen kann, mit Sicherheit Reaktionen auslösen, die sich von denen eines Menschen unterscheiden. Ein Kind würde sich bei vergleichbarer Behandlung höchstwahrscheinlich einige wahrhaft unkindliche Verhaltensweisen aneignen.*[3]

Wir halten es für selbstverständlich, daß das Verhalten unserer Kinder »kindhaft« ist; in Wahrheit aber ist es zum großen Teil eine Reaktion auf die Kind-Reize, die wir menschlichen Eltern aussenden. Wenn Sie hingegen Ihrem Kind Befehle wie »Sitz!« und »Platz!« erteilen, es durch Kraulen hinter dem Ohr belohnen und ihm seine Nahrung auf dem Boden vorsetzen, werden Sie bald feststellen, daß Ihr Kind eine bestürzende Fähigkeit zu hundeartigem Verhalten besitzt. (Das ist freilich nur Salonpsychologie – bitte versuchen Sie's nicht zu Hause!) In gleicher Weise müssen Sie, wenn Sie wissen wollen, inwieweit ein Schimpanse sich menschliches Verhalten aneignen kann, den arbeits- und zeitintensiven Weg einschlagen und diesen Schimpansen genauso behandeln, wie Sie mit einem Kind umgehen würden – mit Windeln, Kinderstuhl und so weiter. Die Kelloggs lehnten auch jedes systematische Training ihres Hausgenossen ab. Das Schimpansenbaby sollte seine Tischmanieren und alle übrigen Verhaltensweisen auf dieselbe allmähliche und unregelmäßige Art erwerben wie ein Kind, nämlich indem es seine Eltern beobachtet und entsprechend seinem eigenen Tempo lernt. Und ferner betonten sie, man dürfe dem Schimpansen keine Tricks oder Kunststücke beibringen, die auf Kommando vorgeführt würden, denn sonst werde er nie lernen, das Verhalten im entsprechenden sozialen Umfeld selbständig einzusetzen.

Angeregt durch das Experiment der Kelloggs, holten sich mehrere Familien Schimpansen ins Haus und zogen sie auf, und ihre Schützlinge wurden in ihrer Entwicklung und ihren Fähigkeiten bemerkenswert kindähnlich. Sie konnten mit

Messer und Gabel essen, sich die Zähne putzen, Schraubenschlüssel verwenden, in Zeitschriften blättern, mit den Fingern oder mit Pinseln malen, sogar Auto fahren – dies alles durchaus spontan und im richtigen Kontext ihres sozialen Lebens. Aber *ein* Verhalten gab es, das zwar allen menschlichen Kindern gemeinsam ist, das sich die familienintegrierten Schimpansen jedoch niemals aneigneten: das Sprechen.

Nicht, daß man es nicht versucht hätte. Die Kelloggs zogen zusammen mit ihrem Sohn Donald ein Schimpansenkind namens Gua auf. Aber zum Nachteil der Wissenschaft mußten sie das Experiment vorzeitig abbrechen, weil sich Mrs. Kellogg – dem Gerücht zufolge – größte Sorgen machte, als Donald sich mehr Schimpansenlaute zulegte, als Gua je menschliche Töne lernte. Offensichtlich stieß der Sohn am Eßtisch Freßgrunzer aus.

Ende der vierziger Jahre zogen dann der Psychologe Keith Hayes und seine Frau Cathy bei sich zu Hause eine neugeborene Schimpansin namens Viki auf.[4] Nach sechs Jahren intensivem und erfindungsreichem Stimmtraining konnte Viki gerade vier Wörter aussprechen: *Mama, papa, cup* und *up* – alle mit starkem und weitgehend stimmlosem Schimpansenakzent. Dieser kleine Wortschatz war zwar ein Anfang, aber er blieb hinter den Hoffnungen der ersten Schimpansenforscher weit zurück. Das Experiment der Hayes wies eine merkwürdige Ähnlichkeit mit dem Fall von W. H. Furness auf, der 1916 vor der American Philosophical Society berichtete, er habe einem Orang-Utan, dem asiatischen Menschenaffen, die Worte *papa* und *cup* beigebracht. Sein Orang-Utan starb dann an hohem Fieber, während er unermüdlich *papa cup* wiederholte.

Im Anschluß an das Experiment der Hayes behaupteten zahlreiche Anthropologen, artfremd aufgezogene Schimpansen bewiesen, daß die Menschen wegen ihrer einzigartigen und angeborenen Sprachfähigkeit von den Menschenaffen deutlich verschieden und ihnen überlegen seien, und alle Studenten im ersten Semester – ich eingeschlossen – lernten, Sprache liege außerhalb der Fähigkeiten der ansonsten intelligenten Menschenaffen. Das war nicht nur inhaltlich falsch, sondern auch wissenschaftlich inkorrekt, wie jeder Student bestätigen kann, der einen Grundkurs in Statistik belegt hat. Wir können zwar versuchen, die Sprachfähigkeit von Menschenaffen zu beweisen, indem wir einem oder mehreren den Gebrauch von Sprache beibringen, aber auf keinen Fall können wir die »Nullhypothese« beweisen, nämlich daß den Affen die Fähigkeit zur Sprache *fehlt*: Bestenfalls können wir sagen, daß es uns nicht möglich war, bei einem oder mehreren Affen Hinweise auf Sprache zu finden, und auf neue und bessere Studien warten.

Denn schließlich kann der Mißerfolg an uns selbst liegen. Nur weil es uns beispielsweise nicht gelingt, einer Gruppe von Kalahari-Buschmännern Baseball beizubringen, bedeutet das nicht, daß ihnen grundsätzlich die Fähigkeit zum Baseballspiel fehlt. Sondern vielleicht sind wir miserable Lehrer, oder wir haben es kulturell falsch angepackt. Vielleicht hätten sie mit der richtigen Lehrmethode alle in wenigen Tagen Baseball spielen gelernt.

An diesem Punkt traten Allen und Beatrix Gardner auf den Plan. Die Gardners überprüften sorgfältig sämtliche Studien über Ammenaufzucht bei Schimpansen und entdeckten einen gemeinsamen Fehler: Alle Forscher hatten Sprachfähigkeit mit Lautsprache gleichgesetzt. Seit den Kelloggs waren die Wissenschaftler stets davon ausgegangen, daß die Schimpansen sich des stimmlichen Ausdrucks bedienen müßten, denn so äußern sich schließlich die meisten Menschen. Aber die gesprochene Sprache ist nur *eine* mögliche Ausdrucksweise, und diese liegt den Schimpansen eben nicht, wie den Gardners klar war.

Erstens hat ein Schimpanse eine vergleichsweise dünne Zunge, und sein Kehlkopf liegt höher, so daß ihm die Aussprache von Vokalen extrem schwerfällt. Das allein war freilich noch kein ausreichender Grund, um den Versuch, Schimpansen stimmliche Äußerungen zu entlocken, aufzugeben. Viele Menschen, die unter Defekten an Kehlkopf oder Stimmapparat leiden, sind in der Lage, verständliche Worte hervorzubringen. Und es gibt sogar eine menschliche Sprache, die stimmliche Äußerungen durch Pfeif- oder Klicklaute ersetzt. Folglich müßte es möglich sein, die Laute der menschlichen Sprache in Töne zu verwandeln, die ein Schimpanse artikulieren kann.

Aber die Gardners gaben sich damit nicht zufrieden und stießen auf einen noch zwingenderen Grund, weshalb es unwahrscheinlich ist, daß Schimpansen je sprechen lernen: Im großen und ganzen sind sie sehr stille Tiere. Viele Personen berichteten, sie seien im Dschungel unter einem Baum vorbeigegangen und hätten erst später bemerkt, daß er voller Schimpansen war, die lautlos Früchte verspeisten oder sich gegenseitig das Fell pflegten. Bereits in den zwanziger Jahren erkannte Robert Yerkes, der Pionier der Verhaltensforschung bei Schimpansen, daß sie zwar gesprochenes Englisch verstehen können – ein- bis zweihundert Worte, meinte er –, aber nie seine Laute nachahmen. Auf der anderen Seite jedoch besäßen sie eine verblüffende Fähigkeit, seine Handlungen zu imitieren. Sie ahmten nach, was sie sähen, sagte er, nie aber, was sie hörten, anders als Papageien, die lautlich, aber nie visuell, und anders als menschliche Kinder, die sowohl lautlich wie auch visuell imitierten. Yerkes schloß daraus, daß man von einem Tier, das keine Laute nachahmt, »vernünftigerweise nicht erwarten kann, daß es spricht«.[5]

Natürlich verfügen auch Schimpansen über lautliche Ausdrucksformen, doch über ihre Laute haben sie kaum eine Kontrolle, zum Beispiel über die sogenannten *Pant-hoots*, eine Reihe von *Huuh*-Lauten, verbunden mit japsenden Atemzügen, die als Kontaktruf dienen, oder die *Pant-grunts*, japsende Grunzlaute, die sie ausstoßen, wenn sie sich bedroht fühlen. Diese Töne werden im limbischen System erzeugt, einem primitiven Teil des Gehirns. Wenn Sie sich je mit dem Hammer auf den Daumen geschlagen haben, dann kennen Sie die Art Schreie , die vom limbischen System gesteuert werden, im Gegensatz zu der bewußteren Rede, deren Kontrollzentrum in der Großhirnrinde sitzt. Die Lautmuster eines Schimpansen zu ändern ist äußerst schwierig. Das bestätigte Cathy Hayes, als ihr auffiel, daß ihre Schimpansentochter Viki nicht in der

Lage war, Kekse zu stehlen, ohne Geräusche von sich zu geben. Vollkommen lautlos pflegte Viki sich in die Küche zu schleichen, aber in dem Augenblick, als sie den Deckel von der Dose nahm und die Kekse darin erblickte, entfuhr ihr ein lauter Freßgrunzer und verriet sie.

Aber auch wenn ihre Stimme sich zum Sprechen kaum eignet, mit ihren Händen können die Schimpansen doch nahezu alles tun. Nach Aussage der Hayes erfand Viki eine einzigartige Geste für jedes ihrer gesprochenen Worte. Und als die Gardners einen Film über Viki sahen, erkannten sie, daß ihre nichtverbalen Äußerungen noch besser zu verstehen waren, wenn der Ton abgeschaltet war. Zu der Zeit berichteten erstmals auch Forscher wie Adriaan Kortlandt und Jane Goodall, die wilde Schimpansen beobachteten, wie außerordentlich gebärdenreich die Schimpansen miteinander kommunizieren. Die Gardners waren so klug, dies anzuerkennen, und begannen, nach einer menschlichen Ausdrucksform zu suchen, die ohne gesprochene Sprache auskommt. Sie einigten sich schließlich auf die American Sign Language (ASL), die unter den Gehörlosen in den Vereinigten Staaten weitverbreitete Gebärdensprache.

Wie die meisten großartigen Ideen war auch diese nicht neu, sondern mindestens dreihundert Jahre alt. Samuel Pepys, der berühmte Chronist des Londoner Lebens im 17. Jahrhundert, beschrieb in seinem Tagebucheintrag vom 24. August 1661 ein sonderbares Wesen, das soeben per Schiff aus Afrika eingetroffen war:

> *Ein großer Pavian, in vielem menschenähnlich, ich glaube aber, es ist eine Kreuzung aus einem Menschen und einem weiblichen Gorilla. Das Tier versteht schon ganz gut Englisch, wahrscheinlich kann man ihm bald die Zeichensprache beibringen.*

Was Pepys für einen großen Pavian gehalten hatte, war vermutlich ein Schimpanse. Sechsundachtzig Jahre später, 1747, kam der französische Philosoph Julien Offray de La Mettrie in seinem Werk *L'Homme machine* zu dem Schluß, Menschenaffen hätten irgendeinen »Defekt an den Sprachorganen« und schlug ein Gegenmittel vor:

> *Wäre es unmöglich, den Affen eine Sprache zu lehren? Ich denke nicht ... Ich würde denjenigen mit dem intelligentesten Gesicht aussuchen ... und ihn bei jenem eben genannten vorzüglichen Lehrer* [Amman] *in die Schule geben. Aus Ammans Werken kennen Sie all die Wunder, die er an jenen vollbringen konnte, die taub geboren wurden ... aber Affen sehen und hören, sie verstehen, was sie hören und sehen, und begreifen durchaus die Zeichen, die man ihnen gibt. Ich bezweifle nicht, daß sie die Schüler Ammans bei allen anderen Spielen oder Übungen übertreffen würden.*

Dann vermutete Robert Yerkes, wie Pepys und La Mettrie vor ihm, 1925 in seinem Buch *Almost Human*, daß »die Menschenaffen viel zu reden haben« und ihr Schweigen sich durch Gebärdensprache überwinden ließe. Dreihundert Jahre lang hatte niemand versucht, diese simple Idee von Pepys, La Mettrie und Yerkes zu überprüfen, was nur das Vorurteil der meisten Menschen zeigt, die meinen, Sprache müsse gesprochen werden. Die Gardners waren klug genug, sich mit Schimpansen vertraut zu machen, *bevor* sie ihr eigenes Experiment planten, und das Verdienst gebührt zu einem großen Teil Beatrix Gardner. Allen Gardner hatte sich seinen Ruhm im Labor erworben, durch Manipulation von tierischem Verhalten; Beatrix hingegen hatte Ethologie studiert, die *Beobachtung* von tierischem Verhalten. Sie hatte an der Oxford University als Doktorandin des Nobelpreisträgers Niko Tinbergen promoviert und Jahre damit zugebracht, das Jagdverhalten der Springspinne zu dokumentieren.

Die Verhaltensforschung in ihrer besten Form nähert sich der Natur auf sehr demütige Weise. Theorien, Annahmen und wissenschaftliche Dogmen werden beiseite gelegt; statt dessen geht es darum, die Anatomie, die Entwicklung und das Sozialverhalten jedes Organismus in allen Details zu verstehen. Nachdem die Gardners Schimpansen studiert hatten, war ihnen klar, daß es Zeitverschwendung wäre, Washoe eine Lautsprache beibringen zu wollen; die Gebärdensprache hingegen entspräche der natürlichen Kommunikationsform des Schimpansen. Dank dieser Erkenntnis ließ sich die Sackgasse überwinden, in die das Studium des Sprachvermögens von Menschenaffen geraten war, und man hatte eine neue, bahnbrechende Kommunikationsform zwischen zwei Spezies gefunden. Aber die Gardners wußten auch, daß sie die Methode der Ammenaufzucht, die sich bei früheren Studien als so erfolgreich erwiesen hatte, beibehalten mußten. Schimpansen, die in menschlichen Gruppen aufgezogen werden, handeln – abgesehen von der Sprache – sehr ähnlich wie Menschenkinder. Deshalb beschlossen die Gardners, die Ammenaufzucht ein Stück weiter zu treiben und eine noch günstigere Lernumgebung zu schaffen, als Gua und Viki gehabt hatten.

Als die zehn Monate alte Washoe im Juni 1966 ihr neues Gartenhaus bezog, begann sie mit einer Art sprachlichem Förderprogramm. Die Gardners verschafften ihr interessante Freunde als Gesprächspartner und eine interessante Umwelt, über die sie sich austauschen konnten. Im Herbst 1967 hatte Washoe außer den Gardners vier ständige menschliche Gefährten, mich eingeschlossen, die während der nächsten Jahre jeden Tag von früh bis spät wach und aufmerksam mit ihr umgingen.

Unsere Aufgabe bestand einfach darin, Washoes Leben so anregend und »sprachlich« wie möglich zu gestalten. Während sie aß, badete und angekleidet wurde, sprachen wir durch Gebärden mit ihr. Wir erfanden aufregende Spiele, führten neue Spielsachen, Bücher und Zeitschriften ein und stellten besondere Alben mit Washoes Lieblingsbildern zusammen – all dies, um ihr den Gebrauch von ASL im Alltag vorzuführen. So oft wie möglich hielten wir uns zu zweit im Garten auf, so daß Washoe beobachten konnte, wie wir uns miteinander verständigten. Und vor allem wurde von uns erwartet, daß wir herzliche, liebevolle Beziehungen mit Washoe aufbauten.

Die Gardners bezweifelten nicht, daß Washoe, falls ASL die geeignete Sprache für sie war, lernen würde, mit Hilfe von Gebärden um Nahrung, Wasser und Spielsachen zu bitten. Aber sie sollte noch mehr lernen als lediglich ein Vokabular: Für die Gardners war Washoe keineswegs ein passives »Versuchskaninchen«, sondern ein Primat mit dem starken Bedürfnis, zu lernen und zu kommunizieren. Washoe sollte Fragen stellen, unsere Tätigkeiten kommentieren und unser Gespräch anregen. Sie sollte in eine echte, wechselseitige Kommunikation mit Menschen treten.

Als ich Washoe im September 1967 kennenlernte, lebte sie seit etwas mehr als einem Jahr bei den Gardners und hatte etwa zwei Dutzend Gebärden gelernt. Inzwischen machte sie stetige, aufsehenerregende Fortschritte, anders als Gua und Viki, die auf der Stelle getreten waren, weil ihre Adoptiveltern ausschließlich auf der menschlichen Lautsprache beharrten. Zum ersten Mal bei einer Studie mit Ammenaufzucht entwickelte sich die Sprache eines Schimpansenbabys genauso wie bei einem Menschenkind von einem Stadium zum nächsten, zur gleichen Zeit wie ihre Geschicklichkeit im Umgang mit Tassen, Gabeln und dem Töpfchen.[6]

Für den Begriff TRINKEN streckte Washoe den Daumen von der geballten Faust ab und führte ihn zum Mund. Für HUND schlug sie sich auf den Schenkel; für BLUME berührte sie ihre Nasenlöcher mit zwei Fingern einer Hand; für HÖREN legte sie den Zeigefinger ans Ohr; für ÖFFNEN hielt sie die Hände mit den Handflächen nach unten waagrecht nebeneinander und drehte sie dann, so daß die Flächen einander gegenüberstanden; WEH drückte sie aus, indem sie die Spitzen der Zeigefinger gegeneinander richtete und sie dort berührte, wo sie oder jemand anders sich weh getan hatte, und so weiter. Und wieder hatten die Gardners recht mit ihrer Vermutung, daß dieses Primatenkind nicht eigens angespornt werden mußte, um die Gebärden in sein Leben zu integrieren. Vielleicht denken Sie, einem Schimpansen fiele es schwer zu verstehen, daß BAUM sich nicht nur auf einen bestimmten, sondern auf alle Bäume bezieht. Aber sehr bald schon formte Washoe die Gebärde ÖFFNEN, wenn sie entweder durch die Tür oder in einen Schrank wollte, und die für HUND sowohl beim Anblick des lebenden Objekts als auch beim Bild eines Hundes.

Nach etwa zehn Monaten fing sie an, spontan Worte zu kombinieren: auf GIB MIR BONBON und KOMM ÖFFNEN folgten bald längere Sätze wie DU MICH VERSTECKEN und DU MICH HINAUS SCHNELL. Sie kommentierte ihre Umgebung: HÖREN HUND; sie verteidigte den Besitz ihrer Puppe: BABY MEIN; und sie erfand eigene Worte, wenn sie ein Zeichen nicht kannte: SCHMUTZIG GUT war ihr Töpfchen.

Auch *ich* mußte natürlich die American Sign Language lernen, und das ASL-Lexikon wurde mir bald zur Bibel. Ich nahm es überallhin mit und übte meine Gebärden bei allen, die lang genug stillhielten, um mir zuzusehen – das war in der Regel mein Sohn Joshua, der noch kein Jahr alt war. Allwöchentlich besuchte ich den ASL-Kurs im Haus der Gardners, aber am meisten lernte ich bei der Arbeit selbst, mit Washoe und ihren anderen Begleitern. Nachdem wir uns auf Englisch nicht unterhalten durften, war es, als tauchten wir in die Sprache eines fremden Landes ein.

Washoe hatte ihre eigene Art, mir mein Vokabular einzupauken. Eines Tages, als ich sie huckepack nahm und mit ihr durch den Garten lief – was eines ihrer Lieblingsspiele war –, langte sie von meiner Schulter herab und berührte meine Brust zum Zeichen für DU. Dann deutete sie in die Richtung, in die ich gehen sollte, indem sie mit ausgestrecktem Arm und Zeigefinger das Zeichen für GEH DORTHIN machte. Kaum waren wir dort, hieß es GEH DORTHIN in eine andere Richtung. Dann wieder GEH DORTHIN. Und so weiter.

Nachdem wir eine Weile kreuz und quer durch den Garten getrabt waren, hörte ich ein schnaubendes Geräusch über mir. Es war ein unverkennbarer Laut, den Washoe durch Zusammenziehen der Nasenlöcher hervorbrachte und der immer mit dem Zeichen für LUSTIG einherging. Ich verrenkte den Hals nach hinten, und natürlich hatte sie ihren Zeigefinger zum Zeichen für LUSTIG an die Nase gelegt und schnaubte. Einen Moment lang konnte ich mir nicht erklären, was so lustig war.

Dann spürte ich etwas Nasses und Warmes, das mir über den Rücken in die Hose rann. Die Gebärde für LUSTIG vergaß ich nie mehr.

Bald stellte ich fest, daß wilde Späße – auf meine Kosten – bei Washoe zum Alltag gehörten. Jedesmal, wenn ich auf ihre Streiche einging, trieb es Washoe noch ein Stück weiter, offensichtlich um herauszufinden, wie weit sie mit mir gehen konnte.

Eines Morgens nach dem Frühstück, etwa einen Monat nachdem wir uns kennengelernt hatten, spülte ich im Wohnwagen das Geschirr, während Washoe auf der Ablage neben mir saß und mit den Fingern im Spülwasser rührte. Dann fing sie an, das seifige Wasser zu kosten – ein entschiedenes NEIN-NEIN –, und schaute zu mir hinauf, um meine Reaktion zu prüfen. Ich befahl ihr: NICHT DIES TRINKEN, und sie hörte auf. Nun hatte sie einen neuen Einfall. Sie tauchte das Geschirrtuch ins Wasser, und während sie mich scharf musterte, begann sie, an dem Tuch zu saugen, als wollte sie fragen: »Ist Saugen dasselbe wie Trinken oder nicht?« Nachdem ich das Zeichen für SAUGEN nicht kannte, deutete ich ihr NICHT TRINKEN SCHMUTZIG und nahm ihr das Tuch weg. Ich brauchte aber noch mehr Spülmittel und sperrte deshalb den Schrank unter dem Waschbecken auf, in dem wir die Putzmittel aufbewahrten, spritzte ein wenig davon auf den Schwamm und stellte die Flasche zurück in den Schrank, außer Washoes Reichweite.

Unterdessen schnappte sich Washoe das seifige Geschirrtuch, stopfte es in den Mund und zwang mich zu einem Fangspiel, bei dem ich sie quer durch den Wohnwagen jagte und versuchte, ihr das Tuch abzunehmen. Schließlich wurde sie das Spiel leid, gab mir das Tuch zurück und verschwand in ihrem Schlafzimmer, wo ich sah, wie sie mit ihren Puppen spielte, sie küßte und sorgfältig rings um sich aufbaute – in einem »magischen Kreis«, wie wir zu sagen pflegten.

So hatte ich Zeit, den Tisch zu säubern, mir einen Stuhl zu nehmen und die Zeichen und Interaktionen des Vormittags ins Logbuch einzutragen. Ich war tief in Gedanken, als sich Washoe aus ihrem Zimmer auf die Tür schwang und von dort herabsprang wie von einem überhängenden Zweig mitten im Dschungel. Als sie auf dem Linoleumboden auftraf, war ihre Geschwindigkeit so groß, daß sie weiter bis zum Putzmittelschrank schlitterte, den ich dummerweise nicht abgeschlossen hatte.

Wie ein Blitz riß Washoe die Tür auf, griff sich eine Flasche und schoß zurück in ihr Zimmer. Ich war schon auf den Beinen und rannte. Als ich in ihr Zimmer stürzte, kauerte sie auf dem Bett, in ihrem magischen Kreis aus Puppen, und schüttete sich aus der Flasche »Mr. Clean« in den Mund. Ich stieß einen Schrei des Entsetzens aus. Sie war so erschrocken, daß sie die Flasche absetzte. Ich packte sie und rannte mit ihr in die Küche, setzte sie auf den Tisch und versuchte, einen klaren Kopf zu bekommen. Immer wieder machte ich das Zeichen für BLEIB auf derart übertriebene Weise, daß Washoe vor Schreck erstarrte.

Meine Gedanken rasten: *Was tut man bei Vergiftung?* Erbrechen. Washoe wußte offensichtlich, daß etwas Schlimmes passiert war, denn sie war kooperativ wie ein Engel. Ich öffnete ihren Mund und steckte ihr einen Finger tief in den Rachen. Kein Erfolg. Ich versuchte es wieder und wieder, aber dieses Mädchen hatte anscheinend keinen Würgereflex.

Was tun? *Vielleicht steht auf dem Etikett etwas über Gegengifte.* Ich griff nach der Flasche, aber mein Blick verschwamm, und ich konnte nur eines denken: *Washoe wird sterben, und ich bin schuld. Ich habe den ersten sprechenden Schimpansen der Welt umgebracht.* Endlich schaffte ich es, das Etikett zu lesen ... und las es noch einmal: Dort stand nichts über Gegengifte! Nun geriet ich wieder in Panik. Ich erinnerte mich, daß ich einmal etwas über Milch gehört hatte, die man bei Vergiftungen trinken sollte, holte die Flasche mit ihrer Fertigmilchnahrung aus dem Kühlschrank, deutete ihr eilig TRINKEN TRINKEN und schob ihr die Flasche in den Mund. Sie saugte ein wenig, aber bald riß sie die Flasche mit einem Ruck heraus und warf mir einen Blick zu, der besagte, daß sie den ganzen Quatsch jetzt endgültig leid war. Sie sprang vom Tisch und verschwand wieder in ihrem Schlafzimmer.

Inzwischen konnte ich sehen, daß Washoe nicht mit dem Tod rang. Sie spielte mit ihren Puppen, als wäre nichts geschehen. Meine Panik legte sich allmählich. Dann fiel mir ein, daß Mr. Clean vermutlich nicht lebensgefährlich war, wenn auf dem Etikett nichts über ein Gegengift stand. Ich setzte mich und las den Text noch einmal, Zeile für Zeile. Als ich das nächste Mal aufschaute, sah ich, daß ich auch den Kühlschrank nicht abgesperrt hatte. Washoe stand davor und räumte sämtliche Joghurtbecher aus. Den ersten hatte sie bereits geleert und war im Begriff, einen zweiten zu öffnen, als sie merkte, daß ich sie ansah. Mit beiden Armen raffte sie die restlichen Becher zusammen und marschierte schwankend zurück in ihr Schlafzimmer. Was soll's, dachte ich, Hunger ist ein gutes Zeichen. Außerdem, wenn sie vergiftet ist, soll sie wenigstens eine nette Henkersmahlzeit haben.

Wieder nahm ich mir die Flasche vor – aber ich entdeckte keinen Totenschädel mit gekreuzten Knochen und keinen Hinweis auf Gift. Hoffnung keimte in mir auf. Vielleicht war Mr. Clean nicht tödlich für Washoe … oder meine Karriere. Eine Stunde später war Washoe immer noch am Leben und spielte mit ihren Puppen. Ich war aus dem Schneider – beinahe jedenfalls, denn Mr. Clean putzte Washoe vollständig aus. Sie hatte einen bemerkenswerten Durchfall, und ich verbrachte den Rest des Tages damit, ihn aufzuwischen – mit größtem Vergnügen.

Jahrelang dachte ich, Washoe sei ein typisches Schimpansenbaby, und alle jugendlichen Schimpansen seien querköpfige und übermütige Gauner, die sich gegen jede Demonstration von Autorität auflehnen und jede spürbare Grenze ausloten. Obwohl ich Washoe wirklich lieb gewonnen hatte, empfand ich größtes Mitleid mit allen Schimpansenmüttern der Welt. Nach meiner Erfahrung waren Schimpansenbabys schlimmer als ein Sack Flöhe. Deshalb war ich erstaunt und halbwegs erleichtert, als ich 1970 weitere junge Schimpansen kennenlernte und feststellte, daß nicht zwei von ihnen gleich waren. Zwar wurden sie alle in aufmerksamen Menschenfamilien großgezogen, aber der eine war eher scheu und einzelgängerisch, während ein anderer ausgeglichen und immer gutmütig war und ein dritter verzweifelt um Anerkennung kämpfte. Ich kenne sogar eine Schimpansin, der es nicht im Traum eingefallen wäre, einen unversperrten Kühlschrank zu plündern!

Mir wurde klar, daß vieles von dem, was ich als charakteristisches Schimpansenverhalten angesehen hatte, einfach Washoes Persönlichkeit war. Wie alle Schimpansen, wie überhaupt jedes Tier, war sie einmalig. Und sie war eben von der Art, die Aufmerksamkeit forderte, ob man wollte oder nicht. Halb Prinzessin und halb Haudegen, wußte Washoe genau, was sie wollte, und wie sie es bekam.

Nach meinen ersten paar Monaten mit Washoe begann ich, mich auf unsere gemeinsamen Vier- oder Achtstundenschichten wirklich zu freuen. Nach unserem Frühstück räumte ich die Küche auf, während Washoe ihre Puppen im Spülbecken badete oder mit Holzklötzen spielte, die sie zu immer höheren Türmen stapelte, bis sie einstürzten oder von ihr niedergemäht wurden. Manchmal saß sie auch friedlich da und nähte, was sie von Susan Nichols gelernt hatte, die Washoes Kleider zu flicken pflegte. Washoe reparierte zwar nie etwas, aber sie war in der Lage, zwanzig oder dreißig Minuten lang vollkommen konzentriert vor sich hinzusticheln. Schimpansen verfügen über eine bemerkenswerte Koordination von Auge und Hand und können sich stundenlang mit einem Problem beschäftigen, solange es ihnen Spaß macht und ihr eigener Wunsch ist.

Von Washoe lernte ich das größte Geheimnis in der Arbeit mit Schimpansen und Kindern: Man verwandle eine Tätigkeit in ein Spiel, und sie bleiben ewig dabei. Aber wehe, man fordert sie dazu auf oder zwingt sie gar, dann verlieren sie auf der Stelle das Interesse. Wenn ich Washoes Aufmerksamkeit für eine Weile fesseln wollte, ließ ich »versehentlich« einen Schraubenzieher auf der Ablage liegen. Unweigerlich fand sie ihn und versuchte während des restlichen Vormittags, die

Schränke auseinanderzunehmen. Große Fortschritte erzielte sie nie, aber sie konnte stundenlang ruhig dasitzen, das Material studieren und mit ihrem Werkzeug hantieren. Sobald sie aber herausgefunden hatte, wie man mit einem Schraubenzieher umgeht, mußte ich ihn ihr wegnehmen – andernfalls hätte sie mit Sicherheit den gesamten Wohnwagen zerlegt.

Wenn keine Schraubenzieher herumlagen, tobte Washoe vor der Tür herum: HINAUS HINAUS. Draußen im Garten spielten wir dann Verstecken oder Huckepackreiten. Washoe liebte das Versteckspiel; abgesehen davon, war es eine ausgezeichnete Gelegenheit, um Gebärden zu üben, denn die Mitspieler müssen entscheiden, wer sich verstecken soll, wo man sich versteckt und wo man sucht. Aber statt die richtige ASL-Gebärde für VERSTECKEN zu benutzen, bei der die rechte Hand sich unter der linken verbirgt, legte Washoe sich stets beide Hände über die Augen, und das hieß: »Kuckuck«. Es ist keine offizielle ASL-Gebärde, aber sie benutzte sie ständig, wie in: WILLST DU KUCKUCK SPIELEN? oder WIR KUCKUCK SCHNELL.

Ein anderes Lieblingsspiel war »Simon sagt«, bei dem eine Person die Handlungen der anderen nachahmt. Ich bedeutete ihr: TU DIES, dann legte ich mir die Hände auf den Kopf, und Washoe tat dasselbe. TU DIES, und ich bedeckte die Augen mit den Händen; Washoe tat es mir nach, und ich konnte der Versuchung nicht widerstehen, sie rasch zu kitzeln, sobald sie die Hände vor den Augen hatte, und normalerweise kitzelte ich sie, bis sie laut schnaubte und um MEHR MEHR bettelte. Nach unseren langen Spielen wollte sie meist für eine Weile allein sein und kletterte auf die Spitze der Trauerweide. Dort saß sie, vollkommen zurückgezogen und ungestört, kaute gelegentlich ein Blatt und beobachtete das Leben in den Straßen jenseits ihrer kleinen Welt.

Zur Mittagszeit gingen wir in den Wohnwagen zurück, wo ich Babynahrung oder Joghurt anrichtete oder auch Washoes Leibspeise, Wiener Würstchen. Wenn man einen Schimpansen in einem Kinderstuhl füttert, vergißt man leicht, daß man nicht ein menschliches Kleinkind vor sich hat. Zum Beispiel pflegten wir Washoes Nahrung automatisch zu zerkleinern, bis Allen Gardner uns eines Tages darauf aufmerksam machte, daß Washoe mit ihren Milchzähnen Sodaflaschen öffnete und Rinde von Bäumen nagte. Vielleicht war es wirklich nicht nötig, ihr Essen zu zerdrücken. Schimpansen besitzen äußerst kräftige Kiefer; anders als bei uns sind sie in einer massiven Knochenplatte verankert, die vom Brauenbogen über dem Auge ausgeht. In Verbindung mit den langen Eckzähnen ist der Kiefer des Schimpansen perfekt geeignet zum Abschälen, Zerlegen, Zermalmen – den Aufgaben der Nahrungszubereitung, die die Menschen in Millionen Jahren der Evolution von Hand zu erledigen lernten.

Nach dem Essen war es Zeit für den Mittagsschlaf; danach folgten ruhigere Spiele im Wohnwagen. Washoe holte sich eines ihrer Lieblingsbücher, in der Regel eines mit Tierbildern, und brachte es her, damit wir es gemeinsam anschauen konnten. Während ich ihr mit Gebärden die Geschichte erzählte, blätterte sie um und kommentierte die Bilder: HUND, KATZE und so weiter. Washoe liebte es auch, am Tisch zu sitzen und mit Bleistift auf Papier zu zeichnen. Damit war es normalerweise vorbei, sobald ich ihr den Rücken zukehrte: Dann hing die aufstrebende junge Künstlerin mit drei Gliedmaßen am Kühlschrank, während sie mit dem ausgestreckten Arm wild die »Töpfchentabelle« zerkritzelte, ein außerordentlich wichtiges Dokument, das an dem Wandschrank daneben befestigt war und jede ihrer Begegnungen mit der Toilette für die Ewigkeit festhielt. Nach einer Stunde Lesen oder Zeichnen war Washoe wieder an der Tür: DU MICH HINAUS, DU MICH HINAUS. Wenn es regnete, konnte ich Washoes Aufmerksamkeit nur mit einem noch aufregenderen Spiel fesseln – zum Beispiel BABY VERSTECKEN: Washoe hielt sich die Augen zu, und ich versteckte ihre Puppe; aber sie brauchte kaum eine Minute, um sie zu finden, denn sie schummelte grundsätzlich und schaute zwischen den Fingern hindurch. Wir spielten so lange BABY VERSTECKEN, bis ich keine Puppe mehr sehen konnte.

Um vier Uhr war tea time, ein rührend altmodisches Ritual, das Beatrix Gardner seit ihrer Oxforder Zeit zelebrierte. In

Washoes Fall bedeutete die Teestunde, daß sie ein paar Kekse mit Milch verdrückte, bevor sie wieder HINAUS wollte. Danach blieben wir bis zum Abendessen um sechs Uhr wieder im Wohnwagen.

Während Washoe Wiener Würstchen verspeiste, lernten Debbi, Joshua und ich die Armut des Doktorandendaseins kennen. Wir führten ein wunderbares Leben, geprägt von fettigen Tacos und Kool-Aid. Irgendwie mußten wir von fürstlichen 140 Dollar im Monat leben – das bekam ich für achtzig Stunden als Washoes Babysitter – sowie dem bißchen Geld, das Debbi im Jahr vor Joshuas Geburt durch Unterrichten verdient hatte. Manchmal, wenn uns am Monatsende das Geld ausging, waren wir gezwungen, Joshuas Sparschwein zu plündern, das mit John-F.-Kennedy-Gedenkmünzen gefüllt war, den regelmäßigen Geschenken seiner Großmutter.

Familienausflüge kamen nicht in Frage, es sei denn, sie kosteten praktisch nichts. So fuhren wir manchmal in die Stadt und parkten vor dem Cal Neva Casino. Drinnen wechselten wir einen Fünfdollarscheck in Bargeld, und dafür bekamen wir zwei Getränkegutscheine und die Parkgebühr umsonst. Aber statt zu spielen, gingen wir nebenan ins Kino. Auf dem Rückweg prüften wir jeden Spielautomaten nach vergessenen Münzen. Einmal fand ich ein Fünfcentstück, warf es ein und gewann zwölf Dollar. Nie habe ich mich in Reno reicher gefühlt.

Aber solche Ausflüge waren selten. Abends saß ich normalerweise in der Küche des Wohnwagens und servierte Washoe das Abendessen. Danach war es Zeit fürs Bad, und das war eine weitere Kraftprobe mit Washoe, die auf jede mögliche Weise versuchte, Seifenwasser zu trinken, ehe ich sie dabei erwischte. Mit blitzartiger Geschwindigkeit mußte ich ihr das Gesicht waschen, sonst schaffte sie es, den Waschlappen in den Mund zu stopfen, und es folgte ein erbittertes Tauziehen.

Nach dem Bad ölte ich sie am ganzen Körper mit Lubriderm ein, damit ihre Haut in der trockenen Luft von Nevada nicht rissig wurde. Anschließend sprang Washoe in meinen Schoß und lag ruhig da, während ich sie von Kopf bis Fuß bürstete. Für wilde Schimpansen ist das sogenannte Groomen das soziale Bindemittel, das Familien und Gemeinschaften zusammenhält. Es beruhigt, tröstet und stellt soziale Kontakte her. Eine Gruppe von Schimpansen bringt es fertig, stundenlang dazusitzen und sich gegenseitig Haut und Haar zu untersuchen. Washoe genoß unsere allabendlichen Grooming-Sitzungen sehr, für die sie sich tagsüber revanchierte, indem sie in stilleren gemeinsamen Stunden meine Haare untersuchte.

Besänftigt durch die Körperpflege, war Washoe ein kleiner Engel, wenn es Zeit war, schlafen zu gehen. Kein Wunder, daß mir das die liebste Tageszeit war! Beruhigt, wie sie war, spielte sie mir jetzt keine Streiche mehr und begehrte nicht gegen jede meiner Forderungen auf. In dieser einen Stunde herrschte Waffenstillstand, und wir hatten es so behaglich und friedlich wie zwei Vögel im Nest. Nachdem ich Washoe den Schlafanzug angezogen und sie ins Bett gesteckt hatte, erzählte ich ihr mit Gebärden eine Geschichte aus einem ihrer Kinderbücher. Als sie älter wurde und über einen größeren Wortschatz verfügte, dachte ich mir Geschichten über sie selbst und alle ihre Freunde aus. Diese Geschichten verfolgte sie fasziniert und versäumte kein einziges Wort, bis die Erschöpfung sie übermannte, ihre Augen zufielen und sie eingeschlafen war.

Häufig blieb ich noch eine Weile bei ihr, saß an ihrem Bett und fragte mich, wohin ihre Schimpansenträume sie wohl führten. Erlebte sie noch einmal die Ereignisse des Tages und sprach mit den Händen, während sie mit ihrer menschlichen Familie VERSTECKEN spielte? Oder war sie weit fort, im Dschungel, wo sie zur Welt gekommen war, an die haarige Brust ihrer Mutter geklammert, schwang sich noch einmal furchtlos durch das Blätterdach des Regenwalds, unbekümmert um die unten lauernden Gefahren?

Von ihren nächtlichen Geheimnissen gab Washoe nie etwas preis. Und wenn ich am nächsten Morgen wiederkam, um sie zu wecken, entbrannte der Kampf um die Windel, und es war keine Zeit mehr für hochfliegende Spekulationen.

3
Aus dem Herzen Afrikas

In unseren ersten gemeinsamen Jahren war Washoes Herkunft ein einigermaßen romantisches Geheimnis für mich. Ich wußte zwar, daß sie in Afrika »im Freiland gefangen« worden war und daß die Gardners sie im Alter von zehn Monaten dem Holloman Aeromedical Laboratory in New Mexico abgekauft hatten, wo sie Teil des US-Raumfahrtprogramms war. Aber naiv, wie ich war, glaubte ich, Washoe sei von ihrer Mutter verlassen und von einem anständigen Menschen gerettet worden, der sie zur bestmöglichen Versorgung nach Amerika brachte – wie im Fall von Coco, dem neugierigen Affen und dem Mann mit dem gelben Hut.

Eine der Geschichten der *Coco*-Reihe, die 1957 erschien, war eine unheimliche Vorwegnahme der Rolle der Schimpansen innerhalb des amerikanischen Weltraumprogramms: Darin stellt sich der junge Coco als Pilot der allerersten Weltraumrakete zur Verfügung, die für einen Menschen zu klein gewesen wäre. Nachdem er den richtigen Hebel gezogen hat, mit dem Fallschirm abgesprungen ist und seine Aufgabe somit tadellos erfüllt hat, wird ihm ein Heldenempfang bereitet. Er wird fotografiert und erhält eine riesige Goldmedaille mit der Inschrift: »Für Coco, den ersten Affen im Weltraum«. In der letzten Zeile des Buches heißt es: »Das war der glücklichste Tag in Cocos Leben.«

Vier Jahre später, Anfang 1961, wurde die Kindergeschichte Wirklichkeit. Ich hatte gerade zu studieren begonnen und hörte Präsident John F. Kennedys kühne Erklärung, die Vereinigten Staaten würden noch vor Ende des Jahrzehnts und vor den Sowjets auf dem Mond landen. Die NASA hatte bereits eine Einmann-Raumkapsel entwickelt – die Mercury –, die einen

Astronauten in den Weltraum und zurück auf die Erde befördern sollte. Aber niemand wußte, wie es dem Piloten ergehen würde, wenn er in einer winzigen, glockenförmigen Konservendose durch das All katapultiert wurde, bombardiert von tödlichen Strahlen, unter sengender Hitze und unvorstellbaren Beschleunigungskräften. Warum sollte man einen amerikanischen Astronauten in Gefahr bringen, wenn sich die Risiken auch an einem Tier ausprobieren ließen?

So betraten die »Schimponauten« die Bühne – unsere liebenswerten »Partner im Weltraum«. Über die Art ihrer Mission war der Öffentlichkeit kaum etwas bekannt. Für uns waren die Schimponauten nichts anderes als die Kanarienvögel im Kohlebergwerk. Wenn sie überlebten, konnten die menschlichen Astronauten in ihre Fußstapfen treten; kamen sie um, mußte die NASA wieder von vorne beginnen.

Ganz so einfach war es freilich nicht. Ähnlich wie Astronauten mußten die Schimpansen eine Reihe von Handgriffen lernen, die zeigen sollten, ob unter der beispiellosen Belastung des Starts, der Schwerelosigkeit sowie der Rückkehr und Bergung eine anspruchsvolle geistige Tätigkeit überhaupt möglich war. Die Mercury-Kapsel wurde von der Erde aus ferngesteuert, so daß die Schimpansen und die Männer des Mercury-Programms eher Passagiere als Piloten waren.

Die Air Force trainierte ihre fünfundsechzig Schimponauten an einer simulierten Bordinstrumententafel mittels operanter Konditionierung, das heißt eines Systems von Strafe und Belohnung. Wenn ein Schimpanse in Reaktion auf ein Blinklicht den richtigen Hebel betätigte, erhielt er ein köstliches Bananendragée. Reagierte er falsch, wurde er mit einem leichten elektrischen Schlag am Fuß bestraft. Das Bananensystem übertraf alle Erwartungen. Bei einem Trainingslauf schlug ein Schimpanse, der bei siebentausend Durchgängen nur zwanzigmal danebengriff, sogar einen Kongreßabgeordneten.

Am 31. Januar 1961 fand der erste Testflug statt. Während die Nation den Atem anhielt, wurde ein dreijähriger Schimpanse namens Ham – die Abkürzung für Holloman Aeromedical – in einer Mercury-Kapsel festgeschnallt, die auf eine riesige Redstone-Trägerrakete aufgesetzt war. Um 11.55 Uhr hob die Redstone unter Donnergetöse ab und beförderte Ham mit einer Geschwindigkeit von fünftausend Meilen pro Stunde aus der Erdatmosphäre in den Weltraum.

Bei der Mission kam es zu etlichen Pannen, die dazu führten, daß die Rakete um 1800 Meilen pro Stunde zu schnell wurde und unter unerträglichen Beschleunigungskräften wieder in die Atmosphäre eintrat, aber Ham erledigte sämtliche Aufgaben fehlerlos. Unter dem stürmischen Beifall der NASA-Mitarbeiter und der Millionen Fernsehzuschauer tauchte er aus der verkohlten Mercury-Kapsel auf. Ham erntete großen Ruhm, und zehn Tage später zierte sein Konterfei das Titelblatt des Magazins *Life*. Nun galt der Weltraum auch für Menschen als ungefährlich, und am 5. Mai 1961 verließ Alan Shepard in der ersten *bemannten* amerikanischen Rakete die Erdatmosphäre.

Shepards Flug war beeindruckend, aber nur drei Wochen zuvor hatten die Sowjets den Kosmonauten Juri Gagarin an Bord der Wostok 1 in die Erdumlaufbahn geschickt. Eine Kapsel in den Weltraum zu befördern war eine Sache; eine andere war es, sie in eine Umlaufbahn zu bringen. Zu diesem Zweck entwickelte die NASA also eine stärkere Rakete, die Atlas, aber sie bewährte sich nicht: bei lediglich zwei erfolgreichen und zwei mißlungenen Starts weigerten sich die Verantwortlichen der NASA, einen Menschen an Bord der Atlas in den Weltraum zu schicken, und so griff man abermals auf einen Affen zurück – einen fünfeinhalbjährigen Schimpansen aus Westafrika namens Enos, der ausgewählt wurde, weil er nach sechzehn Monaten mörderischem psychologischem und körperlichem Training bei Holloman der Beste seiner Klasse war. Am 29. November 1961 um 10.17 Uhr wurde die Atlas-Rakete gezündet und nahm Enos zu einem ersten Erdumlauf mit, einem Flug wie aus dem Bilderbuch. Aber beim zweiten Umlauf gab es Schwierigkeiten. Eine der Schubdüsen blockierte und blieb offen, verschwendete Treibstoff und ließ die Rakete in ein nicht vorgesehenes Taumeln geraten.

Aber es kam noch schlimmer. Das Mercury-Bananensystem drehte durch und versetzte Enos nun Elektroschocks für *korrekte* Reaktionen. Auf einmal war der fünfjährige Schimpanse einem Lohn-Strafe-System ausgesetzt, das ein mehr als einjähriges intensives Training zunichte machte. Die Wissenschaftler waren überzeugt, daß Enos falsch reagieren werde, um die übliche Belohnung zu erhalten, aber dem war nicht so: Enos setzte sich über das gestörte NASA-System hinweg und erfüllte seine Aufgaben so korrekt, wie er sie gelernt hatte, obwohl er für jeden richtig betätigten Hebel einen elektrischen Schlag erhielt. Dieser »denkunfähige Affe« war klüger als seine menschlichen Kontrolleure.

Nachdem Enos' Rakete gefährlich taumelte, strich die NASA eilig den dritten Umlauf; Enos tauchte direkt am Ziel nahe den Bahamas ins Meer ein und wurde aus seiner mehr als vierzig Grad heißen Kapsel gezogen. Eine weitere Erdumrundung hätte ihn das Leben gekostet. Bei späteren simulierten Tests waren die Wissenschaftler kaum in der Lage, mit Enos' Leistung während seines Raumflugs Schritt zu halten – obwohl keiner von ihnen Elektroschocks erhielt. Enos war einem denkenden Menschen ähnlicher, als die Wissenschaft zuzugeben bereit war. Dank seiner und Hams Leistungen im Weltraum nahm die NASA zweihundertfünfzig Änderungen vor, um die Sicherheit und Bequemlichkeit des neuen Raumschiffs Friendship 7 zu verbessern, mit dem John Glenn im Februar 1962 dreimal die Erde umrundete.

Nachdem man nun sicher sein konnte, daß Menschen einen Weltraumflug überleben würden, verschwanden die Schimponauten so rasch aus dem Blickfeld der Öffentlichkeit, wie sie gekommen waren. Die ersten menschlichen Astronauten ernteten Ruhm und Bewunderung, den ersten Schimpansen im All erging es hingegen nicht annähernd so gut. Enos starb nur ein Jahr nach seinem Flug an Ruhr, und Ham wurde in den Zoo von Washington geschickt, wo er siebzehneinhalb Jahre allein in einem Käfig saß, bis man ihn 1980 in eine kleine Schimpansenkolonie im Zoologischen Park von North Carolina verlegte. Er starb 1983 im Alter von sechsundzwanzig Jahren an einem Herzinfarkt, nicht einmal halb so alt, wie er in der Wildnis hätte werden können. Von den übrigen Schimpansen aus dem Raumfahrtprogramm gelangten viele in die medizinische Forschung und wurden Opfer schmerzhafter, manchmal tödlicher Experimente.

Das traurige Schicksal der Schimponauten wurde kaum bekannt. In meiner eigenen Erinnerung erschien mir ihre Rolle im Raumfahrtprogramm so märchenhaft wie die Geschichte vom fliegenden Coco. Ich dachte, diese heldenhaften Schimpansen, Washoe eingeschlossen, seien auf humane Weise nach Amerika gebracht worden – mehr noch: sie hätten sich für die Mission bereitwillig zur Verfügung gestellt und für ihren selbstlosen Dienst an unserem Volk einen großzügigen Lohn erhalten.

Erst Jahre später erfuhr ich die Wahrheit über die Art und Weise, wie die Air Force in den fünfziger und sechziger Jahren Schimpansenkinder in Afrika »rekrutiert« hatte. Die Militärs kauften die Schimpansen afrikanischen Jägern ab, die Schimpansenmüttern mit Jungen auflauerten. In der Regel wurde die Mutter von ihrem Versteck hoch in der Baumkrone herabgeschossen. Fiel sie auf den Bauch, dann starb auch das Kind, das sich an ihre Brust klammerte. Aber viele Schimpansenmütter ließen sich auf den Rücken fallen, um ihre Kinder zu schützen. Dann wurde das schreiende Kind an Händen und Füßen gefesselt und an einer Tragestange hängend zur Küste befördert, eine qualvolle Reise, die mehrere Tage dauerte. Überlebten die Kinder auch diese Tortur – viele schafften es nicht –, dann wurden sie für vier oder fünf Dollar an einen europäischen Tierhändler verkauft, der sie tagelang in einer winzigen Kiste sitzen ließ, bis der amerikanische Käufer erschien – in diesem Fall die Air Force. Die Schimpansenkinder, die beim Eintreffen des Kunden immer noch am Leben waren, wurden in Kisten verpackt und in die Vereinigten Staaten geschickt – eine Neuauflage des Sklavenhandels früherer Jahrhunderte. Aus den Kisten kamen sehr wenige Babys lebend wieder hervor. Man schätzt, daß für jeden Schimpansen, der ins Land gelangte, zehn sterben mußten.

Mitte der sechziger Jahre schickten die USA Schimpansen nicht mehr ins All, sondern benutzten sie für medizinische Experimente. Ein Schimpansenjunges, das im Frühjahr 1966 die Reise nach Amerika überlebt hatte, war ein zehn Pfund schweres Mädchen namens Kathy. Sie wurde dem Holloman Aeromedical Laboratory geschickt, aber das Schicksal griff ein, ehe sie der Forschung zum Opfer fiel. Als das größte und gesündeste Schimpansenkind bei Holloman fiel Kathy zwei Wissenschaftlern ins Auge, die das Air-Force-Labor besuchten, um ihrerseits Schimpansen zu rekrutieren: Dres. Allen und Beatrix Gardner wählten die zehn Monate alte Kathy aus, um ihr die American Sign Language beizubringen. Aber einen so menschlichen Namen, fanden sie, sollte ein Schimpanse nicht haben, auch wenn er von Menschen aufgezogen wurde, und so tauften sie Kathy um und benannten sie nach dem County in Nevada, in dem sie aufwachsen würde: Washoe.

Warum suchte sich die NASA überhaupt Schimpansen aus? Die Sowjets hatten für ihren ersten Weltraumflug einen Hund gewählt, den besten Freund des Menschen. Ein Hund, fanden die amerikanischen Wissenschaftler, sei in Ordnung, wenn es lediglich darum gehe, die elementaren körperlichen Reaktionen auf einen Raumflug zu überwachen. Aber ein Hund, auch wenn er noch so gut trainiert sei, könne wohl kaum die Leistungen eines Astronauten erbringen.

Die NASA-Wissenschaftler entschieden sich aus denselben Gründen wie die Gardners für Schimpansen: Unter allen Tieren stehen sie uns am nächsten, biologisch, kognitiv wie auch in ihrem Verhalten. Von den drei Menschenaffenarten war der Schimpanse den Laborwissenschaftlern zu jener Zeit am vertrautesten. Dank ihres geselligen Sozialverhaltens läßt sich leicht mit ihnen arbeiten, und darüber hinaus besitzen die Schimpansen, die in physiologischer Hinsicht beinahe Zwillinge des Menschen sind, eine bemerkenswerte Fähigkeit, Probleme zu lösen.

Auch Washoe löste ständig Probleme, nicht anders als ein Menschenkind: Wenn ihr einfiel, Wandschränke zu zerlegen, benutzte sie Werkzeuge, sie dachte sich Tricks aus, um bei Spielen wie BABY VERSTECKEN zu gewinnen, sie verlangte ÖFFNEN, wenn ich in der Küche den Wasserhahn aufdrehen – oder öffnen – sollte, obwohl sie nie zuvor bei einem von uns das Zeichen ÖFFNEN im Zusammenhang mit Wasserhähnen gesehen hatte.

Aber die bemerkenswerte Ähnlichkeit der Intelligenz von Schimpansen und Menschen drückt in meinen Augen besonders ein Zwischenfall aus, der nur wenige Monate nach unserer ersten Begegnung stattfand. Wir hatten eine neue Fußmatte für die Tür des Wohnwagens gekauft, und ich wartete darauf, daß Washoe sie bemerkte. Ich war mir sicher, daß sie sich sehr dafür interessieren und die Matte sorgfältig untersuchen würde, wie sie es mit allem Neuen tat. Statt dessen warf sie einen einzigen Blick auf die Matte und prallte sofort entsetzt zurück. Dann kauerte sie in einer Ecke, geduckt vor Angst, und stieß Schreckenslaute aus.

Nach einer Weile stand sie auf, als wäre ihr plötzlich eine Idee gekommen. Sie holte eine ihrer Puppen, näherte sich der gefürchteten Fußmatte bis auf etwa eineinhalb Meter und warf die Puppe darauf. Eine Zeitlang beobachtete sie die Puppe aufmerksam, aber es geschah ihr nichts – sie lag einfach da. Minuten später kroch Washoe auf die Fußmatte zu, streckte geschwind die Hand aus und brachte die Puppe in Sicherheit. Nachdem sie ihre Puppe gründlich untersucht und festgestellt hatte, daß ihr nichts fehlte, schien sie sich zu beruhigen. Schließlich wurde sie mutiger und ging selbst auf die Fußmatte zu, zögernd zwar, aber offensichtlich ohne Furcht. Und ein paar Tage später konnte Washoe ihren Wohnwagen betreten und verlassen, ohne einen Blick auf die Matte zu werfen – sie war nichts weiter als eben eine Fußmatte.

Die Art, wie Washoe ihre Puppe benutzt hatte, um diese furchterregende neue Matte zu testen, erinnert sehr an die Leute von der NASA, die Schimpansen vorgeschoben hatten, um die Gefahren der Raumfahrt auszuloten. Das war meine eigene Einführung in die evolutionsgeschichtliche Tatsache, daß der menschliche Geist nicht voll ausgereift vom Himmel gefallen ist: Unsere Begabung, Probleme zu lösen, ist nichts anderes als eine Variante der Intelligenz eines Menschenaffen.

Washoes Verstand war dem eines menschlichen Kindes sehr ähnlich. Und nirgendwo trat dies klarer zutage als beim Lösen sozialer Probleme. Das ist kaum überraschend: Viele Wissenschaftler sind überzeugt, daß die Primaten ihre beeindruckenden Denkfähigkeiten ausgebildet haben, um mit den komplexen Mechanismen einer eng zusammenlebenden Familie und einer sozial hochentwickelten Gemeinschaft zurechtzukommen. Wilde Schimpansen sind Meister der Politik und Diplomatie: Offensichtlich berechnen sie fortwährend Kosten und Nutzen eines Bündnisses mit einem Mitglied der Gemeinschaft, während sie ein anderes vor den Kopf stoßen und ein drittes hintergehen. Kurz, sie sind uns ziemlich ähnlich.

Diese Art sozialer Intelligenz bewies Washoe in ihrer Adoptivfamilie immer wieder. Als ich knapp ein Jahr an dem Projekt mitarbeitete und Washoe drei wurde, begann sie höchst ausgeklügelte Intrigen zu spinnen, um mich zu manipulieren und zu bekommen, was sie wollte.

Eines Morgens verließen Washoe und ich den Wohnwagen, und sie raste direkt ihren Baum hinauf. Ich setzte mich auf die Stufen des Wohnwagens und trug Notizen ins Tagebuch ein. Als ich aufschaute, war sie heruntergeklettert, saß jenseits des Baums im Gras und starrte sehr eindringlich auf etwas, das sich offensichtlich unter den Felsblöcken befand. Meine Neugier siegte, und ich ging hinüber, um festzustellen, was sie so interessierte. Ich fand nichts. Aber sie starrte weiter und weiter, bis ich mich neben dem Steingarten niederließ. Kaum saß ich, verlor Washoe das Interesse an dem »Nichts« und kletterte wieder auf ihren Baum.

Nun war der Baum zwischen dem Wohnwagen und mir. Kaum hatte ich mich in meine Notizen vertieft, fiel Washoe praktisch aus dem Baum, landete auf dem Boden und sauste in gestrecktem Galopp auf den Wohnwagen zu. Bis ich auf den Beinen war, hatte sie ihren Plan bereits ausgeführt und stürmte mit einer Flasche Limonade, die sie sich aus einem wieder einmal nicht abgesperrten Wandschrank geholt hatte, aus dem Wohnwagen. Mit der Flasche unter dem Arm konnte sie nicht auf allen vieren laufen, so daß sie wie ein betrunkener Seemann auf zwei Beinen zum Baum wankte. Sie erreichte ihn vor mir und kletterte wie der Blitz hinauf in ihre sichere Zuflucht.

Ich war sprachlos. Washoe mußte bereits während des Frühstücks bemerkt haben, daß der Wandschrank nicht abgesperrt war, hatte ihren natürlichen Impuls, ihn zu plündern, sobald ich ihr den Rücken zudrehte, unterdrückt und statt dessen diesen Plan ausgeheckt, um mich lange genug abzulenken, so daß sie selbst zum Wohnwagen gelangen *und* die Limonade ergattern konnte. Das war Planung und Täuschung auf einem weitaus höheren Niveau, als ich ihr je zugetraut hätte. Die Entwicklung der Intelligenz beim Menschen ist häufig mit denselben Kennzeichen verbunden, wie sie auch Washoe an den Tag legte: der Fähigkeit, Reaktionen zu unterdrücken – im Unterschied beispielsweise zu Pawlows speichelnden Hunden –, und der nötigen Flexibilität, um einen Plan an die jeweiligen Umstände anzupassen.

Washoe griff nicht immer auf derart komplexe Täuschungsmanöver zurück. Wie jedes drei- oder vierjährige Kind besaß sie ein besonderes Talent, ihre Eltern und alle übrigen Autoritätspersonen, mich eingeschlossen, zu manipulieren. Kaum hatte sie eine neue Methode entdeckt, uns zu einer Reaktion zu zwingen, setzte sie sie unverzüglich in die Tat um und versuchte, den größtmöglichen Vorteil herauszuschlagen.

Zum Beispiel wußte Washoe genau, welche ihrer »inakzeptablen« Verhaltensweisen uns zur Weißglut trieben. Eine Zeitlang waren es grüne Trauben. Nicht, daß sie ihr schadeten – sie bekam nur unweigerlich Durchfall davon, und nichts ist weniger erfreulich als hinter einem herumtobenden Schimpansen mit Durchfall herzuwischen. Folglich wurden grüne Trauben zum Druckmittel. Jedesmal, wenn sie essen, spielen oder sonst irgend etwas wollte, riß sie ein paar Trauben von der Weinrebe, kletterte in den Baum und stopfte sich die verbotenen Früchte in den Mund, bis wir uns ihren Wünschen beugten. Manchmal tat sie es auch nur, um zuzusehen, wie wir eine Kostprobe menschlicher Theatralik lieferten. Glücklicherweise war die Zeit, in der grüne Trauben zur Verfügung standen, nicht sehr lang.

Eine andere Erpressungsmethode waren Kieselsteine. Die Kiesfläche, auf der Washoes Wohnwagen stand, hatte immer Saison, und sie brauchte uns nur anzudrohen, Steine zu essen, um uns, die wir nicht wußten, was sie in ihrem Magen oder ihrer Kehle anrichten würden, in Angst und Schrecken zu versetzen. Schließlich sagte uns Washoes Arzt, wir sollten uns keine Sorgen machen – Kieselsteine würden einfach ihren Verdauungstrakt passieren, ohne ihr zu schaden. Nachdem die Gardners uns angewiesen hatten, Washoes Kiesdrohungen zu ignorieren, veränderte ihr Verhalten sich grundlegend: Washoe ging auf den Kies zu und verharrte, um uns zu beobachten und auf unsere hysterische Reaktion zu warten. Als wir überhaupt nicht reagierten, packte sie eine Handvoll Steine und stopfte sie in den Mund, dann saß sie da und schaute uns an. Wir taten, als bemerkten wir nichts. Wie durch ein Wunder hörte die Kiesesserei innerhalb eines Monats auf.

Ganz verschwand sie jedoch nicht. Von Zeit zu Zeit geriet Washoe in Trotzstimmung und tat der Reihe nach alles, was sie nicht tun sollte. Sie riß mit den Zähnen ein Loch in ihr Sweatshirt, dann versuchte sie, in die Wandschränke einzubrechen, und schließlich kletterte sie in den Baum, um vom höchsten Ast herunterzupinkeln. Aber ich weigerte mich jedesmal, zu reagieren. Schließlich griff sie zu ihrer letzten Waffe: Sie packte eine Handvoll Kies, schaufelte ihn in den Mund und beobachtete mich. Als nicht einmal diese Maßnahme ihr meine Aufmerksamkeit eintrug, spuckte sie den Kies aus und gab auf.

Etwa um dieselbe Zeit hatten wir zu Hause eine Katze, und obwohl sie ein wunderbares und intelligentes Tier war, fiel ihr nicht ein, komplizierte Täuschungsmanöver auszuhecken, mich mit Trotzverhalten zu erpressen oder mir mittels Gebärdensprache Streiche zu spielen. Washoe tat das alles. Warum konnte dieses Schimpansenbaby denken, sich benehmen und sprechen wie ein menschliches Kind?

Die Antwort ist in der gemeinsamen Stammesgeschichte unserer beiden Spezies zu suchen: Wir teilen denselben affenähnlichen Vorfahren. Interessanterweise wußten dies die Völker von Westafrika schon Tausende von Jahren vor der modernen Molekularbiologie und lang vor der ersten Begegnung der Europäer mit einem Schimpansen. Die Waldmenschen aus Westafrika wußten, daß ihr Nachbar, der Schimpanse, entweder der Vorfahre oder der Bruder des Menschen ist. Das Wort *Schimpanse* ist einem kongolesischen Dialekt entlehnt und bedeutet »Scheinmensch«.

In den Augen der Westafrikaner ist der Schimpanse beinahe oder ganz menschlich. Das Volk der Oubi von der heutigen Elfenbeinküste bezeichnet die Schimpansen als »häßliche Menschen«. Nach deren Mythologie schuf Gott die Menschen und befahl ihnen, zu arbeiten. Die Schimpansen – die schlau genug waren, seinen Befehl zu mißachten – wurden dafür mit Häßlichkeit bestraft und in den Dschungel verbannt, wo sie sich weiterhin vor der Arbeit drücken und sich mehr oder weniger gut durchs Leben schlagen. Bei den Oubi ist es bis heute verboten, Schimpansen zu töten, denn in religiöser Hinsicht gelten sie als dem Menschen überlegen.

Das Volk der Mende in den Wäldern von Nordguinea nennt die Schimpansen *numu gbahamisia* – »andere Personen« – und ist überzeugt, daß Menschen und Schimpansen von ein und derselben Gruppe von Waldbewohnern abstammen, genannt *huan nasia ta lo a ngoo fele* – »die Tiere, die auf zwei Beinen gehen«. Ein Teil des Gouro-Stamms hält sich selbst für die Nachkommen der Schimpansen. Das Volk der Baoulé nennt den Schimpansen den »geliebten Bruder« des Menschen. Für die Bakwé sind die Schimpansen nicht nur nahe Verwandte, sondern wurden früher sogar wie Menschen begraben. Die Bété nennen den Schimpansen »wilden Mann« oder einen »Menschen, der in den Wald zurückgekehrt ist«.

Die westafrikanischen Stämme, die seit jeher Seite an Seite mit den Schimpansen gelebt haben, zweifelten niemals an deren Fähigkeit, vernünftig zu denken. Auch wußten sie schon lange, daß Schimpansen Steinwerkzeuge herstellen und verwenden, daß sie Pflanzen zu Heilzwecken einsetzen, soziale Aktivitäten wie zum Beispiel eine gemeinsame Jagd organisieren und sogar eine rudimentäre Form von politischer Kultur besitzen.

Die Europäer sahen die Schimpansen völlig anders. Den alten Griechen war nur der Affe schlechthin bekannt. In seliger Unkenntnis des Schimpansen standen die Begründer der abendländischen Philosophie nie vor der Notwendigkeit, das Phänomen eines Nichtmenschen zu erklären, der Werkzeuge herstellt und benutzt. So konnten Platon und Aristoteles eine deutliche Trennlinie zwischen dem denkenden Menschen und dem Rest des Tierreichs ziehen.

Nach Platon unterschied sich der Mensch von den Tieren dadurch, daß er zwei Seelen besaß: Die unsterbliche Seele hatte ihren Sitz im Kopf; sie verlieh die Kraft des Verstandes und stellte die Verbindung zum ewig Göttlichen her; die sterbliche Seele saß in Brust und Bauch. Nichtmenschliche Wesen besäßen nur diese sterbliche Tierseele, sagte Platon.

Auch Aristoteles definierte den Menschen als »ein Tier mit Verstand«. Er hob die Menschen über alle anderen Tiere und entwarf die Große Kette des Seins, an deren Spitze der freie Mann stand, mit Geist ausgestattet und allein den Engeln untertan. Unter den Mann stellte er die Frau, den Sklaven und das Kind, weil es ihnen an Verstand mangele und sie deshalb dazu bestimmt seien, beherrscht zu werden. Wieder eine Stufe tiefer setzte er die nichtmenschlichen Wesen, deren einziger Daseinszweck darin bestehe, den Menschen zu dienen. Diese Tiere konnten Lust und Schmerz empfinden und besaßen sogar ein Gedächtnis, aber es fehlte ihnen eindeutig an Verstand und Gefühl.

Die griechische Vorstellung von einer Welt, die allein um des Menschen willen geschaffen worden war, fiel auf fruchtbaren Boden in der jüdisch-christlichen Tradition, der zufolge die Erde und alle Lebewesen dem Menschen untertan waren. So eigneten sich die Kirchenväter die Große Kette des Seins bereitwillig an und krönten sie mit dem biblischen Menschen, einem einzigartigen Wesen, geschaffen nach dem Ebenbild Gottes.

Im 17. Jahrhundert ging der französische Philosoph René Descartes noch einen Schritt weiter und trennte den Menschen ganz und gar von der natürlichen Welt. Der Mensch habe wohl einen Körper, aber Existenz verleihe ihm erst der Geist: »Ich denke, also bin ich.« Die Griechen hatten den nichtmenschlichen Wesen zumindest die Fähigkeit zu empfinden, zu fühlen und zu erinnern zugestanden, in der kartesianischen Welt hingegen wurden die nichtdenkenden, geistlosen Tiere zu gefühllosen Zahnrädern im umfassenden Mechanismus der Natur. Ein Hund, der getreten oder gar viviseziert wird, jault nicht aus Schmerz, sondern gibt Töne von sich wie eine verklemmte Uhrfeder.

Zu Beginn der dreißiger Jahre des 17. Jahrhunderts durchtrennte Descartes endgültig jede noch bestehende Verbindung zwischen Geist und Körper, zwischen dem Menschen an der Spitze und den darunterstehenden Nichtmenschen. Endlich war der Mensch übernatürlich geworden, gänzlich befreit von der Natur. Im selben Augenblick betrat der »wilde Mann« aus Afrika, der Schimpanse, die Bühne.

Die ersten Berichte von Menschenaffen trafen 1607 in Europa ein. Ein zurückkehrender Seemann namens Andrew Battell brachte sie mit; er war von den Portugiesen gefangengenommen und mehrere Jahre in Angola festgehalten worden. Battell erzählte von zwei halbmenschlichen »Ungeheuern« namens Pongo und Engeco – die wir heute Gorilla und Schimpanse nennen.

Die erschütternden Berichte bestätigten sich erst 1630, als ein lebender Schimpanse in Europa eintraf, ein Geschenk an den Fürsten von Oranien in den Niederlanden. Dreißig Jahre später, 1661, begegnete Samuel Pepys einem weiteren Schimpansen und äußerte seine Bemerkung, man könnte dieses Wesen lehren, zu sprechen oder sich mit Zeichen zu verständigen. Nun drohte der offensichtlich intelligente Schimpanse das Gesamtkunstwerk der Großen Kette des Seins zum Einsturz zu bringen.

1699 nahm Englands berühmtester Anatom, Edward Tyson, die erste Zerlegung eines Schimpansen vor und entdeckte eine Anatomie, die »dem Menschen in vielen seiner Teile [ähnelte], mehr als jede andere Affenart oder jedes andere Tier der Welt«. Besonders beunruhigt war Tyson über das Gehirn und die Kehlregion des Wesens, die beinahe menschlich aussahen und darauf hindeuteten, daß dieses Tier fähig sein könnte, zu denken und zu sprechen. Aber als guter Kartesianer ging Tyson davon aus, daß ein denkendes und sprechendes Tier schlichtweg unmöglich war. So kam er zu dem Schluß, dieser Affenmensch besitze zwar den gesamten Apparat zum Denken und Sprechen, nicht aber die gottgegebene Fähigkeit, ihn zu benutzen. Tyson war es, der das Paradigma des geistlosen Affen aufstellte: den Schimpansen mit menschlichem Gehirn, aber ohne einen einzigen Gedanken darin, mit menschlichem Nervensystem, aber ohne das geringste Gefühl, mit einem Sprechapparat, aber ohne mitteilbare Inhalte. Tyson erfand die Auffassung vom Schimpansen, an der die biomedizinischen Forscher noch heute festhalten: ein Tier mit der Physiologie des Menschen, aber der Psychologie einer leblosen Maschine – ein behaartes Reagenzglas, dazu geschaffen, vom Menschen benutzt zu werden.

Ironischerweise wird Edward Tyson häufig der »Vater der Primatologie« genannt, weil seine anatomische Zerlegung eines Menschenaffen nicht nur die erste der Welt war, sondern auch während der nächsten zweihundert Jahre bestimmend blieb. Tyson deckte tatsächlich die enge physiologische Verwandtschaft zwischen Menschen und Schimpansen auf, doch andererseits untermauerte er die Lehren von Platon, Aristoteles und Descartes: Der Mensch mochte anderen Tieren zwar physisch ähnlich sein, geistig jedoch bestand nicht die geringste Übereinstimmung – auch nicht mit dem Menschenaffen.

Nur drei Jahrzehnte später, 1735, veröffentlichte der schwedische Naturforscher Carl von Linné (Carolus Linnaeus) sein monumentales zoologisches Klassifikationssystem, *Systema naturae*. Er ordnete sämtliche Spezies nach körperlichen Ähnlichkeiten und stellte den Menschen neben die Schimpansen und andere Menschenaffen in eine Säugetierordnung, die er Anthropomorpha nannte, »Menschenähnliche«. Aber als es daran ging, die Spezies zu benennen, ließ Linné keinen Zweifel daran, daß der menschliche Geist einzigartig sei: Er taufte ihn *Homo sapiens*, »der verständige Mensch«.

Der Zoologe Thomas Huxley, der als »Darwins Bulldogge« berühmt wurde, war der erste, der 1863 behauptete, die anatomische Ähnlichkeit zwischen Menschen und Menschenaffen sei kein Zufall, sondern eine »Familiensache«. Vier Jahre zuvor hatte Charles Darwin seine einflußreiche Abstammungslehre *Über die Entstehung der Arten* veröffentlicht, aber das brisante Thema der stammesgeschichtlichen Herkunft des Menschen dabei geflissentlich übergangen. Huxley war es, der die zwingenden anatomischen Beweise für die Verwandtschaft zwischen Menschen und Menschenaffen über einen gemeinsamen Vorfahren darlegte. Charles Darwin stimmte zu und schrieb in *Die Abstammung des Menschen*, seinem eigenen späteren Werk zu dem Thema, daß der »Mensch von einem haarigen, geschwänzten Vierfüßer abstammt, der wahrscheinlich auf Bäumen lebte«. (Der Begriff »Menschenaffe« bezieht sich auf die heutigen Schimpansen, Gorillas und Orang-Utans. Wir stammen nicht von ihnen ab, sondern von einer Spezies, die ich in diesem Buch als »affenähnliches Wesen« oder als »unser gemeinsamer Vorfahre« bezeichne.)

Anhand einer ungeheuren Fülle von Beweisen widerlegte Darwin die verbreitete Auffassung, wonach sämtliche Lebensformen auf der Erde gleichzeitig geschaffen worden und für alle Zeiten unveränderlich seien. In Wahrheit, behauptete er, habe alles Leben einen gemeinsamen Ursprung und höre nie auf, sich weiterzuentwickeln. Darwin war sich natürlich darüber im klaren, daß er unsere himmlische Herkunft in Frage stellte, als er die Entwicklung des Menschen von einem affenähnlichen Wesen nachzuzeichnen begann. Die düstere Ironie seiner Lehre drückt seine berühmte Bemerkung aus: »Unser Großvater ist der Teufel in Form eines Affen.«

Darwins Theorie versetzte ganz Europa in Empörung und erschütterte besonders jene, denen die Schöpfungsgeschichte als wörtliche Wahrheit galt. Aber seine Theorie gewann auch viele Jünger unter den Wissenschaftlern, die ursprünglich Kreationisten gewesen waren, also Anhänger der wörtlichen Auslegung der Bibel. Die Evolutionslehre erklärte, weshalb die Taxonomisten seit Carl von Linné stets von anatomischen Grundmustern ausgehen konnten, um verschiedene Tierspezies aufgrund ihrer physischen Ähnlichkeiten zu klassifizieren. Zum Beispiel sieht ein Hund einem Fuchs deshalb ähnlicher als einer Katze, weil der gemeinsame Ahne von Hunden und Füchsen entwicklungsgeschichtlich jünger ist als der gemeinsame Vorfahre von Hunden und Katzen.

Aber Darwins Abstammungslehre war nicht nur eine Gefahr für die biblische Interpretation von der Entstehung des Menschen. Die Evolution bedrohte – und bedroht noch immer – die Platonsche Grundvoraussetzung aller abendländischen Philosophie, der zufolge allein der Mensch vernunftbegabt ist. Nun behauptete Darwin, wir ähnelten unseren Verwandten, den Affen, nicht nur anatomisch, sondern auch geistig. Die Evolution wisse nichts von der vermeintlichen Einzigartigkeit des Menschen. Wenn sich das genetische Programm für das Gehirn von Menschenaffen beziehungsweise von Menschen durch winzige adaptive Mutationen entwickelt habe, dann könnten sich auch die Vorgänge innerhalb dieser Gehirne nur in geringem Maß voneinander unterscheiden. Niemals könne die Evolution einen derart gewaltigen Widerspruch hervorbringen wie Tysons Schimpansen – ein menschenähnliches Gehirn ohne Inhalt.

In der *Abstammung des Menschen* erklärte Darwin, daß nichtmenschliche Tiere, vor allem die Menschenaffen, die Fähigkeit besäßen, zu denken, Werkzeuge zu benutzen, nachzuahmen und sich zu erinnern – alles Eigenschaften der Vernunft, die lange Zeit als das Monopol des Menschen gegolten hatten.

Und in seinem Werk *Der Ausdruck der Gemütsbewegungen bei den Menschen und den Tieren* zeigte er die Kontinuität und Übereinstimmung von Gefühlen – Angst, Eifersucht, Kummer, Freude und Treue – bei vielen verschiedenen Spezies auf. Für Darwin bestand kein Zweifel daran, daß unser komplexes Verhalten sich genauso wie unsere komplexe Anatomie von unseren affenähnlichen Vorfahren her entwickelt hat.

Die meisten Zeitgenossen Darwins hielten seine Theorie für maßlos übertrieben: Nie und nimmer fänden wir die Wurzeln unseres Erkenntnisvermögens bei den Affen. Sogar die Anhänger der Evolutionslehre zogen es vor, den Schimpansen als eine Art entfernten Cousin zu betrachten: Immerhin sah er dem Gorilla und dem Orang-Utan, zwei andere Menschenaffen, die sowohl auf Bäumen wie auf dem Boden leben, viel ähnlicher als uns. Folglich ordneten sie diese drei Spezies ein und derselben taxonomischen Familie zu, die sie »Menschenaffen« nannten (der wissenschaftliche Name lautet *Pongiden*), und schufen eine zweite, separate Familie, die sogenannten *Hominiden*, für die Menschen und unsere ausgestorbenen Vorfahren wie *Homo erectus* und *Homo habilis*.

Auch diese Klassifikation nach ähnlichen körperlichen Merkmalen wahrte die altgriechische Vorstellung von der Einzigartigkeit des Menschen. Zu Beginn meines Studiums, Anfang der sechziger Jahre, hörte ich in der Anthropologievorlesung, der Mensch habe sich vor mindestens zwanzig Millionen Jahren von den Affen getrennt. Damit hatten unsere Vorfahren nicht nur genug Zeit, um haarlos, kurzarmig und zweibeinig zu werden, sondern auch alle Muße, um »die besonderen menschlichen Eigenschaften« des Denkens, der Sprache und der Kultur zu entwickeln. In meinen Lehrbüchern war der Stammbaum der Affen folgendermaßen dargestellt:

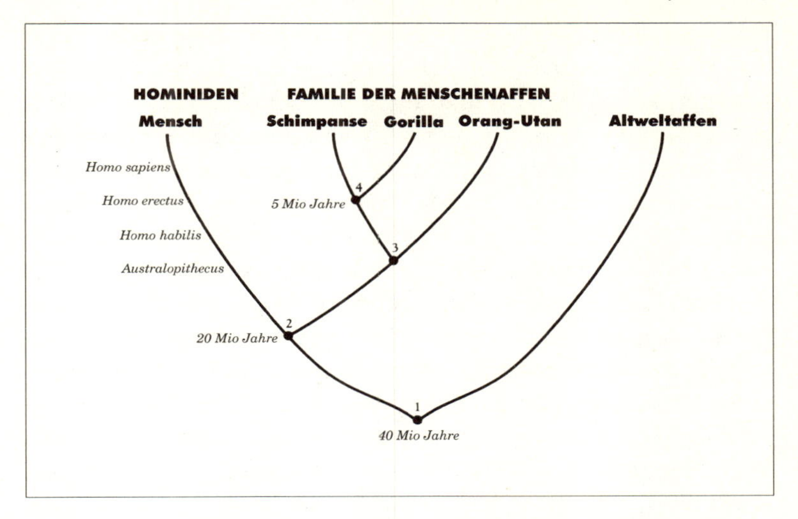

Punkt 1 ist der gemeinsame Vorfahre von Tier- und Menschenaffen sowie Menschen, die Spezies eines affenähnlichen Baumbewohners, aus der vor etwa 40 Millionen Jahren zwei getrennte Linien hervorgingen. Aus der einen entstanden die heutigen Altweltaffen (Makaken, Paviane, Meerkatzen und so weiter), aus der anderen die auf dem Boden lebenden und in Bäumen kletternden Menschenaffen und die Menschen.

An Punkt 2, vor etwa 20 bis 30 Millionen Jahren, teilt sich der gemeinsame Stammbaum von Menschenaffen und Menschen. Die eine Gruppe richtet sich auf; aus ihr geht eine lange Linie von Hominidenspezies hervor, bis sich endlich der *Homo sapiens* entwickelt, der moderne Mensch. Der andere Zweig bewegt sich weiterhin auf vier Gliedmaßen: Aus ihm entstehen die Vorfahren der Menschenaffen, die Millionen Jahre einer gemeinsamen Linie folgen, bis an Punkt 3 der Orang-Utan, der charakteristische asiatische Menschenaffe, abzweigt und später, an Punkt 4, vor vielleicht fünf Millionen Jahren, die afrikanischen Menschenaffen, Schimpanse und Gorilla, sich voneinander trennen. Mit anderen Worten: Der Mensch ist allenfalls ein entfernter Cousin der Familie der Menschenaffen, nur über sehr viele Ecken mit ihr verwandt.

Dieser weithin akzeptierte Affenstammbaum lieferte eine

sehr schöne Erklärung, weshalb die Menschen so anders aussehen und so großartige Kulturen hervorgebracht haben. Das Problem war das Verhalten der Schimpansen, das er *nicht* erklären konnte. Im Jahr 1960 publizierte Jane Goodall dann ihre bahnbrechende Entdeckung, daß die Schimpansen am Gombe-Strom in Ostafrika ständig Werkzeuge benutzen und sogar herstellen. Wenn Schimpansen so ferne Verwandte waren, wie konnte es dann sein, daß sie sich mit der Herstellung von Werkzeugen befaßten, dem Hauptmerkmal der Hominidenkultur? Kurz darauf, 1961, folgten Ham, Enos und die anderen »Schimponauten«. Warum waren ihre Denkprozesse den unseren so unheimlich ähnlich? 1966 schließlich kam das entscheidende Ereignis: Washoe lernte eine Sprache. Als ich Washoe ein Jahr später kennenlernte, fragte ich mich selbst, weshalb ein Wesen, das so *anders* aussah als ein menschliches Kind, *genauso* dachte, handelte und sprach wie unsere eigenen Kinder.

Das Geheimnis begann sich noch im selben Jahr 1967 zu lüften, als zwei Biologen, Vincent Sarich und Allan Wilson, die Eiweißmoleküle aus dem Blut von Menschen und Schimpansen verglichen und feststellten, daß sie beinahe vollkommen übereinstimmten. Trotz aller äußeren Unterschiede sind sich Menschen und Schimpansen genetisch ausgesprochen ähnlich. Sarich und Wilson kamen zu dem Schluß, daß Menschen und Schimpansen keineswegs entfernte Vettern sind, sondern in Wahrheit »Artgeschwister« – wie Schafe und Ziegen oder Pferde und Zebras. Immunologisch gesehen, schrieb Vincent Sarich, seien Mensch und Schimpanse einander so ähnlich wie »zwei Subspezies von Taschenratten, die an gegenüberliegenden Ufern des Colorado River leben«.

Diese Entdeckung und ihre Bedeutung für den Ursprung des Menschen schlugen ein wie eine Bombe. Die genetische Ähnlichkeit sei nur dadurch zu erklären, sagten Sarich und Wilson, daß die beiden Arten nicht vor zwanzig, sondern vor allenfalls sechs Millionen Jahren von ihrem gemeinsamen Ahnen abzweigten. Wenn sie recht hatten, dann war die Gattung Mensch sehr viel jünger, als man je für möglich gehalten hatte.

Führende Anthropologen und Paläontologen brachen angesichts dieser Hypothese in Hohngelächter aus. Doch Anfang der achtziger Jahre bestätigten Charles Sibley und Jon Ahlquist die genetische Verwandtschaft zwischen Menschen und Menschenaffen durch eine Analyse der DNS, die das Lebensmolekül schlechthin ist. Sibley und Ahlquist fanden lediglich einen Unterschied von 1,6 Prozent zwischen der DNS des Menschen und den Genen des Schimpansen. Mit anderen Worten: 98,4 Prozent der menschlichen DNS sind identisch mit der DNS des Schimpansen. Das genetische Programm, aufgrund dessen Washoe sich entwickelt hat, ist praktisch dasselbe wie unser menschliches Programm.

Was bedeutet eine zu 98,4 Prozent identische DNS? Es bedeutet, daß Menschen und Schimpansen einander genetisch ähnlicher sind als zwei kaum zu unterscheidende Vogelarten wie der rotäugige und der weißäugige Grünfink (die genetisch nur zu 97,1 Prozent übereinstimmen). Noch vielsagender aber ist die Tatsache, daß Menschen Schimpansen genetisch beinahe genauso nahestehen wie Schimpansen den Bonobos, einer zweiten Schimpansenspezies, die nur in Zaire (Republik Kongo) vorkommt. Deshalb sind wir Menschen laut dem Physiologen Jared Diamond als dritte Schimpansenart anzusehen – ein menschlicher Schimpanse sozusagen.

Aber nur weil Schimpansen *unsere* stammesgeschichtlich nächsten Verwandten sind, folgt daraus nicht zwangsläufig, daß wir *ihre* nächsten Verwandten sind: Sie könnten zum Beispiel uns zwar sehr nahe, den Gorillas aber noch viel näherstehen. Doch hier warfen Sibley und Ahlquist dreihundert Jahre Taxonomie über den Haufen: Schimpansen sind mit den Menschen enger verwandt als mit Gorillas oder Orang-Utans. Sowohl vom Menschen wie auch vom Schimpansen unterscheiden sich der Gorilla in 2,3 Prozent seiner DNS und der Orang-Utan in etwa 3,6 Prozent. Entgegen dem äußeren Anschein ist der nächste Artverwandte des Schimpansen nicht der Gorilla oder der Orang-Utan, sondern der Mensch.

Deshalb müssen wir uns den Stammbaum der Menschenaffen noch einmal genauer ansehen. Nachdem die DNS in ziemlich gleichmäßigem Rhythmus mutiert, sozusagen wie eine molekulare Uhr, waren Sibley und Ahlquist in der Lage, annähernd den Zeitpunkt auszurechnen, zu dem sich die Entwicklungslinien der beiden Spezies trennten. Ihr DNS-Nachweis, der mittlerweile weithin akzeptiert ist, legt den folgenden Stammbaum nahe:

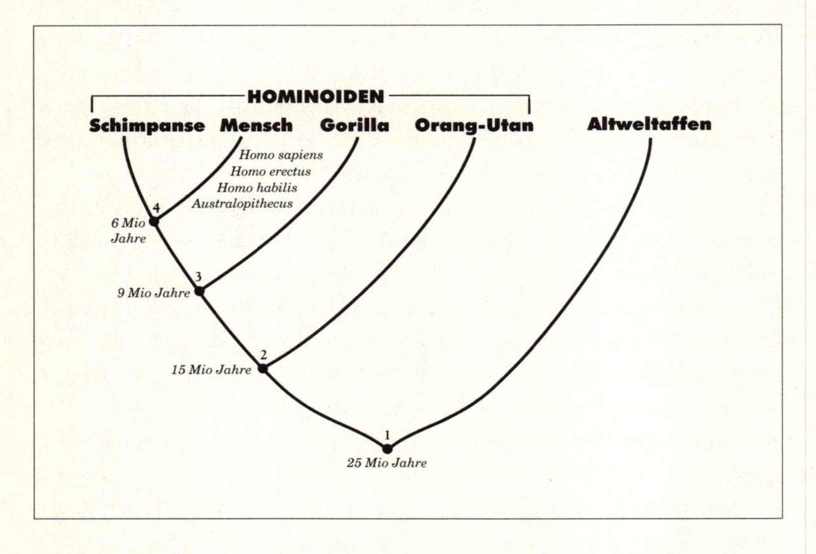

Wieder zeigt Punkt 1, wo Tier- und Menschenaffen sich voneinander trennten – nur mit dem Unterschied, daß der Zeitpunkt jetzt früher, vor 25 bis 30 Millionen Jahren, angesetzt ist. An Punkt 2, vor etwa 15 Millionen Jahren, zweigt der Orang-Utan ab und an Punkt 3, vor etwa neun Millionen Jahren, der Gorilla. Menschen und Schimpansen teilen sich weitere drei Millionen Jahre einen gemeinsamen Stammbaum, bis schließlich an Punkt 4, vor ungefähr 6 Millionen Jahren, die Menschen abzweigen, indem sie spezialisierte Eigenschaften wie Zweifüßigkeit und aufrechten Gang entwickeln. Erst nach dieser letzten Abzweigung, in dem kurzen evolutionären Zeitraum von sechs Millionen Jahren oder weniger, traten die aufrecht gehenden Hominiden auf – darunter *Australopithecus, Homo habilis* und *Homo erectus*.

Das ist natürlich ein vollkommen anderer Familienstammbaum, denn er zeigt eindeutig, daß wir nicht die drei Menschenaffen in einen Topf werfen können, ohne auch die Menschen mit einzubeziehen. Die stammesgeschichtlichen Großeltern der Schimpansen und Gorillas (Punkt 3) sind auch unsere eigenen Großeltern. Und Washoe und ich teilen uns sogar noch einen jüngeren Ahnen (Punkt 4), den wir mit dem Gorilla nicht mehr gemeinsam haben. Wenn wir Washoe als Menschenaffen bezeichnen, dann gilt diese Klassifikation auch für uns selbst, denn sie ist mit einem Gorilla nicht näher verwandt als Sie oder ich. Alle Kategorisierungen von Menschenaffen sind bedeutungslos, *solange sie nicht den Menschen einschließen*. Menschen sind tatsächlich nichts anderes als merkwürdig aussehende Affen.

Die Molekularbiologen sind sich mittlerweile einig: Zwischen Menschen, Schimpansen, Gorillas und Orang-Utans besteht eine so enge Verwandtschaft – 96,4 oder mehr Prozent Übereinstimmung –, daß sie ein und derselben Familie angehören. Wenn Sie einen Blick in die jüngste Ausgabe der endgültigen Klassifikation *Mammal Species of the World* (Säugetierspezies der Welt) der Smithsonian Institution werfen, werden Sie feststellen, daß die Menschenaffen inzwischen in die Familie aufgestiegen sind, die zuvor allein dem Menschen vorbehalten war: in die Familie der Menschenartigen oder Hominoiden. Diese neue Klassifizierung trägt der Tatsache Rechnung, daß Menschenaffen und Menschen so eng miteinander verwandt sind wie afrikanische und indische Elefanten. Das bedeutet auch, daß Washoe, eine Angehörige der Hominoidenfamilie, als menschenartig zu klassifizieren ist – ein Begriff, der bislang nur für die Menschen und unsere aufrecht gehenden Vorfahren galt.

Wenn wir uns fünf Millionen Jahre zurückversetzen und unsere Ahnen beobachten könnten, sagt Vincent Sarich, der Pionier der Molekularanthropologie, dann würden wir sie für kleine Schimpansen halten. Washoe, die moderne Schimpansin, sähe unserem gemeinsamen Vorfahren ähnlicher als wir. Ihre Spezies ist ihrer ökologischen Nische näher geblieben und hat vermutlich weniger Anpassungsschritte und Änderungen durchlaufen als wir, weshalb Washoe dem Gorilla, dem anderen afrikanischen Menschenaffen, ähnlicher sieht als einem Menschen. Unsere eigenen menschlichen Vorfahren haben sich von ihrem Ursprung weit entfernt; die 1,6 Prozent Unterschied in ihrem genetischen Programm brachten den modernen Menschen hervor, der sich auf zwei Beinen fortbewegt, ein großes Hirnvolumen aufweist und eine komplexe Lautsprache entwickelt hat. Doch auch diese Neuerungen sind in der Anatomie des Schimpansen fest verwurzelt. Unser Skelett ist die aufrechte Version eines Schimpansenskeletts, unser Gehirn die erweiterte Version eines Schimpansengehirns und unser Sprechapparat eine Abwandlung des Stimmtrakts der Schimpansen.

Aber die Kontinuität zwischen Menschen und Schimpansen beschränkt sich nicht auf die Anatomie. Wie Darwin schon vermutete, haben wir, Schimpansen und Menschen, von unserem gemeinsamen Ahnen auch ähnliche kognitive Fähigkeiten geerbt. Es ist kein Zufall, daß die Mutter-Kind-Bindung sowohl in Menschen- wie in Schimpansenfamilien mehr als zehn Jahre dauert. Daraus lernen wir, daß auch unser gemeinsamer Vorfahre eine sehr lange Kindheit hatte – lang genug, um sich die Fähigkeiten der Werkzeugherstellung und der sozialen Problemlösung anzueignen, die in einer Gemeinschaft von Menschenaffen lebenswichtig sind.

Außerdem hatten die Schimpansen seit jeher eine rudimentäre Kultur, die so alt ist wie unsere eigenen kulturellen Anfänge – das heißt, seit unserem gemeinsamen Vorfahren vor sechs Millionen Jahren. Die westafrikanischen Völker waren davon schon immer überzeugt. Es dauerte mehrere Jahrtausende, bis ein Abendländer – nämlich Jane Goodall – sich eingehend mit dem Bewußtsein der Schimpansen befaßte, statt einfach zu behaupten, es existiere nicht. Sehr zum Entsetzen der Wissenschaft waren die Schimpansen, denen Goodall 1960 im Dschungel begegnete, keineswegs Descartes' Automaten oder Tysons geistlose Anthropoiden, dumpfe Tiere in Menschengestalt. Statt dessen wurden die Europäer endlich mit ihrem evolutionsgeschichtlichen Verwandten wiedervereinigt: einem hochintelligenten, kooperativen, liebevollen, aber auch gewalttätigen Primaten, der Familienbande pflegt, sich verwaister Kinder annimmt, den Tod der Mutter betrauert, Heilpflanzen kennt und anwendet, Machtkämpfe ausficht und Kriege führt.

Zu Beginn meines Studiums beging jeder, der Tieren Gedanken oder komplizierte Beweggründe zutraute, den Frevel des Anthropomorphismus, der darin bestand, nichtmenschlichen Tieren menschliche Eigenschaften zuzuschreiben. Aber meine Collegeprofessoren versäumten, uns mitzuteilen, daß Menschenaffen sich anthropomorph *verhalten*, weil sie Anthropoiden sind, Angehörige der Unterordnung der Primaten, die Menschen und Menschenaffen umfaßt. Der Nachweis durch die DNS-Analyse war lediglich eine Bestätigung dessen, was Darwin schon ein Jahrhundert früher postuliert hatte: daß Menschen und Schimpansen sich ähnlich verhalten, ähnlich fühlen und ähnlich denken.

Genetisch war Washoe auf eine Schimpansenkindheit programmiert, die in der Natur der menschlichen Kindheit am nächsten kommt. Evolutionsgeschichtlich gesehen war ihre Reise vom afrikanischen Dschungel in einen Vorort von Reno, Nevada, dasselbe, als wäre sie von zu Hause fortgegangen, um bei ihren Hominidenverwandten am anderen Ende der Stadt zu leben. Sicher ist ein geringfügig anderes Verhalten zu erwarten; dennoch ist das Schimpansenkind wie sein menschliches Pendant ein bemerkenswert anpassungsfähiges Wesen. Biologisch ist Washoe dafür ausgerüstet, ein Leben lang zu lernen, und zugleich ist sie flexibel genug, um sich die jeweiligen Umgangsformen einer bestimmten Schimpansengemeinschaft anzueignen, nicht anders als das genetische Programm des Menschen im großstädtischen New York genauso funktionieren muß wie innerhalb eines Stammesverbands in der Kalahari. In ihrer menschlichen Pflegefamilie fand Washoe ein zwar verzerrtes, aber immerhin erkennbares Spiegelbild ihrer eigenen Schimpansenfamilie.

Während der ersten Jahre, in denen ich am Projekt Washoe mitarbeitete, führte ich ein Doppelleben. Zu Hause war ich Ehemann, Vater, Brotverdiener – der Vorstand eines Haushalts. Während meiner Arbeit saß ich mit dem Schimpansenmädchen und manchmal auch mit ihren anderen menschlichen Spielgefährten am »Kindertisch«. Für meinen Sohn Josh war ich »Dada«, ausgestattet mit all der damit verbundenen Autorität. In Washoes Augen hatte ich diesen elterlichen Respekt nicht verdient. Für sie war ich ein älterer Bruder und im weiteren Sinn eines von mehreren Adoptivkindern in einer Familie von Doktoranden.

Allen und Trixie Gardner bildeten den Haushaltsvorstand. Zwei unterschiedlichere Persönlichkeiten kann man sich kaum vorstellen. Sie waren beide Juden, aber in kultureller Hinsicht trennten sie Welten. Allen war in der Bronx aufgewachsen, und hinter seinem pfeifenrauchenden Intellektuellen-Image verbarg sich der ungestüme, streitlustige Stil, für den die Bronx so berüchtigt ist. Trixie hingegen hatte eine sehr ruhige, kultivierte, europäische Art. Sie stammte aus einer wohlhabenden Industriellenfamilie. Im Juli 1939 wurden die sechsjährige Trixie Tugendhat und ihre Schwester von ihren Eltern fortgeschafft, wenige Wochen bevor die Nazis über ihr polnisches Zuhause herfielen. Sie ließen sich in Brasilien und später in den Vereinigten Staaten nieder. Englisch war nach Deutsch und Portugiesisch Trixies dritte Sprache, und sie sprach es fließend, mit einem leichten britischen Akzent.

Die Gardners gehörten zu den brillantesten Persönlichkeiten, die ich je kennenlernte, und ihre Gegensätzlichkeit spiegelte sich in ihrem jeweiligen Fachgebiet. Trixie war von ihrer Ausbildung her Verhaltensforscherin und fest überzeugt von der Notwendigkeit wertfreier Beobachtung; sie legte uns allen gegenüber dieselbe liebevolle Geduld an den Tag wie gegenüber ihren Forschungsobjekten, den Springspinnen. Allen hingegen kam aus der autoritären Schule der experimentellen Psychologie, und er kommandierte seine Studenten genauso herum wie seine Ratten.

Trixie war eine Seele von Mensch, liebevoll und fürsorglich, die alle – ihre Kollegen, ihre Studenten und Washoe – rückhaltlos förderte und ermutigte und über jeden immer etwas Positives zu sagen wußte. In dieser Hinsicht erinnerte sie mich an meine Mutter, und es ist kein Wunder, daß Trixie stets Washoes Liebling war. Diese welterfahrene Frau, die dem Holocaust knapp entronnen war, hatte sich eine kindliche Unschuld bewahrt, die auch mit den Jahren nicht nachließ. Am »Zauberer von Oz« zum Beispiel konnte sie sich nie sattsehen. Und ich freute mich immer, wenn sie abends in den Wohnwagen kam, um Washoe vorzulesen und sie zu Bett zu bringen. Trixie war die warmherzige Seele des Projekts Washoe. Und sie war der Engel an der Seite ihres Mannes.

Allen Gardner brauchte in der Tat einen Engel. Er hatte zwar auch eine freundliche und humorvolle Seite, aber Dummköpfe konnte er nicht ertragen. Ein Student, der unlogisch dachte, ein Experiment fehlerhaft plante oder bei einem Referat ein falsches Wort gebrauchte, brachte ihn zur Weißglut. Seiner Meinung nach war das Postgraduiertenstudium dazu angetan, »Metall zu härten und Plastik zu schmelzen«. Und niemand brachte es fertig, Studenten rascher zu schmelzen als Allen Gardner. Als er mich zum ersten Mal mitten in einem Seminar anbrüllte, war ich am Boden zerstört. In meinem ganzen Leben hatten mich weder meine Mutter noch mein Vater je angeschrien. Wahrscheinlich war ich von meinen Eltern verhätschelt worden, aber ich war froh darüber. Ich wollte kein »getempertes Metall« sein.

Es ist das Los der meisten Doktoranden, sich wie Kleinkinder behandeln zu lassen, vor dreißig Jahren noch mehr als heute. Die Studenten waren einem oder mehreren Professoren unterstellt, deren Aufgabe es war, sie mit dem Verhaltenskodex einer akademischen Disziplin vertraut zu machen. Doktoranden sind der akademische Nachwuchs eines Professors. Er investiert Jahre in ihre geistige Erziehung, damit sie seine Forschung weitertragen und irgendwann seinem Namen Ehre machen.

Im Projekt Washoe nahm diese Eltern-Kind-Dynamik durchaus konkrete Formen an. Allen Gardner war nicht nur mein

Doktorvater, sondern zudem verbrachte ich wöchentlich zwanzig Stunden in seinem Garten. Jeden Morgen um sieben Uhr mußte ich auf Zehenspitzen durch sein Haus schleichen, um zu Washoes Wohnwagen zu gelangen, was eine unangenehme Intimität schuf. Die Studenten, die an Allen Gardners Rattenforschung mitarbeiteten – seine »Rattenstudenten«, wie er sie nannte –, kamen kaum je zu ihm nach Hause. Wir »Schimpansenstudenten« lebten praktisch bei ihm.

Ich sage »praktisch«, weil die Gardners in bezug auf Washoe sehr klare Grenzen um ihr Haus und ihre Fürsorgepflichten zogen. Sie leisteten zwar ebenfalls ihre Schichten bei Washoe ab, aber im allgemeinen schienen sie das britische Nanny-Modell zu befürworten: Man stellt ein Kindermädchen ein und überläßt ihm die Aufzucht des Nachwuchses.

Zur Frühschicht (zur »Morgenstreife«, wie wir sagten) zu spät zu kommen hätte ich nie gewagt, denn womöglich hätte Washoe in ihrem Wohnwagen zu randalieren begonnen und via Babyphon die Gardners geweckt. Und unter allen Umständen hatte ich Washoe vom Haus fernzuhalten. Während die studentischen Kindermädchen Washoe aufzogen, konnten die Gardners eine zivilisierte Lebensweise aufrechterhalten, die normalerweise über Bord geht, wenn ein Kleinkind in der Familie ist.

Ich weiß nicht, ob die Ammenaufzucht eines Schimpansen für Allen und Trixie Gardner ein Ersatz für ein eigenes Kind war. Daß sie Washoe liebten, war nicht zu verkennen: Trixie vergötterte sie, und Allen hatte immer spezielle Leckerbissen für sein besonderes kleines Mädchen in der Tasche. So übernahmen sie rasch die Rolle von Großeltern, die in der Familie leben, und nahmen sich die Freiheit, Washoe nach Herzenslust zu verwöhnen.

In der Wildnis ist die Mutter der Mittelpunkt einer Schimpansenfamilie. Der Vater hat, abgesehen von der Zeugung, keine Verantwortung für seinen Nachwuchs; die meiste Zeit verbringt er mit anderen männlichen Erwachsenen, mit sozialen Kontakten und gemeinsamer Jagd, und sorgt für den Schutz einer Gemeinschaft, die manchmal bis zu hundertfünfzig Mitglieder umfaßt. Nach knapp neun Monaten Schwangerschaft bringt die Mutter ein sehr abhängiges Kind zur Welt, das sie etwa vier Jahre lang säugt. Nach der Entwöhnung des Kindes wird die Mutter in der Regel erneut schwanger, und so hat sie normalerweise ein zehnjähriges, ein fünfjähriges und ein neugeborenes Kind, die als Familie zusammenleben.

Susan Nichols, eine Doktorandin, die von Anfang an bei dem Projekt mitgearbeitete hatte, war in jeder Hinsicht Washoes Ersatzmutter. Obwohl auch ich elterliche Pflichten erfüllte, bestand kein Zweifel, daß meine Rolle die des älteren Bruders war, der sich um das Nesthäkchen kümmert – eine Form von Beziehung, wie sie in Menschen- und Schimpansenfamilien gleichermaßen vorkommt. In den Augen der Mutter kann das jüngste Kind einer Schimpansenfamilie nie etwas falsch machen: Wenn das Baby schreit, während ein älterer Bruder aufpaßt, eilt die Schimpansenmutter herbei und bestraft den Babysitter.

Als jüngstes von acht Kindern waren mir die Freuden und Frustrationen bei der Sorge um jüngere Geschwister fremd. Washoe wurde für mich die kleine Schwester, die ich selbst nie gehabt hatte, und wie die meisten kleinen Schwestern war sie entzückend, wenn sie brav war, und eine Nervensäge, wenn sie ihre Launen hatte. Bei den Schimpansen wie bei den Menschen gibt es unter Geschwistern sehr enge und konstruktive Beziehungen, aber ebensogut können sie in erbitterte Konkurrenz treten und sich lange, zerstörerische Kämpfe liefern.

Washoe verstand es hervorragend, von ihrer Position als Nesthäkchen zu profitieren. In Trixies Gegenwart nutzte sie schamlos ihren Status als geliebtes Enkelkind aus, das nie etwas Schlimmes tat. Sie zwickte mich in die Finger, packte meine Aufzeichnungen, stibitzte meinen Bleistift oder irgend etwas anderes und wußte, daß ihr nichts passieren würde.

Wenn ich Trixie von Washoes schlimmen Streichen berichtete, konnte ich mich darauf verlassen, daß Washoe sich rächen würde. Einmal erzählte ich Trixie, daß Washoe versucht hatte, mich zu beißen, woraufhin Trixie sie auszankte – was so gut wie nie vorkam. Am selben Abend stand Trixie am Herd und kochte. Washoe saß in ihrem Kinderstuhl am Kopfende des Tisches und benahm sich wie ein kleiner Engel. Ich glaubte ihrer Vorstellung keine Sekunde, und deshalb hielt ich den größtmöglichen Abstand zu ihr.

KOMM ROGER forderte Washoe mich auf. BITTE KOMM. Ich schüttelte den Kopf: Auf keinen Fall!

BITTE BITTE KOMM ROGER, versuchte sie es erneut. Ich gab ein nachdrückliches NEIN von mir. In dem Moment drehte Trixie sich um und sah Washoes äußerst liebevolle, fehlerlose Gebärden.

ROGER, bat Trixie, WASHOE WILL DICH! Ich saß in der Falle.

Im Zeitlupentempo rückte ich näher. Trixie wandte sich wieder dem Herd zu. Zentimeterweise schob ich mich weiter. Endlich konnte Washoe sich nicht länger beherrschen, sprang mit einem Satz aus ihrem Stuhl und packte mich mit beiden Händen um den Hals. Ich wehrte mich mit aller Kraft und riß mich schließlich los.

Es gab noch einen weiteren Doktoranden namens Greg Gaustad, der gleichzeitig mit mir in Washoes Leben trat. Greg und ich hatten denselben Status als Washoes Brüder. Wenn Greg mich bedrohte, war Washoe sofort zur Stelle und verteidigte mich, und ebenso war es im umgekehrten Fall. Ihr Eingreifen zugunsten des Opfers war so vorhersehbar, daß Greg und ich an langweiligen Regentagen, wenn wir drei auf das Spielzimmer in der Garage angewiesen waren, häufig einen fingierten Streit inszenierten.

Wir saßen friedlich da, Washoe spielte mit ihren Puppen, und ihre zwei »Brüder« lasen Zeitschriften, bis ich irgendwann zu Washoe hinüberging und petzte: GREG HAT MIR WEH GETAN, der Glaubwürdigkeit halber mit weinerlichem Gesicht. Auf der Stelle ließ Washoe ihre Puppen fallen und wankte auf zwei Beinen zu Greg, der nun den Kopf hob, um mit Entsetzen einen zornigen Schimpansen auf sich zukommen zu sehen. Ich amüsierte mich köstlich, während Washoe Greg quer durch die Garage jagte, bis er sein »Verbrechen« eingestand und mich mit der Gebärde BEDAUERN, einer kreisförmigen Bewegung der rechten Faust um das Herz, um Verzeihung bat. Erst dann war Washoe besänftigt. Selbstverständlich ließ Gregs Rache nicht lang auf sich warten.

Aber wenn ich mit Washoes Ersatzmutter Susan aneinandergeriet, bestand nie ein Zweifel, zu wem sie hielt: dann war immer ich der Böse. Wenn Susan tat, als weinte sie, und mit dem Finger auf mich zeigte, bedrohte mich Washoe so lange, bis ich mich gebärdenreich entschuldigte und demütig vor Susan niederkauerte. Wenn ich aber Washoe sagte, Susan habe mir weh getan, ging Washoe dennoch auf mich los, denn ich mußte etwas wirklich Abscheuliches verbrochen haben, um einen Tadel von »Mama« zu verdienen. Und Susan hat mich in Washoes Gegenwart weiß Gott häufig zum Spaß bedroht. Dann ging Washoe unweigerlich auf mich los und fing an, auf mich einzudreschen.

In der Gesellschaft ihrer menschlichen Mutter und Großmutter war sich Washoe ihrer Stellung als Liebling der Familie so sicher, daß sie mich regelrecht hereinlegte, nur um mir zu zeigen, wer der Boß war. Zum Beispiel durfte ich mit ihren geliebten Puppen spielen, wenn Washoe und ich allein waren, ja, sie forderte mich sogar dazu auf. Aber wenn Trixie oder Susan anwesend waren, mußte ich auf der Hut sein, wenn Washoe zufällig eine Puppe vor meinen Füßen fallen ließ. Denn wenn ich sie gedankenlos aufhob, explodierte sie vor Empörung, weil ich es gewagt hatte, ihre Puppe anzurühren. Die Botschaft war klar: Ich rangierte nicht nur hinter Trixie, Susan und Washoe – sondern sogar hinter der Puppe!

Doch wenn die Frauen nicht da waren, verschwand Washoes Hang zu Geschwisterkämpfen, und wir waren die besten Spielgefährten. Wenn wir miteinander durch den Garten tobten, fühlte ich mich oft in die heißen Sommer auf der Farm viele Jahre zuvor zurückversetzt, als ich mit meiner Hündin Brownie durch Gurkenfelder und Weinlauben gerannt war.

Aber damit endete auch schon die Übereinstimmung zwischen meiner Erinnerung an Brownie und meinen Erlebnissen mit Washoe. Obwohl meine erste Hündin eine großartige Gefährtin gewesen war, hatte sie nie diese tiefen, verworrenen

Gefühle von Freundschaft, Konkurrenz, Wut und Liebe in mir geweckt, wie ich sie für dieses Schimpansenbaby empfand. Wenn ich mit Washoe spielte, kam es mir vor, als wäre ich wieder mit einem Bruder zusammen, kämpfte mit einem gleichwertigen Partner, der soviel austeilte, wie er einsteckte, körperlich ebenso wie seelisch. Ziemlich häufig mußte ich mich daran erinnern, daß diese kleine Schimpansin kein Mensch war. Aber nach einer Weile wurde mir klar, daß der Unterschied für mich bedeutungslos geworden war.

4

Zeichen von intelligentem Leben

Nach Brownies Tod bekamen meine Brüder und ich einen neuen Hund, den wir Pal nannten, unseren »Kumpel«. Jeden Nachmittag, wenn ich aus dem Schulbus ausstieg, stand er am Straßenrand und wartete auf mich. Sein aufgeregtes Gebell und sein wedelnder Schwanz sagten mir: »Ich hab dich vermißt und bin froh, daß du wieder da bist.« Wenn er dann vor mir herlief, blieb er ab und zu stehen und sah sich mit ungeduldiger Miene um, was bedeutete: »Komm schon, beeil dich!« Wenn ich weiter trödelte, bellte Pal so lange, bis ich in eine Gangart verfiel, die ihm mehr behagte.

Pal und ich kommunizierten miteinander – und zwar durchaus effizient. Ein älterer Bruder hätte vielleicht gesagt: »He, Roger« oder »Mach schon, du Langweiler«, aber das Endergebnis wäre dasselbe gewesen. Natürlich war meine Verständigung mit Pal nichts Ungewöhnliches. Die Kommunikation mit anderen Spezies ist für uns so selbstverständlich, daß wir kaum je darüber nachdenken, wie außergewöhnlich sie in Wahrheit ist.

Warum Angehörige derselben Spezies in der Lage sein müssen, sich miteinander zu verständigen, liegt auf der Hand: Artgenossen brauchen ein verläßliches System, um Paarungsbereitschaft zu signalisieren, sich mit Konkurrenten zu messen, Eindringlinge zu vertreiben, vor lauernden Feinden zu warnen und komplexe Gruppenaktivitäten wie zum Beispiel die gemeinsame Jagd zu koordinieren. Im Lauf von Jahrmilliarden hat die Natur so viele Verständigungsweisen hervorgebracht, wie es Spezies gibt: den Gesang der Wale, die Duftmarken der Löwen, die Farbsignale der Tintenfische, die elektrischen Stromstöße der Meeresgrundbewohner, die Tanzfiguren der Honigbienen und so weiter.

Kommunikation ist der Kleister, der jede tierische Gemeinschaft zusammenhält. Aber wieso können sich auch Angehörige *verschiedener* Spezies miteinander verständigen? Aus demselben Grund, weshalb sie einander ähnlich sehen: Sie sind über gemeinsame Vorfahren miteinander verwandt. Tiere, die sich körperlich ähnlich sind, verständigen sich auch auf ähnliche Weise. Zum Beispiel beginnt für alle Säugetiere, anders als für Vögel und Reptilien, die Kommunikation bereits im Mutterleib: der Embryo steht in direktem Körperkontakt mit seiner Mutter. Und alle Säugetiere benutzen Zunge, Schnauze und Kopf, um ihre Jungen zu pflegen und zu liebkosen.

Sehr eng verwandte Spezies sind einander in der Kommunikation noch ähnlicher. Ein Hund und ein Wolf teilen ihre Bereitschaft zum Spielen auf identische Weise mit, nämlich indem sie die Vorderbeine flach auf den Boden legen und das Hinterteil in die Höhe recken. Wenn ein Pavian, der für seinen Trupp Wache hält, ein Warngebell ausstößt, erkennen auch andere Affen das Signal und verlassen die Gefahrenzone. Dasselbe gilt für Menschen und Schimpansen. Wenn ich Washoe kitzelte, verzog sie den Mund zum »Spielgesicht« und stieß einen Laut aus, der wie das japsende Gelächter eines menschlichen Kindes klang – ich brauchte nicht erst zu fragen, ob es ihr Spaß machte.

Dank unserer in Jahrmillionen entwickelten Fähigkeit, komplexe nonverbale Botschaften auszusenden und zu verstehen, sind wir in der Lage, Beziehungen zu Angehörigen anderer Spezies herzustellen.

Menschen sind Primaten, und wie alle anderen Primaten benutzen wir drei Kommunikationskanäle: Berührungen, Blicke und Laute. Um unseren Nachwuchs kümmern wir uns durch engen Körperkontakt, wir beruhigen und trösten durch freundliche Berührung mit den Händen – nicht nur unsere eigenen Kinder, sondern auch Katzen, Hunde, Pferde, Kaninchen und Schimpansen.

Ein menschliches Baby kommt mit einem komplexen System von Gesichtsmuskeln zur Welt, das es sofort benutzt – zuerst schreiend, bald darauf lächelnd, dann lachend –, um seinen Eltern mitzuteilen, daß ihm etwas fehlt, daß es sich freut oder daß es Angst hat. Gleichzeitig lernt das Kind, das Mienenspiel der Erwachsenen zu deuten und Gefühle wie Glück und Trauer zu erkennen, und innerhalb weniger Monate ist es fähig, auch Nuancen von Gefühlsäußerungen wahrzunehmen. Zwischen dem ersten und dem zweiten Lebensjahr beginnt das Kind, die Signale im Gesichtsausdruck eines Erwachsenen zu beherrschen, etwa die zur Begrüßung gehobenen Brauen, das verschwörerische Blinzeln, den angewidert verzogenen Mund.

Dank unserer besonderen Begabung, Mienen zu lesen, sind wir auch in der Lage, die Gesichtsausdrücke anderer Spezies zu deuten. Nichtmenschliche Primaten verfügen über ein Repertoire, das dem unseren weitgehend ähnlich ist. Menschenaffen heben die Brauen nicht anders als wir. Wenn Washoe unglücklich war, legte sie ihr Gesicht in Falten, zog die Mundwinkel zurück und stülpte die Lippen nach außen, so daß sie aussah, als weinte sie. War sie glücklich, verzog sie den Mund zu einem breiten Grinsen, das die Backenzähne freilegte. Und wenn sie sich *wirklich* freute, mich zu sehen, spitzte sie die Lippen und gab mir einen kleinen Kuß. Alle diese Verhaltensweisen sind typisch für Schimpansen in der Wildnis. Im Umgang mit Katzen, Hunden und anderen ferneren Verwandten müssen wir allerdings erst lernen, was gefletschte Zähne und zurückgelegte Ohren bedeuten.

Jeder Gesichtsausdruck eines Tiers oder Menschen wird stets von anderen visuellen Informationen – der Körpersprache – begleitet, die wir ebenfalls klar deuten können. Die Verständigung mit Hilfe von Gebärden – Achselzucken, Nicken, Winken, Fingerzeigen und so weiter – beherrschen wir derart meisterhaft, daß wir in der Lage sind, uns in einer fremden Stadt zurechtzufinden, ohne ein Wort der Landessprache zu verstehen. Und die Gebärden nehmen einen so selbstverständlichen Platz in unserer Kommunikation ein, daß wir sogar am

Telefon gestikulieren, wenn der Gesprächspartner uns gar nicht sehen kann.

Ebenso geschickt sind wir in der Deutung von Lautsignalen. Das zufriedene Schnurren einer Katze lernen wir von hungrigem Miauen und wütendem Kreischen zu unterscheiden. Im gebellten Vokabular eines Hundes können wir subtile Bedeutungsnuancen erkennen, Schwierigkeiten haben wir allerdings, im Gebell eines ganzen Hundechors einen Sinn zu entdecken. Viel näher sind uns die Laute der Schimpansen. Manche Schimpansen blasen auf eine Weise den Atem durch ihre zusammengepreßten Lippen, daß es klingt wie unser verächtliches Schnauben. Wenn Washoe frustriert war, machte sie ihrem Ärger in einem kreischenden Wutanfall Luft. Beim Anblick ihrer eingepackten Geburtstagsgeschenke fing sie an, erwartungsvoll zu japsen. Um die Stimmung des anderen zu erkennen, brauchte keiner von uns die Gebärdensprache.

Wie aus unserer Fähigkeit, uns mit anderen Spezies zu verständigen, jene uralten Fabeln über Freundschaften zwischen Menschen und Tieren entstanden, läßt sich leicht nachvollziehen. Die römische Geschichte von Androclus und dem Löwen ist gar nicht so weit hergeholt: Ein Löwe, der offensichtlich Schmerzen hat, bittet ohne Worte einen Menschen, ihm den Dorn aus der Pfote zu ziehen. Durch seine Hilfe gewinnt Androclus einen Freund fürs Leben: Später, als sie sich, beide gefangen, in der Arena des Kolosseums gegenüberstehen, weigert sich der Löwe, ihn zu zerfleischen. Von dieser Geschichte ist es nur ein kurzer Sprung zu den Fabeln über den uralten Wunsch des Menschen, sich in menschlicher Sprache mit Tieren zu verständigen: Eine Phantasie, die dazu führte, daß Eva mit der Schlange sprach, Franz von Assisi mit den Vögeln und amerikanische Indianer sich mit Büffeln, Lachsen und Adlern unterhielten.

Doch spätestens seit Platon und Aristoteles behaupten die abendländischen Philosophen, mit Tieren zu sprechen sei unmöglich. Selbst wenn sie einräumen, wir könnten durch nonverbale Kommunikation mit anderen Spezies immerhin in Verbindung treten, beharren sie doch darauf, daß Sprache mehr sei als eine Verständigungsform – nämlich die Manifestation des menschlichen Geistes. Diese Behauptung faßte Descartes mit seiner Bemerkung zusammen, selbst »verderbte und dumme« Menschen könnten anderen ihre Gedanken mitteilen, Tiere hingegen seien nicht in der Lage zu sprechen, denn »sie haben keine Gedanken«.[1] Unter den Wissenschaftlern des 19. Jahrhunderts herrschte die einhellige Meinung, Sprache habe mit anderen aus dem Tierreich bekannten Verständigungsweisen nicht das geringste zu tun. Denn was hätten wohl die erhabenen Verse eines Shakespeare-Sonetts mit dem Grunzen der Schimpansen oder den Alarmrufen der Affen gemein?

Nicht einmal Thomas Huxley, der 1864 als erster die Theorie von der Verwandtschaft zwischen Menschen und Affen aufstellte, konnte im Hinblick auf die Kommunikation ein gemeinsames Terrain mit unserem affenähnlichen Vorfahren finden. »Niemand ist fester als ich überzeugt von der unüberbrückbaren Kluft zwischen ... Menschen und Tieren«, schrieb Huxley, »denn allein [der Mensch] besitzt die wunderbare Gabe zu verständlicher und vernünftiger Rede, [und] ... auf ihr steht er erhöht wie auf einem Bergesgipfel.«[2] Seit den ersten Anfängen der dokumentierten Geschichte spekuliert der Mensch über den geheimnisvollen Ursprung der Sprache, aber in all den Jahrtausenden vermochte keine Erklärung die älteste und universale Begründung aufzuheben: Sprache ist ein Geschenk der Götter.

Charles Darwin jedoch stellte, wie immer, die bis dahin unangefochtene Annahme von der Einzigartigkeit des Menschen in Frage. In *Die Abstammung des Menschen* legte er dar, daß viele der Merkmale, aufgrund deren die menschliche Sprache angeblich einmalig sei, auch bei anderen Tieren zu beobachten oder zu hören seien. Zum Beispiel erkannte Darwin dasselbe Gestaltungsvermögen, das ein Kennzeichen der menschlichen Sprachen ist, auch in den zahlreichen Dialekten der Vögel, die er eingehend untersucht hatte.

Nach Ansicht Darwins sind die Charakteristika der menschlichen Sprache ihre abstrakten kognitiven Merkmale, unsere Fähigkeit, Gegenstände zu benennen und symbolisch mit der Welt umzugehen.[3] Auch in dieser Hinsicht wich Darwin nicht von seiner Evolutionstheorie ab, sondern war überzeugt, daß unser abstraktes Denkvermögen in den kognitiven Fähigkeiten unserer affenähnlichen Vorfahren fest verankert sei: Sie bereiteten der Lautsprache den Boden. Und er behauptete ferner, wir würden auch bei den modernen Menschenaffen, den Schimpansen beispielsweise, diese kognitiven Fähigkeiten – abstraktes Denken und Werkzeuggebrauch – antreffen, denn sie hätten ihren Geist von demselben affenähnlichen Vorfahren geerbt wie wir.

Über die Intelligenz von Menschenaffen konnte Darwin lediglich spekulieren. Aber wie so viele andere seiner »weit hergeholten« Theorien erwies sich auch diese letztlich als korrekt. Anfang der fünfziger Jahre berichteten Keith und Cathy Hayes, die Schimpansin Viki, ihre Adoptivtochter, reiße jedesmal, wenn sie Lust auf eine Spazierfahrt hatte, das Bild eines Autos aus einer Zeitschrift heraus und drücke es ihnen in die Hand wie eine Fahrkarte.[4] Viki hatte den symbolischen Wert von Fotos begriffen. Ein knappes Jahrzehnt später veröffentlichte Jane Goodall ihre revolutionäre Entdeckung, daß wilde Schimpansen Werkzeuge herstellen und benutzen. Darwin hatte also in beiden Punkten recht behalten: Menschenaffen können abstrakt denken *und* Werkzeuge benutzen. Aber waren ihre kognitiven Fähigkeiten tatsächlich die treibende Kraft, die zur Entstehung der Sprache bei den Hominiden geführt hatte? Hinsichtlich des abstrakten Denkens mochte Darwin zwar recht haben, aber daß darin die entscheidende Voraussetzung der Sprache zu erblicken sei, konnte auch ein Trugschluß sein. Vielleicht ging unsere besondere Kommunikationsform auf irgendeine Neuerung der Sprech- und Hörorgane oder, wie manche Linguisten behaupteten, auf eine neurologische Mutation zurück? Oder vielleicht war Sprache letztendlich doch ein Geschenk der Götter?

Eine Möglichkeit, Darwins Theorie zu verifizieren, lag jedoch auf der Hand: Wenn ein moderner Menschenaffe lernen konnte zu sprechen – nicht unbedingt Shakespearesche Verse aufzusagen, aber doch mit Worten so umzugehen wie mit

Werkzeugen –, dann hätten wir den Beweis, daß Sprache in den kognitiven Fähigkeiten unseres gemeinsamen Vorfahren wurzelt.

Solche Experimente erwiesen sich natürlich immer als aussichtslos – Viki und die anderen Schimpansen konnten nicht sprechen. Aber dann, Ende 1966, begann ein Schimpansenkind, sich mit Gebärden zu äußern.

Das Projekt Washoe ließ Descartes und Darwin aufeinanderprallen. Wenn Descartes recht hatte, dann hätte Washoe keinen einzigen Gedanken im Kopf und wäre außerstande, auch nur einen Gegenstand zu benennen. Hatte hingegen Darwin recht, so dachte Washoe ohnehin schon und würde auch fähig sein, ihre Gedanken zu äußern, indem sie die Gebärden der ASL handhabte wie Werkzeuge.

Diesen philosophischen Zusammenstoß erlebte ich auf unvergeßliche Weise während meines ersten Semesters beim Projekt Washoe. Damals hielt sich Rom Harré, ein namhafter Wissenschaftsphilosoph von der Universität Oxford, diesem Bollwerk des Kartesianismus, als Gastprofessor in Reno auf. Harré hatte ein Haus in der Nähe der Gardners gemietet und kam jeden Tag auf seinem Weg zum Campus an Washoes Garten vorbei. Eines Morgens fiel ihm etwas recht Merkwürdiges in Gardners Weide auf. Er stellte seinen Wagen ab und stieg aus, um sich die Sache näher anzusehen. Natürlich war es Washoe, aber diesmal beobachtete sie nicht wie sonst die Umgebung, sondern lümmelte in den Ästen, blätterte in einer Zeitschrift und benannte mit Gebärden die Gegenstände, die sie in den Fotos und Anzeigen erkannte. Der Anblick eines Schimpansen, der mit sich selbst spricht, sozusagen laut denkt wie ein Mensch, erschütterte Harré zutiefst.

Ich stelle mir vor, daß dieses Erlebnis auf Rom Harré dieselbe niederschmetternde Wirkung ausübte, wie sie der britische Anatom Edward Tyson 1699 empfunden hätte, wenn ihm sein »geistloser« Schimpanse plötzlich vom Untersuchungstisch gesprungen und in einen Redefluß verfallen wäre. Zweitausend Jahre abendländischer Philosophie hatten behauptet, daß ein sprechendes Tier nicht existiert. Wie Harré später gestand, hatte dieser Augenblick seinen Glauben an die menschliche Einzigartigkeit für immer untergraben.

Washoes spontanes »Handgeplapper« war der zwingendste Beweis dafür, daß sie Sprache genauso benutzte wie menschliche Kinder: Zum Beispiel deutete sie sich selbst LEISE, wenn sie in einen verbotenen Raum schlich. Oder wenn sie auf ihrer Weide kauerte und uns, die wir die Vorderseite des Hauses nicht sehen konnten, die Person ankündigte, die in dem Moment auf die Haustür zuging. Oder wenn sie auf ihrem Bett saß und sich mit ihren Puppen unterhielt, die rings um sie ausgebreitet waren. Die Art, wie Washoe ständig mit den Händen gestikulierte wie ein gehörloses Kind, manchmal unter den unmöglichsten Umständen, veranlaßte etliche Zweifler, ihre lang gehegte Vorstellung von den gedanken- und sprachlosen Tieren zu überdenken.

Bis heute äußern sich jene, die Sprachvermögen einzig den Menschen zugestehen, über Washoe so, als wäre sie ein begabtes Zirkustier, darauf dressiert, die menschliche Gebärdensprache nachzuahmen. Aber andere konnten, wie Harré, mit eigenen Augen sehen, daß Washoe die Sprache völlig spontan in ihren Alltag integrierte. Wir hatten ihr nicht beigebracht, mit sich selbst oder ihren Puppen zu sprechen oder uns von ihrem Baum herab Bericht zu erstatten. Und diese speziellen Anwendungsmöglichkeiten von Sprache konnte sie auch nicht durch Nachahmung gelernt haben, denn keiner von uns sprach durch Gebärden mit sich selbst, kletterte auf zehn Meter hohe Bäume oder unterhielt sich mit Puppen.

Ein großer Teil von Washoes sprachlichem Verhalten – beispielsweise ihre Gespräche mit Spielsachen und Hunden – war *unangemessenes* Erwachsenenverhalten. Washoe tat dasselbe, was alle Kinder tun: Sie probierte ihre neu erworbenen Worte an allem und an jedem aus, ob man ihr zuhörte oder nicht. Und wie ein taubes Kind redete sie auf einen Fremden auch dann noch mit Gebärden ein, wenn längst klar war, daß er nicht imstande war, ihr zu antworten.

Im zweiten und dritten Jahr des Projekts hörte ich jeden Morgen beim Erwachen meinem zweijährigen Sohn Josh zu, während er sich mit einem imaginären Freund namens »Gacaa« unterhielt. Josh mochte es nicht, wenn ich ihn unterbrach oder seine Gespräche auch nur belauschte. Also machte ich mich auf den Weg zur Arbeit, und dort fand ich Washoe, die auf ihrem Bett saß und sich durch Gebärden mit ihrer Lieblingspuppe unterhielt. Wenn sie merkte, daß ich durch die Tür spähte, stockte sie mitten in der Gebärde, aber sobald ich mich abwandte, nahm sie das Gespräch wieder auf, wo sie es abgebrochen hatte. Vorfälle wie dieser – Washoes kindliche Privatexperimente mit Sprache – bewiesen am deutlichsten, daß sie nicht trainiert worden war.

Wenn aber Washoe nicht dressiert worden war wie ein Seehund, wie hatte sie dann sprechen gelernt? Mitte der sechziger Jahre, als die Gardners sich auf das Projekt Washoe vorbereiteten, gab es mehrere Theorien über den Spracherwerb bei Kindern. Der Vertreter der psychologischen Schule war B. F. Skinner, Professor in Harvard und führender Exponent des Behaviorismus.

Zu Beginn des 20. Jahrhunderts hielten sich die Begründer des modernen Behaviorismus an die Methoden der Physik und versuchten, tierisches Verhalten mit den leicht meßbaren Begriffen der Mechanik zu erklären. In Rußland dressierte der berühmte Physiologe Iwan Pawlow einen Hund dazu, jedesmal Speichel abzusondern, wenn eine futterverheißende Glokke ertönte: Das Verhalten des Hundes war damit auf einen bedingten Reflex reduziert. In Amerika analysierte John B. Watson, der Vorläufer von B. F. Skinner, die »Muskelzuckungen« als Ursache von tierischem Verhalten. Als in den dreißiger Jahren Skinner die Bühne betrat, hatte der Behaviorismus die traditionelle kartesianische Mauer zwischen Mensch und Tier mit einer zusätzlichen Befestigung versehen: Menschen sind denkende Organismen, die ihre Umwelt gestalten, Tiere hingegen gedankenlose Wesen, deren Verhalten von der Umwelt bestimmt wird. Menschen lernen, Tiere werden konditioniert.

Skinner bemühte sich zwar, die Mauer zwischen Menschen und Tieren einzureißen, aber er versuchte es auf andere Weise als Charles Darwin hundert Jahre vor ihm, der von einer Kontinuität zwischen menschlichem und nichtmenschlichem Geist ausgegangen war. Skinner schaffte den Geist einfach ab: Der Lernprozeß beim Menschen, behauptete er, unterscheide sich in keiner Weise von der Konditionierung bei Tieren und lasse sich also rein mechanisch beschreiben, ohne daß man auf nebulöse Begriffe wie »Denken« oder »Bewußtsein« zurückgreifen müsse.

Nach Skinners Ansicht unterliegt das Verhalten aller Menschen und nichtmenschlichen Spezies einem einzigen Gesetz, der operanten Konditionierung – das heißt Lernen am Erfolg beziehungsweise Mißerfolg. *Operant*, also »eine bestimmte Wirkungsweise in sich bergend«, ist der Konditionierungsprozeß deshalb, weil jede Verhaltensweise mit positiven und negativen Verstärkern (Belohnungen und Bestrafungen) aus der Umgebung oder der Situation verknüpft ist, die sie bestimmen und einschränken. Eine Ratte lernt, im Käfig auf einen Hebel zu drücken, weil sie durch Futterkügelchen belohnt (»verstärkt«) wird. Ein menschliches Kind lernt, Feuer zu fürchten, weil es durch Verbrennungen bestraft wird.

Konsequenterweise führte Skinner auch das Erlernen der Sprache auf dieselben Mechanismen zurück, durch die das Menschenkind alles andere lernt: durch Belohnung und Bestrafung von seiten der Eltern. Das Lächeln der Mutter sei die positive Verstärkung, die das Lallen des Kindes zu dem Wort »Mama« umforme. Falsche Aussprache und Grammatikfehler verschwänden durch die gerunzelte Stirn und die Korrekturen der Eltern. Nach Ansicht Skinners gestalten Eltern die kindliche Sprache nicht absichtlich, wie etwa ein Psychologe bewußt das Hebeldrücken einer Ratte konditioniert, aber das Endergebnis ist dasselbe.

Allen Gardner war ein »Rattenpsychologe« und beherrschte die Prinzipien der operanten Konditionierung im Schlaf.

Wenn Sprache so konditioniert wurde, wie Skinner behauptet hatte, und wenn sämtliche Spezies durch dieselben Konditionierungsmechanismen lernten, dann sollte auch ein Schimpanse in der Lage sein, die Gebärdensprache zu lernen, sobald er dafür belohnt wurde. Also beschlossen die Gardners, Washoe mit Hilfe von Skinners Techniken zu unterrichten.

Um das Folgende zu verstehen, sind vielleicht einige Bemerkungen über die American Sign Language (ASL) hilfreich.[5] ASL ist *kein* künstliches System, das Vollsinnige für Gehörlose erfanden, sondern sie existiert seit mindestens hundertfünfzig Jahren und wurzelt in verschiedenen europäischen Gebärdensprachen, die im Lauf von Jahrhunderten von den Gehörlosen selbst entwickelt wurden. Es gab mehrere Versuche, eine universelle Gebärdensprache zu erarbeiten – eine nennt sich zum Beispiel Gestuno –, aber die Ergebnisse erlangten ungefähr dieselbe Beliebtheit wie die gesprochenen Welthilfssprachen, mit anderen Worten: Sie setzten sich nicht durch. ASL ist nur eine von vielen natürlich entstandenen Gebärdensprachen, die sich weltweit in den Gemeinschaften von Gehörlosen eingebürgert haben, und bei internationalen Treffen wie dem Internationalen Gehörlosenkongreß ist ein ganzes Team von Simultandolmetschern erforderlich. Nachdem Gebärdensprachen nicht universal sind, sollte auch klar sein, daß ASL nicht einfach ein System bestimmter Gesten ist, wie eine universell verständliche Pantomime.

Und obwohl ASL sich dem Anschein nach von den Lautsprachen grundlegend unterscheidet, ist sie in Wahrheit auf denselben Prinzipien aufgebaut. Wie jede Lautsprache ist auch ASL unendlich flexibel, denn ihre Grundbausteine bedeuten an sich nichts, sondern gewinnen eine Bedeutung erst durch ihre Kombination. Die Bausteine der Lautsprache sind *Phoneme* – die fünfzig oder mehr Laute, die Menschen hervorbringen können (zum Beispiel das *j* in »Junge« oder das *m* in »Mädchen«). Hätte jedes Phonem eine bestimmte, ein für allemal festgelegte Bedeutung, stünde uns ein Vokabular von lediglich fünfzig Wörtern zur Verfügung. Aber da Phoneme an sich bedeutungslos sind, können wir sie zu mehr als hunderttausend Wörtern kombinieren und daraus eine unendliche Zahl von Sätzen bilden.

Die Bausteine der ASL heißen *Chereme*; das sind die an sich bedeutungslosen Figuren, Stellungen und Bewegungen der Hand.[6] In der Kombination läßt sich daraus eine unendliche Zahl von Gebärden bilden, die Entsprechungen der Worte. Es gibt 55 Chereme: 19 betreffen die Stellung der Hand oder der Hände (zum Beispiel die deutende Hand), 12 die Position der Gebärde (zum Beispiel die Wange) und 24 die Bewegung der Hand oder der Hände (zum Beispiel eine senkrechte Bewegung ab- oder aufwärts). Die deutende Hand drückt verschiedene Inhalte aus, je nachdem, ob sie auf die Wange, auf die Stirn oder auf das Kinn zeigt. Und ferner nimmt sie an jeder dieser Positionen eine jeweils andere Bedeutung an, wenn sie sich auf den Sender (*signer*) zu- oder von ihm weg- oder aber in waagrechter Richtung bewegt. Wird die Stellung der Hand verändert (wenn sich zum Beispiel die deutende Hand zur Faust schließt), erhält man eine ganze Reihe neuer möglicher Zeichen.

Die meisten ASL-Gebärden scheinen willkürlich (zum Beispiel wird SCHWARZ ausgedrückt, indem man mit dem Zeigefinger über die Stirn streicht), andererseits jedoch bezieht sich ASL – vergleichbar den lautmalerischen Worten der gesprochenen Sprache (»Wauwau«, »Kikeriki« und so weiter) – häufig auf visuelle Wahrnehmungen. Bei der KATZE zum Beispiel streichen Daumen und Zeigefinger über imaginäre Schnurrhaare, und bei der Gebärde TRINKEN führt man ein imaginäres Glas an die Lippen. In der ASL überwiegen die visuellen Zeichen nur deshalb die lautmalerischen Worte der gesprochenen Sprache, weil uns eben mehr visuelle als lautliche Anhaltspunkte zur Verfügung stehen.

Eigennamen kann man erfinden, indem man den ersten Buchstaben des Namens einer Person, ausgedrückt durch das Fingeralphabet, mit einem Zeichen kombiniert, das eine besondere Eigenschaft der Person darstellt. WASHOE drückten die Gardners aus, indem sie ein Ohr mit der Hand in der Stellung für »W« streiften, was bedeutete: »Washoe Großohr«. Ich erfand die Gebärde für ROGER, die als »Fouts aus Kalifornien« übersetzt wird: die »F«-Hand (für Fouts) wird mit der Gebärde für KALIFORNIEN kombiniert, das in ASL als »das goldene Spielland« bezeichnet wird: Daumen und Zeigefinger fassen ans Ohrläppchen, zum Zeichen für einen goldenen Ohrring, und ziehen daran. Allen Gardner bezeichneten wir als DR. G., indem wir mit der »G«-Hand die Stirn berührten, was »Klugheit« bedeutet. MRS. G. drückten wir aus, indem wir mit der »G«-Hand über die Wange abwärts fuhren, zum Zeichen für »Dame« – eine Gebärde, die sich von dem Band herleitet, mit dem in alten Zeiten die Haube einer Dame befestigt wurde.

Die ASL hat ihre eigenen Regeln zur Anordnung von Gebärden zu Sätzen, und diese Grammatik unterscheidet sich erheblich von der englischen Grammatik. Wie Hebräisch und manche anderen Lautsprachen verfügt ASL nicht über Kopulae, die Verbformen, die die Verbindung zwischen Subjekt und Prädikat herstellen. »Du bist glücklich« wird folglich in die kompaktere ASL-Aussage DU GLÜCKLICH übersetzt. Substantive können eine doppelte Funktion ausüben und auch als Verben auftreten: Um zu sagen: »Gib mir eine Banane«, genügen die Gebärden BANANE MIR, und die Gebärden HINAUS MICH drücken aus: »Laß mich hinaus.«

Um Bedeutungen zu ändern, ist das Englische weitgehend auf die Änderung der Satzstellung angewiesen; ASL hingegen arbeitet wie das Russische mit unterschiedlichen Betonungen. So läßt sich jede Gebärde leicht abwandeln, um ein grammatikalisches Merkmal wie Person, Zeit oder Anzahl anzugeben. Die Betonung wird visuell, durch die Mimik ausgedrückt oder aber durch die Geschwindigkeit, die Position oder die Wiederholung einer Gebärde. Der Unterschied zwischen einem Wort wie GUT und einem Satz wie ICH BIN DARIN NICHT SEHR GUT wird vielleicht nur einem Gehörlosen klar, für den ASL die Muttersprache ist und der in der Lage ist, die subtile visuelle Grammatik zu verstehen.

Die Gardners beschlossen, Washoe die Gebärden der ASL auf dieselbe Weise beizubringen, wie eine Ratte das Hebeldrücken lernt, nämlich mit einer Technik operanter Konditionierung, die Shaping genannt wird: Der Experimentator »formt« die Bewegungen der Ratte, indem er sie durch Belohnungen immer näher an den futterspendenden Hebel heranführt. Ebenso formen nach Skinners Auffassung die Eltern das Plappern ihres Kindes zu Worten um, wenn sie wortähnliche Laute durch Lächeln und zustimmendes Nicken verstärken.[7]

Einem Schimpansen durch Konditionierung die Gebärdensprache beizubringen schien eine recht unkomplizierte Aufgabe zu sein. Die Gardners wollten einfach abwarten, bis Washoe eine Geste machte, die einer ASL-Gebärde ähnlich war, um sie dann durch Ermutigung und Belohnung umzuformen, bis daraus die Gebärde selbst wurde. Zum Beispiel wird MEHR ausgedrückt, indem man die Hände aufeinander zuführt, bis die Fingerspitzen sich berühren. Wenn Washoe gekitzelt wurde, was eine ihrer Lieblingsbeschäftigungen war, legte sie oft reflexartig die Arme um den Körper, um sich zu schützen. Sobald die Gardners aufhörten, sie zu kitzeln, und ihre Arme auseinanderbogen, legte sie sie wieder zusammen, was als rudimentäre Gebärde für MEHR gedeutet werden konnte: Daraufhin wurde sie mit weiterem Kitzeln belohnt.

Als nächstes verlangten sie von Washoe die korrekten Handstellungen, Positionen und Bewegungen einer Gebärde – manchmal machten sie es ihr vor –, bevor sie ihre Belohnung erhielt. Es dauerte nicht lange, bis Washoe spontan die Gebärde für MEHR machte, um weitergekitzelt zu werden. Anschließend führten die Gardners MEHR in ein Spiel ein, bei dem Washoe im Wäschekorb durch den Raum gezogen wurde. Sie begriff rasch, daß sich MEHR auf alles mögliche anwenden ließ, von dem sie nicht genug bekam, und bald benutzte sie die Gebärde, um mehr zu essen, mehr Spiele, mehr Bücher zu bekommen.

Die Erlernung der Gebärde MEHR war ein Schulbeispiel für operante Konditionierung. Es war allerdings auch eines der *letzten* Wörter, die Washoe durch Skinnersche Techniken lernte. Das Leben mit Washoe war eine fortwährende Balgerei im Garten, in einer atemberaubenden Geschwindigkeit, die sich nicht leicht unterbrechen ließ. Wenn wir ihr beispielsweise das Zeichen für VOGEL beibringen wollten (Daumen und Zeigefinger der rechten Hand an den Mund gelegt, nach außen zeigend wie ein Schnabel), war die Chance, daß Washoe in dem Moment, in dem ein Vogel vorbeiflog, eine der Gebärde VOGEL ähnliche Geste machen würde, praktisch gleich Null. Wir hatten bald begriffen, weshalb Skinners Ratten ausschließlich in Käfigen gehalten wurden: Der Experimentator mußte ihr Verhalten vollkommen unter Kontrolle haben. Die Formung einer einzigen Gebärde konnte bei Washoe Monate in Anspruch nehmen.

Auch als es an die Erlernung der Sprache ging, bewährte sich Skinners Theorie kaum. Washoe plapperte viel mit den Händen, vor allem als sie anfing, Gebärden zu lernen. Wenn eine ihrer Gesten auch nur halbwegs einer ASL-Gebärde ähnelte, klatschten die Gardners in die Hände, lächelten und wiederholten die Geste. Nach einem ganzen Jahr positiver Verstärkung für Geplapper dieser Art hatte die Methode gerade eine einzige Gebärde hervorgebracht: LUSTIG – wahrscheinlich deshalb, weil das Zeichen für LUSTIG, zwei Finger, die die Nase streifen, sich zu einem höchst aufregenden Nasenfangspiel eignete.[8]

Eine ähnliche Entdeckung machten Debbi und ich später bei unserer Tochter Rachel. Als Rachel eben zu sprechen begann, sagte sie nicht wie die meisten Kinder »wawa« oder Ähnliches statt »Wasser«, sondern gab einen Laut von sich, der wie »goloink« klang: als schluckte sie einen Mundvoll Wasser. Natürlich hielten Debbi und ich *goloink* für etwas ganz Besonderes, es erinnerte uns an einen Comic-Helden namens Gerald McBoing Boing, der damals sehr populär war. Ob bewußt oder nicht, jedenfalls verstärkten wir Rachels *goloink,* indem wir in die Hände klatschten, lächelten und sie in Anwesenheit von Freunden aufforderten, ihr Wort vorzuführen. Wir bekamen gar nicht genug davon. Aber *goloink* verschwand bald aus ihrem Wortschatz, und Rachel sagte fortan nur noch »Wasser«: zweifellos deshalb, weil sie vom Rest der Familie nur das Wort Wasser hörte.

Washoe ließ sich genausowenig formen wie Rachel. Aber wenn sie uns beobachtete, wie wir uns mit Gebärden unterhielten, fing sie ständig neue Zeichen auf. In ihrer Gegenwart benutzten wir ausschließlich die Gebärdensprache, so daß sie viel Gelegenheit hatte, uns zu imitieren, auch wenn sie dabei ihrem eigenen Rhythmus folgte. Wir konnten nicht mehr tun, als ihr eine Gebärde vorzuführen, so wie es Eltern mit ihren Kindern tun: DIES ZAHNBÜRSTE, wenn wir uns die Zähne putzten. Jeden Abend nach dem Essen teilten wir Washoe mit: ERST ZAHNBÜRSTE, DANN DU KANNST HINAUS. Wir wußten allerdings nicht, ob sie die Gebärde begriffen hatte, denn sie selbst benutzte sie nie. Dann kam Washoe eines Tages ins Bad der Gardners, erblickte ihre Zahnbürsten und machte unaufgefordert die Gebärde für ZAHNBÜRSTE.

Für die meisten Gebärden war eine ausdrückliche Demonstration nicht nötig. So konnten wir einfach auf einen Wagen zeigen und ihr deuten: DIES AUTO. Eines Tages suchte Naomi, eine andere Betreuerin und Spielgefährtin von Washoe, vergeblich nach Streichhölzern. Washoe fing an, Naomi nachzulaufen, während Naomi ihr erklärte, wonach sie suchte, indem sie eine leere Streichholzschachtel hochhielt. Washoe machte die Gebärde für RAUCHEN, ein Zeichen, das sie offensichtlich aufgeschnappt hatte, als sie beobachtete, wie ihre menschlichen Freunde einander mit Gebärden um Zigaretten und Streichhölzer baten.

Manchmal eignete sich Washoe die Anfangsgründe einer Gebärde durch unsere Demonstration an, perfekt wurde sie jedoch erst durch Nachahmung. Zum Beispiel drückt man in der ASL den Begriff Blume aus, indem man alle fünf Fingerspitzen einer Hand aneinanderlegt und sie zuerst ans eine, dann ans andere Nasenloch führt, als schnupperte man an einer Blume. Nachdem Washoe im Herbst 1967 zahlreiche Diskussionen über Blumen beobachtet hatte, begann sie die Gebärde für BLUME auf ihre eigene kindliche Weise anzuwenden: Sie berührte ihre Nasenlöcher, allerdings nur mit einem einzigen Zeigefinger – wie ein Kind, das zu Beginn seiner Sprechübungen »Füfe« sagt statt »Füße«.[9] Die wenigsten Eltern verbessern diese »Kindersprache«, und wir hielten es mit Washoe ebenso, nachdem wir unsere Konditionierungsversuche aufgegeben hatten. Nach ein paar Monaten Beobachtung beherrschte Washoe die korrekte Gebärde für BLUME.

In meinem ersten Jahr mit Washoe stieß ich auf eine andere Methode zur Einführung neuer Gebärden, bei der ich auf Washoes Nachahmungsvermögen setzte. Wenn ich ihr das Zeichen für BAUM demonstrieren wollte, zeigte ich zuerst auf einen Baum. Dann winkelte ich ihren linken Arm ab, so daß ihre Hand nach oben wies, und legte ihre rechte Hand unter den gebeugten Ellenbogen, was die Gebärde für BAUM ist. Die Idee, Washoe anzuleiten, statt abzuwarten, bis sie uns nachahmte, mag jedem einleuchten, der je einem Kind geholfen hat, sich die Schuhe zuzubinden oder das Hemd zuzuknöpfen (oder ihm bei dem Buchstaben *b* zu helfen, indem er ihm die Lippen zusammenhält).

Aber für Skinnerianer ist die Anleitung eines Tiers dasselbe, als nähme man eine Rattenpfote in die Hand und drückte damit auf den Hebel: Ohne Belohnung können Tiere angeblich nicht lernen. Mehr noch: den Lehrbüchern zufolge *verzögern* Methoden wie diese den Lernprozeß bei Tieren.

Die Gardners waren halbwegs entsetzt über meine unorthodoxe Technik und rieten mir dringend davon ab, Washoe anzuleiten.[10] Aber mir fiel nichts Besseres ein, und so blieb ich dabei, vor allem deshalb, weil es Washoe zu helfen schien, wenn sie sich mit einer neuen Gebärde plagte. In der Regel mußte Washoe nur ein oder zwei Sitzungen hindurch angeleitet werden, bis sie eine Gebärde gelernt hatte, und sie lernte sie praktisch immer, indem sie zugleich uns nachahmte. Ungeachtet der »Lehrmeinung« lernte Washoe auf diese Weise sehr rasch, und die Gardners waren bald bekehrt. Als Folge davon schrieb ich meine Dissertation über das Thema »Die Methode der Anleitung bei der Unterrichtung eines Schimpansen in der Gebärdensprache«.

Tatsächlich lernen wilde Schimpansen neue Fähigkeiten von ihren Müttern mit Hilfe genau derselben Kombination aus Anleitung und Nachahmung, was wir damals freilich noch nicht wußten. Schimpansenmütter in Afrika bringen ihren Kindern keineswegs durch systematisches Training bei, Werkzeuge herzustellen oder Nußschalen aufzubrechen, sondern das Kind muß seine Mutter aufmerksam beobachten, sie spielerisch und übend imitieren und sich so im Lauf der Jahre die Fähigkeit nach und nach aneignen. Christophe Boesch, ein Primatologe, der die Steingerätekultur der Schimpansen im Tai-Wald der Elfenbeinküste erforscht, hat beobachtet, wie Schimpansen harte Nüsse auf einen flachen Stein oder einen umgefallenen Baumstamm wie auf einen Amboß legen und mit Hämmern aus Stein oder Holz aufschlagen.[11] Eines Tages sah Boesch einer jungen Schimpansin zu, die ziemlich erfolglos mit einem unregelmäßigen Hammer auf eine Nuß eindrosch. (Es klingt vielleicht einfach, aber sogar ein Mensch braucht, wenn er unerfahren ist, für eine Kolanuß dreißig bis sechzig Minuten.) Obwohl die kleine Schimpansin den Hammer mehrmals hin und her wandte, fand sie nie den richtigen Zugriff und wurde sehr wütend.

Nach einer Weile kam die Mutter herüber und nahm ihrer Tochter den Hammer aus der Hand. Dann drehte sie ihn auffallend langsam in der Hand herum, um zu demonstrieren, wie man ihn richtig hält. Sie schlug ein paar Nüsse auf, die sie mit ihrer Tochter teilte, dann gab sie ihr den Hammer zurück und ging davon. Die Tochter hielt daraufhin den Hammer richtig und schaffte es, mehrere Nüsse zu knacken.

Schimpansenmütter haben einen sehr guten Grund, nicht den ganzen Tag hinter ihren Kindern herzulaufen, um ihnen zu zeigen, wie man Nüsse öffnet, sondern sie nur im Notfall gezielt zu unterweisen. Aus demselben Grund verzichten auch menschliche Eltern darauf, mit Zweijährigen Wortschatz und Grammatik zu pauken: Ein Verhalten, das auf kontrollierte Weise, durch strengstes Training erworben wird, ist nicht *flexibel*. Flexibilität ist der Schlüssel zur Intelligenz von Primaten: Sie versetzt Schimpansen und Menschen in die Lage, eine in einem bestimmten Kontext erlernte Fähigkeit auf eine völlig andere Situation anzuwenden. Ohne Flexibilität könnte ein Schimpansenkind zwar an einem Tag von seiner Mutter das

Öffnen von Nüssen lernen, aber es wäre außerstande, diese Fähigkeit auf andere Hämmer beziehungsweise andere Nußarten zu übertragen. Auf ähnliche Weise könnte man einem jungen Menschen – oder Schimpansen – mit Hilfe von Belohnungen eine Liste von Wörtern beibringen, ohne daß er fähig wäre, diese sprachlichen Werkzeuge in anderen sozialen Situationen anzuwenden.

Schimpansen- und Menschenkinder sind von Geburt an hervorragend auf eine Lernform vorbereitet, bei der Flexibilität eine wesentliche Rolle spielt. Zu ihrer biologischen Grundausstattung gehören eine ungeheure Neugier, die Fähigkeit, nachzuahmen, und ein mächtiger Spieltrieb. Und dank einer langen Kindheit, die durch fortwährende Fürsorge und den Schutz der Eltern ermöglicht wird, haben sie ausreichend Gelegenheit, diese Neigungen auszuleben. Entlastet von der Notwendigkeit der Nahrungssuche, Revierverteidigung oder Fortpflanzung, haben junge Schimpansen und junge Menschen eine Menge Freizeit zur Verfügung. Diese lange abhängige Kindheit, die im übrigen Tierreich höchst ungewöhnlich ist, hat freilich einen hohen evolutionären Preis: Die Mutter, die in enger Bindung mit ihrem Kind lebt, kann nur alle paar Jahre ein weiteres Kind zur Welt bringen – eine fortpflanzungstechnisch höchst riskante Strategie.

Aber Schimpansen und Menschen wären schon längst ausgestorben, wenn dieser enorme Zeitaufwand der Eltern sich nicht lohnte. Das Kind wächst in einer entspannten familiären Umgebung auf, in der es sich eine ganze Reihe von Fähigkeiten aneignen kann – motorische, kognitive und kommunikative –, die überlebenswichtig sind. Es hat Gelegenheit, die Erwachsenen ringsum zu imitieren, und viele Jahre Zeit, um in spielerischer Form dieses neue Verhalten in sein großes Repertoire anderer Verhaltensweisen zu integrieren. Washoe spielte nicht nur mit Puppen, sondern unterhielt sich auch durch Gebärden mit ihnen; sie kletterte nicht nur auf Bäume, sondern wandte darin auch ihre Gebärden an. Das Spiel ist die natürliche Methode, um komplexe Verhaltensweisen zu verschmelzen und eine Intelligenz hervorzubringen, die sich an neue

Umstände anpassen kann. Es ist die Schule der Natur, eine Schule, in der es keine Lehrer als solche gibt, sondern lediglich interessante Erwachsene, die man beobachten und nachahmen kann.

Die Anthropologin Ashley Montagu nannte Worte »begriffliche Werkzeuge«, die geistige Entsprechung materieller Hilfsmittel. Darwin hätte diese Metapher zu schätzen gewußt, denn er war überzeugt, daß Werkzeuggebrauch und Sprache ein Ergebnis derselben kognitiven Fähigkeiten seien. Washoe lernte, ihre sprachlichen Werkzeuge an neue soziale Umstände anzupassen, nicht anders als wilde Schimpansen ihre eigenen Werkzeuge je nach Erfordernis abändern, um Nüsse, Honig, Ameisen oder Termiten zu sammeln.

Wenn echtes Lernen bedeutet, flexibel genug zu sein, um sich an neue Situationen anzupassen, dann war Washoes Improvisation mit Gebärden der beste Beweis für ihre autodidaktische Begabung. Ihr Töpfchen bezeichnete sie als SCHMUTZIG GUT und den Kühlschrank als ÖFFNEN ESSEN TRINKEN, obwohl wir stets von TÖPFCHEN STUHL beziehungsweise KALTER KISTE sprachen.[12] Keine dieser Kombinationen hatte sie von uns gelernt, sondern sie stöberte in ihrem eigenen »Werkzeugkasten« – ihrem Vokabular – nach Symbolen und arrangierte sie so, daß sie ihren Zweck erfüllten.

Außerdem lernte sie, eigene Fehler – falschen Werkzeuggebrauch – zu korrigieren. Einmal deutete sie DIES ESSEN, während sie in einer Zeitschrift das Bild eines Getränks betrachtete. Dann musterte sie aufmerksam ihre Hand und wechselte zu den Gebärden DIES TRINKEN.[13]

Washoe war auch in der Lage, völlig neue Gebärden zu erfinden. Zum Beispiel fehlte in unserem Handbuch ein LÄTZCHEN, so daß die Gardners statt dessen die Gebärde für SERVIETTE verwendeten, bei der man mit der offenen Hand über den Mund wischt. Aber Washoe hatte damit offenbar Schwierigkeiten, und so bat sie um ihr Lätzchen, indem sie mit beiden Zeigefingern ein Lätzchen auf ihre Brust zeichnete. Die Gardners würdigten zwar ihren Einfallsreichtum, doch sie bestanden auf der Gebärde für SERVIETTE: Schließlich ging es nicht darum, daß wir eine von einer Schimpansin erfundene Sprache lernten, sondern wir wollten feststellen, ob Washoe imstande war, sich eine menschliche Sprache anzueignen. Am Ende übernahm Washoe die SERVIETTE und bat uns fortan mit der entsprechenden Gebärde um ihr Lätzchen.

Ein paar Monate später sah eine Gruppe Gehörloser von der California School for the Deaf einen Film über Washoe und machte die Gardners darauf aufmerksam, daß das Schimpansenkind nicht die richtige Gebärde für LÄTZCHEN verwendete: Korrekt sei es, mit zwei Zeigefingern ein Lätzchen auf die Brust zu zeichnen. Washoe hatte also recht gehabt.

Washoe wurde von niemandem unterrichtet, geschweige denn konditioniert, sondern sie lernte. Das ist ein gewaltiger Unterschied. Trotz der unangebrachten Versuche im ersten Jahr, Washoe wie eine Skinnersche Ratte zu behandeln, zwang sie uns, eine Binsenwahrheit aus der Biologie von Schimpansen und Menschen zu akzeptieren: Den Lernprozeß bestimmt das Kind, nicht die Eltern. Wer dem jungen Menschen oder dem jungen Schimpansen eine rigorose Disziplin auferlegt, um ihn etwas zu lehren, arbeitet gegen die grenzenlose Neugier und die Notwendigkeit zwanglosen Spielens, die das Lernen überhaupt erst möglich machen. Schließlich räumten auch die Gardners ein: »Junge Schimpansen und kleine Kinder haben eine begrenzte Toleranz gegenüber der Schule.«[14] Nicht wegen, sondern *trotz* unserer Versuche, sie zu unterrichten, lernte Washoe sprechen.

Washoe hatte mir bereits beigebracht, daß Schimpansen sich stundenlang einer Aufgabe widmen können, solange sie Spaß macht. Jetzt erteilte sie mir eine weitere Lektion, die mich auf eine lebenslange Arbeit mit Schimpansen und Kindern vorbereitete: Lernen läßt sich nicht kontrollieren; es ist seinem Wesen nach unkontrolliert. Lernen tritt spontan auf, der Lernprozeß ist individuell und nicht vorhersagbar, und das Ziel wird zum jeweils richtigen Zeitpunkt erreicht. Sobald der Prozeß einmal begonnen hat, hört er nicht mehr auf – es sei denn, er wird durch Konditionierung gestört.

Wie unmöglich es ist, durch Belohnung und Bestrafung zu

lehren, zeigte sich bei Washoe am deutlichsten zu den Essenszeiten. Den Behavioristen zufolge sollte die Kombination hungriger Schimpanse und verfügbares Essen die perfekte Voraussetzung für Verstärkung und Lernen sein. Aber je hungriger Washoe war, desto rascher verkamen ihre Gebärden zu bloßer Wiederholung und schließlich zu regelrechtem Betteln. Auch hier können sich wohl alle Eltern lebhaft vorstellen, was geschieht, wenn sie ihrem Dreijährigen das Frühstück so lange vorenthalten, bis er mit einem vollständigen, grammatikalisch perfekten Satz darum bittet: Das Kind würde wahrscheinlich alles tun oder sagen – unterbrochen von Heulen, Weinen oder Betteln –, nur damit es nicht mehr hungern muß.

Die negativen Auswirkungen der Verstärkung in der Unterrichtssituation ist gut dokumentiert. Zeichnen und Malen, ein Beispiel, auf das die Gardners häufig verweisen, gehören zu den Lieblingsbeschäftigungen im Kindergarten. Aber sobald Psychologen versuchen, die Kinder durch Belohnungen zum Zeichnen anzuhalten, untergraben sie die Qualität der Kunst. Schimpansenkinder zeichnen ebenfalls mit Leidenschaft, und auf ein ähnliches Phänomen stieß Desmond Morris:[15]

> *Der Affe lernte rasch, Zeichnen mit Belohnung gleichzusetzen, und sobald dieser Zusammenhang einmal hergestellt war, interessierte er sich immer weniger für die Striche, die er zeichnete. Er kritzelte einfach irgend etwas aufs Papier und streckte gleich darauf die Hand nach der Belohnung aus. Die sorgfältige Aufmerksamkeit, die er zuvor auf die Zeichnung, auf Rhythmus, Ausgewogenheit und Komposition verwendet hatte, war dahin, statt dessen hatte er die schlimmste Sorte von Kommerzkunst entdeckt!*

Der Wunsch nach Belohnung war stärker als das natürliche Bedürfnis zu zeichnen, genauso wie Washoes Hunger vor den Mahlzeiten stärker war als ihr natürliches Bedürfnis, sich durch Gebärden zu äußern. Kreativität und Lernen sind zwei Formen von angeborenem Verhalten, das durch Belohnungen nur behindert, nicht aber gefördert wird. Nach einem Evolutionsdruck von Jahrmillionen beginnt jedes Tier sein Leben mit einer Reihe artspezifischer Verhaltensweisen, die ihm in seiner angestammten Umwelt zu überleben helfen. Speicherratten beispielsweise laufen nach oben, wenn sie erschrecken, Kellerratten hingegen nach unten. Für dieses Verhalten brauchen sie keinerlei Belohnung, vielmehr ist es ihre Natur, die sie dazu zwingt. Auf dieselbe Weise können auch Kinder nicht anders, als kreativ zu sein.

Das einzige obligatorische Verhalten, das sämtliche Spezies miteinander gemein haben, ist ihr Kommunikationsbedürfnis. Die Fähigkeit, Botschaften auszusenden und zu empfangen, ist entscheidend für die Organisation und das Überleben jeder tierischen und menschlichen Gemeinschaft. Manche Kommunikationsformen sind unwillkürlich und festgelegt, wie etwa der Farbenwechsel des Tintenfischs, mit dem er einen Geschlechtspartner anzieht. Der Schwänzeltanz der Honigbiene scheint ebenfalls automatisch und stereotyp zu sein. Aber bei Spezies, deren Signalsystem in hohem Maß variabel ist, wie zum Beispiel der Gesang der Vögel und der Wale, kommen die Jungen mit dem starken Trieb zur Welt, das jeweilige Kommunikationssystem zu lernen, das sie brauchen, um ihren Platz in der Gemeinschaft zu finden, sich zu paaren und fortzupflanzen.

Auch Washoe besaß den Drang, die Kommunikationsform ihrer Familie zu lernen – in diesem Fall die American Sign Language. Und sie hatte Erfolg damit. Hätten wir uns durch Lautsprache, Schwänzeltänze oder elektrische Impulse verständigt, hätte Washoe trotz ihres Lerntriebs vermutlich keine Möglichkeit gefunden, mit uns zu kommunizieren. Offensichtlich hat die Evolution Washoe auf Gebärden als Kommunikationsform vorbereitet. Aber warum?

Lange Zeit gingen die Wissenschaftler davon aus, daß die Kommunikation der Schimpansen mit der menschlichen Verständigungsform nicht vergleichbar sei: In der Tat haben die Grunzer, Schreie und *Pant-hoots* der Schimpansen wenig Ähnlichkeit mit der menschlichen Sprache. Doch man hat sich dabei auf den falschen Kommunikationskanal konzentriert.

1967, im selben Jahr, in dem ich Washoe kennenlernte, veröffentlichte der holländische Verhaltensforscher Adriaan Kortlandt eine bahnbrechende Untersuchung über die Kommunikationsweise wilder Schimpansen. Der Titel sagt bereits alles: »Der Gebrauch der Hände bei wilden Schimpansen«. Kortlandt beobachtete, daß Schimpansen ihre Hände zu sehr viel mehr gebrauchen als lediglich zur Werkzeugherstellung: Sie verständigten sich auf eine Weise, die früher unvorstellbar gewesen war. »Die Bedeutung der Hand im Sozialleben der Schimpansen ist kaum zu überschätzen«, schrieb Kortlandt. Mit Gesten bäten Schimpansen um Nahrung, suchten Trost, unterstützten und ermutigten andere. Sie hätten verschiedene Gebärden, berichtete Kortlandt, um zu sagen: »Komm mit«, »Darf ich vorbei?« und »Du bist willkommen.«

Aber seine erstaunlichste Entdeckung war, daß manche dieser Gebärden sich je nach Gemeinschaft unterschieden. Zum Beispiel beobachtete Kortlandt drei verschiedene Stoppsignale. In einem bestimmten Waldgebiet benahmen sich die Schimpansen wie Verkehrspolizisten, wenn sie einen anderen aufhalten wollten – mit erhobenem Arm, die Handfläche nach außen. In einem anderen Gebiet machten sie eine Schöpfbewegung, die Handfläche aufwärts gewandt. Und in einem dritten vertrieben sie Eindringlinge mit einem Winken, bei dem die Handfläche nach unten zeigte.

Solche verschiedenen Formen, um ein und denselben Inhalt auszudrücken, können wir auch in menschlichen Gesellschaften beobachten. Ein Norditaliener beispielsweise schüttelt den Kopf, wenn er »nein« meint. Ein Süditaliener hingegen wirft den Kopf in den Nacken zu einer Art Nicken und drückt »nein« damit auf dieselbe Weise aus wie die Griechen. In anderen Ländern bedeutet Nicken keineswegs »nein«, sondern »ja«. Manche menschlichen Gesichtsausdrücke wie diejenigen, die Freude, Überraschung, Trauer, Zorn und Angst zeigen, sind auf der ganzen Welt gleich, während andere kulturabhängig sind und erlernt werden müssen.

Bald berichteten andere Verhaltensforscher von weiteren Abwandlungen des Gebärdensystems der Schimpansen, die offensichtlich kulturell weitergegeben werden. 1978 beobachteten William McGrew und Carolyn Tutin zwei Schimpansengemeinschaften in Tansania, die nur achtzig Kilometer voneinander entfernt lebten, aber mit geringfügig abgewandelten Gesten um Fellpflege baten: Die Schimpansen am Gombe streckten einen Arm in die Luft, während die Schimpansen in den Mahale-Bergen paarweise je einen Arm über den Kopf reckten und sich dann gegenseitig am Handgelenk faßten.[17]

1987 beobachtete Toshisada Nishida das »Blattzerreißen«, eine Geste, die ebenfalls nur in der Kultur der Mahale-Schimpansen üblich ist.[18] Diese ausgeklügelte Geste diente offenbar dazu, ein uraltes Problem zu lösen, mit dem sich sämtliche männlichen Affen unabhängig von ihrer Kulturzugehörigkeit herumschlagen: Wie lockt man ein Weibchen von der Gemeinschaft fort, ohne daß die anderen Männchen es merken? In Mahale sieht das Männchen einem brünstigen Weibchen in die Augen und steckt sich dabei ein Blatt in den Mund. Dann zerreißt es ostentativ das Blatt, läßt es fallen und verläßt unauffällig die Gruppe. Kurz darauf schleicht sich auch das Weibchen davon und folgt ihm in den Wald, und es beginnt eine sexuelle Partnerschaft, die von ein paar Tagen bis zu mehreren Wochen dauern kann. In anderen Schimpansengemeinschaften ganz in der Nähe signalisieren die Männchen ihre Paarungswilligkeit auf völlig andere Weise, zum Beispiel indem sie einen Ast pakken oder schütteln.

Erwachsene Schimpansen wandeln mitunter altbekannte Gesten ab, um neue Botschaften zu übermitteln, die mit Fellpflege, Umwerbung eines Weibchens, Anwesenheit von Feinden und anderen sozial wichtigen Informationen zu tun haben. Die übrigen Mitglieder der Gruppe verstehen diese neuen Botschaften, auch wenn sie die Gesten nicht übernehmen. Mit anderen Worten: Das Schimpansenbaby wird nicht in ein festgelegtes Kommunikationssystem hineingeboren. Zwar kommt es wie der Mensch mit bestimmten Haltungen, Gesten und Lauten zur Welt, doch erst nach jahrelanger Erfahrung innerhalb seiner Gemeinschaft lernt es, sie richtig anzuwenden.[19] Solange eine kleine Schimpansin nicht die speziellen Gesten und sozialen Umgangsformen ihrer Gruppe – ihren Dialekt sozusagen – beherrscht, wird sie nicht in der Lage sein, wichtige Fähigkeiten von ihrer Mutter zu lernen, Bündnisse mit ihresgleichen zu schließen, einen Partner zu finden und Kinder aufzuziehen.

Adriaan Kortlandts Untersuchung über die Gestik der Schimpansen schloß mit einer Bemerkung, die für das Projekt Washoe im Jahr 1967 äußerst bedeutsam war: »Die manipulativen Möglichkeiten der Schimpansenhand sind durch das Gestikulieren allein noch längst nicht ausgeschöpft.« Kortlandts Artikel zeigte uns, weshalb Washoe geradezu dafür geboren war, sich ein auf Gebärden beruhendes Kommunikationssystem wie die American Sign Language anzueignen. Wäre sie nicht gefangen und nach Amerika gebracht worden, hätte sie mit ihrer biologischen Mutter in ihrem eigenen gruppenspezifischen Dialekt aus Handzeichen, Armbewegungen und Körperhaltungen kommuniziert. Offensichtlich beruhen ASL und die Gestik der Schimpansen auf denselben Anlagen zum Denken und Lernen, wie Darwin wohl richtig vermutet hätte. Andernfalls wäre Washoe nicht in der Lage gewesen, unsere symbolischen Zeichen wie Werkzeuge zu handhaben.

Beinahe ein Jahrhundert lang hatte man Darwins radikale Hypothese, die menschliche Sprache sei im Erkenntnisvermögen der Menschenaffen begründet, verlacht oder nicht zur Kenntnis genommen. Jetzt bewies Washoe, daß Darwin recht hatte, als er den Menschenaffen die Fähigkeit zu abstraktem Denken zuschrieb. Washoe wußte, daß BAUM sich nicht nur auf ihre geliebte Weide bezog, sondern auf alle Bäume, unabhängig von ihrem Aussehen. Aber offensichtlich hatte Darwin auch recht, als er sagte, nicht irgendeine radikale Neuerung, sondern das Erkenntnisvermögen unseres gemeinsamen affenähnlichen Vorfahren habe die Voraussetzungen für die Entstehung der menschlichen Sprache geschaffen. Washoe dachte abstrakt wie ein menschliches Kind; aber sie kommunizierte auch wie ein menschliches Kind. Sie lernte nicht nur Symbole, sondern verwendete sie dazu, ihre Gefühle mitzuteilen, sich ihre Gartenwelt anzueignen und sich in jeder denkbaren Situation zu behaupten.

Ein Erlebnis zu Beginn des Projekts Washoe drückt sehr schön das gemeinsame Bedürfnis von Kindern und Schimpansen aus, ihre Gebärden anzuwenden. Die Gardners hatten Freunde mit einem gehörlosen Kleinkind zu Besuch und hielten sich zufällig in der Küche auf. Washoe spielte draußen. Auf einmal sahen sich Washoe und das Kind durch das Küchenfenster, und wie auf ein Stichwort hin machte das Kind im selben Moment die Gebärde für AFFE, in dem Washoe BABY deutete.

Tag für Tag wurde ich auf sehr persönliche Weise daran erinnert, daß Washoe eine menschenähnliche Sprachfähigkeit entwickelte. Anfang 1969 verhielt sich meine dreijährige Schimpansenschwester nicht nur so wie mein zweijähriger Sohn, sondern sie sprach auch wie er. Um sieben Uhr morgens begrüßte mich Washoe mit einem Schwall von Gebärden – ROGER SCHNELL, KOMM UMARMEN, MICH FÜTTERN, GIB KLEIDER, BITTE HINAUS, ÖFFNEN TÜR –, der die Gebärdenversion dessen war, was ich allmorgendlich von Joshua zu hören bekam. Und die Art, wie Washoe im Spiel mit mir kämpfte, mich kratzte und dann den blutenden Kratzer betrachtete, während sie immer wieder WEH WEH und BEDAUERN deutete, war fast die exakte Wiederholung dessen, was ich zu Hause erlebte. Und Washoes Fähigkeit, mich mit Hilfe von Sprache zu manipulieren oder mir zu drohen, wurde bald auch für meinen Sohn zur Routine.

Häufig geriet ich in hitzige Auseinandersetzungen mit Washoe, die mich an meine eigene Kindheit erinnerten. Zum Beispiel hatte ich Anfang 1969 die undankbare Aufgabe, sie an Waschtagen, wenn Susan Nichols im Haus der Gardners Washoes Kleider wusch, in der Garage zu bewachen. Denn wenn Washoe sah, wie wir ihre Kleider einsammelten, wußte sie, daß die Hintertür des Hauses offenstehen würde, daß sie sich folglich hineinschleichen und eine Razzia nach Schimpansenart veranstalten konnte: den Kühlschrank plündern, durch die Betten toben und die Schränke verwüsten. Das hatte sie schon ein paarmal getan, und jedesmal hatte ich sie verzweifelt quer durchs Haus gejagt. Einmal schaltete ich den Staubsauger ein, um sie zu vertreiben, womit ich allerdings mehr als den gewünschten Effekt erzielte: Sie floh entsetzt, und in ihrer Panik hinterließ sie eine Kotspur, die quer über den Perserteppich der Gardners führte.

Also legten wir uns eine neue Strategie für Waschtage zurecht: Ich mußte Washoe aus dem Wohnwagen fortlocken, indem ich ihr vorschlug: GEHEN GARAGE SPIELEN, *bevor* Susan die schmutzigen Kleider einsammelte. Normalerweise war Washoe begeistert, denn wir hatten die Garage als Spielzimmer für Regentage eingerichtet. Die Wände hatten wir mit Dschungelansichten bemalt, auf dem Boden lag eine Matratze, auf der Washoe herumspringen konnte, es gab einen Fallschirm, an dem sie hin und her schwingen, und Teppiche, in die sie sich einrollen konnte. Die Garage war so groß, daß sie darin auf dem Dreirad oder in ihrem Spielauto herumfahren konnte. Sobald wir drinnen waren, sperrte ich heimlich die Tür ab.

Das ging so lange gut, bis Washoe merkte, daß Susan mit der Wäsche zum Haus der Gardners hinüberging. Von dem Moment an wurde die Garage zum Gefängnis, und ich war der böse große Bruder. Zuerst bat sie GEHEN HINAUS. Nachdem ich mich weigerte, deutete sie: ÖFFNEN SCHLÜSSEL – nur für den Fall, daß ich vergessen hatte, wie man hinauskam. Sie griff sogar auf ihre höflichste Ausdrucksweise zurück: BITTE ÖFFNEN. Als ich mich immer noch weigerte, begann sie, mich zuerst zu kitzeln, dann zu kneifen und zu kratzen, und schließlich riß sie mir das Hemd vom Leib. Ich war zwar größer als Washoe, aber nicht annähernd so stark. Etwas mußte geschehen, und zwar rasch, damit diese Spiele nicht zu einer handfesten Rauferei unter Geschwistern ausarteten.

Bei einem dieser Handgemenge erinnerte ich mich an einen Trick, den meine älteren Brüder angewandt hatten, wenn sie mich daran hindern wollten, einen verbotenen Raum zu betreten: Sie machten mir weis, in diesem Zimmer sei der »Schwarze Mann« und werde mich »holen«, wenn ich hineinging. Washoes Schreckgespenst waren natürlich große schwarze Hunde. Also deutete ich auf die abgesperrte Garagentür und zeigte ihr die Gebärden GROSSER SCHWARZER HUND DORT

DRAUSSEN. FRISST KLEINE SCHIMPANSEN. Sofort wurden Washoes Augen weit vor Schreck, und ihr Fell sträubte sich. Sie richtete sich auf zwei Beine auf und begann herumzustolzieren wie ein großer wütender Schimpanse, hämmerte mit den Handrücken gegen die Wand, dann sauste sie unversehens quer durch die Garage, sprang im letzten Moment in die Luft und prallte mit beiden Füßen gegen die versperrte Tür. Danach kam sie wieder zu mir.

Es funktionierte sogar noch besser, als ich zu hoffen gewagt hatte. An den Waschtagen hatte mir Washoe schon derart viele Hemden zerfetzt, daß ich es nun für angebracht hielt, den Spielstand zu meinen Gunsten zu beeinflussen. Ich fragte sie: DU WILLST HINAUSGEHEN UND SPIELEN MIT HUND?, worauf sie antwortete: NEIN, NICHT HUND. Dann rückte sie von mir ab, möglichst weit weg von der Tür. Jetzt hatte ich sie. Ich ging wirklich hinüber zur Tür, sperrte sie auf und öffnete sie. Dann sagte ich ihr: KOMM WIR GEHEN HINAUS UND SPIELEN MIT SCHWARZEM HUND. Sie wich in die hinterste Ecke der Garage zurück.

Solche Auseinandersetzungen gingen sehr weit über die Art von nonverbaler Kommunikation hinaus, wie sie mit Hilfe von Mimik und Körpersprache mit einem Schimpansen oder, durch Gebell und kurze Befehle, mit einem Hund möglich ist. Washoe und ich verständigten uns symbolisch miteinander. Sie teilte mir eine symbolische Information mit – sie wollte, daß ich die Tür öffnete, und schlug mir vor, dazu einen Schlüssel zu benutzen. Ich antwortete darauf mit der symbolischen, wenn auch falschen Information über den großen schwarzen Hund. Wäre ich nicht fähig gewesen, einen nichtexistenten Hund heraufzubeschwören, und hätte Washoe mich nicht verstanden, hätten wir unseren Konflikt vielleicht nie gelöst.

Mein Sohn lernte zwar schneller und umfassender Englisch als Washoe ASL, aber beide benutzten Sprache, um zu verstehen und sich auf abstrakte und effiziente Weise verständlich zu machen. Für mich war das der überzeugendste Beweis für Darwins Theorie, daß der Ursprung der menschlichen Sprache bei unseren affenähnlichen Vorfahren liegt.

Natürlich warf Washoe, indem sie die Voraussetzungen von Darwins Theorie bestätigte, eine Unmenge neuer Fragen auf, zumindest für mich. Wenn unsere affenähnlichen Vorfahren sich durch Gebärden verständigten, war dann die erste Sprache des Menschen eine Gebärdensprache? Und wenn ja: Wie und wann wurden aus diesen Gebärdensprachen Lautsprachen? Warum entwickelten die Menschen die Fähigkeit zur Lautsprache, nicht aber die Schimpansen? Wie und warum verwandelte sich diese reiche visuelle und gestische Sprache des Körpers zu diesen körperlosen schwarzen Zeichen, die Sie hier vor Augen haben?

Es waren immer noch viele Fragen offen, aber mit einem uralten Volksglauben hatte Washoe gründlich und endgültig aufgeräumt: Sprache ist *kein* Geschenk der Götter. Sie kommt von unseren tierischen Vorfahren. Die zweitausendjährige abendländische Philosophie hatte sich geirrt. Wir können sehr wohl mit Tieren reden – jedenfalls mit unseren Geschwistern, den Menschenaffen. Das wußte ich mit Sicherheit: Ich redete ja mit Washoe.

5

Ist es wirklich Sprache?

Um das Jahr 1500 ließ König Jakob IV. von Schottland ein Kind in völliger Isolation aufziehen, um festzustellen, welche Sprache sich entwickeln würde, wenn es sich selbst überlassen blieb. Das Kind werde wohl Hebräisch sprechen, spekulierte der König, denn das war vermutlich die Sprache von Adam und Eva und folglich die Ursprache der Menschheit. Das Experiment ging schlecht aus, wie auch andere dieser Sorte. Aus Mangel an Zuwendung verkümmerte das Baby und starb.

Das einzige, worin die meisten Wissenschaftler und Linguisten sich heute wohl einig sind, ist die Tatsache, daß König Jakob sich irrte: Ein Kind wird *ohne* Kenntnis einer bestimmten Sprache geboren. Wir wissen mittlerweile, daß die Sprache sich entwickelt, wenn ein Kind mit Erwachsenen, die sich in einer Laut- oder Gebärdensprache äußern, über einen Zeitraum von mehreren Jahren interagiert. Doch was genau während der sogenannten kritischen Phase des Spracherwerbs geschieht, ist nach wie vor Gegenstand heftiger Auseinandersetzungen. Irgendwie schaffen es praktisch alle Kinder, sich mühelos ein Mittel zur Verständigung anzueignen, das derart komplex ist, daß es noch niemandem gelungen ist, die grammatikalischen Regeln selbst einer einzigen Sprache vollständig zu beschreiben.

Wie bringen Kinder das fertig? Washoes Fortschritte in der American Sign Language versprachen eine Antwort auf diese uralte Frage, indem sie ein Licht auf den Ursprung der Sprache warfen. Bis Washoe anfing, sich mit Gebärden zu verständigen, nahm man allgemein an, daß wir irgendwann, nachdem unsere Vorfahren sich vor etwa sechs Millionen Jahren von Washoes Vorfahren getrennt hatten, eine erhebliche anatomische Neuerung erfuhren – einen neuen Stimmapparat, einen neuen Gehirnmechanismus oder neue Fähigkeiten zur blitzschnellen Erfassung von Lauten –, die uns in die Lage versetzt hatte, Sprache zu entwickeln. Aber wenn Washoe eine menschliche Gebärdensprache lernen konnte, bedeutete dies, daß schon der gemeinsame Vorfahre von Menschen und Schimpansen die Fähigkeit zu dieser Verständigungsweise mittels Gesten besessen haben mußte. Und weil die Evolution immer das bereits Bestehende benutzt – neue Strukturen und Verhaltensweisen basieren immer auf schon vorhandenen –, muß der Frühmensch die Gebärden- und die Lautsprache auf der uralten Grundlage des Denk- und Lernvermögens sowie der Gestik aufgebaut haben, die unser gemeinsamer affenähnlicher Vorfahre geschaffen hatte.

Was hat das mit dem Rätsel des kindlichen Spracherwerbs zu tun? Wenn wir wüßten, daß unsere Vorfahren die Sprache mittels Denken und Lernen entwickelten, dann müßte daraus folgen, daß die modernen Menschenkinder vermutlich dasselbe tun, nur auf spezialisiertere Weise. Kinder müssen zur Erlernung von Sprache dieselben Strategien anwenden – Beobachtung, Nachahmung und Spiel –, die sie brauchen, um sich andere Fertigkeiten anzueignen, zum Beispiel das Zubinden von Schuhen oder das Klavierspielen. Sie imitieren die Erwachsenen von Natur aus, verallgemeinern die erworbene Fähigkeit durch endloses Interagieren und Üben, so daß sie sich auf neue Situationen anwenden läßt, und integrieren sie spielerisch in andere Verhaltensweisen. Sprache ist natürlich komplizierter als das Schuhezubinden und universeller als das Klavierspiel; folglich müssen die Menschen irgendwann im Lauf ihrer Geschichte eine rasche und spezialisierte Lernweise entwickelt haben, um sich Sprache aneignen zu können. Und das ist nur denkbar, weil wir wie jede andere Spezies über ein sehr starkes Kommunikationsbedürfnis verfügen.

Man sollte annehmen, daß die Linguisten auf der ganzen Welt das Projekt Washoe und seinen Versuch, den wahrscheinlichen Verlauf der menschlichen Sprachentwicklung zu rekonstruieren, begrüßt hätten. Aber es zeigte sich bald, daß unser

Weg in eine Richtung wies, die der in den sechziger Jahren vorherrschenden Theorie über den Spracherwerb des Menschen vollkommen widersprach.

Nach dieser Theorie, die erstmals von Noam Chomsky vom Massachusetts Institute of Technology aufgestellt wurde, lernen Kinder die Sprache nicht auf dieselbe Weise, wie sie lernen, ihre Schuhe zu binden oder Klavier zu spielen. Sondern die Sprache, so Chomsky, würde unabhängig von allen anderen Lernprozessen und kognitiven Fähigkeiten erworben.[1] Die Regeln der Sprache seien so komplex und die Sprache der Erwachsenen, wie die Kinder sie hören, so ungeordnet und verwirrend, daß ein Kind sie unmöglich einfach durch Beobachtung und Nachahmung erlernen könne. Vielmehr müßten die Regeln der Syntax irgendwo im Gehirn kodiert sein.

Diese Syntaxregeln sind nicht dasselbe wie die traditionellen Grammatikregeln. Ein grammatikalisch korrekter Satz könne unsinnig sein, betonte Chomsky. Sein berühmtestes Beispiel war: *Farblose grüne Ideen schlafen wütend.* Die Syntax, sagte er, verleihe der Sprache ihre unendliche Plastizität, die wir beweisen, indem wir uneingeschränkt Wörter zu neuen Sätzen kombinieren können, die sowohl grammatikalisch richtig als auch sinnvoll sind. Chomsky verwarf B. F. Skinners Theorie, wonach Kinder die Sprache durch Belohnung von seiten der Eltern lernten, indem er darauf hinwies, daß Kinder auch ohne irgendeine Verstärkung in der Lage sind, vollkommen neue Sätze zu konstruieren, Sätze, die sie nie zuvor gehört haben.

Chomsky ging davon aus, daß es eine »Tiefenstruktur« von Bedeutungen gebe, die allen Sprachen gemeinsam sei. Diese Bedeutungen würden mit Hilfe einer »universellen Grammatik« in die Laute und Wörter der verschiedenen Sprachen umgesetzt. Sobald diese Grammatik einmal aufgezeichnet sei, sagte Chomsky, würden die logischen Prinzipien zutage treten, denen die unendliche Vielfalt aller je konstruierbaren Sätze unterliegt. In der Praxis erwies sich die Aufgabe jedoch als gewaltig, wenn nicht unmöglich. Jedesmal, wenn die »universelle Grammatik« sich eine neuen Sprache vornahm – Chinesisch zum Beispiel –, mußte sie revidiert werden, um eine ganze Reihe neuer Prinzipien berücksichtigen zu können. Bei einem Versuch, das Französische nach dieser logischen Vorgehensweise zu beschreiben, waren allein für die Klassifikation der Prädikate zwölftausend Paragraphen erforderlich.[2]

Die Existenz einer universellen Grammatik vorausgesetzt, wäre natürlich kein zweijähriges Kind in der Lage, sich ein derart komplexes logisches System anzueignen, das aus Zehntausenden, vielleicht Hunderttausenden abstrakter Regeln besteht. Deshalb vermutete Chomsky, daß jedes Kind von Geburt an einen »Spracherwerbsapparat« besitze, in dem die Universalgrammatik bereits angelegt sei und aufgrund dessen es fähig sei, unbewußt abstrakte Grammatikregeln zu erzeugen, einfach indem es der verworrenen Sprache der Erwachsenen zuhöre. Die universelle Grammatik sei Teil des genetischen Programms, sagte Chomsky, weshalb die Sprache für die Menschen ebenso einzigartig sei wie das Dammbauen für die Biber und der Schwänzeltanz für die Bienen.[3]

Der Apparat für den Spracherwerb – das »Sprachorgan« –, sagte Chomsky, befinde sich irgendwo in der linken Gehirnhälfte; für diese Behauptung gibt es allerdings keinen anatomischen Beweis. Dennoch war, abgesehen von Biologie und Anatomie, die Existenz eines Sprachorgans eine vernünftige Hypothese, um den Spracherwerb von Kindern zu erklären. Nicht vernünftig war jedoch Chomskys Behauptung, allein die Menschen besäßen dieses Organ. Für die Evolution ist der Zeitraum von sechs Millionen Jahren, die seit der Trennung des Menschen von seinen nächsten Verwandten vergangen sind, einfach nicht lang genug, um eine vollkommen neue Gehirnstruktur hervorzubringen. Die »Erweiterungs«-Hypothese widersprach den Gesetzen der Biologie und der Neurowissenschaft. Während das Primatengehirn sich vom Vorfahren der Affen über den Vorfahren der Menschenaffen bis hin zum Menschen entwickelte, wuchs es nicht einfach in die Breite wie ein Haus, das durch Anbau immer neuer Räume vergrößert wird, sondern es fand eine fortwährende Umstrukturierung und Neuorganisation des bereits Vorhandenen statt – alte

Strukturen wurden für neue Aufgaben herangezogen. Tatsächlich zeigt die Gehirnforschung seit den sechziger Jahren, daß die menschliche Sprache von einem Netzwerk unabhängiger Kortexregionen gesteuert wird, die alle eine Entsprechung im Schimpansengehirn haben.

Die Anhänger der »Sprachorgan«-Theorie versuchen nach wie vor angestrengt, Chomskys Hypothese mit Darwin in Einklang zu bringen, etwa mit dem Argument, im Verlauf der Evolution träten infolge eines Entwicklungsprozesses, bei dem natürliche Selektion und kumulative Mutationen eine Rolle spielten, immer wieder komplexe Organe wie beispielsweise das Auge auf. Das stimmt natürlich, aber Organe wie das Auge brauchen für ihre Entstehung zehn Millionen Jahre oder mehr – der kurze Zeitraum von lediglich sechs Millionen reicht dafür bei weitem nicht aus. Und bei so eng verwandten Spezies, die von einem entwicklungsgeschichtlich jungen gemeinsamen Vorfahren abstammen, kann die eine Spezies unmöglich genügend Zeit gehabt haben, um ein vollständig neues und einzigartiges biologisches System zu entwickeln. Wenn der afrikanische Elefant einen Rüssel hat, dann kann man davon ausgehen, daß sein naher Verwandter, der indische Elefant, ebenfalls einen Rüssel hat. Mensch und Schimpanse aber haben sich von ihrem gemeinsamen Vorfahren in einer noch jüngeren Vergangenheit getrennt als die afrikanischen und die indischen Elefanten. Wenn wir ein Sprachorgan nur beim Menschen, nicht aber beim Schimpansen vorfinden, wäre dies dasselbe, als entdeckten wir eine Elefantenspezies ohne Rüssel.

Zweifellos adaptierten beide Spezies, Menschen und Schimpansen, nach ihrer Trennung vor sechs Millionen Jahren das ursprünglich gemeinsame Kommunikationssystem, das Erbe ihres Ahnen, an ihre jeweils speziellen Bedürfnisse. Aber die Verständigungsweisen müssen in ein und demselben Kognitionsvermögen ihres Vorfahren begründet sein, *andernfalls wäre Darwins Theorie falsch.*

Aus der Sicht der Evolutionsbiologen war die Hypothese des Sprachorgans in genau diesem Punkt immer problematisch. Chomskys Theorie war ein *deus ex machina,* eine moderne Version des Volksglaubens von der Sprache als Göttergeschenk. Sie leistete keinen Beitrag zu unserem Verständnis von der Entwicklung der menschlichen Sprache seit unseren affenähnlichen Vorfahren. Dieser Fehlschlag ist verständlich, sobald wir uns vor Augen halten, daß Chomsky und seine Anhänger keine Biologen waren, sondern Logiker, die in der philosophischen Tradition des Kartesianismus standen.

Ein Biologe oder vergleichender Psychologe, der einen Aspekt der Anatomie oder des Verhaltens untersucht, muß stets die stammesgeschichtliche Entwicklung, die Phylogenese einer Spezies berücksichtigen. Linguisten hingegen lassen diese entwicklungsgeschichtlichen Randbedingungen außer acht. Als Schüler der abendländischen Philosophie gehen sie von einer *Diskontinuität* zwischen Menschen und Affen aus. Wie Descartes stützte sich Noam Chomsky auf die Prämisse, die menschliche Sprache sei im gesamten Tierreich einzigartig. In seinen Augen standen die Prinzipien der Sprache in keinem Zusammenhang mit anderen Verständigungsweisen, obwohl man von der Kommunikation der Menschenaffen damals kaum etwas wußte.

Chomsky studierte die Sprache *nicht* als soziale Kommunikation, als direkte Interaktionen zwischen Menschen, bei denen nicht nur Worte, sondern auch Betonung und Körpersprache eine Rolle spielen. Die Art, wie wir tatsächlich miteinander sprechen, ist der reichhaltigen *visuellen* Grammatik der American Sign Language sehr ähnlich. In ASL kann ich den Satz »Es geht mir gut« mit zehn verschiedenen Nuancen ausdrücken – von »halbwegs gut« bis »unglaublich gut« –, indem ich die Höhe oder die Geschwindigkeit meiner Gebärde verändere. Ebenso nuancenreich läßt sich in der Lautsprache das Wort »gut« durch Tonfall und Mimik gestalten. Durch die Emphase, die ich in meinen Satz lege, kann ich auch eine ganz neue Bedeutung ins Spiel bringen – »Im Prinzip geht's mir gut, aber etwas anderes ist nicht in Ordnung«, oder ich betone allein das Wort »mir«, was dann heißt: »*Mir* geht es gut, aber jemand anderem, den wir beide kennen, geht es schlecht.« Sowohl in der Gebärden- wie in der Lautsprache kann ich hundert mögliche Mißverständnisse aus dem Weg räumen, damit mein Gesprächspartner genau versteht, was ich meine. Nach Ansicht von Sprachwissenschaftlern, die sich mit solchen Interaktionen befassen, werden bei einem Gespräch von Angesicht zu Angesicht 75 Prozent der Bedeutung mittels Körpersprache und Tonfall mitgeteilt – also nicht durch die Syntax.[4]

Chomsky und seine Schüler konzentrierten sich auf das, was am leichtesten meß- und quantifizierbar war, nämlich auf die geschriebenen Worte. Damit nahmen sie die Sprache aus ihrem natürlichen sozialen Umfeld heraus und zwangen sie in eine lineare Form. Geschriebene Sprache *muß* sich an logische Regeln halten, um nicht mißverständlich zu sein. Zur Klärung von Nuancen, die beim persönlichen Gespräch eindeutig wären, erweist sich eine universelle Grammatik als nötig. Selbstverständlich unterliegt eine Sprache bestimmten Regeln. Aber wenn man davon ausgeht, daß alle Menschen wie Formallogiker in perfekter Grammatik miteinander kommunizieren, dann erscheinen einem diese Regeln natürlich sehr viel komplizierter.

Ein Ergebnis von Chomskys Methode war, daß sich die Definition »sprachlich« mit der Zeit auf sämtliche *körperlosen* Elemente der Sprache bezog, also auf alles, was sich niederschreiben und mathematisch analysieren läßt. Hingegen wurden alle kommunikativen Verhaltensweisen, die wir mit anderen Primaten teilen, als bedeutungslos und folglich als »nicht sprachlich« abgetan. Viele Jahre lang waren die Linguisten derart voreingenommen gegen die gestische Kommunikation, daß sie Gebärdensprachen nicht einmal in Betracht zogen. Tatsächlich bemühten sich die Pädagogen in der ersten Hälfte des Jahrhunderts intensiv, die American Sign Language auszurotten, weil sie die Gebärden für zu »affenartig« hielten; die Lautsprache galt als »höherer und besserer Teil« der Sprache.[5] Erst um die Mitte der sechziger Jahre wurde die visuelle Grammatik der ASL wissenschaftlich untersucht, und auch dann nur von Pionieren der Linguistik wie William Stokoe, der die Kontinuität in den Gebärden von Menschen und Menschenaffen erkannte. Dank seiner Forschungsarbeiten wurde die American Sign Language Ende der sechziger Jahre endlich als »echte Sprache« anerkannt.

Die meisten Linguisten hielten den Gedanken, ein Schimpanse könne das Sprechen lernen, für völlig absurd. Chomsky meinte, diese Vorstellung sei wie die einer Insel voller Vögel, die flugfähig, aber noch nie geflogen seien; wenn Schimpansen ein angeborenes Sprachvermögen besäßen, sagte er, hätten sie bereits in der Wildnis miteinander gesprochen. Natürlich haben Schimpansen schon seit Jahrmillionen im Dschungel mittels Gebärden miteinander gesprochen, und ihre Dialekte aus Handbewegungen, Gesichtsausdrücken und Körpersprache ähneln sehr stark den nonverbalen Elementen der menschlichen Sprache.

Wir Mitarbeiter am Projekt Washoe sahen die Schimpansengebärden und erkannten die Wurzeln der menschlichen Sprache. Aber Chomsky hatte ja schon die *menschliche* Geste als nichtsprachlich verworfen, folglich konnten die Gebärdendialekte der wilden Schimpansen auf keinen Fall mit der menschlichen Sprache in Zusammenhang gebracht werden.

Das Projekt Washoe brachte also Darwin nicht nur mit Descartes, sondern auch mit Chomsky in Konflikt. Wenn Chomsky recht hatte, besaß Washoe kein Sprachorgan und war nicht in der Lage, Zeichen sinnvoll zusammensetzen. Hatte hingegen Darwin recht, so besaß Washoe ohnehin die kognitiven Voraussetzungen für Sprache und brauchte gar kein besonderes Sprachorgan mit seinen hunderttausend darin angelegten Regeln.

1966 begannen die Gardners, täglich ausführliche Aufzeichnungen über jede Gebärde zu führen, die Washoe formte – jedes ÖFFNEN, um durch die Tür zu gelangen, jedes KITZELN, um uns zum Spielen aufzufordern, jedes HÖREN, wenn ein Flugzeug über uns hinwegflog, wurde vermerkt. Aber als sich Washoes Gebärden im zweiten Jahr rasant vermehrten, waren uns diese umfassenden Notizen unmöglich, und wir hielten fortan nur noch ihre neuen Gebärden fest.

Doch ehe wir ein neues Zeichen als »Kandidat« für Washoes Vokabular betrachten konnten, mußten drei Beobachter unabhängig voneinander gesehen haben, wie sie es spontan, korrekt und im entsprechenden Kontext benutzte. Diese strengen Regeln sorgten dafür, daß jede Gebärde, die schließlich in Washoes Wortschatz aufgenommen wurde, allen Anfechtungen standhalten konnte.

War Washoes Umgang mit einer bestimmten Gebärde dreimal verifiziert worden, setzten wir das Zeichen auf die Liste der »möglichen verläßlichen Wörter«, die jeder von uns ständig mit sich herumtrug. Verläßlich war eine Gebärde erst dann, wenn Washoe sie fünfzehn Tage hintereinander korrekt, unaufgefordert und situationsabhängig ausgeführt hatte. Verging ein Tag ohne qualifizierte Aufzeichnung, dann begann die Zählung von vorn. War eine Gebärde fünfzehn Tage hintereinander beobachtet worden – in der Regel von den meisten, aber nicht allen Mitgliedern der Adoptivfamilie –, dann, und nur dann, galt sie als verläßlicher Bestandteil von Washoes Vokabular.

Darauf zu warten, daß Washoe eine Gebärde fünfzehn Tage lang angemessen benutzte, war manchmal gar nicht einfach. Zum Beispiel waren keine Hunde in der Nähe, und es war schwierig, eine Situation herbeizuführen, in der sie die Gebärde HUND anbringen konnte. Wenn wir mit dem Auto spazierenfuhren, kamen wir normalerweise an einem Garten vorbei, in dem es einen Hund gab. Dieser Hund rannte jedesmal zum Zaun und bellte unser Auto an, woraufhin Washoe HUND deutete. Aber das tat sie auch dann, wenn der Hund einmal nicht da war. Wäre Washoe ein menschliches Kind gewesen, hätte niemand bezweifelt, daß sie sich an den abwesenden Hund erinnerte und ihn kommentierte: Wir gehen davon aus, daß jede kindliche Äußerung eine Bedeutung hat. Aber mit Washoe lebten wir in der ständigen Furcht, wir könnten in ihre Gebärden zuviel hineininterpretieren, und deshalb zählten wir ihre HUND-Gebärde nur dann, wenn der Hund tatsächlich im Garten war.

Nachdem Washoe manchmal keinen Grund hatte, täglich

HUND oder ERDBEERE oder GRÜN zu deuten, geschweige denn fünfzehn Tage hintereinander, mußten wir uns eine systematischere Methode ausdenken, um den entsprechenden Kontext herzustellen. Um Washoes Kenntnisse zu testen, führten die Gardners ein Verfahren ein, bei dem etwaige Hinweise von seiten der Betreuer ausgeschlossen waren. Solche Testkontrollen sind seit dem berühmten Fall des Klugen Hans um die Jahrhundertwende ein Standardverfahren in der vergleichenden Psychologie. Der Kluge Hans war ein deutsches Pferd, das arithmetische Aufgaben löste, indem es durch Hufklopfen zählte. Seine offensichtliche Genialität widersetzte sich allen Erklärungsversuchen durch Philosophen, Linguisten, Zirkusexperten und seinen eigenen Trainer. Endlich löste ein Experimentalpsychologe namens Oskar Pfungst das Rätsel um die »Pferdemathematik«: Hans begann mit dem Huf zu klopfen und blickte dabei aufmerksam seinen Trainer oder das Publikum an. Die Menschen, die natürlich die Antwort kannten, reagierten unwillkürlich, sobald er bei der richtigen Zahl angelangt war, indem sie sich aufrichteten oder zusammenzuckten und ihn damit wissen ließen, wann er mit dem Klopfen aufhören mußte.

Natürlich ist es sehr viel einfacher, einem Pferd zu signalisieren, wann es zu klopfen aufhören muß, als einem Schimpansen eines von hundert möglichen Zeichen zu entlocken. Trotzdem wurde Washoes Vokabular auf eine Weise getestet, die *jede* mögliche nonverbale Hilfeleistung ausschloß. Washoe saß vor einer Kiste, die auf drei Seiten aus Spanplatten und auf der Vorderseite aus Plexiglas bestand. Dann legte Experimentator 1 einen Gegenstand – eine Bürste, ein Lätzchen oder eine Limonadendose – in die Kiste. Experimentator 2, der nicht wußte, was sich in der Kiste befand und Washoe deshalb keinen Hinweis geben konnte, stand hinter der Kiste und fragte sie, was für einen Gegenstand sie sah. Die erste Gebärde, die Washoe machte, schrieb er nieder. (Dieses Testverfahren nennt man »Doppelblindversuch«, denn Washoe konnte Experimentator 1, der die richtige Antwort wußte, nicht sehen, während Experimentator 2 den Gegenstand in der Kiste nicht sehen konnte.[6])

Washoe hielt das für ein tolles Spiel, vor allem wenn der Testgegenstand ein Bonbon oder Limonade war. Dann hob sie die Plexiglasscheibe, schnappte sich den Inhalt der Kiste und raste davon. Einmal griff sie sich meine Uhr und verhöhnte mich von ihrem Baum herab, während ich unten stand und um meine Uhr bettelte. Ein anderes Problem war, daß wir kein *echtes* Auto in die Kiste stellen konnten, und folglich für nahezu alles, von Katzen bis zu Flugzeugen, realistische Repliken finden mußten. Diese Kopien brachten ihrerseits wieder ein Problem mit sich: Washoe irrte sich dabei öfter als bei Fotos. Diese schwache Leistung verblüffte uns eine Zeitlang, bis uns das Muster klar wurde: Die Fehler betrafen alle das Zeichen BABY. Wenn Washoe sich Fotos ansah, identifizierte sie einen Hund als HUND, eine Kuh als KUH. Aber wenn sie Repliken sah, bezeichnete sie die Kuh als BABY, den Hund als BABY und das Auto als BABY. Jede Kopie *en miniature* war BABY. Anscheinend kümmerte sich Washoe weniger um den Namen des Gegenstands als um die Tatsache, daß er klein war – eine »Babykuh« eben oder ein »Babyhund«. Dahinter stand eine offenkundige Logik, zumal aus ihrer Kleinkindperspektive; dennoch mußten wir ihre Antworten als falsch werten – wiederum als Sicherheitsmaßnahme gegen Überinterpretationen.

Ein noch größeres Problem war Washoes Ungeduld. Das war nur zu verständlich: Schließlich mußte sie dasitzen und zusehen, während irre Menschen hin- und herrannten und heimlich Kisten öffneten und schlossen. Washoe mochte diese ASL-Schule nicht, und nach etwa fünf Gegenständen weigerte sie sich, weiterzuspielen. Daraufhin kamen die Gardners auf die Idee, Dias einzusetzen, eine Neuerung, die Washoe entzückte, denn darüber hatte sie Kontrolle. Sie saß dabei vor einem Wandschrank, in dessen Mitte ein Projektionsschirm eingebaut war: so eingestellt, daß niemand sonst im Raum das Bild sehen konnte. Washoe sah die Dias nie vor dem Test und sah auch kein Dia zweimal, so daß sie unmöglich mit ihrer Erinnerung arbeiten konnte. Wenn sie bei einer Testreihe eine Ringelblume, eine Ente und einen Schäferhund sah, wurden ihr beim nächsten Durchgang ein Gänseblümchen, ein Eichelhäher und ein Terrier gezeigt. Washoes Antwort wurde nur dann als korrekt gewertet, wenn zwei menschliche Beobachter unabhängig voneinander ihre Gebärde bestätigten.

Für eine Vierjährige waren ihre Leistungen beachtlich. Bei einem repräsentativen Test mit 64 Versuchen erzielte sie 86 Prozent richtige Antworten, und bei einem zweiten Test, der doppelt so lang war – 128 Versuche –, betrug ihr Resultat 71 Prozent. (Hätte sie nur geraten, so hätte sie allenfalls 4 Prozent richtige Antworten zustande gebracht.) Aber ihre Fehler waren vielleicht noch interessanter als ihre korrekten Antworten. Zum Beispiel bezeichnete sie einen Kamm als BÜRSTE, eine Nuß als BEERE und einen Hund als KUH – aber nie verwechselte sie einen Kamm mit einer Kuh. Mit anderen Worten, sie irrte sich immer nur innerhalb einer Kategorie, was zeigte, daß sie einen Sinn für Klassifikationen hatte. Nach Ansicht der Linguisten ist die Fähigkeit, Objekte in Symbole zu verwandeln und sie in Gedanken typologisch zu ordnen wie Gegenstände in Fächer eines der wesentlichen Kriterien zur Unterscheidung der menschlichen Sprache von anderen tierischen Kommunikationsformen. Washoes Fähigkeit zu kategorisieren zeigte also eine weitere Begabung, die wir von unserem gemeinsamen affenähnlichen Vorfahren geerbt haben.

Fehler unterliefen Washoe manchmal auch dann, wenn zwei Zeichen einander formal ähnlich waren. Zum Beispiel werden KATZE und APFEL beide an der Wange gedeutet, KÄFER und BLUME beide auf der Nase. Es ist dasselbe, wie wenn wir zwei ähnlich klingende Worte verwechseln. Wenn Sie ein Kind bitten, Ihnen eine *Dose* zu bringen, und es bringt Ihnen statt dessen seine *Hose*, ist ihm ein formaler Fehler unterlaufen. Formale Fehler sind ein sehr überzeugender Beweis für die Vertrautheit mit einer Sprache. Ein Kind kann Dosen und Hosen nur verwechseln, wenn es bereits eine gewisse Sprachkenntnis hat. Auch Washoe hätte nicht KATZE und APFEL verwechseln können, wenn sie die beiden ASL-Gebärden nicht zuvor schon gelernt hätte. Solche Antworten wurden natürlich als falsch gewertet, ironischerweise aber bewiesen sie eine gewisse Kompetenz.

Es mußte auch als Fehler gewertet werden, wenn Washoe zu raten anfing, indem sie mehrere Gebärden auf einmal machte. Aber wann immer dies geschah, bewies sie ihr Verständnis für ASL. Wenn sie ein Bild von Ringelblumen sah, faßte sie bisweilen mehrere Gebärden derselben Kategorie zusammen, wie etwa BLUME BAUM BLATT BLUME. Einmal, als sie ein Foto von Wiener Würstchen zu benennen versuchte, zeigte sie ÖL BEERE FLEISCH. Auf den ersten Blick wirkt das wie Raten, solange man nicht weiß, wie ähnlich diese Gebärden einander sind. Denn jede wird gebildet, indem man mit Daumen und Zeigefinger verschiedene Punkte an der Schmalkante der anderen Hand berührt. Dasselbe passiert uns, wenn uns ein Wort auf der Zunge liegt und wir verschiedene Möglichkeiten ausprobieren – Kegel, Pegel, Segel und so weiter. Washoe hatte die korrekte Gebärde »auf den Fingerspitzen« – im Moment fiel ihr nur nicht ein, wo.

Washoes Art und Weise, Gebärden zu bilden, war außerordentlich konsistent. In ungefähr 90 Prozent der Fälle stimmten die beiden unabhängigen Beobachter, die Washoes Zeichen lasen, überein. Im Sommer 1970 beobachteten zwei Gehörlose, die ASL fließend beherrschten und kurz zuvor das Gallaudet College absolviert hatten, Washoe durch eine Spionglasscheibe. Für sie war es dasselbe, als müßte ein Vollsinniger die gesprochenen Worte eines menschlichen Kleinkinds identifizieren, das er nie zuvor gesehen hat – eine bekanntermaßen schwierige Aufgabe. Die beiden Experten stimmten mit unserem eigenen Beobachter in 89 Prozent der Fälle überein.

Im Jahr 1970, als Washoe fünf war, benutzte sie 132 Zeichen verläßlich und war in der Lage, Hunderte weiterer zu verstehen. Sie konnte nicht nur Gegenstände benennen und kategorisieren, sondern begann auch, auf eine Weise mit Sprache umzugehen, deren Chomsky allein die Menschen für fähig hielt: Sie setzte Wörter zu neuen Kombinationen zusammen. Wie Sie sich erinnern, verwarf Chomsky Skinners Theorie, indem er darauf hinwies, daß Kinder grammatikalisch korrekte Sätze bilden könnten, die sie nie zuvor gehört hätten. Nun fing auch Washoe an, Gebärden zu Sätzen zusammenzusetzen, die sie von uns nicht gelernt haben konnte. Gewiß hatte sie uns deuten sehen DU ESSEN und WASHOE UMARMEN, aber niemals hätten wir ihr sämtliche möglichen Kombinationen von Subjekt und Prädikat zeigen können. Dennoch ging sie mit ihren Kategorien genauso um wie ein menschliches Kind und verband zum Beispiel jede beliebige Person mit jeder beliebigen Tätigkeit: ROGER KITZELN, SUSAN STILL, DU HINAUS GEHEN.

Es war klar, daß sie ihre Gebärden nicht aufs Geratewohl kombinierte, denn im jeweiligen Kontext waren sie immer sinnvoll. Um sie auf die Probe zu stellen, führten wir absichtlich Situationen herbei, in denen sie unsere Hilfe brauchte. Beim »Puppentest« zum Beispiel trat Susan »versehentlich« auf eine von Washoes Puppen.[7] Washoe reagierte auf folgende verschiedene Weisen: HOCH SUSAN, SUSAN HOCH, MEIN – BITTE HOCH, GIB MIR BABY, BITTE SCHUH, MEHR MEIN, HOCH BITTE, BITTE HOCH, MEHR HOCH, BABY UNTEN, SCHUH HOCH, BABY HOCH, BITTE MEHR HOCH und DU HOCH. Washoe benutzte nur jene Gebärden ihres Vokabulars, die auf die Situation anwendbar waren, und niemals unterliefen ihr unsinnige Kombinationen wie etwa: BABY SUSAN, SCHUH BABY, DU SCHUH und so weiter.

Die Fähigkeit, Symbole so zu kombinieren, daß sie nicht Unsinn, sondern eine Bedeutung mitteilen, ist genau das, was Linguisten als Syntax definieren, das Kennzeichen menschlicher Kommunikation. Nach Ansicht Chomskys ist ein Kind dank seines Sprachorgans in der Lage, die Syntax automatisch anzuwenden und unbewußt Sätze wie HOCH SUSAN zu bilden, statt sinnlose Worte wie DU SCHUH aneinanderzureihen. Wären Washoes Gebärden regellos gewesen, so hätte sie die Zeichen aufs Geratewohl kombiniert, aber in 90 Prozent der Fälle stellte sie das Subjekt vor das Verb, wie in DU MICH HINAUS, DU MIT MIR GEHEN. Sie begriff auch den Gebrauch von Subjekt und Objekt. Wenn ich deutete ICH KITZELN DICH, war sie sofort bereit, sich kitzeln zu lassen. Aber wenn ich deutete DU KITZELN MICH, war sie es, die mich kitzelte. Außerdem stellte Washoe in 90 Prozent der Sätze, in denen sie DU und

(M)ICH gebrauchte, das DU vor das ICH, wie zum Beispiel in BITTE DU MICH HINAUS.

Auch ihre längeren Wortkombinationen schienen syntaktischen Regeln zu folgen. Einmal wollte sie unbedingt einen Zug von der Zigarette, die ich gerade rauchte: GIB MIR RAUCH, RAUCH WASHOE, SCHNELL GIB RAUCH. Endlich forderte ich sie auf: FRAG HÖFLICH. Sie antwortete: BITTE GIB MIR DIESEN HEISSEN RAUCH. Es war ein wunderschöner Satz, aber auch bei Washoe blieb mir, wie bei meinen eigenen Kindern, manchmal nichts anderes übrig, als nein zu sagen; das war eine solche Gelegenheit.

Besaß Washoe ein Sprachorgan, in dem sämtliche Syntaxregeln angelegt waren? Oder *lernte* sie einfach die Regeln, je mehr sie davon begriff? Angesichts dessen, was wir über das Denkvermögen der Schimpansen wissen, ist die zweite Erklärung wahrscheinlicher. Wie wir gesehen haben, ist ein Schimpansenkind im Dschungel durchaus geschickt darin, durch Verallgemeinerung zu lernen. Jedesmal, wenn es mit einem Hammer eine Nuß aufschlägt, lernt es eine allgemeine Regel über das Öffnen von Nüssen. Es muß daraus die Muster – mit anderen Worten: die Regeln – ableiten, die dem erfolgreichen Nußknacken zugrunde liegen, und sie dann auf andere, neue Situationen anwenden.

Washoes Fähigkeit, Regeln zu lernen und zu verallgemeinern, war ein überzeugender Hinweis darauf, daß unsere Vorfahren, die Hominiden, genau dasselbe taten. Und tatsächlich bestand im Hinblick auf das Verhalten nicht der geringste Unterschied zwischen der Art, wie Washoe ihre Gebärden anordnete, und der eines gehörlosen menschlichen Kindes, das die ASL lernt. Deshalb war die Idee eines allein dem Menschen vorbehaltenen Sprachorgans nicht nur biologisch unwahrscheinlich, sondern auch unnötig kompliziert. Wissenschaft in ihrer besten Form ist sparsam – sie sucht immer die einfachste mögliche Erklärung. Und die einfachste Erklärung war, daß menschliche Kinder sich die Sprache genauso aneignen wie Washoe: durch Lernen.

Aber der beste Beweis dafür, daß Menschen und Schimpansen auf gleiche Weise sprechen lernen, war folgender: Washoes Fortschritte verliefen in der gleichen Reihenfolge wie bei einem menschlichen Kind.[8] Zuerst lernte sie einzelne Gebärden, dann Kombinationen von zwei Gebärden und schließlich ganze Sätze aus drei Gebärden. Ihre ersten Kombinationen waren »Nominativsätze« (DIES SCHLÜSSEL) und »Tätigkeitssätze« (ICH ÖFFNEN), gefolgt von »Attributivsätzen« (SCHWARZER HUND, DEIN SCHUH) und schließlich »Erlebnis-« oder »Wahrnehmungssätze« (BLUME RIECHT, HÖREN HUND). Auf Fragen nach WER, WAS und WO konnte sie antworten, *ehe* sie lernte, auf Fragen nach dem WIE und WARUM zu antworten.

Wie bei jedem Kind folgte Washoes Sprachentwicklung einem Muster, das parallel zu ihrem wachsenden Verständnis für Gegenstände, Kategorien und Beziehungen zutage trat. Und sobald sie eine Gebärde, eine Kategorie oder Beziehung gelernt hatte, verallgemeinerte sie die neuerworbenen Kenntnisse, bezog sie auf andere Situationen und fügte sie in ihr alltägliches Verhalten ein. Dem Kommunikationsverhalten von Schimpansen und Kindern liegen offenbar tatsächlich dieselben kognitiven Wurzeln zugrunde, genau wie Darwin vorhergesagt hatte.

1969 veröffentlichten die Gardners ihren ersten Bericht über Washoes sprachliche Fortschritte in der angesehenen Fachzeitschrift *Science*.[9] Die verblüffende Nachricht von einem Schimpansen, der sich einer menschlichen Sprache bediente, wurde in naturwissenschaftlichen Kreisen begeistert aufgenommen. Wie die *London Times* später formulierte: »Für Biologen war es ein ebenso epochemachendes Ereignis wie für Astronomen die Landung auf einem Himmelskörper; daher war es sehr passend, daß die Gardners 1969 zum ersten Mal von ihrer Arbeit berichteten, im Jahr der ersten Mondlandung.«

Ich kam mir vor, als hätte ich mit Washoe den Mond betreten. Jahrtausendelang hatten die Menschen in Mythen und Fabeln davon geträumt, mit Tieren zu sprechen, und jetzt wurde dieser Traum tatsächlich wahr. Direkter Partner bei diesem bahnbrechenden Gespräch zu sein war ungeheuer aufregend. Hundertfünfzigtausend Jahre, nachdem unsere Vorfahren, die rezenten Menschen, Afrika verlassen hatten, tat sich unmittelbar vor uns eine Verbindung zu unseren fernen Ursprüngen auf. Wir brauchten nichts anderes zu tun als mit Washoe zu reden.

Persönlich war ich überzeugt, daß sämtliche Wissenschaftler diesen unerwarteten und aufsehenerregenden Beweis für Darwins These von der Abstammung des Menschen bereitwillig annehmen würden. Das war einigermaßen naiv: Die meisten Linguisten waren über die Nachricht von einem sprechenden Affen alles andere als begeistert. Mehr als ein Jahrzehnt hindurch war Chomskys neokartesianische Theorie praktisch unwidersprochen hingenommen worden, aber nun hatte sie einen schweren Schlag einstecken müssen. Es war nicht der letzte. Zu Beginn der siebziger Jahre wurde eine Reihe von Studien an Menschen durchgeführt, die eine zweite Grundvoraussetzung Chomskys – daß Kinder ihr angeborenes Sprachorgan auch dazu benötigten, um die verworrene, undurchschaubare Sprache der Erwachsenen zu entschlüsseln – widerlegen sollte.

Diese neuen Studien, Untersuchungen der Interaktionen zwischen Mutter und Kind in sehr unterschiedlichen Kulturen, zeigten, daß die Mütter zu ihren Neugeborenen anders sprechen als zu älteren Kindern oder Erwachsenen, offensichtlich um ihre Sprache verständlicher zu machen. Diese »Muttersprache« – die natürlich auch die Väter sprechen – ist nicht nur komplex, sondern auch unbewußt. Mütter verändern ihre Stimmlage auf so subtile Weise, daß der Unterschied sich oft nur durch akustische Analyse nachweisen läßt. Dank Dutzender von Charakteristika ist die Sprache der Mütter besonders geeignet für Kinder, die das Sprechen lernen: Sie ist langsamer, einfacher, stärker von Wiederholungen geprägt.[10] Auch gehörlose Mütter wenden eine langsamere und grammatikalisch einfachere Form der Gebärdensprache an, wenn sie sich mit ihren Kleinkindern verständigen. Anscheinend bekommen alle Kinder, auch wenn sie von ihren Vätern oder älteren Geschwistern aufgezogen werden, bis zum Alter von zwei oder drei Jahren eine vereinfachte Form von Sprache zu hören.

Mehr als alles andere waren es die Untersuchungen über die »Muttersprache«, die in den siebziger Jahren zum Niedergang von Chomskys Theorie führten. Zwar verteidigten Chomsky und ein erlesener Kreis seiner Studenten weiterhin das Konzept eines einzigartigen menschlichen Sprachinstinkts, doch das Hauptaugenmerk der linguistischen Forschung verlagerte sich auf völlig andere Gebiete: Fortan studierten die Linguisten die Sprache als eine Form sozialer Kommunikation, und statt nach angeborenen Grammatikregeln zu suchen, befaßten sie sich mit der Erforschung der parallelen Entwicklung von Sprache und Intelligenz bei Kindern. Und statt wie bisher vorauszusetzen, der Mensch sei im gesamten Tierreich einzigartig, ging man nun von einer biologischen Grundlage der menschlichen Sprache aus. Kurz, die Untersuchung der Sprachentwicklung bei Kindern folgte bald der Spur, die das Projekt Washoe gelegt hatte.

Doch im Jahr 1969 waren nur wenige Linguisten gewillt, Washoe kampflos ein Stück Terrain zu überlassen. Neun Jahre zuvor, als Jane Goodall Louis Leakey über Werkzeugherstellung und -gebrauch bei wilden Schimpansen berichtete, machte er seine berühmte Bemerkung: »Jetzt müssen wir entweder das Werkzeug oder den Menschen neu definieren – oder den Schimpansen als Menschen akzeptieren.« In ein ähnliches Dilemma sahen sich die Linguisten durch das Projekt Washoe gestürzt: Entweder akzeptierten sie die sprachliche Kontinuität zwischen Schimpansen und Menschen, oder sie mußten eine neue Definition von Sprache aufstellen.

Viele Linguisten entschieden sich für den zweiten Weg. Zwar gaben sie zu, daß Washoe mit Gebärden kommunizierte, doch sie weigerten sich, dies als Sprache zu bezeichnen. Sie schlugen eine »Checkliste« zur Neudefinition von Sprache vor und nahmen darin eine Reihe von Kriterien auf, die sämtliche nichtmenschlichen Kommunikationsformen ausschließen sollten.[11] Dieser Ansatz zeigt, wie unsinnig weit manche Sprachwissenschaftler ausholten, um die Einzigartigkeit des Menschen zu verteidigen. Zwar gelang es ihnen, damit alle Nichtmenschen aus dem »Club der Sprachbegabten« fernzuhalten, doch sie lieferten keine Erklärung, wie die Sprache im Verlauf der Evolution entstanden war. Das war ungefähr so hilfreich wie Chomskys Theorie, die den Schimpansen das menschliche Sprachorgan aberkannte – dabei hat noch niemand beim Menschen je ein solches Organ gefunden oder sich die Mühe gemacht, bei Schimpansen danach zu suchen.

Beim Projekt Washoe ging es schließlich nicht darum, zu demonstrieren, daß die Schimpansen den Menschen gleich oder der Sprache im selben Maß fähig seien wie die Menschen. Die »Sprachfähigkeit« eines Angehörigen der Spezies *Homo erectus* würden wir auch nicht danach beurteilen, ob er imstande war, sich genauso wie ein moderner erwachsener Mensch in Laut- oder Gebärdensprache zu verständigen. Sprache ist nicht über Nacht entstanden, sondern begann mit dem Gebärdensystem unserer affenähnlichen Vorfahren und entwickelte sich kontinuierlich und schrittweise im Verlauf von Jahrmillionen zu den komplexen Laut- und Gebärdensprachen, die wir heute benutzen. Dieses Kontinuum läßt sich nicht in zwei Teile zerschlagen – in »Sprache« auf der einen und »Nichtsprache« auf der anderen Seite.

In einem ähnlichen Kontinuum entwickelt sich die Sprache bei jedem menschlichen Kind. Das Kind besitzt die Fähigkeit zu sprechen nicht von Geburt an, und noch konnte niemand den genauen Zeitpunkt bestimmen, zu dem ein Kind »sprechen kann«. Wenn es ein einzelnes Wort sagt? Zwei zusammenhängende Worte? Den ersten Satz? Jahrelang bemühten sich die Linguisten, den Beginn der Sprache festzulegen, indem sie kindliche Äußerungen in die Grammatikmodelle der Erwachsenen zu zwingen versuchten. Aber der Versuch mißlang, und schließlich räumte man ein, daß die Kindersprache der Erwachsenensprache zwar ähnlich, aber nicht mit ihr identisch sei. Inzwischen wissen wir, daß die Kommunikationsfähigkeit eines menschlichen Kindes kontinuierlich voranschreitet, und bezeichnen sämtliche Phasen dieser Entwicklung als Sprache.

Warum sollten für einen Schimpansen andere Maßstäbe gelten? 1969 hatte Washoe sicherlich jenes Stadium des Spracherwerbs erreicht, das wir bei Kindern als Phase 1 bezeichnen: sie konnte Sätze aus zwei Wörtern bilden und anwenden.[12] Soviel gab später auch der Psycholinguist Roger Brown zu, einer von Washoes frühen Kritikern, der die Phasen des Spracherwerbs definiert hatte. Und Washoe lernte weiter: 1970 ging sie mit längeren Wortkombinationen um, konnte auf »W-Fragen« antworten und benutzte Präpositionen und andere grammatikalische Elemente, die Browns kindlichen Phasen 2 und 3 entsprachen.

Das Hauptanliegen des Projekts Washoe bestand darin zu zeigen, daß die Sprachfähigkeit der Schimpansen der eines menschlichen Kindes zwar ähnlich, aber nicht genau mit ihr identisch ist. Washoes angeborene Anlagen waren perfekt geeignet für die gestische Kommunikation innerhalb einer kleinen Gruppe von etwa dreißig Individuen, die im Dschungel leben. Unsere menschlichen Sprachen entstammen zwar denselben Wurzeln, doch im Lauf der Zeit haben sie sich auf eine völlig andere Lebensweise in sehr viel größeren Gemeinschaften spezialisiert.

Die Gemeinsamkeiten und Zusammenhänge zwischen diesen beiden Kommunikationsformen der Verständigung der Schimpansen und der Menschen aufzudecken, sollte mich während der nächsten fünfundzwanzig Jahre beschäftigen.

Im Frühjahr 1970 wurde mir allmählich klar, daß meine Zeit mit Washoe sich unvermeidlich ihrem Ende näherte. Noch kämpfte ich mit meiner Dissertation, die ich viele Male umschreiben mußte, und wollte mich bald zum Rigorosum anmelden. Vor meiner Begegnung mit Washoe war ich entschlossen gewesen, menschliche Kinder zum Thema meiner Doktorarbeit zu wählen. Statt dessen legte ich jetzt in subtilen Details dar, wie ein Schimpanse die Gebärdensprache lernt. Ironischerweise lehrte Washoe mich mehr über menschliche Kinder, vor allem über ihr dringendes Bedürfnis zu lernen und zu kommunizieren, als ich je durch irgendeine akademische Untersuchung über kindliche Entwicklung hätte lernen können. Ich fühlte mich gut gerüstet, um fortan mit »lernbehinderten« Kindern zu arbeiten. Gleich nach Abschluß meiner Dissertation wollte ich mich um eine Stelle bemühen, denn inzwischen hing der Lebensunterhalt unserer Familie von mir ab: Debbi war mit unserem zweiten Kind schwanger, und wir waren es leid, vom Hungerlohn eines Forschungsassistenten zu leben.

In diesem Frühjahr saß ich viele Nachmittage im Wohnwagen, sah zu, wie Washoe mit ihren Puppen spielte, und fragte mich, wo ich wohl in zwanzig Jahren sein würde. Ich zweifelte nicht daran, daß ich im Rückblick diese Zeit als eine der verrücktesten Episoden meines Lebens betrachten würde. In das Projekt Washoe war ich hineingeschlittert, weil alle anderen Universitäten mich abgelehnt hatten und ich verzweifelt einen Job brauchte. Und natürlich weil Washoe an jenem Tag auf dem Spielplatz in meine Arme gesprungen war.

Ich würde Washoe vermissen. Nach all unseren Spielen im Wohnwagen, unseren geschwisterlichen Raufereien und unseren wilden Streichen war sie mir ans Herz gewachsen. Ihre Kapriolen in der Weide, ihre Begeisterung für ihre Bücher, ihre Sorge um meine Schnitte und Kratzer und die Art, wie sie WASHOE KLUGES MÄDCHEN verkündete, – das alles würde mir fehlen. Aber besonders leid tat mir, daß ich nicht erleben würde, wie sie erwachsen wurde. Wie ein großer Bruder, der das Elternhaus verläßt, um zum College zu gehen, würde ich einen großen Teil der Kindheit meiner kleinen Schwester verpassen. Sie wäre eine andere Person, wenn wir uns das nächste Mal begegneten. Trotz aller Vorfreude auf meine Zukunft war der Gedanke an den Abschied schmerzlich.

Washoe war kaum fünf Jahre alt. Ihr Zahnwechsel hatte gerade erst begonnen. Weitere sieben oder acht Jahre würde es dauern, bis sie die Adoleszenz und Geschlechtsreife erreichte. Unterdessen würde sie sich körperlich und geistig ständig weiterentwickeln. Auch die menschlichen Kinder hören nicht mit fünf Jahren auf, zu lernen und zu wachsen, und es gab keinen Grund, weshalb es bei Washoe anders sein sollte. Mit Sicherheit zeigte sie keine Anzeichen, daß ihre Sprachfähigkeit sich einer Grenze näherte. Nach wie vor lernte sie neue Gebärden, bildete neue Sätze und wandte sie immer häufiger an. Um das volle Ausmaß ihres Sprachvermögens zu ermessen, mußten die Gardners Washoe studieren, bis sie zumindest ein Teenager war. Und so war es auch vorgesehen.

Niemand war verblüffter als ich, als Allen Gardner mich eines Tages im Mai 1970 nach meiner Schicht mit Washoe ins Haus rief und mir jene Neuigkeit verkündete, die mein weiteres Leben bestimmen sollte.

»Roger, wir haben beschlossen, Washoe an die Universität von Oklahoma zu schicken. Wir wollen, daß Sie sie begleiten.«

Ich war vom Donner gerührt. Das Projekt Washoe war beendet? Meine Familie und ich sollten mit Washoe fortziehen? Was das bedeutete, konnte ich mir nicht einmal vorstellen, geschweige denn es mir erklären.

Offensichtlich waren die Gardners schon Monate zuvor zu dem Entschluß gelangt, das Projekt abzuschließen, und hatten sich still und heimlich an sämtlichen Universitäten im ganzen Land nach einem neuen Zuhause für Washoe umgesehen. Gründe gab es viele. Zuerst einmal sollte auf dem freien Gelände gegenüber ein neues Einkaufszentrum entstehen, was bedeutete, daß unser vergleichsweise ruhiges Gartenlabor bald an eine Hauptverkehrsstraße und einen riesigen Parkplatz angrenzen würde. Infolgedessen würden, unter anderem, Hunderte von Kindern zu unserem Zaun stürzen und schreien: »Ein Affe!«

Dann war Washoe selbst zu bedenken, die bald ein sehr starkes und eigensinniges Mädchen sein würde, wenn sie erst das Alter erreicht hatte, ab dem die Tierdompteure von Hollywood Schimpansen als »unkontrollierbar« und jenseits ihrer besten Jahre ansehen. Ohnehin erzählten sich die Nachbarn bereits, Washoe reiße mitten in der Nacht aus ihrem Wohnwagen aus und streife lärmend durchs Viertel. Das Leben war schon bei Tag schwer genug. In dem winzigen Wohnwagen war Washoes Energie kaum noch zu bändigen.

Ausflüge in die Stadt waren inzwischen ziemlich aufwendige Unternehmungen. Bisher war ich in der Lage gewesen, allein mit Washoe im Auto zu fahren. Doch eines Tages streckte sie während der Fahrt die Hand aus, packte das Steuerrad und starrte mich an. Ich geriet in Panik, denn mir war klar, daß ich sie niemals mit bloßer Muskelkraft vom Steuer fortschieben könnte. Dann begriff ich, daß sie nur das Lunchpaket wollte, das zwischen mir und der Fahrertür steckte. Ich reichte ihr die Tüte, und sie fing an zu essen, als wäre nichts geschehen. Unterdessen versuchte ich, mein rasendes Herz zu beruhigen. Das war das letzte Mal, daß einer von uns allein mit Washoe spazierenfuhr.

Doch auch mit zwei menschlichen Begleitern fühlten wir uns bei Autofahrten zunehmend wie in einem James-Bond-Film, vor allem deshalb, weil Washoe motorradfahrende Polizisten haßte. Jedesmal, wenn sie einen entdeckte, beugte sie sich aus dem Fenster, schlug immer wieder auf die Wagentür und bedrohte den Beamten. Der Polizei mußten wir unter allen Umständen aus dem Weg gehen. Sobald ein Polizist gesichtet wurde, ergriffen wir sofort die Flucht und verschwanden durch Seitenstraßen.

Noch schlimmer wurde es, wenn wir ausstiegen. Gesprochenes Englisch war in Washoes Anwesenheit verboten, und deshalb mußten wir uns zwischen sie und alle anderen stellen, was keineswegs leicht war, vor allem mit Kindern. Früher, als sie noch kleiner war, hatten wir Washoe getragen, so daß die meisten sie aus der Ferne für ein menschliches Kind hielten. Jetzt war es, als geleiteten wir die englische Königin durch Reno. Stets war Washoe von ihrem menschlichen Gefolge flankiert, das jeden Moment darauf gefaßt war, sie beim ersten Anzeichen einer näher kommenden Person in einen wartenden Wagen mit Chauffeur zu bugsieren.

Selbst die Wochenendausflüge zum Universitätscampus waren riskanter geworden. Besuche im Gebäude der Psychologen waren für Washoe mittlerweile verboten, denn die Professoren, die Überstunden machten, ärgerten sich, daß sie sich in ihren Zimmern einsperren mußten, damit Washoe nicht ihre Kaffeetassen und Limonadeflaschen stahl. Also begannen wir statt dessen, das Gebäude der Biologen zu erkunden, wo ihr Lieblingsspiel darin bestand, mit Höchstgeschwindigkeit den Flur entlangzurasen, an jeder einzelnen Tür zu rütteln und nur anzuhalten, um über die Süßigkeiten- und Getränkeautomaten herzufallen. Die Automaten rückten zwar nie etwas heraus, doch sie gab jedesmal ihr Bestes.

An Sonntagen standen nur zweierlei Räume offen, die Labors und die Toiletten. Eines Sonntags schaffte es Washoe, gleich beide zu entdecken. Das betreffende Labor gehörte einem leidenschaftlichen Forscher im weißen Kittel. Als Washoe in den Raum stürmte, trat er ihr zunächst heroisch entgegen, um seine Becher- und Reagenzgläser zu verteidigen. Doch während ich Washoe immer wieder erfolglos um den Labortisch jagte, preßte er sich flach gegen die Wand und beobachtete die Szene mit stummem Grauen. Nachdem ich in Washoes Gegenwart kein Wort sprechen durfte, konnte ich nur lächeln und ihm zuwinken, während ich aus dem Raum rannte, einem wildgewordenen Schimpansen hinterher.

Die nächste Station war die Herrentoilette, wo sie, wie schon des öfteren, mit Begeisterung eine Heißwasserleitung hinaufkletterte, durch die Schwingtür stürmte und sich in die Tiefe stürzte, um auf ihrem Sweatshirtgeschützten Bauch über den gekachelten Boden und unter den Wänden aller drei Kabinen hindurchzuschlittern, bis sie aus der letzten wieder hervorbrach. Aber diesmal schaffte sie es nur bis zur zweiten Kabine, dann hörte ich jemanden kreischen: »Jesusmaria, ein Gorilla!« Washoe flog aus der Kabine direkt in meine Arme, und wir rannten Hals über Kopf davon. Am nächsten Tag suchte ich in den Zeitungen nach einer Meldung über einen Herzinfarktpatienten aus der biologischen Fakultät, aber glücklicherweise fand ich nichts.

Alle diese Zwischenfälle überzeugten die Gardners schließlich von der Notwendigkeit, für Washoe ein neues Zuhause zu finden. Dazu kam, daß sich alle Projektmitarbeiter demnächst verabschieden würden. Greg hatte seine Abschlußarbeit nahezu fertig und anderswo eine Stelle gefunden, Susan wollte heiraten und eigene Kinder großziehen, und auch ich sollte im

Herbst gehen. Die Gardners mußten für Washoe also eine ganz neue Familie ausfindig machen, und es war durchaus denkbar, daß sie sich dagegen sträuben würde.

Die neu hinzugekommenen Doktoranden brachten für das Projekt Washoe weniger Begeisterung auf als Greg, Susan und ich. Manche trugen Washoe gegenüber eine gewisse Überlegenheit zur Schau und benahmen sich, als müßten sie »dem jungen Schimpansen die Gebärdensprache beibringen«, ohne sich darüber klar zu sein, daß Washoe ASL sehr viel besser beherrschte als sie. Und sie war ziemlich gut darin, diese hochnäsigen Anfänger zurechtzustutzen. Sie marschierte schnurstracks auf sie zu und begann, mit äußerst systematischen und übertriebenen Gebärden auf sie einzureden, wie jemand, der extrem langsam und laut mit einem Ausländer spricht. Manche kamen nicht wieder.

So trafen die Gardners ihre Entscheidung. Das Projekt Washoe war beendet, zumindest in seiner gegenwärtigen Form. Am Institut für Primatenforschung in Oklahoma fand sich ein neues Zuhause für Washoe. Ein Mitglied ihrer Adoptivfamilie – ich – durfte sie begleiten, und ihre Sprache konnte weiterhin in einem angenehmen Umfeld studiert werden. Das Institut befand sich offenbar in einer idyllischen ländlichen Umgebung mit vielen Bäumen, einem Teich mit zwei Inseln sowie Unterbringungsmöglichkeiten für etwa zwanzig Schimpansen und andere Primaten. Die Leitung hatte ein klinischer Psychologe namens Dr. William Lemmon, der das Mutterverhalten von Schimpansen untersuchte. Die Schimpansen seien eine Erweiterung seiner eigenen Familie, hatte er den Gardners versichert.

Das Institut war der University of Oklahoma angegliedert, wo Lemmon lehrte. Ich sollte als Gastassistent und Forschungsmitarbeiter mit einem Stipendium anfangen. Wenn alles planmäßig lief, bekäme ich schließlich eine feste Stelle. Es klang zu schön, um wahr zu sein: Ich sollte Dozent werden – mit einem echten Gehalt –, wir würden für unsere wachsende Familie ein neues Zuhause schaffen, und Debbi könnte in Oklahoma ihr Studium abschließen, sobald sie soweit war. Ich würde mit Washoe und einer ganz neuen Schimpansengruppe arbeiten – eine sehr spannende Aussicht, denn bald würde ich herausfinden, ob andere Schimpansen ebenfalls fähig waren, ASL zu lernen.

Wohlgemerkt, Allen Gardner fragte mich niemals: »Roger, *möchten* Sie das tun?« Er bot mir nicht an, zunächst einmal nach Oklahoma zu fahren und William Lemmon kennenzulernen. Es war klar, daß Washoes Bedürfnisse an erster Stelle standen; und daß ich mit *ihr* ging, nicht umgekehrt. Gardner hatte die Strategie erarbeitet und den Befehl erteilt, und ich gehorchte wie ein guter Soldat. Nicht einmal dann, wenn er über mein Leben entschied, wagte ich mich gegen meinen Doktorvater aufzulehnen. Allen Gardner teilte mir mit, daß ich mit Washoe nach Oklahoma gehen würde, und folglich ging ich mit Washoe nach Oklahoma.

Mir war natürlich klar, was das bedeutete. Meine Verantwortung für Washoe würde exponentiell zunehmen. Bisher war ich lediglich ein Teilzeitmitglied ihrer Pflegefamilie gewesen, aber jetzt schickten die Gardners ihre Adoptivtochter fort – was gewiß für jedes fünfjährige Kind ein traumatisches Erlebnis wäre –, damit sie künftig bei einem ihrer Geschwister lebte. Washoe und ich waren großartige Spielgefährten, und unsere gegenseitige Zuneigung war offenkundig, doch ich war nicht ihre Mutter und sicher auch kein Ersatz für die geliebte Mutterfigur, die Trixie seit Washoes früher Kindheit gewesen war. Wenn die Gardners bereit waren, das Projekt unter anderem deshalb zu beenden, weil es Washoe schwerfallen würde, sich an neue Studenten zu gewöhnen, wie konnten sie dann auf die Idee kommen, sie fortzuschicken und zu erwarten, daß sie sich an ein vollkommen neues *Leben* gewöhnte? Zumindest mir schien die Lösung weitaus schlimmer als das Problem.

Aber die Gardners behielten ihre Beweggründe für sich. Nie fiel mir ein, zu fragen, warum sie nicht selbst mit Washoe nach Oklahoma gingen. »Washoe«, pflegte Allen Gardner immer wieder zu sagen, »gehört der Wissenschaft.« Ich konnte schwerlich darüber hinwegsehen, daß dieses erhabene Gefühl in gewisser Weise auch ein bequemer Weg war, sich der Verantwortung als Adoptiveltern zu entledigen. Aber Washoe war nie ein richtiges Familienmitglied gewesen; zum Teil war sie Stiefkind und zum Teil Forschungsobjekt, und jetzt wurde sie fortgeschickt, damit sie mit einem anderen Wissenschaftler und Teilzeitfamilienmitglied zusammenlebte. Washoe hatte in ihren fünf Jahren schon mehr Verluste und Traumata erfahren als andere in ihrem ganzen Leben. Brauchte sie wirklich noch mehr Umbrüche? Schon um ihrer und meiner selbst willen war ich entschlossen, mit ihr zu gehen, aber der Plan verstörte mich.

Nachdem unser Baby im Juli zur Welt kommen sollte, bereiteten Debbi und ich uns darauf vor, im August umzuziehen. Bis dahin mußte ich nicht nur meine Dissertation abschließen und meine Schichten mit Washoe ableisten, sondern auch einen Intensivkurs in Spanisch belegen, denn ich konnte nicht promovieren, ohne ausreichende Kenntnisse in einer Fremdsprache vorzuweisen. Daß ich ASL fließend beherrschte, genügte damals noch nicht den Vorschriften. Unterdessen begriff ich, warum so wenige Studenten bei Allen Gardner promovierten. Ich war dabei, meine Dissertation zum siebten Mal umzuschreiben, aber sie erfüllte noch immer nicht seine olympischen Normen.

Irgendwie schaffte ich es, die Arbeit abzuliefern und den Spanischkurs hinter mich zu bringen. Unsere Tochter Rachel kam am 22. Juli zur Welt, und zwei Wochen später stieg Debbi mit den Kindern ins Flugzeug nach Oklahoma. Ich fuhr einen Transporter mit unserem Hab und Gut die 1500 Meilen nach Oklahoma und kehrte sofort wieder zurück nach Reno, um meine mündliche Prüfung zu absolvieren, das rituelle Verhör jedes Promotionskandidaten.

Den Doktortitel verdient man sich nicht, er wird einem verliehen. Ich saß einem Komitee gegenüber, das aus sieben Psychologen und Linguisten bestand, darunter auch den Gardners, und mich mit Fragen über den Gebrauch von Anleitungen bei Washoes Gebärden bombardierte. Mehrere Stunden lang antwortete ich recht selbstsicher, bis mein überfordertes

Gehirn mich im Stich zu lassen begann. Ein Professor stellte mir eine durchaus klare Frage, aber in meiner Betäubung begriff ich einfach nicht, worauf er hinauswollte. Endlich wandte er sich an Allen Gardner und sagte: »Er ist *Ihr* Student. Vielleicht könnten *Sie* ihm die Frage klarmachen.« Gardner starrte mich zornig an und schlug mit der Faust auf den Tisch: »Fouts, wenn Sie diese Frage nicht in den nächsten zehn Minuten beantworten, werden wir die Prüfung morgen komplett wiederholen.« Starr vor Entsetzen stieß ich die korrekte Antwort hervor.

Die sieben Inquisitoren hatten ihr Ziel erreicht. Ein Rigorosum ist nicht vollständig, solange nicht ein wenig Blut geflossen ist. Geblutet hatte ich, und nun verliehen mir die Wächter der Psychologie – die Drachen vor dem Tor, wie sie sich selbst nannten – den Ph.D.-Titel.

Ich brauchte Jahre, um Allen Gardners despotischen Stil zu überwinden, seine Entschlossenheit, »das Metall der Studenten zu härten«. Auch nach meiner Promotion nannte ich ihn weiterhin »Dr. Gardner«. Aber eines Tages im Jahr 1971 sprach er mich als »Dr. Fouts« an, als wollte er mir damit zu verstehen geben, daß wir einander jetzt ebenbürtig seien. Ich war allerdings viel zu verschüchtert, um ihn mit »Allen« anzusprechen, und nannte ihn jahrelang überhaupt nicht beim Namen. Nachdem ich ein paar Jahre unterrichtet hatte, wurde mir allmählich bewußt, daß Allen Gardner letztendlich doch das Metall in mir getempert hatte. Bei meiner Ankunft in Reno hatte ich über die wissenschaftliche Methodik recht wenig gewußt und nicht besonders logisch gedacht. Durch Allen lernte ich, größten Wert auf die korrekte Planung, Durchführung und Dokumentation eines Experiments zu legen.

Im Rückblick betrachtet, war Allen Gardner natürlich ein Geschenk des Himmels, der ideale Mann für ein revolutionäres Experiment wie das Projekt Washoe. Dank seiner Exaktheit werden die gesammelten Daten für immer selbst den schärfsten Prüfungen standhalten. In den Händen eines weniger rigorosen Wissenschaftlers hätte das Experiment katastrophal ausgehen können. Allen Gardner bereitete mich auf die

Kämpfe des wissenschaftlichen Diskurses vor: Nach seiner Schulung war ich nahezu jeder Herausforderung in den Verhaltenswissenschaften gewachsen – und es gab keine Herausforderung, die so gewaltig und kontrovers war wie die Erforschung des Sprachvermögens von Menschenaffen.

Ende September 1970 packte ich meine Koffer und machte mich mit Washoe auf den Weg nach Norman, Oklahoma. Der Auszug meiner Familie aus Reno kam mir so unwahrscheinlich vor wie unser Einzug. Washoe hatte mir zur Promotion verholfen, und jetzt verdankte ich ihr meine erste Dozentenstelle. Drei Jahre zuvor waren Debbi und ich mit einem Kleinkind angekommen, und jetzt reisten wir mit drei Kindern wieder ab, eines davon eine sprechende Schimpansin.

Alle unsere Pläne – nacheinander unser Studium abzuschließen, anschließend Kinder zu bekommen und mit besonderen Kindern zu arbeiten – erschienen uns jetzt wie die Phantasien der meisten Paare, und wir beschlossen, nicht länger so zu tun, als hätten wir unser Leben in der Hand. Wir hatten ein klares Muster erkannt: Washoe öffnete immer wieder Türen für uns, und wir traten immer wieder hindurch.

II
Fremde in einem fremden Land

Norman, Oklahoma, 1970–1980

Sprich, und ich werde dich taufen.
Bischof von Polignac zu einem Schimpansen,
frühes 18. Jahrhundert[1]

Es ist nicht verwunderlich, daß diese Tiere
bei der Aussicht auf Erlösung, Versklavung
oder Kultur klugerweise
Stummheit vorschützen.
Jean-Jacques Rousseau, 1766[2]

6
Die Insel des Dr. Lemmon

Für den Transport von Nevada nach Oklahoma charterten die Gardners das Privatflugzeug von Bill Lear, dem Eigentümer der in Reno ansässigen Fluglinie Lear Jet. Von dem Umzug sagten wir Washoe nichts; wir fürchteten, sie werde sich weigern. Wir konnten unmöglich wissen, ob Washoe, die damals fünf Jahre alt war, sich auch nur vorstellen konnte, was es bedeutete, von zu Hause fortzugehen. Die letzten vier Jahre war sie ununterbrochen in Reno gewesen: Ein Ausflug zum Biologiegebäude war schon eine große Reise für sie.

Der Umzugstag, der 1. Oktober 1970, fing gar nicht gut an. Meine erste Aufgabe bestand darin, Washoe zu betäuben, damit sie im Flugzeug nicht in Panik geriet und womöglich Amok lief. Ich mußte ihr ein starkes Beruhigungsmittel namens Sernalyn verabreichen, und zu dem Zweck hatte ich mir zwei Pläne zurechtgelegt. Plan A war die heimliche Methode, nämlich ihr das Mittel in ihrem Lieblingsgetränk Coca-Cola zum Frühstück zu servieren. Noch nie hatte sie einen Becher Cola verweigert!

Als ich ihr den Becher reichte, teilte ich ihr mit: SÜSSES GETRÄNK, und ließ ein kleines Gebell folgen: die Freßgrunzer, die Schimpansen beim Anblick von Futter von sich geben. Washoe ging nicht darauf ein. Cola auf dem Frühstückstisch erregte ihren Argwohn. Sie musterte den Becher aufmerksam, dann hob sie ihn hoch und roch vorsichtig daran, wie eine millionenschwere Erbtante in einem Krimi, die fürchtet, von ihrer eigenen Familie vergiftet und um ihr Geld gebracht zu werden. Dann setzte sie den Becher mit einer Miene ab, die besagte: NEIN, DANKE.

Also kam Plan B an die Reihe. Ich holte Linn Anderson, einen Studenten und ehemaligen Football-Linienrichter, der an die hundertdreißig Kilo wog. Linn sollte Washoe in einen Ringkampf mit gegenseitigem Kitzeln verwickeln und sie für fünf Sekunden festhalten, damit ich genug Zeit hatte, ihr eine Spritze zu verpassen. Linn, der dreimal so groß wie Washoe war, schaffte es mit knapper Not, sie zwei Sekunden auf dem Bett festzunageln. Denn kaum erblickte mich Washoe mit der Nadel in der Hand, stemmte sie Linn mit beiden Armen von ihrer Brust und schleuderte ihn quer durch den Raum, als wäre er eine fünf Kilo schwere Hantel. Ich stürzte mich auf sie, während Linn an mir vorübersegelte, und stach ihr die Nadel ins Bein. Gleich darauf war sie groggy.

Washoe mußte bewußtlos sein, ehe ich sie zum Flugzeug tragen konnte, denn Bill Lears Pilot hatte schon jetzt eine Heidenangst vor seinem ungewöhnlichen Passagier. Die Gardners hatten ihm zwar von einem »freundlichen Schimpansenbaby« erzählt, doch er beriet sich offensichtlich mit anderen Piloten, die ihm mit ihren eigenen Horrorgeschichten von tierischen Passagieren kaltes Grauen einjagten. Einer erzählte ihm von einem Pferd, das sich losgerissen und bei seinen verzweifelten Fluchtversuchen die Wände des Flugzeugs zerbeult hatte, woraufhin der Pilot aus dem Cockpit gestürmt war, eine Axt gepackt und das Pferd mit mehreren Schlägen in den Hals getötet hatte.

An diese Geschichte mußte ich denken, als ich ins Flugzeug stieg. Deshalb legte ich größten Wert darauf, dem Piloten zu demonstrieren, wie harmlos Washoe war, die im Tiefschlaf in meinen Armen lag. Er jedoch war fest entschlossen, nichts dem Zufall zu überlassen: Hinter seinem Sitz ragte ein langer Axtstiel empor, der mich zu Tode erschreckte. Ich versuchte, ruhig und vernünftig zu denken, während ich mich auf meinen Sitz setzte und Washoe an mich lehnte. Solange sie nicht aufwachte, konnte nichts geschehen. Nachdem der Tierarzt mir versichert hatte, eine Überdosierung sei bei Sernalyn unmöglich, verabreichte ich ihr sofort eine neuerliche Dosis, sobald Washoe im Schlaf auch nur einmal zuckte. (Sernalyn ist die chemische Substanz Phenylcyclidin, PCP, ein Tierberuhigungsmittel, das unter dem Namen Angel Dust oder Rocket Fuel als illegale Droge gehandelt wird: Bei Schimpansen ruft sie keine sichtbaren Nebenwirkungen hervor, bei Menschen jedoch eine ausgeprägte Paranoia, wie sich bei Tests in den sechziger Jahren erwies.) Als wir in Oklahoma aus dem Flugzeug stiegen, war Washoe noch immer völlig weggetreten.

Auf der Landebahn empfing uns Dr. William Lemmon, der Direktor des Instituts für Primatenforschung. Er war ein großer, schwerer Mann von Mitte fünfzig mit rasiertem Kopf, buschigen weißen Brauen, die sich bis zur Stirn emporschwangen, und weißem Ziegenbärtchen. Er trug einen weißen Overall mit Reißverschluß in der Mitte und Sandalen ohne Socken. Der Gesamteindruck war ziemlich einschüchternd und keineswegs der des freundlichen klinischen Psychologen, von dem man mir erzählt hatte.

Ich trug Washoe zum Rücksitz seines Mercedes Diesel, und wir machten uns auf den Weg zum Institut, etwa fünf Meilen außerhalb von Norman. Während der Fahrt senkte sich allmählich der Adrenalinspiegel, den ich den ganzen Tag über aufgebaut hatte, und ich dachte zum ersten Mal darüber nach, was mich wohl erwartete. Gewiß, meine wichtigste Aufgabe hatte ich erfüllt, Washoe war in Oklahoma angekommen. Aber was jetzt? Die Anweisungen der Gardners hatten sich auf die Mitteilung beschränkt: »Bill Lemmon wird Sie am Flughafen abholen.« Weiter nichts.

Hundert Fragen gingen mir durch den Kopf. Wie würde Washoe am Institut untergebracht sein? (Die Gardners hatten Bill Lemmon Geld für den Bau eines eigenen Geheges überwiesen – das war alles, was ich wußte.) Wie würde Washoe sich gegenüber den anderen Schimpansen verhalten? Seit ihrer frühesten Kindheit auf dem Luftwaffenstützpunkt Holloman hatte sie keinen Artgenossen mehr gesehen. Was würde geschehen, wenn sie Schimpansen und Menschen mit Gebärden ansprach, aber keine Antwort erhielt? Wie würde sie reagieren, wenn die Leute sie auf Englisch anredeten, in einer Sprache, die sie nie gehört hatte und natürlich nicht verstehen würde? Was sollte ich sagen, wenn Washoe nach Trixie fragte?

Oder, schlimmer noch, wenn sie verlangte: DU ICH GEHEN HEIM JETZT! Von nun an war ich nicht nur Washoes Begleiter, sondern auch ihr Dolmetscher und ihr Kinderpsychologe.

Als wir in die Kiesauffahrt zum Institutsgelände einbogen, sah ich hohes Gras am Ufer eines ausgetrockneten Flußbettes und hinter Lemmons rosarotem Farmhaus einen großen Teich, der im Schatten riesiger Pappeln lag. In diesem Teich gab es drei Inseln, und auf einer Insel turnten Affen durch die Bäume – diese parkähnliche Anlage war in keiner Weise mit dem Vorstadtgarten der Gardners zu vergleichen. Ein guter Ort für Washoe, dachte ich, eine Art natürliches Reservat für Primaten.

Dann hielten wir vor einem Betonbau, und Lemmon stieg aus. »Das ist die Hauptkolonie für Schimpansen«, sagte er. »Hier wird Washoe untergebracht.«

Washoe schlief immer noch, als ich sie hineintrug, und wir wurden von zwanzig erwachsenen Schimpansen empfangen, die ihrem Ärger über zwei fremde Eindringlinge in ihrem Revier sofort durch lautes Kreischen Luft machten. Das Gebäude war knapp hundertvierzig Quadratmeter groß, und die Schimpansen waren in sieben aneinandergereihten Käfigen untergebracht, die mit dickem Maschendraht getrennt, aber durch Tunnels miteinander verbunden waren. Durch Schiebetüren ließen sich die einzelnen Käfige abriegeln. Am Ende des Korridors führte eine Metalltreppe zu einem Steg, der direkt über den Käfigen verlief.

Während die erwachsenen Schimpansen kreischten und am Gitter rüttelten, folgte ich Lemmon zu einem leeren Käfig in der Ecke, der von den anderen abgetrennt worden war. Er maß etwa zwei mal drei Meter, war völlig leer, und aus den Käfigen rechts und links davon starrten sehr neugierige und zornige Schimpansen herüber.

»Legen Sie sie da hinein«, sagte Lemmon und zeigte auf den leeren Käfig.

Ich war sprachlos. Was war mit dem eigenen Gehege für Washoe, das er zugesagt hatte? Erwartete er tatsächlich, daß sie in einer Betonzelle schlief, umgeben von soviel Lärm und

Aggression, nachdem sie vier Jahre lang in einem richtigen Bett mit ihren Puppen gekuschelt hatte? Das konnte doch nur ein Irrtum sein. Ich wollte protestieren, aber nachdem ich erst fünf Minuten hier war, besann ich mich eines Besseren. Ich war jetzt in Lemmons Revier: Er stellte die Regeln auf, und die Gardners hatten mich angewiesen, sie zu befolgen. Bill Lemmon sei ein herausragender Wissenschaftler, hatten sie mir versichert.

Ich trug Washoe in den Käfig und breitete ihre Lieblingsdecke auf dem Boden aus, ehe ich sie darauf legte.

»Keine Decken!« herrschte Lemmon mich an. Nun war mein Beschützerinstinkt stärker als meine Vorsicht, und ich schnauzte zurück: »Sie werden sie doch nicht auf nacktem Beton schlafen lassen!«

»Hören Sie, es ist mir egal, wie Sie's in Reno gehalten haben«, antwortete Lemmon. »Ich werde Washoe beibringen, wieder ein Schimpanse zu sein.«

Offensichtlich hielt er sie für ein verwöhntes kleines Gör, schlimmer noch: Seiner Ansicht nach sah sie sich selbst als verwöhntes kleines *menschliches* Gör. Und er hatte sich vorgenommen, ihr diese Hirngespinste auf möglichst traumatische Weise auszutreiben. Aber ich war ebenso fest entschlossen, sie zu verteidigen. Nach einem hitzigen Wortgefecht gab Lemmon nach und erlaubte Washoe wenigstens eine Decke.

Kaum war diese Angelegenheit erledigt, gerieten wir neuerlich in Streit. Als Lemmon mich anwies, Washoe im Käfig allein zu lassen, weigerte ich mich. Zehn Minuten lagen wir uns in den Haaren, dann schlossen wir einen Kompromiß: Ich durfte vor dem Käfig warten, bis Washoe aufwachte, dann mußte ich das Gebäude verlassen. Wir traten aus dem Käfig, Lemmon schlug die Stahltür zu und sperrte sie ab.

Ich wartete. Sechs Stunden vergingen, bis Washoe endlich die Augen aufschlug. Langsam kam sie zu sich, rappelte sich mühsam auf und brach gleich darauf wieder zusammen. Sie versuchte es noch einmal, nur um erneut hinzufallen. Endlich schaffte sie es, sich lang genug auf den Beinen zu halten, um durch den Käfig zu taumeln, völlig verwirrt.

WASHOE, ICH BIN HIER, signalisierte ich ihr durch das Gitter. KOMM UMARMEN. Auf allen vieren wankte sie auf mich zu. Als sie bei mir war, ließ sie sich gegen die Käfigwand plumpsen, und ich kraulte sie durch den Maschendraht. Die anderen Schimpansen hatten sich stundenlang ruhig verhalten, aber jetzt waren sie wieder auf den Beinen und sprangen wild kreischend auf und ab, trommelten gegen die eisernen Käfigtüren und funkelten uns aus kürzester Entfernung wütend an.

Ihre Einschüchterungsversuche versetzten mich in Panik, und meine sogenannte Erfahrung mit Schimpansen erschien mir auf einmal lächerlich: Ich kannte nur eine einzige Schimpansin, und die hielt sich für einen Menschen. Das also sind Schimpansen, dachte ich. Worauf habe ich mich bloß eingelassen?

Unterdessen beobachtete Washoe die Szene durch einen Schleier der Benommenheit; für sie muß es ein wahrer Alptraum gewesen sein. Stellen Sie sich vor, wie es ist, wenn Sie bis zum Alter von fünf Jahren nie einen Angehörigen Ihrer eigenen Spezies getroffen haben! Washoes Tag als Amerikas berühmtester Schimpanse hatte wie jeder andere begonnen, mit einem zivilisierten Frühstück, serviert von ihrer Pflegefamilie in ihrem eigenen Heim. Dann wurde sie in Tiefschlaf versetzt und wachte in einer dämmrigen Gefängniszelle wieder auf, umgeben von einer Bande sehr haariger und sehr wilder Tiere.

WAS SIE? fragte ich sie und deutete auf die starrende Meute.

SCHWARZE KÄFER, antwortete sie. Washoe liebte es, schwarze Insekten zu zerquetschen. Sie waren die niedrigste Lebensform, so tief unter den Menschen – und folglich unter ihr selbst –, wie sie sich nur vorstellen konnte. Offensichtlich hatte sich Washoe zusammen mit allem anderen, was sie von ihrer Adoptivfamilie gelernt hatte, auch die Vorstellung von der menschlichen Überlegenheit angeeignet.

Dann sprach ich zum ersten Mal in unseren drei gemeinsamen Jahren mit Worten zu ihr – obwohl ich wußte, daß sie nichts davon verstand; auf Englisch flüsterte ich ihr zu: »Wir sind nicht mehr in Reno, Washoe … wir sind nicht mehr in Reno.«

Am nächsten Morgen besuchte ich Washoe in der Hauptkolonie. Das Gebäude war ruhig, als ich kam, aber die größten männlichen Schimpansen begannen mit ihrem Imponiergehabe, sobald ich durch die Tür trat, stießen gellende Schreie aus und rüttelten an den Käfigen. An die gegenüberliegende Wand gedrückt, schob ich mich zu Washoes Käfig und begrüßte sie. Sie war hingerissen, mich zu sehen, und küßte mich durch den Maschendraht. Immer wieder forderte sie mich auf: ROGER MICH HINAUS, DU MICH HINAUS, während die anderen Schimpansen ein Höllenspektakel veranstalteten. Ich war entsetzt, doch um Washoes willen versuchte ich, ruhig zu bleiben. Aber bald merkte ich, daß die anderen sie keineswegs einschüchterten: Irgendwann stellte sie sich sogar aufrecht hin und drohte ihnen.

Ein paar Minuten später kamen die Wärter herein und brachten das Frühstück: ein Gericht aus Fleisch, Karotten und Getreide, von dem Washoe heißhungrig eine große Portion verspeiste. Kurz darauf kehrten sie zurück, um die Käfige zu säubern. Immer wieder schrien sie Washoe an: »Weg da, weg da«, aber sie verstand nichts und rührte sich nicht von der Stelle.

»Sie ist nicht unfolgsam«, sagte ich zu den Wärtern, »sie versteht bloß eure Sprache nicht.«

Mit Gebärden teilte ich ihr mit: BITTE WEGGEHEN. SIE PUTZEN, und Washoe wich zur Seite. Nachdem sie mit ihren Säuberungsarbeiten fertig waren, zeigte ich den Wärtern die Gebärden WASHOE BITTE WEGGEHEN. Sie waren froh um alles, was ihnen die Arbeit ein wenig erleichterte.

Nach dem Frühstück erhielt ich von Lemmon die Erlaubnis, mit Washoe spazierenzugehen, aber ich mußte seine beiden Regeln für Freigänge befolgen. Erstens hatte ich ständig einen elektrischen Schlagstock mit mir zu führen, für den Fall, daß Washoe mit Elektroschocks »diszipliniert« werden mußte, und zweitens mußte sie ein Halsband mit Vorhängeschloß tragen, an dem eine sieben Meter lange Leine befestigt war. Das sei lächerlich, sagte ich, Washoe lasse sich niemals mit einer Leine in Schach halten. Das stählerne Halsband habe eine symbolische Funktion, antwortete er. »Wir halten uns an die Ivanhoe-Tradition. Ketten erinnern sie an ihr Sklavendasein.«

Sklavin oder nicht, Washoe war jedenfalls begeistert, aus ihrem Käfig befreit zu werden. Während wir durch die Wälder tollten, zeigte sie mir immer wieder die vielen wunderbaren Dinge, die alle an einem Ort versammelt waren, und deutete unermüdlich: BAUM, VOGEL, KUH, SCHWEIN! Dann waren die dreißig Minuten Freiheit vorbei, und wir gingen langsam zur Hauptkolonie zurück. Das Herz war mir unendlich schwer, als ich sie in ihren Käfig sperrte und mich von ihr verabschiedete. Ich dachte nur noch daran, wie ich Washoe aus ihrer Gefängniszelle befreien konnte.

Voller Ehrfurcht vor Dr. William Lemmons Ruf war ich ans Institut gekommen. Er war der in jeder Hinsicht einflußreichste Psychotherapeut des Bundesstaats. Zwei Jahrzehnte lang hatte er die Doktoranden in klinischer Psychologie an der University of Oklahoma betreut und praktisch alle Ph.D.-Kandidaten des Lehrstuhls therapiert. Manche seiner Studenten wurden nach ihrer Promotion seine Mitarbeiter in der psychologischen Abteilung und blieben seine Dauerpatienten. Dutzende weiterer Studenten und Patienten besetzten hochrangige Posten in staatlichen Institutionen: in Nervenkliniken, Gefängnissen, Familienberatungsstellen, bei der Betreuung von Kriegsveteranen. Dieses Netzwerk aus ehemaligen Studenten und Patienten verschaffte Lemmon eine außerordentliche Macht innerhalb des Establishments.

Lemmon war der geborene Politiker und verstand es meisterhaft, Journalisten mit schlagkräftigen Sprüchen um den Finger zu wickeln. Nicht weniger virtuos war er darin, Gäste von anderen wissenschaftlichen Instituten, wie etwa die Gardners, zu beeindrucken, indem er das breite Spektrum seiner Wissensgebiete vorführte, das von der Theorie der Psychoanalyse bis hin zum Paarungsverhalten der Wollaffen reichte. Als ich meine neue Stelle antrat, war ich überzeugt, daß jemand, der bei den Gardners Eindruck gemacht hatte, wahrhaft brillant sein mußte.

Es dauerte eine knappe Woche, bis ich herausfand, wie umstritten der Mythos William Lemmon war. Je nachdem, an wen ich mich wandte, wurde mir der mächtige Doktor entweder als unfehlbare und wohlwollende Vaterfigur oder aber als arroganter, opportunistischer Machtpolitiker geschildert. Seine Kritiker hielten seine Anhänger für blinde Schafe, und seine Anhänger bezeichneten Lemmons Feinde als »Ketzer«. Alle diese Meinungen wurden im Flüsterton geäußert, als lauerten überall Spione, und die Gerüchte über Selbstmorde und Mordversuche innerhalb der Fakultät sorgten für zusätzliche Dramatik.

War William Lemmon ein Genie oder ein Scharlatan? Ein Heiler oder ein Drahtzieher? Oder alles zusammen? Nur in einem Punkt waren sich anscheinend alle einig: daß dem Krieg um William Lemmon der Promotionsstudiengang in klinischer Psychologie zum Opfer gefallen war. Zwei Jahre zuvor hatte die Universität einen neuen Präsidenten ernannt und beauftragt, das klinische Programm zu beenden. Lemmon wurde entmachtet, den Fachbereich übernahmen die Experimentalpsychologen. Lemmon hatte sich daraufhin in sein Institut für Primatenforschung außerhalb von Norman zurückgezogen, wo er eine florierende psychotherapeutische Praxis betrieb. Aber inzwischen verband er seine Praxis mit einem recht sonderbaren Vorhaben, mit dem er das Mutterverhalten der Schimpansen erforschen wollte.

Im nachhinein betrachtet, kam ich genau zu dem Zeitpunkt ans Institut, als die Geschichten um Dr. Lemmon allmählich Ähnlichkeiten mit *Doktor Moreaus Insel* annahmen, dem berühmten Roman von H. G. Wells über einen brillanten, aber größenwahnsinnigen Wissenschaftler, der sich auf eine Pazifikinsel zurückzieht, um dort fragwürdige Experimente an Tieren durchzuführen. Wie der in die Verbannung geschickte Dr. Moreau war Dr. Lemmon von seinen Kollegen aus der Akademie vertrieben worden und hatte sich in Grenzgebieten der Wissenschaft niedergelassen. Dr. Moreau hatte ein Motto, das ich beinahe wörtlich auch von Dr. Lemmon gehört hatte:

»Männer, die eine Vision haben, werden zwangsläufig zu Außenseitern.«

Dr. Moreau praktizierte eine biologische Alchimie, mit der er Tiere mittels genetischer Manipulation in menschenähnliche Wesen verwandelte. Lemmon versuchte dasselbe, nur mit dem kleinen Unterschied, daß er die Methode der Ammenaufzucht anwandte. Beide waren besessen von der Idee, das Schicksal ihrer Forschungsobjekte nach ihren eigenen Vorstellungen zu gestalten. Und beide nahmen die rachsüchtige Gestalt eines alttestamentlichen Gottes an, der ungehorsamen Untertanen ihre gerechte Strafe erteilte.

Lemmons Menagerie war nicht weniger beeindruckend als die von Dr. Moreau – nur sehr viel realer. Die Hauptunterkunft der Schimpansen, in der Washoe gefangensaß, war ursprünglich für Papageien und Aras gebaut worden: Die Abflußrohre waren so eng, daß sie ständig verstopft waren. Rinder, Pfauen und Perlhühner durchstreiften das hundertfünfundsechzig Hektar große Institutsgelände. Auf einer Insel im Teich lebten Tieraffen, auf einer anderen eine Familie von Gibbons: Aus der Ferne sah man, wie sie sich mit blitzartiger Geschwindigkeit durch die Äste der Pappeln schwangen. Die dritte Insel war ein schwimmender Spielplatz für eine Gruppe junger Schimpansen.

Lemmons Forschungsinteresse an tierischen Verhaltensweisen war eher zufällig entstanden, als er irgendwann in den fünfziger Jahren begonnen hatte, exotische Haustiere für seine Kinder anzuschaffen. Zuerst untersuchte er das Sozialverhalten von Enten, Tauben, Fischen, Schafen, Ziegen und Hunden. Dann wandte er sich den Wollaffen und Gibbons zu, den sogenannten »niedrigeren Anthropomorphen« aus Asien. Jedesmal, wenn Lemmon eine neue Spezies erwarb, ließ er seine früheren Forschungsobjekte fallen und trieb sie hinaus auf die Weide. An einem Tag quoll sein Haus von Grünpflanzen über, am nächsten waren sie allesamt verschwunden, und an den Wänden reihten sich Aquarien mit riesigen, glotzäugigen Goldfischen.

Sein Spezialgebiet waren Jungtiere, die von ihren Müttern

getrennt worden waren. So erforschte Lemmon beispielsweise das Verhalten von Lämmern, die er während der ersten zehn Lebensstunden von ihren Müttern isoliert hatte (sie erholten sich nie mehr), und von Collies, die nahezu zwei Jahre in völliger Einsamkeit gehalten worden waren (innerhalb von sechs Stunden nach ihrer Freilassung begannen sie, Schafe zusammenzutreiben). Ende der fünfziger Jahre gelangte Lemmon zu der Überzeugung, der Mutterinstinkt der Primaten sei angeboren, und Behavioristen wie B. F. Skinner, die dieses Verhalten für erlernt hielten, irrten sich. Zum Beweis seiner Hypothese dachte er sich ein ambitioniertes Ammenaufzuchtsexperiment aus.

Jahrelang trennte Dr. Lemmon weibliche Schimpansenkinder unmittelbar nach der Geburt von ihren Müttern und gab sie menschlichen Familien in Pflege, die sie fern von ihren Artgenossen wie Menschenkinder aufzogen – nicht anders, als wir es mit Washoe getan hatten. Aber damit enden auch schon alle Übereinstimmungen mit dem Projekt Washoe, denn Lemmons Pflegefamilien waren seine Psychotherapiepatienten.

»Unserer Erfahrung nach«, verkündete der Doktor, »ist ein adoptiertes Schimpansenkind sicher nicht die ideale Lösung für eine gefährdete Ehe, aber für die potentielle menschliche Mutter, die aus irgendwelchen Gründen an ihrer mütterlichen Kompetenz zweifelt, kann es einen gewissen therapeutischen Zweck erfüllen.«[1] Kaum war im Institut ein weibliches Schimpansenbaby zur Welt gekommen, wurde es schleunigst an die wartenden Patienten weitergereicht. Lemmon hatte vor, die von Menschen aufgezogenen Schimpansinnen nach Eintreten der Geschlechtsreife künstlich zu befruchten (mit dem Sperma seiner erwachsenen männlichen Schimpansen), um zu beobachten, wie sie sich gegenüber ihrem Nachwuchs verhielten. Kümmerten sie sich um ihre Kinder genauso wie wilde Schimpansen, dann bedeutete dies, daß mütterliches Verhalten den Primaten, und damit wohl auch den Menschen, angeboren sei.

Dieses artenübergreifende Experiment erschien vielen als wissenschaftlich weit hergeholt und moralisch zweifelhaft. Mittlerweile war die Atmosphäre am Institut mit seinen grotesken Law-and-Order-Regeln noch absonderlicher geworden. Lemmon schwor, er liebe die Schimpansen wie seine eigenen Kinder. Er hatte seine Kolonie mit einem im Freiland gefangenen Schimpansenpaar begründet, Pan und Wendy, die er von ihrer frühen Kindheit an im eigenen Haus aufgezogen hatte. Aber zu Lemmons Vorstellung von Vaterschaft gehörte anscheinend auch die körperliche Züchtigung, zumindest was die Schimpansen betraf.

Um seine Schimpansen kontrollieren zu können, schlug er sie; so glaubte er, ihnen Respekt vor seiner Autorität einzuflößen. Das habe er von Zirkusleuten und Tierdompteuren gelernt, sagte er mir. Aber seine Lieblingswaffe war ein Elektroschocker, wie er gegen Rinder eingesetzt wird, mit dem er die Schimpansen in Angst und Schrecken versetzte: Häufig verteilte er aus keinem anderen Grund Elektroschocks, als um sie die Furcht vor seiner Unberechenbarkeit und Allgewalt zu lehren. In seiner Anwesenheit duckten sie sich verängstigt, denn sie wußten, daß er jeden Moment zuschlagen konnte.

Die Schimpansen hüteten sich davor, sich je mit ihm anzulegen. Pan, sein »Adoptivsohn« und Lieblingsschimpanse, beging einmal den Fehler, Lemmon durch Imponiergehabe zu drohen und ihn anzuspucken. Wie die Pfleger erzählten, ging Lemmon daraufhin ins Haus und kam mit einem Luftgewehr zurück. Er lud und feuerte. Pan schrie, aber er unterwarf sich nicht. Lemmon schob neue Munition nach und schoß weiter. Es dauerte mehrere Runden, bis Pan endlich aufgab und sich auf den Boden warf. Daraufhin befahl ihm Lemmon, sich mit gespreizten Armen und Beinen am Maschendraht seines Käfigs aufzustellen, zog ein langes Klappmesser aus der Tasche und entfernte die Schrotkugeln aus Pans Haut.

Lemmons Macht über Pan, das dominante Männchen unter ihnen, flößte den übrigen Schimpansen eine wahre Todesangst ein. Wenn Lemmon das Schimpansenhaus betrat, näherten sich viele ihrem menschlichen Herrn in der Demutshaltung der Schimpansen: Tief gebückt streckten sie eine schlaffe Hand aus und legten mit zurückgezogenen Lippen sämtliche Zähne bloß, das Gesicht zu einer Grimasse der Angst verzerrt. Daraufhin

Moja, hier im Alter von zweiundzwanzig, kam 1979 zu Washoes Familie. Sie war die erste Schimpansin, die gegenständlich malte, und Verkleidungen liebt sie über alles.

Im Herbst 1967 betrat ich zum ersten Mal das Gartenlabor der Gardners und begann, mit der zweijährigen Washoe in der American Sign Language zu kommunizieren. OBEN: Washoe schwingt sich von ihrer Lieblingsweide herab. UNTEN: Washoe spielt mit Susan Nichols, einer weiteren Studentin, am „Affenreck“.

1970 zog ich mit Washoe an Dr. William Lemmons Institut für Primatenforschung an der University of Oklahoma, wo ich meine Sprachstudien mit Schimpansen fortsetzte. Einer meiner ersten Schüler war ein trotziger junger Einzelgänger namens Bruno. Hier sieht Lemmon zu, während der vierjährige Bruno bei einer Foto-Session für das Magazin Life die Gebärde BAUM formt.

Als wir nach Oklahoma umzogen, gehörten Washoes neue Schimpansenfreunde bald zu unserer Familie. Der Sanftmütigste von allen war Booee. In einem biomedizinischen Labor zur Welt gekommen, wurde er von einer menschlichen Familie aufgezogen, ehe er ans Institut kam. OBEN: Debbi trägt unser mittleres Kind Rachel auf dem Rücken und hält den vierjährigen Booee im Arm. LINKS: Unser Sohn Josh spielt mit seinem neuen Kumpel Booee Fangen.

Die „Schimpanseninsel" war eine Zuflucht nicht nur für die jungen Schimpansen, sondern auch für mich. Die Kommunikation auf der Insel war eine Mischung aus ASL, Englisch und Schimpansenlauten – eine Art babylonische Sprachverwirrung unter Primaten. Nachdem Ally vier Jahre lang wie ein menschliches Kind aufgezogen worden war, kam er 1974 auf die Insel und begegnete zum ersten Mal anderen Schimpansen. OBEN: Booee und Bruno unterhalten sich in ASL. UNTEN: Ally und ich im Ruderboot auf dem Weg zur Insel.

OBEN: Bei einem Gespräch im Wald deutet Ally MEHR.
RECHTS: Washoe und ich gehen am Teich spazieren.

Jeden Tag drehte ich meine Runden durch Norman und unterrichtete Schimpansenkinder, die in menschlichen Familien aufgezogen wurden, in ASL. Salomé lernte ihre ersten Gebärden mit vier Monaten, ungefähr im selben Alter, in dem gehörlose Kinder zu gebärden beginnen. Hier umarmen sie und ihre menschliche „Schwester“ Robin ihre Mama Susie Blakey.

Lucy war fast sechs Jahre alt, als ich sie 1970 kennenlernte. Sie trank zum Abendessen Chablis, kannte sich mit Haushaltsgeräten aus und liebte das Magazin Playgirl.
OBEN: Lucy und ich trinken gemeinsam Tee, den sie gekocht hat, ehe wir mit unserem täglichen ASL-Unterricht anfangen.
MITTE: Der dreijährige Ally teilt sein Mittagessen mit dem Hauskater Talbot.
UNTEN: Washoe deutet AUTO FAHREN

Im Sommer 1978 wurde Washoe schwanger. Gemeinsam unternahmen wir nun lange Spaziergänge durch den Wald, wo wir miteinander aßen und uns unterhielten. OBEN LINKS: Washoe deutet FRUCHT. OBEN RECHTS: Ich antworte FRUCHT, während sie danach greift. UNTEN LINKS: Nachdem ich Washoe gefragt habe: WO BABY?, deutet sie auf ihren Bauch. UNTEN RECHTS: Washoe ist bereit, nach Hause zu gehen, und deutet GEHEN.

OBEN: Washoe küßt ihren neugeborenen Sohn Sequoyah.
UNTEN LINKS: Nachdem wir den zehn Monate alten Loulis vom Yerkes Regional Primate Center in Atlanta adoptiert hatten, fuhren wir mit ihm nach Oklahoma zurück.
UNTEN RECHTS: Loulis kam am 24. März 1979, an Joshs zwölftem Geburtstag, bei uns zu Hause an. Kurz darauf machten wir ihn mit Washoe bekannt.

1981 stießen Tatu und Dar, die beiden jüngsten Schimpansen aus dem zweiten Sprachforschungs-experiment der Gardners, zu Washoes Familie. Beide gebärdeten seit ihrer frühen Kindheit und verfügten über ein Vokabular von mehr als 120 Gebärden. OBEN: Tatu mit Debbi und mir. UNTEN: Dar (links) und Loulis (der WOLLEN deutet) waren von Anfang an die besten Freunde und sind seither Kumpel.

OBEN: Tatu und ich bei einem der seltenen Ausflüge in Ellensburg, Washington.
UNTEN: Als 1981 mein Bundesforschungsauftrag zu Ende war, mußten wir uns einiges einfallen lassen, um Washoes wachsende Familie zu ernähren. Hier durchstöbern Debbi, die sechsjährige Hillary und ich die Kisten mit übriggebliebenem Obst von Albertsons Supermarkt.

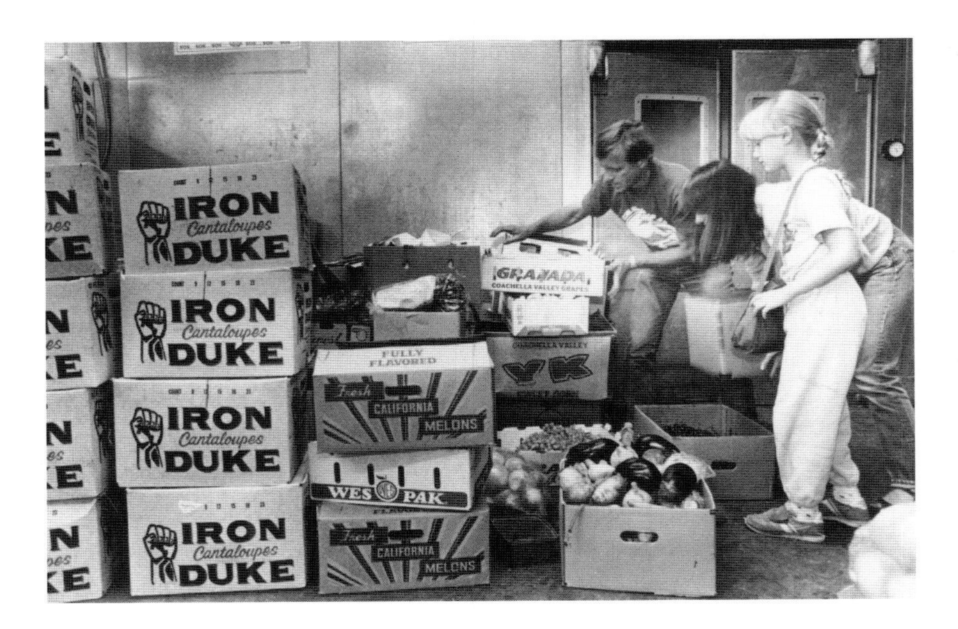

Im März 1987 besichtigten Jane Goodall und ich das mit Bundesmitteln finanzierte biomedizinische Labor Sema Inc. in Rockville, Maryland. Die grauenhaften Zustände, die wir dort erlebten, veranlaßten uns, fortan zugunsten aller Schimpansen in Gefangenschaft zusammenzuarbeiten.
LINKS: Reihen von „Isoletten" – Stahlboxen, in denen viele Schimpansen der Sema hermetisch abgeriegelt waren.
UNTEN: Ein kindliches Forschungsobjekt allein hinter Gittern.

Jane hat Washoes Familie im Lauf der Jahre häufig besucht und trug entscheidend dazu bei, staatliche Fördermittel zum Bau unseres Instituts für die Kommunikation von Schimpansen und Menschen in Ellensburg aufzutreiben. Hier besucht sie Tatu und mich im Jahr 1983.

Nach jahrelanger Planung bezog Washoes Familie 1993 endlich ihr neues Heim. OBEN: Das Institut für die Kommunikation von Schimpansen und Menschen verfügt über ein drei Stockwerke hohes eingezäuntes Freigelände, in dem die Schimpansen oberhalb ihres Lebensraumes hin- und herschwingen können wie in einem Regenwald.
UNTEN: Washoe, Moja und Tatu begrüßen uns an der Tür ihres neuen Heims.

Washoes Familie soll so natürlich wie möglich innerhalb ihrer sozialen Gemeinschaft leben können, ohne Störung durch menschliche Eindringlinge. Deshalb betreten wir Washoes Heim nur zur Reinigung, zu Reparaturen und zur ärztlichen Versorgung. Doch wir besuchen die Schimpansen nach wie vor jeden Tag und kommunizieren mit ihnen durch den Zaun.
UNTEN: Wir zeigen Loulis ein Buch.

1996, nach dreißig Jahren mit Washoe, reisten Debbi und ich endlich nach Afrika und beobachteten wilde Schimpansen. Hier besuchen wir ein paar Schimpansen, die Glück hatten und vor den Wilderern gerettet wurden; sie leben jetzt in Schutzstationen unter Leitung des Jane-Goodall-Instituts. Ähnliche Schutzstationen wollen wir in den Vereinigten Staaten einrichten, damit Hunderte von Schimpansen, die zu biomedizinischen Experimenten nicht mehr taugen, eine Zuflucht finden.

legte Lemmon die Hand an den Käfig und ließ die Schimpansen seinen breiten Silberring küssen: eine zusammengerollte Schlange, deren Augen aus zwei großen Rubinen bestanden.

Die meisten der erwachsenen Schimpansen waren ihr Leben lang eingesperrt, geschlagen und erniedrigt worden – schon vor ihrer Ankunft im Institut. Und wie der Schiffbrüchige, den es auf Dr. Moreaus Insel verschlagen hatte, empfand ich sofort großes Mitleid mit ihnen. In meinen ersten Wochen lernte ich einen der am meisten verängstigten Schimpansen der Kolonie kennen, ein bösartiges Männchen, das Lemmon Satan genannt hatte. Satan hatte sich sämtliche Haare im Gesicht und auf den Armen ausgerissen, so daß er in der Tat gefährlich aussah. Eines Morgens, als ich an seinem Käfig vorbeikam, nahm er die Imponierhaltung ein, dann packte er einen Kothaufen und schleuderte ihn nach mir. Er traf mich mitten auf die Brust. Lemmon hatte mich angewiesen, in solchen Augenblicken meine Überlegenheit mit Hilfe von Elektroschocks oder Schrotkugeln zu demonstrieren.

Aber nach seinem elenden Leben hatte Satan wirklich jeden Grund, Menschen zu hassen. Nichts anmerken lassen, sagte ich mir, rühr dich nicht von der Stelle. Satan fuhr fort, mich mit Kot zu bombardieren, bis mir die schleimige Soße über Gesicht und Kleider rann. Der Gestank war beinahe unerträglich. Als Satan sämtliche verfügbaren Exkremente auf mir abgeladen hatte, ging er zum Wasserhahn in seinem Käfig, füllte sich den Mund und spie mich aus drei Metern Entfernung an. Der Wasserstrahl war mir sehr willkommen, und ich ließ mich von ihm duschen, bis ich wieder weitgehend sauber war. Satan war sprachlos über meine Unterwürfigkeit. Er trat ans Käfiggitter und begann, leise Huh-Laute auszustoßen, mit denen die Schimpansen einander begrüßen. Ich erwiderte seinen Gruß. Von dem Moment an waren Satan und ich gute Freunde, und er tat mir nie wieder etwas zuleide.

Lemmon spottete über meine Versuche, mich mit den Schimpansen anzufreunden. »Eines Tages«, sagte er, »werden sie Ihnen Ihr wohlmeinendes Gesicht zerfleischen.« Er betrachtete alle Institutsmitglieder, Menschen wie Schimpansen, als Bestandteile einer einzigen Primatenhierarchie, über die er als unangefochtenes Alphamännchen herrschte. Seine Angestellten nannten ihn den Olympier, und diese Rolle erfüllte er perfekt. Von mir erwartete er, daß ich alle dominierte, die im Rang unter mir standen, und war überzeugt, daß ich nur auf eine Gelegenheit lauerte, um ihn herauszufordern und zu stürzen.

Damals wäre ich nie auf die Idee gekommen, daß Lemmon in mir eine Gefahr sehen könnte. Ich war erst siebenundzwanzig, frisch promoviert, und stand am Anfang meiner beruflichen Laufbahn. Lemmon hatte allein den Fachbereich Psychologie aufgebaut, an dem ich unterrichtete, und er leitete das Institut, in dem ich arbeitete. Er war der berühmteste – manche würden sagen, der berüchtigtste – Psychologe von Oklahoma. Ich war ein Neuling und hatte, wie so viele meiner Kollegen, einen Heidenrespekt vor Lemmon.

Im Rückblick ist mir völlig klar, weshalb Lemmon Grund zur Besorgnis hatte. Ich war zwar jung und unerfahren, doch ich war auch der Wärter des berühmtesten Schimpansen der Wissenschaft. Das Projekt Washoe konnte Lemmons eigenen Forschungen sehr leicht die Schau stehlen, und deshalb war er entschlossen, den Schimpansenstar unter seine Gewalt zu bringen. Aus diesem Grund sperrte er Washoe in die Hauptkolonie, statt das Sondergehege zu bauen, das er den Gardners zugesagt hatte.

Aber Washoe ließ sich nicht unterkriegen. Sie machte noch weniger Hehl aus ihrer Abneigung gegen Lemmon als ich. Seine Befehle ignorierte sie schlichtweg, selbst wenn ich für sie dolmetschte. Washoe war es gewohnt, respektiert zu werden und Respekt zu erwidern. Wenn Lemmon sie nicht respektierte, fiel es ihr nicht ein, zu gehorchen.

Etwa eine Woche nach unserer Ankunft befahl Lemmon den Wärtern, Washoe in den Gruppenkäfig zu verlegen. Die Wärter protestierten: Pan und die anderen männlichen Schimpansen würden Washoe vermutlich in Stücke reißen, sagten sie. Genau das war natürlich Lemmons Absicht. Er beharrte auf seinem Befehl. Also öffneten die Wärter die Schiebetür, die Washoe von den übrigen Schimpansen trennte, und sahen zu, wie Pan sich vor dem Angriff in Imponierhaltung aufstellte. Doch dann geschah etwas Unerwartetes. Die erwachsenen Weibchen traten vor Washoe hin, und als Pan versuchte anzugreifen, gingen sie auf ihn los und vertrieben ihn. Aus der Einsamkeit ihres Käfigs heraus hatte Washoe mit den älteren Weibchen irgendeine Form von Bündnis geschlossen. Lemmons Plan war ins Auge gegangen, und das Alphamännchen tief gedemütigt.

Um Washoes weibliche Verbündete auszuschalten, dachte sich Lemmon auf der Stelle eine neue Strategie aus. Er befahl den Wärtern, Pan und Washoe zusammen in einen Käfig an der Rückwand zu sperren. Aber Pan und Washoe ignorierten einander ganz einfach: Jeder saß in seiner Ecke und tat, als existiere der andere nicht. Offensichtlich hatte Pan seine Lektion gelernt und war nicht gewillt, die Weibchen neuerlich gegen sich aufzubringen: Später mußte er ihnen ja doch wieder gegenübertreten.

Als ich von den Attentatsversuchen gegen Washoe nur sieben Tage nach unserer Ankunft hörte, mußte ich mir schließlich eingestehen, daß ich bis über beide Ohren in einer ziemlich gefährlichen Situation steckte. Ich war nach Oklahoma gekommen, um an einem College zu lehren, doch unversehens war ich in einen Kampf auf Leben und Tod verstrickt, und einem Gegner wie Lemmon war ich noch nie begegnet. Ich brauchte dringend die Hilfe eines Außenstehenden; deshalb rief ich Allen Gardner an.

»Wir haben Sie ausgesucht, weil Sie mit allen so gut auskommen, Roger«, sagte Allen, nachdem er sich meine Horrorgeschichten angehört hatte. »Wenn irgend jemand mit Lemmon zurechtkommt, dann sind Sie das.«

Offensichtlich wußten die Gardners mehr über Lemmon, als sie mir gesagt hatten. Die Details über Washoes Gefangenschaft schienen sie nicht aus der Fassung zu bringen, oder vielleicht glaubten sie mir auch nicht: Wer würde denn auch eine Geschichte über ein wissenschaftliches Institut glauben, in dem Schimpansen namens Satan angekettet wurden und den Schlangenring ihres Herrn und Meisters küßten?

»Machen Sie das Beste draus, Roger«, schlug Allen Gardner vor.

Vielleicht protestierten die Gardners tatsächlich bei Lemmon, aber wenn, so erfuhr ich jedenfalls nichts davon. Ich bekam den Eindruck, daß Allen und Trixie vor allem keinen Aufruhr stiften wollten: Jeder Krach mit Lemmon konnte zur Folge haben, daß Washoe eines Tages unversehens wieder vor ihrer Tür stand. Auf einmal kam ich mir idiotisch vor, daß ich den Gardners so blind vertraut hatte und gar nicht erst auf die Idee gekommen war, das Institut vorher zu besichtigen oder mit Lemmon zu sprechen, wenigstens am Telefon.

Nun war klar, daß mir im Kampf gegen Lemmon niemand beistehen würde, aber ich war nicht bereit, mich aus dem Staub zu machen und Washoe in seiner Strafkolonie allein zurückzulassen. Ich war auf mich selbst angewiesen. Vielleicht war es mein Selbsterhaltungstrieb, oder vielleicht wurde ich nur sehr schnell erwachsen – jedenfalls wußte ich am nächsten Tag, was ich zu tun hatte: Ich bot Lemmon ein Geschäft an. Er akzeptierte. Er erklärte sich einverstanden, Washoe aus ihrem Käfig in der Hauptkolonie zu befreien und bei den jungen Schimpansen unterzubringen, die auf einer der künstlichen Inseln im Teich lebten. Im Gegenzug versprach ich ihm, bei sämtlichen Publikationen über meine Sprachforschungen und in allen Anträgen auf staatliche Forschungsmittel seinen Namen zu nennen. Studienobjekte sollten nicht nur Washoe und die vier jungen Schimpansen auf der Insel sein, sondern auch die Pflegekinder seiner Patienten.

Auch wenn sich Lemmon durch Washoe und mich noch so bedroht fühlte, brauchte er doch unsere Arbeit, unsere Forschungsmittel und die Aufmerksamkeit der Medien. Und wir brauchten sein Institut, weil wir sonst nirgendwohin konnten. Ich erkannte seine Autorität an und akzeptierte seine Spielregeln. Aber die Schimpanseninsel sollte fortan unter meiner Aufsicht stehen, und er würde mir nicht in die Quere kommen. Unser Waffenstillstand wurde beinahe jede Woche auf die Probe gestellt, doch er hielt immerhin fast acht lange Jahre.

Eines frühen Morgens in der zweiten Oktoberwoche ließen Lemmons Angestellte Washoe aus ihrem Käfig, und ich ging mit ihr zum Teichufer hinunter. Wir kletterten in ein Ruderboot und brachen auf in ein neues Leben auf der Schimpanseninsel. Schimpansen haben eine angeborene Furcht vor Wasser – sie gehen unter wie Steine, denn sie haben nicht genügend Körperfett, um schwimmen zu können –, weshalb eine Insel die perfekte Lösung ist, um sie in Schach zu halten, ohne auf Käfige und Gitterstäbe zurückgreifen zu müssen. Diese besondere Insel sah im Grunde nach nichts aus: Sie war künstlich angelegt worden, etwa einen Quadratkilometer groß, und bestand aus der typischen roten Oklahoma-Erde. Darauf wuchs Gestrüpp, und die wenigen Zwergeichen, die noch standen, waren von den herumtobenden Schimpansen entlaubt worden und abgestorben. Hier und da ragten ein paar hohe Pfähle empor, auf denen die jüngeren Schimpansen zu sitzen pflegten, um die Gibbons und anderen Affen auf den übrigen Inseln zu beobachten. Alles in allem war es eine öde Landschaft, die aussah wie nach einem Atomangriff oder wie das Bühnenbild für ein Beckett-Stück.

Aber für uns war die Insel ein Paradies. Washoe hatte endlich ihre Freiheit; jetzt war sie gezwungen, innerhalb der kleinen Gruppe von Schimpansenwaisen, die hier lebten, ihren Platz zu finden. Für mich wurde die winzige Insel in emotionaler und in wissenschaftlicher Hinsicht zur Oase. Jeden Tag, wenn ich mit den Vorlesungen an der Universität fertig war und den jeweils anliegenden Streit mit Lemmon beigelegt hatte, ruderte ich über den Teich zur Insel und betrat eine Welt, in der alles so neu und aufregend war wie in meiner allerersten Zeit im Garten der Gardners.

Mit Schimpansen ergeht es einem wie mit Kindern: Wenn man eines dieser außergewöhnlichen Wesen kennt, wird man neugierig auf weitere. Washoes vier neue Spielgefährten waren vier vollkommen verschiedene Persönlichkeiten, und ihre sehr unterschiedlichen Charaktere prägten entscheidend mein Verständnis für Schimpansen und Sprache. Die beiden Mädchen hießen Thelma und Cindy, die zwei Jungen Booee und Bruno.

Alle waren im Verlauf des vergangenen Jahres auf die Insel gekommen. Die dreijährige Thelma und die vierjährige Cindy waren beide »ausgemustert« worden: Sie waren im afrikanischen Dschungel zur Welt gekommen, doch zwei Freiwillige aus dem Friedenskorps hatten sie in die Vereinigten Staaten mitgenommen und sehr rasch festgestellt, daß ihre Familien von der Aussicht, diese haarigen Babys aufziehen zu müssen, keineswegs so begeistert waren, wie sie erwartet hatten. So endeten Thelma und Cindy bald darauf in Lemmons Waisenhaus.

Thelma war eine Einzelgängerin mit einem ausgeprägten Hang zur Sturheit: Was nicht nach ihrem Kopf ging, verweigerte sie. Sie war äußerst intelligent, aber auch eine Tagträumerin, die sich stundenlang tief in Gedanken versunken mit sich selbst beschäftigen konnte. Cindy hingegen war ein schlichtes, eigentlich reizloses Mädchen mit flachem, sommersprossigem Gesicht und einer endlosen Gier nach Bestätigung. Wir nannten sie »Poor Pitiful Pearl«, nach einer Puppe aus Debbis Kindheit. Cindy verhielt sich wie ein ausgesetzter Hundewelpe – unermüdlich rannte sie hinter Thelma her und kam nie auf die Idee, Ärger zu machen. Ihr Phlegma grenzte beinahe an Aggressivität, denn sie verfolgte einen so lange mit ihrer mitleiderregenden Miene, bis sie bekam, was sie haben wollte: in der Regel die Versicherung – auf Englisch –, was für ein liebes Mädchen sie sei.

Bruno, der Sproß von Pan und einem Weibchen namens Pampy, war zweieinhalb Jahre zuvor, im Februar 1968, im Institut zur Welt gekommen. Lemmon trennte Bruno kurz nach seiner Geburt von seiner Mutter und gab ihn Dr. Herbert Terrace, einem Psychologieprofessor an der Columbia University, in Pflege.[2] Terrace nahm Bruno als eine Art Versuchskaninchen für ein geplantes Schimpansen-Sprachexperiment nach New York mit: Er wollte feststellen, ob ein Schimpanse, der für ein viel wärmeres Klima geboren ist, den kalten New Yorker Winter überlebt. Ein Jahr später hatte der sechzehn Monate alte Bruno seinen wissenschaftlichen Zweck erfüllt – er hatte den Winter überlebt und sich an eine menschliche Familie angeschlossen – und wurde nach Oklahoma zurückgeschickt. (Für das eigentliche ASL-Experiment diente dann Brunos Halbbruder Nim.)

Bruno war die Machoversion der zurückhaltenden und eigensinnigen Thelma, aber wohl noch um einiges trotziger als sie. Autorität in Frage zu stellen liebte er genauso wie Washoe, aber deren natürlicher Charme fehlte ihm völlig. Bruno war äußerst reserviert und unnahbar; Freundschaften zu pflegen interessierte ihn wenig. Er war meist mit sich allein zufrieden und brauchte niemanden. Bei der Gebärde, die ich mir als Namen für ihn ausdachte, klopft der Daumen an die Brust, was bedeutet BRUNO STOLZ. Brunos einziger echter Freund und Gefolgsmann war Booee, ein sehr sanfter Dreijähriger, den er mühelos beherrschte. Booee wurde von jedermann geliebt und war vermutlich der freundlichste und gutmütigste Schimpanse, den ich je kennengelernt habe. Mit guten Worten ließ er sich zu allem überreden, und für eine Rosine war er bereit, seine Seele zu verkaufen.

Booee war 1967 im Forschungszentrum der National Institutes of Health (NIH) in Bethesda, Maryland, zur Welt gekommen. Das Personal hatte keine Ahnung von der Schwangerschaft seiner Mutter – was in Labors häufig übersehen wird –, und so war Booee ein unerwarteter Neuankömmling und vorerst kein Kandidat für ein spezielles biomedizinisches Experiment. Aber im Alter von ein paar Tagen bekam er Krämpfe, woraufhin die Forscher spekulierten, er sei Epileptiker. Weitere Gründe brauchten die NIH-Chirurgen nicht, um Booee der neuesten experimentellen Behandlung von Epilepsie zu unterziehen: einer sogenannten Split-brain-Operation. Die Ärzte sägten Booees Schädel auf und durchtrennten das Corpus callosum, den Balken, und damit sämtliche Verbindungen zwischen den beiden Gehirnhälften. Fortan hatte er faktisch zwei getrennte Gehirne. Nach der Operation trat eine derart heftige Schwellung ein, daß die Chirurgen Booees Schädel abermals öffnen mußten, um den Druck auf die Hirnschale zu lindern.

Ein NIH-Arzt namens Fred Schneider bekam endlich Mitleid mit Booee, der unvorstellbare Schmerzen litt, und nahm ihn mit nach Hause. Dort pflegte ihn seine Frau Maria mit ihren sechs Kindern gesund. Und Booee hatte doppeltes Glück, denn sein Verschwinden fiel niemandem auf. Der Arzt, der die Folgeuntersuchungen an Booees Gehirn hätte durchführen sollen, erkrankte: Booee rutschte durch die Ritzen der Bürokratie und wurde schließlich ein vollwertiges Mitglied der Familie Schneider.

Doch wie Washoe war er bald zu groß, um in einem für Menschen gebauten Haus zu leben: Zum Beispiel verteidigte er das Territorium seiner neuen Familie gegen Hunde und Fremde, indem er das Panoramafenster im Wohnzimmer zertrümmerte. Aber Booee in die NIH zurückzuschicken und ihn damit einem Leben im Dienst der Laborforschung auszuliefern, kam für die Schneiders nicht in Frage. Anfang 1970 flog Dr. Schneider nach Reno, um die Gardners um Rat zu fragen, die ihm Lemmons Institut empfahlen.

Erst ein paar Monate vor unserer Ankunft war Booee auf die Schimpanseninsel gekommen. In seiner Umgänglichkeit und Geselligkeit stand er Washoe in nichts nach, was an seiner Persönlichkeit liegen mochte oder auch daran, daß er die ersten Jahre seines Lebens in einer liebevollen Familie zugebracht hatte. Was seine Split-brain-Operation betraf, konnte ich lediglich zwei permanente Folgen entdecken: Wenn ich ihn auf den Schultern reiten ließ und fragte, wohin er getragen werden wollte, deutete er stets in zwei Richtungen gleichzeitig. Ich stand da und wußte nicht, wohin, bis Booee schließlich einen Arm über den Kopf schwang, so daß beide Hände in dieselbe Richtung deuteten. Auch wenn er zeichnete oder malte, benutzte er stets zwei gegenüberliegende Ecken des Blattes. Ich erfand einen Gebärdennamen für Booee, indem ich mit dem Zeigefinger von hinten nach vorn über den Kopf fuhr: das bedeutete – was sonst? – BOOEE SPALTHIRN.

Washoe und ich waren auf eine Insel voller Schimpansenwaisen geraten: die eigensinnige Thelma, die mitleiderregende Cindy, der stolze Bruno und der sanfte Booee mit den zwei Gehirnen. Ausgesetzt auf einer Insel abseits der Gemeinschaft erwachsener Schimpansen, hatten sie sich ihre eigene, funktionsfähige Hierarchie geschaffen. Thelma herrschte über Cindy und Bruno über Booee; Thelma und Bruno gingen einander aus dem Weg. Ich konnte mir schwer vorstellen, wie Washoe sich in diese Bande einfügen würde, und hatte auch allen Grund zur Sorge: In Reno war Washoe das verhätschelte Nesthäkchen gewesen und würde in dieser Gruppe vermutlich dieselbe Behandlung erwarten. Was sollte ich tun, wenn sie sich einfach weigerte, mit diesen haarigen Nichtmenschen zu spielen?

Aber zu meiner Verblüffung kam es völlig anders: Sobald Washoe einen Fuß auf die Insel gesetzt hatte, verwandelte sie sich in eine Pflegemutter für alle vier Waisenkinder. Wenn Cindy aufgeregt war, forderte Washoe sie mit Gebärden auf: KOMM UMARMEN, KOMM UMARMEN. Cindy hatte keine Ahnung, was das heißen sollte, aber sie begriff die Botschaft, als Washoe sie in den Arm nahm, sie groomte und sie tröstete. Wenn Booee und Bruno miteinander kämpften, trat Washoe dazwischen wie ein Schiedsrichter und schickte sie in verschiedene Richtungen davon, indem sie beiden befahl: DU GEHEN. Sie fand sogar einen Weg, die einzelgängerische Thelma aus ihrer Reserve zu locken: Sie forderte sie auf zum KITZELN FANGEN und ließ nicht locker, bis Thelma schließlich mitspielte. Und sie erfand einen neuen Kosenamen für die sehr dunkelhäutige Thelma: SCHWARZE FRAU. Offensichtlich war Washoe zu dem Schluß gelangt, daß Schimpansen doch keine Käfer, sondern Personen waren.

Die Kommunikation auf der Insel kam mir vor wie die babylonische Sprachverwirrung unter Primaten. Booee, Bruno, Thelma und Cindy teilten einander durch die natürlichen Gesten, Gesichtsausdrücke und Laute der Schimpansen mit, was sie wollten. Wenn zum Beispiel Booee mit Bruno spielen wollte, machte er ein Spielgesicht, lachte und forderte ihn mit Gesten auf. Washoe hingegen drückte ihre Botschaften durch explizite Gebärden aus, wie etwa KOMM KITZELN FANGEN. Blieb die Reaktion der anderen aus, wiederholte sie ihre Gebärden sehr langsam und deutlich, nicht anders, als eine Mutter mit ihrem Kind spricht. Wurde sie dann immer noch nicht begriffen, teilte sie ihre Botschaften auf dieselbe Weise mit wie die anderen, nämlich durch Laute und Gesten.

Washoes Freunde waren in menschlichen Familien aufgewachsen und verstanden deshalb ziemlich viel Englisch. Zum Beispiel konnte ich sagen: »Räum den Reifen weg«, und bekam, was ich wollte. Washoe hatte zwar nie Englisch gehört, aber wir hatten uns seit jeher auch durch Laute verständigt: durch Freßgrunzer, Schreie, Gelächter, *Pant-hoots* und andere eindeutige Signale. Seitdem wir auf der Insel waren, schien Washoe Englisch einfach als Erweiterung der lautlichen Kommunikation aufzufassen, mit der sie ohnehin vertraut war, und begriff in kürzester Zeit ebenso viele englische Wörter wie ihre Freunde. Und je länger ich mit den anderen Schimpansen zusammen war, desto mehr Schimpansenlaute lernte ich. Doch wenn Washoe und ich miteinander sprachen, hielten wir uns vorwiegend an ASL. Ihr ASL-Wortschatz nahm stetig zu. Sie brauchte inzwischen keinerlei Anleitungen mehr, sondern konnte sich eine Gebärde sofort aneignen, wenn sie mir nur ein einziges Mal zugesehen hatte. Und ihre Sätze umfaßten inzwischen bis zu sieben oder acht Gebärden.

Auf unserer Insel bestanden Gespräche zwischen Mensch und Schimpanse manchmal aus englischen Worten, *Pant-hoots*, ASL und Mimik gleichzeitig. Ein Zwischenfall, der sich schon in der Anfangszeit ereignete, zeigt sehr schön sowohl Washoes Verantwortungsgefühl gegenüber ihren neuen Freunden als auch ihr Verständnis für deren andere Kommunikationsformen. Eines Morgens spielten wir alle auf einer Grasfläche am Ufer. Auf der Insel gab es viele Schlangen, auch Giftschlangen, so daß wir ständig auf der Hut waren. Plötzlich entdeckte Thelma eine Schlange in unserer Nähe und stieß ein langgezogenes *wraaa* aus. Wir sprangen alle auf und hasteten zum anderen Ende der Insel davon, bis auf Bruno, der im Gras saß und sich nicht von der Stelle rührte.

Kaum hatte Washoe gesehen, daß Bruno in Gefahr war, rannte sie zurück und deutete ihm mit Gebärden KOMM UMARMEN KOMM UMARMEN. Er sah sie verständnislos an und reagierte nicht. Washoe hätte ihn einfach sitzenlassen können, doch statt dessen beschloß sie, ihre Botschaft auf direkterem Weg zu übermitteln: Sie lief auf ihn zu, womit sie sich selbst in Gefahr begab, packte ihn am Arm und zerrte ihn hinter sich her, in Sicherheit.

In diesen ersten Monaten legte Washoe ihr Prinzessinnenverhalten völlig ab und wurde zur fürsorglichen großen Schwester. Es war eine erstaunliche Verwandlung. Aufgezogen wie ein gehörloses menschliches Kind, wurde Washoe endlich zur Schimpansin unter Schimpansen. Die Jüngeren erwarteten von ihr Schutz und Trost und sahen sie als ihre Führerin an. Sie war älter und größer, was ihr zweifellos half, sich Respekt zu verschaffen und ihre Autorität zu festigen. Aber auch in emotionaler Hinsicht schien sie der Aufgabe gewachsen. Nachdem sie in Reno von so vielen älteren Geschwistern – Susan Nichols, Greg Gaustad und mir – umsorgt worden war, verstand sie es, selbst eine große Schwester zu sein. Es war, als hätten alle diese »Babys« ihr latentes Geschwisterverhalten zum Vorschein gebracht.

In diesem ersten Jahr gewann Washoe in Debbi eine weitere gute Freundin. In Reno hatten die beiden sich nur ein paarmal getroffen, aber Debbi war immerhin ein vertrautes Gesicht, und mir war sehr daran gelegen, soviel Kontinuität wie möglich zwischen Washoes altem und ihrem neuen Leben herzustellen. Abgesehen davon brauchte ich selbst dringend menschliche Hilfe – mit den Vorlesungen, meiner Forschungsarbeit und der Pflege von fünf Schimpansen hatte ich im wahrsten Sinn des Wortes alle Hände voll zu tun. Debbi war nicht nur großartig im Umgang mit Kindern, sie beherrschte auch die ASL und konnte sich deshalb mit Washoe unterhalten und beim Unterricht der neuen Schimpansen helfen. Insgeheim hatte ich außerdem die Hoffnung, als erwachsene Frau könnte Debbi vielleicht die Leere ausfüllen, die der traumatische Verlust ihrer Mutterfiguren Susan Nichols und Trixie Gardner bei Washoe hinterlassen hatte.

Debbi kam jeden Tag auf die Insel, und es dauerte nicht lang, bis sie und Washoe dicke Freundinnen waren. In Debbis Anwesenheit gab Washoe ihre neue Rolle auf und wurde wieder zum Kind. Nicht selten kam es vor, daß Washoe mit ihren knapp vierzig Kilogramm Körpergewicht auf Debbis Schultern ritt, die selbst kaum mehr als fünfzig Kilo wog. Dann wieder saß unser Säugling Rachel in Debbis Rückentrage, während der dreijährige Joshua mit Washoe spielte und sich durch Gebärden mit ihr unterhielt: Washoe liebte anscheinend alle Kinder, gleichgültig, welcher Spezies sie angehörten. Innerhalb weniger Monate sah die Schimpanseninsel aus wie ein halbwegs verrücktes Tagesheim, in dem etliche meiner Studenten als Kindergärtner und Debbi als ihre Leiterin fungierte. Jeden Tag kam ich nach meinen Vorlesungen an der Universität auf die Insel heraus, und wir hielten unsere nachmittägliche »Teegesellschaft« ab – ein Ritual, das Washoe und ich aus Reno mitgebracht hatten.

Eine weitere äußerst wichtige Rolle spielte Debbi beim allmorgendlichen Transport zur Insel. Die Schimpansenkinder verbrachten die Nacht in der sogenannten Schweinescheune, die sie mit ungefähr vierzig Schweinen und acht Siamang-Gibbons teilten. (Allerdings erklärte sich Lemmon noch im selben Jahr bereit, eine afrikanische Rundhütte, ein *rundevaal*, auf der Insel bauen zu lassen, damit die Schimpansen dort übernachten konnten.) In der Schweinescheune führte Lemmon zwei seiner besonders schauerlichen biomedizinischen Experimente durch. Die vierzig Schweine waren in zwei Gruppen geteilt, die auf verschiedenen Etagen untergebracht waren, getrennt durch einen Metallrost. Die Schweine auf der oberen Etage erhielten Elektroschocks, die unteren nicht, und nach monatelanger Behandlung wurden sie auf Herzkrankheiten untersucht. Außer den Schweinen lebten acht Siamangs in der Scheune, die größte Gibbon-Art, die starke Paarbindungen unterhält. Nachdem Männchen und Weibchen zueinander gefunden hatten, trennte Lemmon die Paare und vertauschte die Partner. Die Siamangs entwickelten daraufhin Magen-Darm-Entzündungen und gingen schließlich zugrunde, womit sie ein weiteres Mal die wohlbekannte Tatsache bestätigten, daß Streß krank macht.

Jeden Morgen begrüßten die fünf Schimpansen Debbi mit

aufgeregten *Pant-hoots*, und Washoe gebärdete wild HINAUS HINAUS. Debbi führte sie zum Teichufer, wo sich die ganze Gesellschaft in das altersschwache Ruderboot zwängte und über den Wassergraben setzte.

Die Schimpansen wieder zur Scheune zurückzubringen war natürlich sehr viel schwieriger als der morgendliche Aufbruch zur Insel. Beim ersten Anblick der Halsbänder und Leinen war ihnen klar, daß sie wieder in die gefürchtete Schweinescheune mußten. Fünf protestierende Schimpansen in ein Ruderboot zu verfrachten ist dasselbe wie eine Fahrt zum Zahnarzt mit fünf brüllenden Kindern auf der Rückbank des Wagens – mit der Ausnahme, daß Schimpansen weitaus stärker und schneller sind. Washoe montierte immer wieder ihre Leine ab und warf sie in den Teich, Bruno kletterte auf einen hohen Mast und weigerte sich, herunterzukommen, oder er brachte mich dazu, ihn fortwährend im Kreis um das Boot zu jagen. Sein Kumpel Booee stand daneben, feuerte seinen Helden an, und manchmal ließ er sich von seinen kühnsten Streichen zur Nachahmung inspirieren. Ich konzentrierte mich immer auf die beiden Trotzköpfe Bruno und Thelma: Wenn sie klein beigaben, konnte man sich darauf verlassen, daß die anderen sich anschließen würden.

Eine unfehlbare Methode, wie man sämtliche Schimpansen dazu bringen konnte, sich in Reih und Glied ins Boot zu setzen und *freiwillig* ihre Leinen anzulegen, war die Ankündigung eines Waldspaziergangs. In Begleitung von Debbi und ein oder zwei Studenten, die je eine Leine hielten, durchstreiften wir die Farm des Instituts. In der Zeit der Obstreife stürzten sich die Schimpansen mit Begeisterung auf die wilden Pflaumen und Persimonen. Sie kletterten auf den Baum und ernteten einen Armvoll reifer Früchte, dann legten sie sich auf den Boden und schlugen sich den Bauch voll. Waren sie satt, tollten sie im Gras herum oder setzten sich zu gegenseitigem Groomen zusammen.

In solchen Momenten schienen sie so vollkommen im Einklang mit ihrer Schimpansennatur, so mühelos glücklich in ihr Spiel versunken, daß ich manchmal die Augen schloß, ihrem

Gelächter lauschte und mir vorstellte, wir seien im tiefsten afrikanischen Regenwald. In ihrer frühen Kindheit hatten Washoe, Thelma und Cindy wohl viele solche Nachmittage erlebt, geschützt im Arm ihrer Mutter, verzaubert vom Anblick und den Lauten anderer Lebewesen des Urwalds. Wie anders ihr Leben damals gewesen sein mußte, konnte ich nicht einmal annähernd ermessen. Jeden Morgen waren sie in einem weichen Schlafnest auf dem Wipfel eines Baumes erwacht, hatten sich dann auf der Suche nach einem Frühstück auf dem Rücken der Mutter nach unten gewagt und auf dem dicht bewachsenen Dschungelboden ihre allerersten Schritte getan.

Solche Zeiten hatten Booee und Bruno nie erlebt: Sie waren in Labors aus Beton und Glas zur Welt gekommen. Aber wie ihre Stiefschwestern trugen auch die beiden Jungen immer noch das Kennzeichen aller Schimpansenkinder – das weiße Fellbüschel am Steiß, das ihnen die bedingungslose Zuneigung und Nachsicht jedes erwachsenen Schimpansen einträgt. Daß diese fünf von beidem so wenig bekamen, brach mir fast das Herz.

Wer war schlimmer dran? Die Mädchen, die ihren eigentlichen Lebensraum kennengelernt hatten, aber mit Gewalt herausgerissen worden waren? Oder die Jungen, die ihre wahre Heimat nie erlebt hatten? Allein diese Fragen brachten mich sofort in die Gegenwart zurück. Aus Afrika entführt, von ihren menschlichen Familien verstoßen, wuchsen sie alle viel zu schnell und viel zu einsam auf. Sie hatten nur einander, doch sie brauchten dringend die Liebe einer Mutter, die kein Mensch ihnen geben konnte – sicher nicht in Lemmons Strafkolonie, wo sie Ketten um den Hals trugen und nachts in Käfigen schliefen. Je älter und größer sie wurden, desto unabhängiger würden sie sein, desto weniger fähig, sich an die menschliche Gesellschaft anzupassen. Was, um alles in der Welt, sollte aus ihnen werden?

Je besser ich meine neuen Schimpansenfreunde kennenlernte, desto mehr brachten sie mir bei.

Eines Tages nahm ich die beiden Jungen Booee und Bruno zu einem morgendlichen Streifzug durch den Wald mit. Sie waren angeleint, und drei meiner Studenten begleiteten uns. Als es Zeit war, auf die Insel zurückzukehren, war Bruno ungewöhnlich entgegenkommend und sprang sofort ins Boot, aber Booee hatte keine Lust, den Wald zu verlassen. Er kletterte auf einen Baum, stellte sich außer Reichweite auf einen Ast und rührte sich nicht von der Stelle. Seine unerwartete Widerspenstigkeit ärgerte mich.

Für wen hält er sich? Ich bin Doktor für Verhaltenspsychologie, meine Studenten schauen zu – ich werde dem kleinen Burschen schon zeigen, wer hier der Boß ist, dachte ich.

»Komm jetzt runter, Booee«, schrie ich hinauf. Booee setzte sich nieder, als wollte er sagen: »Ich denke nicht daran«, wie ein Kind, das sich in seinem Zimmer einsperrt und sich weigert, herauszukommen.

»Komm sofort runter«, schrie ich noch lauter. Keine Reaktion. Er forderte mich heraus.

Nun war ich wirklich in Verlegenheit. Ich wickelte die sieben Meter lange Leine fest um meinen Arm, so daß zwischen mir und Booees Hals nur noch zwei Meter blieben, und riß kräftig daran, um ihn wissen zu lassen, daß ich entschlossen war, ihn mit Gewalt herunterzuzerren.

Das war ein Fehler. Booee griff nach unten, packte die Leine mit einer Hand und zog mich vom Boden hoch – wie ein Gewichtheber, der ohne sichtbare Anstrengung achtzig Kilo stemmt. Blankes Entsetzen packte mich, während ich hilflos in der Luft baumelte. Meine Studenten traten einen Schritt zurück. Jetzt kam ich wieder zur Besinnung, schaute zu Booee hinauf und sagte in meinem freundlichsten Ton: »Schon gut, Booee. Nichts für ungut.« Auf der Stelle ließ er mich auf den Boden herab. Dann stand er auf und kreischte. Daß ich so wütend auf ihn war, hatte ihn offensichtlich erschreckt, und ehe ich mich versah, sprang Booee aus dem Baum direkt in meine Arme. Er schlang Arme und Beine um mich und verharrte eine volle Minute so – seine Art der Versöhnung nach einem Streit. Wir waren wieder Freunde.

Das war meine erste Lektion über die Sinnlosigkeit eines Machtkampfs mit einem Schimpansen. Es kann nur schiefgehen, wenn man versucht, durch körperliche Kraft zu siegen. Menschliche Machtdemonstrationen lösen beim Schimpansen Wut und Aggression aus, die wiederum zu weiterer Furcht beim Menschen und zwangsläufiger Gewaltanwendung führen. Es ist ein Kreislauf, der nur eskalieren und außer Kontrolle geraten kann. Lemmons Institut war der beste Beweis dafür: Zuerst kamen Ketten und Leinen, dann Elektroschocker, dann Luftgewehre. Später folgten Elektrozäune und eine Horde Dobermänner. Schließlich verlangte Lemmon, wir sollten geladene Pistolen mit uns führen, sogar im Umgang mit halbwüchsigen Schimpansen. Es war schwer zu sagen, wer wen mehr fürchtete: Lemmon die Schimpansen oder die Schimpansen Lemmon. Wenn eine Beziehung nicht auf gegenseitiger Achtung beruht, besteht die einzige Möglichkeit der Kontrollausübung in brutaler Gewalt.

Wenn jedoch Mensch und Schimpanse einander mit Respekt begegnen, braucht keiner der beiden Angst zu haben, und Zwang ist nur in den seltensten Fällen nötig. Schon früh brachten Washoe und Booee mir bei, daß meine arrogante Art, sie herumzukommandieren – »Du machst das so, wie ich will, oder überhaupt nicht« –, bei ihnen nicht funktionierte. Washoe war alles andere als dumm. Offensichtlich wußte sie meinen Stundenplan in Oklahoma schon ziemlich bald auswendig. Wenn wir spazierengingen, zog sie mich genau in dem Augenblick, in dem ich dringend umkehren mußte, immer weiter fort. Ich redete auf sie ein: ZEIT GEHEN NACH HAUSE, worauf sie antwortete: NEIN NEIN und mir den Rücken zuwandte. Sie wußte, daß sie mich in der Hand hatte. Was sollte ich tun? An ihrer Leine zerren, wenn sie achtmal so stark war wie ich? Sie mit einem Elektroschocker bedrohen? Unsere Gespräche verliefen folgendermaßen:

Roger (nervös auf die Uhr sehend): DU ICH GEHEN NACH HAUSE JETZT.
Washoe (trotzig): NEIN.

Roger (verzweifelt): WAS WILLST DU?
Washoe (sachlich): BONBON.
Roger (sehr erleichtert): OK. OK. DU KANNST HABEN BONBON ZU HAUSE.
Washoe (hellauf begeistert): DU ICH SCHNELL GEHEN.

Nennen Sie es Erpressung oder Verhandlung, aber solche Geschäfte gehören zur Alltagswirklichkeit, wenn man es mit Schimpansen zu tun hat – von Kindern ganz zu schweigen. Ich hielt mich an das liebevolle Vorbild der Schimpansenmütter, die so oft wie möglich nachgeben und so selten wie möglich nein sagen. Man muß ihre Wünsche zur Kenntnis nehmen und über ihre Forderungen verhandeln, und man darf nie versuchen, sie durch Gewaltanwendung zu unterdrücken, es sei denn, sie oder jemand anders ist in Gefahr, verletzt zu werden. Das Ergebnis dieses beiderseitigen Entgegenkommens war, daß Washoe und Booee meine elterliche Autorität anerkannten, obwohl sie sehr genau wußten, daß sie stärker waren als ich. Und trotz ihrer überwältigenden Kraft mußte ich nie Angst vor ihnen haben.

Meine kooperative Methode hatte freilich auch ihre Nachteile. Einmal, als wir die Insel verlassen wollten, erklärte ich mich einverstanden, Thelma und Cindy ohne Halsbänder und Leinen ins Boot steigen zu lassen. Ich stand neben dem Boot, Cindy kletterte hinein und setzte sich. Doch dann raste Thelma wie der Blitz herbei und sprang mit derartiger Wucht neben Cindy auf die Bank, daß sie das Boot mit Schwung vom Ufer abstieß. Sie hatte mich hereingelegt!

Während ich machtlos auf der Insel stand und ihnen hinterherbrüllte, steuerten Thelma und Cindy auf die Freiheit zu. Sie konnten zwar nicht rudern, aber der Schub war so stark gewesen, daß er sie bis ans andere Ufer beförderte, wo sie wie zwei flüchtige Sträflinge aus dem Boot sprangen. Bis ich das Boot zurückgeholt und sie aufgespürt hatte, verging eine ganze Weile: Ich fand sie in Lemmons Haus, wo sie verschreckt in einer Ecke kauerten. Ich nahm sie an die Leine, führte sie zur Schweinescheune und dankte dem Himmel, daß Lemmon nicht zu Hause gewesen war und die beiden keinen Schaden angerichtet hatten.

Später am Abend rief Lemmon mich an, bebend vor Wut.

»Wer hat in mein Bett geschissen?« brüllte er.

Nachdem ich nun dafür gesorgt hatte, daß die Schimpansen ein halbwegs geregeltes Leben führen konnten, hatte ich es eilig, mich einer der spannendsten Fragen zuzuwenden, die von den Gardners noch nicht beantwortet worden war und zu der mir unsere Schimpansenkinderstation auf der Insel die perfekte Gelegenheit bot: Ich wollte herausfinden, ob Washoe einfach eine außerordentlich intelligente Schimpansin war, oder ob *alle* Schimpansen in der Lage waren, Gebärden zu erlernen. Viele Linguisten gaben zwar zu, daß Washoe die American Sign Language auf dem Niveau eines Zwei- oder Dreijährigen beherrschte, doch sie behaupteten, sie sei eine Art »geniale Mutante«, und bezweifelten, daß irgendein anderer Schimpanse je die Gebärdensprache lernen würde. Ich war überzeugt, daß sie unrecht hatten.

Auf dem Spiel stand Darwins Theorie von der Herkunft der menschlichen Sprache aus dem Denkvermögen unserer affenähnlichen Vorfahren. Wenn nur ein einziger Schimpanse sich durch Gebärden äußert, kann dies das einzigartige Verhalten ebendieses Schimpansen sein. Aber wenn *viele* Schimpansen Gebärden beherrschen, dann ist es sehr viel wahrscheinlicher, daß die biologischen Wurzeln der Kommunikation durch Gebärden – oder Gesten – im Zuge der Evolution entstanden sind. Und wenn *alle* Schimpansen Gebärden erlernen können, dann läßt sich mit sehr hoher Wahrscheinlichkeit annehmen, daß zwischen der Kognition von Menschenaffen und Menschen sowie der Kommunikation von Menschenaffen und der menschlichen Sprache eine Verbindung besteht.

Davon ausgehend, begann ich, Thelma, Cindy, Bruno und Booee in ASL zu unterrichten. Bei ihnen mußte der Sprachunterricht natürlich anders verlaufen als bei Washoe, die sich die Sprache auf dieselbe Weise angeeignet hatte wie ein Kind, nämlich im Rahmen des Alltagslebens einer Familie. Doch Washoes neue Spielgefährten hatten kein geregeltes Familienleben. Angesichts der wenigen Stunden am Tag, die sie mit Debbi, mir oder einem meiner Studenten von der Uni verbrachten, konnte von Ammenaufzucht keine Rede sein. Folglich mußte ich mir etwas einfallen lassen, um diese Halbwüchsigen zu unterrichten, denen die tägliche Routine des Anziehens, Frühstückens, Bilderbuchlesens oder Töpfchentrainings völlig fehlte. Außerdem mußte die Methode immerhin so spannend sein, daß es einem oder zwei Erwachsenen gelang, die Aufmerksamkeit von vier hyperaktiven Schimpansen zu bannen.

Ich beschloß, eine Art mobiles Klassenzimmer einzurichten, bestehend aus einem Käfig, der zwei Meter lang und einen Meter breit war. An beiden Enden des Käfigs stand eine Metallbank, so daß der Schimpansenschüler mir oder einem meiner Studenten gegenübersitzen konnte. Die Unterrichtsstunden dauerten dreißig Minuten und wurden dreimal täglich an fünf Tagen der Woche abgehalten. Es war tatsächlich eine Art Schulunterricht – eine Erfahrung, die Washoe nie gemacht hatte. Natürlich will ein dreijähriger Schimpanse genausowenig wie ein gleichaltriges Kind dreißig Minuten stillsitzen: Immer wieder gab es Energieausbrüche, während deren der Schüler den Lehrer unterbrach und zu einem kurzen Kitzelspiel aufforderte oder sich durch den Käfig schwang. War er zu aufgeregt, um zu lernen, gaben wir auf und ließen ihn mit seinen Freunden spielen.

Trotz der Nachteile konnte ich dank solcher kontrollierten Bedingungen die Geschwindigkeit vergleichen, mit der sich diese vier sehr unterschiedlichen Schimpansen Gebärden aneigneten. Ich beschloß, jedem von ihnen zehn verschiedene Gebärden aus Washoes Vokabular beizubringen: HUT, SCHUH, FRUCHT, TRINKEN, MEHR, SCHAUEN, SCHLÜSSEL, HÖREN, SCHNUR und ESSEN. Während Washoe die Gebärdensprache auf sehr vielfältige Weise gelernt hatte – durch Anleitung, Beobachtung und Nachahmung –, wandte ich bei Thelma, Cindy, Bruno und Booee ausschließlich die Methode der Demonstration an, das heißt, ich bog ihre Hände zu der entsprechenden Gebärde. Sobald ich merkte, daß sie die Gebärde allein zustande brachten, verzichtete ich nach und nach darauf, sie anzuleiten. Um sie zu motivieren, belohnte ich sie mit Rosinen – obwohl meine Jahre beim Projekt Washoe mich eigentlich eines Besseren hätten belehren müssen: Belohnungen sind bestenfalls nebensächlich und schlimmstenfalls destruktiv. Aber Skinners Verstärkungsmethoden, die dem Experimentator eine Kontrolle versprachen, waren allzu verlockend. Ich war ein Neuling, ein frischgebackener, besserwisserischer Doktor und dachte, ich käme mit allem durch.

Doch Bruno, Booee, Thelma und Cindy rückten mir sehr rasch den Kopf zurecht. An Belohnungen war allein Booee interessiert, der alles tat, um an Essen zu gelangen, und damit das perfekte Skinnersche Forschungsobjekt war. Mit rasender Geschwindigkeit lernte er die Gebärden, nur um an seine Rosinen zu kommen. Aber er opferte die Qualität zugunsten der Quantität. Seine Gebärden waren schlampig, und wie bei Washoe zur Essenszeit, entarteten sie häufig zu hektischem Betteln: FÜTTERN BOOEE, FÜTTERN BOOEE, FÜTTERN BOOEE.

Bruno hingegen machte sich nicht das geringste aus Rosinen – oder aus Gebärden. Er saß auf seiner Bank und starrte mich an, als wollte er sagen: »Ich habe nicht die leiseste Ahnung, was du von mir willst.« Wenn ich versuchte, ihm die Gebärde für HUT beizubringen – bei der man sich auf den Kopf klopft –, legte ich seine schlaffe Hand auf seinen Kopf und ließ sie los. Brunos Hand rutschte herab. Ich legte ihm von neuem die Hand auf den Kopf, und wieder ließ er sie abrutschen. Und so ging das endlos. Schließlich gab ich die Rosinen auf und versuchte es mit Äpfeln, Bananen und – das Köstlichste, was es für einen Schimpansen überhaupt gibt – Coca-Cola. Booee wäre inzwischen vor Entzücken schon außer sich gewesen, aber Bruno blieb völlig ungerührt.

Nun wußte ich aber, daß Bruno sehr intelligent war, denn er verstand besser Englisch als jeder andere Schimpanse auf der Insel. Ich war mir ziemlich sicher, daß er mich einfach zum Narren hielt. In letzter Verzweiflung griff ich zum Elektroschocker, den wir auf Lemmons Befehl hin ständig mit uns führen mußten, und schaltete ihn an. Er brummte laut, und auf der Stelle begann Bruno, sich wild auf den Kopf zu klopfen: HUT HUT HUT HUT. Das Spiel war aus. Jetzt wußte Bruno, daß er mir seine Lernfähigkeit verraten hatte, und bald beherrschte er seine Gebärden hervorragend.

Cindy machte sich die Gebärden beinahe so schnell zu eigen wie Booee, aber das lag nicht an den Rosinen: Sie war derart süchtig nach Bestätigung, daß sie alles tat, nur um ihrem Lehrer zu gefallen. Als ich ihr zum ersten Mal die Gebärde HUT zeigte, ließ sie ihre Hand eine volle Minute auf dem Kopf liegen und verharrte reglos wie eine Schimpansenstatue. Und nach ihren ersten Unterrichtsstunden betrat Cindy den Käfig, setzte sich und streckte beide Hände aus, als wollte sie sagen: »Mach mit mir, was du willst.«

Cindy wollte stets eine Schüssel Rosinen vor sich stehen haben, nicht um sie zu essen, sondern als Beweis unserer Liebe für sie. Jedesmal, wenn sie eine Gebärde korrekt gebildet hatte, mußte der Lehrer sie ausführlich loben – auf Englisch: »Was für ein braves Mädchen! Du bist so klug, Cindy!« Wenn wir sie nicht sofort lobten – oder, Gott bewahre, es gar vergaßen –, sah sie uns so lange mit ihrem traurigsten Blick an, bis wir sie mit Lob überschütteten. Wann immer möglich, sorgte ich dafür, daß vor dem Käfig andere Leute standen und Cindy ermutigten. Sie konnte einfach nicht genug bekommen.

Thelma war genauso störrisch wie Bruno, auch in Sachen Schule. Rosinen, Lob und alle sonstigen Belohnungen ließen sie kalt. Sie machte uns klar, daß sie sich erst dann mit Gebärden äußern würde, wenn *sie* es für richtig hielt, und nur solange es nichts Besseres zu tun gab. Eine Fliege im Käfig konnte Thelmas Aufmerksamkeit gut fünf Minuten in Anspruch nehmen. Fuhr ein Auto vorbei, benahm sie sich, als hätte sie einen derart eigenartigen Gegenstand noch nie im Leben gesehen. Die Stimme zu heben, um sie auf mich aufmerksam zu machen, kam nicht in Frage, denn die erste Andeutung einer Mißbilligung stürzte sie in eine Krise. Je nach pädagogischer Auffassung war Thelma entweder eine kreative Träumerin, die in ihre Phantasien versank, oder ein Paradebeispiel für Konzentrationsstörungen.

Nach ein paar Monaten aber hatten alle vier Schimpansen ihre ersten zehn Gebärden gelernt. Ich verglich ihre Leistungen, indem ich festhielt, wie viele Minuten jeder von ihnen pro Gebärde gebraucht hatte. Eine Gebärde wurde erst dann als verläßlich gewertet, wenn sie fünfmal hintereinander ohne Unterstützung ausgeführt worden war. Folgende Ergebnisse veröffentlichte die Zeitschrift *Science* im Juni 1973:[3]

Booee: im Schnitt 54 Minuten für jede neue Gebärde
Cindy: im Schnitt 80 Minuten für jede neue Gebärde
Bruno: im Schnitt 136 Minuten für jede neue Gebärde
Thelma: im Schnitt 159 Minuten für jede neue Gebärde

Wer lediglich die Zahlen zur Kenntnis nahm, ohne den Artikel zu lesen, zog daraus vielleicht den Schluß, daß Booee der Intelligenteste der Gruppe war. Aber das stimmt natürlich nicht, denn Schimpansen sind so individuell wie Menschen, und jeder Lernprozeß ist abhängig von ihrer Persönlichkeit und ihrer Reaktion auf unterschiedliche Lernsituationen. Booee eignete sich Gebärden schnell an, weil er Rosinen liebte. Auch Cindy war sehr lernmotiviert, weil sie für jede Leistung viel Aufmerksamkeit und Lob erhielt. Doch Booee und Cindy waren deshalb nicht »klüger« als Bruno und Thelma.

Das zeigte sich deutlich, als ich die Schimpansen unter den Doppelblindbedingungen prüfte, wie die Gardners sie erstmals bei Washoe angewendet hatten, und sie Gegenstände in einer Kiste identifizieren ließ. In der Prüfungssituation schnitten Booee und Cindy am schlechtesten, Thelma und Bruno am besten ab. Ohne seine geliebten Rosinen war Booee mit einemmal ratlos. Und sobald Cindy nicht mehr gelobt wurde, sank ihre Konzentration rapide. Bruno und Thelma lernten zwar langsamer, doch sie merkten sich das Gelernte.

Die Publikation dieser Daten in *Science* leistete einen erheblichen Beitrag zu dem Beweis, daß Washoe nicht irgendein außergewöhnliches Genie innerhalb ihrer Spezies war. Inzwischen waren fünf Schimpansen mit ASL konfrontiert worden, und alle fünf hatten sich die Anfangsgründe der Sprache angeeignet: Daraus ließ sich mit hoher Wahrscheinlichkeit folgern, daß *alle* Angehörigen ihrer Spezies die Fähigkeit zu symbolischem Denken besaßen und ein auf Gesten beruhendes Kommunikationssystem erlernen konnten. Das war natürlich eine Bestätigung von Darwins Vermutung, die Sprache der Hominiden sei aus dem Kognitionsvermögen unseres gemeinsamen affenähnlichen Vorfahren erwachsen. Und ferner bestätigten diese Daten, daß nicht die Laute, sondern die Gestik der Menschenaffen der wahrscheinlichste Weg war, auf dem die Sprache sich entwickelt hatte.

Aber es war die Unterschiedlichkeit der Lernprozesse bei Schimpansen, die meine eigene Auffassung vom Spracherlernungsprozeß bei Kindern am stärksten beeinflußte. Erbliche Veränderlichkeit ist ein Hauptlehrsatz des Darwinismus: Eine Spezies ist eine Ansammlung von Individuen, von denen nicht zwei identisch sind. Das war natürlich die erste Lektion, die ich als Kind auf unserer Farm gelernt hatte: Wir hatten lauter verschiedene Kühe, lauter verschiedene Schweine, lauter verschiedene Pferde.

Was die Intelligenz, die Sprache oder das Lernen betrifft, so reicht es nicht, die Spezies zu kennen: Man muß auch das Individuum kennen. B. F. Skinners Behauptung, sämtliche Spezies lernten auf dieselbe Weise, nämlich durch Belohnung und Bestrafung, ist eindeutig falsch. Aber auch die Linguisten irrten sich, als sie in den sechziger Jahren annahmen, alle *Individuen* ein und derselben Spezies erlernten Sprache entsprechend einem genetisch festgelegten Programm auf exakt dieselbe Weise. Diese Auffassung ignorierte sämtliche Unterschiede zwischen Kindern – Unterschiede in der Persönlichkeit, der kognitiven Entwicklung und dem familiären Umfeld.

Kinder entwickeln sich keineswegs nach einem identischen, angeborenen Programm. In einer Schulklasse mit dreißig Kindern gibt es so viele verschiedene Gehirne wie Gesichter. Das menschliche Gehirn ist ein sehr wandlungsfähiges Organ, und ebenso formbar ist die Entwicklung der Sprache. Im extremsten Fall kann ein Kind eine Kopfverletzung, die bei einem Erwachsenen irreversible Hirnschäden zur Folge hätte, so gut überstehen, daß seine Sprachentwicklung immer noch normal verläuft.

Wie unverwüstlich unser Gehirn ist, zeigt auf besonders drastische Weise der jüngst veröffentlichte Fall des englischen Jungen Alex, der mit einer Gehirnschädigung zur Welt kam und unter fortwährenden epileptischen Anfällen in der linken Großhirnhälfte litt.[4] Alex war unfähig zu sprechen, und als er acht Jahre alt war, wurde seine gesamte linke Hirnhälfte entfernt. Ein paar Monate nach der Operation begann Alex zu sprechen; inzwischen ist sein Sprechvermögen beinahe normal. Wie bei den meisten Kindern war das Sprachzentrum vermutlich auch bei Alex in der linken Hirnhälfte angelegt, doch die gesunde rechte Hemisphäre erwies sich durchaus als fähig, die Aufgabe zu übernehmen, sobald sie Gelegenheit dazu bekam. Alex' Fall widerlegt nicht nur das sogenannte Sprachorgan, das Chomsky postuliert und irgendwo in der linken Hirnhälfte lokalisiert hatte, sondern auch die Theorie, der zufolge Kinder sich die Sprache nur während einer »sensiblen Phase« vor Vollendung des sechsten Lebensjahrs aneignen könnten – mit anderen Worten: Wenn sie es bis zu ihrem sechsten Geburtstag nicht geschafft hätten, sei die Chance unwiederbringlich vertan. Offensichtlich ist das Gehirn eines Kindes durchaus in der Lage, seine Neuronenbahnen so umzustrukturieren, daß sich Defizite mindestens bis zum neunten Lebensjahr ausgleichen lassen und Sprache sogar noch in diesem »reifen« Alter erlernt werden kann.

Genauso, wie jedes Gehirn auf unterschiedliche Weise mit Sprache umgeht, verläuft auch der Lernprozeß bei jedem Kind anders. Was mir Booee, Bruno, Thelma und Cindy demonstrierten, bestätigten in den siebziger Jahren etliche Studien an menschlichen Kindern. Als die Linguisten zu untersuchen begannen, wie der Spracherwerb bei Kindern tatsächlich abläuft, stellten sie fest, daß jedes Kind auf seine eigene, individuelle Weise »den Code knackt«. Manche Kinder konzentrieren sich auf einzelne Wörter und deren Bedeutung, was man »Begriffslernen« nennt. Steht hingegen der emotionale Gehalt im Vordergrund, spricht man von »Ausdruckslernen«.

Weitere Studien zeigten, daß das Sprechvermögen sich parallel zu anderen kognitiven Fähigkeiten entwickelt. Zum Beispiel fällt der sprachliche Durchbruch, der in der Regel zwischen dem sechzehnten und dem zwanzigsten Lebensmonat stattfindet, wenn das Kind einzelne Wörter zu Sätzen kombiniert, in eine Phase, in der das Kind sich zunehmend komplexe Spiele mit Puppen und Bauklötzen ausdenkt. Nahezu alle Kinder spielen mit Puppen oder Bauklötzen, und alle erfinden komplexe Spielfolgen. Aber wie alle Eltern wissen, spielt jedes Kind auf seine eigene, individuelle Weise, und diese einzigartigen Spielmuster – und die Bedeutungen, die das Kind aus dieser Ordnung ableitet – sind offenbar von der jeweiligen Persönlichkeit abhängig.

Dasselbe gilt für die Sprache. In den letzten zwanzig Jahren legten Dutzende von Linguisten Dutzende von Erklärungsmodellen vor: verschiedene Lernstrategien, nach denen Kinder sich die Regeln der Sprache aneignen. 1987 stellte die Psychologin Melissa Bowerman die radikalste Hypothese auf und sagte, *alle* Theorien seien richtig.[5] Sie hatte Kinder aus verschiedenen Kulturkreisen studiert, die alle eine andere Sprache lernten, und folgerte daraus: Unterschiedliche Kinder wenden unterschiedliche Strategien an. Und mehr noch: Zwar mag eine bestimmte Strategie, mit der das eine Kind sehr gut zurechtkommt, für ein anderes ungeeignet sein, doch *jedes Kind wendet eine Strategie an, die funktioniert.*

Anscheinend hat die Natur den Prozeß des Spracherwerbs in jeder Hinsicht so flexibel gestaltet wie das kindliche Gehirn selbst. Alle diese neurologischen Reservesysteme und unterschiedlichen Lernstrategien dienen dem Überleben. Selbst bei erheblichen Schäden und Verletzungen des Gehirns, selbst bei starkem Negativdruck durch die Umwelt finden menschliche Kinder nahezu immer einen Weg, sprechen zu lernen.

In unserer Eile, eine Einheitstheorie zu finden, die alle Spielarten abdeckt, haben wir zu oft alles über einen Kamm geschoren und fälschlich geglaubt, es gäbe nur einen einzigen

Weg des Spracherwerbs, den alle Kinder beschritten. Eine Folge davon war, daß sich in der Vergangenheit viele Schulen weigerten, die Gebärdensprache zu lehren, und ihre gehörlosen Kinder *zwangen*, die Lautsprache zu lernen. Legasthenische Kinder, die Schwierigkeiten haben, Geschriebenes zusammenhängend zu erfassen, wurden *gezwungen* zu lesen. Inzwischen gibt es Gehörlosenschulen, in denen Gebärden die Unterrichtssprache sind. Und den Legasthenikern unter meinen Studenten lege ich immer nahe, Bücher auf Kassetten zu benutzen und von der Möglichkeit mündlicher statt schriftlicher Prüfungen Gebrauch zu machen.

Es waren Booee, Bruno, Thelma und Cindy, die mir das Evolutionsprinzip der individuellen Verschiedenheit aufzeigten. Durch sie lernte ich, die unterschiedlichen Persönlichkeiten und Denkkategorien jedes Kindes und jedes Studenten, mit dem ich arbeitete, zu berücksichtigen. Ich bemühte mich, ihre je eigene Lernstrategie zu erfassen. Und Jahre später, als ich mit autistischen Kindern zu arbeiten begann, verhalfen mir die Lektionen, die ich von den Schimpansen gelernt hatte, zum größten Erfolg meiner Laufbahn.

7
Hausbesuche

Dank Dr. William Lemmons Gepflogenheit, seinen Psychotherapiepatienten Schimpansenkinder zur Pflege zu verordnen, hielt die Stadt Norman im Bundesstaat Oklahoma wahrscheinlich eine Art Weltrekord als »die Stadt mit den meisten familienintegrierten Schimpansen«. Und wie ein Klavierlehrer, der von einem Schüler zum nächsten zieht, besuchte ich diese Schimpansenkinder zu Hause, um sie in der American Sign Language zu unterrichten.

Die erste Station auf meiner morgendlichen Route war das Haus von Jane und Maury Temerlin. Temerlin, ein Psychotherapeut und Psychologieprofessor an der Universität, war einer von Lemmons ehemaligen Studenten und Langzeitpatienten. Morgens um halb neun empfing mich Lucy, die sechsjährige Adoptivtochter der Temerlins, an der Tür, umarmte mich zur Begrüßung und führte mich ins Haus. Während ich am Küchentisch saß, ging Lucy zum Herd, langte nach dem Teekessel und füllte ihn am Wasserhahn. Das alles tat sie auf Schimpansenart, indem sie hin- und hersprang. Sie nahm je zwei Tassen und Teebeutel aus dem Wandschrank, bereitete den Tee zu und servierte ihn wie eine perfekte Gastgeberin. Dann begann der Unterricht in ASL. Es ging alles äußerst zivilisiert zu.

In Lucys Fall von »Ammenaufzucht« zu sprechen würde ihrer privilegierten Erziehung nicht gerecht. Geboren 1964 als Sprößling von Jahrmarktschimpansen, wurde sie im Alter von zwei Tagen an Lemmon verkauft, der sie gleich darauf den Temerlins anvertraute.[1] Die Temerlins nahmen Lucy wie ihre leibliche Tochter auf und behandelten sie auf eine Weise, die über das eher distanzierte Verhältnis der Gardners zu ihrem Pflegekind Washoe weit hinausging. Maury Temerlin schrieb später in seinem Buch *Lucy: Growing Up Human*: »Kurz nachdem wir Lucy adoptiert hatten, begann ich sie vorbehaltlos zu lieben. Ich weiß nicht mehr, wie lang es dauerte – wahrscheinlich nicht länger als eine Woche –, bis alle Unterscheidungen zwischen Mensch und Tier gegenstandslos geworden waren. Lucy war meine Tochter, nichts anderes.«[2]

Lucy schlief im Bett zwischen ihren Eltern, aß mit einem Silberlöffel aus einem silbernen Napf und entwickelte ein sehr enges Verhältnis zu ihrem menschlichen Bruder Steve. Im Alter von drei begann Lucy wie alle jungen Schimpansen, nahezu täglich das Haus zu verwüsten, aber die Temerlins dachten nicht daran, sie wegzugeben. Statt dessen bauten sie sich ein neues, schimpansenfestes Haus aus Stahlbeton, mit stählernen Außen- und abschließbaren Innentüren und einem Lichthof, in dessen Boden Abflußrinnen eingelassen waren. Tagsüber, wenn ihre Eltern außer Haus arbeiteten, war Lucy auf ihr Zimmer und ein geräumiges »Penthouse« auf dem Dach beschränkt, zu dem sie durch eine Falltür in der Zimmerdecke gelangte. Insgesamt standen ihr fast tausend Quadratmeter Spielfläche zur Verfügung. Doch trotz dieser ausgeklügelten Sicherheitsvorrichtungen schaffte es Lucy, auszubrechen und die Küche zu überfallen. Ihre Eltern hatten keine Ahnung, wie sie das bewerkstelligte, bis sie Lucy eines Tages auf frischer Tat ertappten, als sie mit einem gestohlenen Schlüssel, den sie jeden Morgen im Mund versteckte, ihre Zimmertür aufsperrte.

Wann immer Washoes Streiche meine Geduld auf eine zu harte Probe stellten, pflegte ich den furchterregenden SCHWARZEN HUND heraufzubeschwören, um sie zur Kooperation zu bewegen. Maury Temerlin hingegen, ganz der Psychotherapeut, manipulierte Lucy durch Schuldgefühle, was sich als bemerkenswert wirksame Methode erwies. Wenn Lucy ihr Abendessen verweigerte, flehte Maury: »Um Gottes willen, Lucy, denk doch an die vielen hungernden Schimpansen in Afrika.« In der Regel ließ sie sich dann zu einem oder zwei Bissen herab. Damit nicht zufrieden, fuhr er fort: »Iß wenigstens noch drei Löffel für deinen armen leidenden Vater, der dich liebt.« Nun aß Lucy mit ein wenig mehr Begeisterung.

Und wenn Maury schließlich jammerte: »Lucy, wie kannst du mir das bloß antun?«, wurde sie Wachs in seinen Händen. Nach ein paar Jahren konnte man Lucy jedes Schuldgefühl vom Gesicht ablesen: Wann immer sie einen Schlüssel versteckte, ein Feuerzeug geklaut hatte oder irgendein anderes häusliches Verbrechen beging, verriet ihre Miene sie auf der Stelle.

Aber auch Lucy ließ sich nicht lumpen und verstand es vorzüglich, ihren Eltern Schuldgefühle einzujagen. Es kam vor, daß Lucys Mutter sich während unserer Unterrichtsstunde, die auf der Couch abgehalten wurde, auf den Weg zur Arbeit machte. Daraufhin nahm Lucy sofort die Fötalposition ein und wiegte sich vor und zurück wie ein autistisches Kind oder ein depressiver Schimpanse, während Jane ratlos neben ihrer trauernden Tochter stand. Doch kaum war Jane durch die Tür verschwunden, stellte Lucy ihr Theater wie auf Knopfdruck ab und wandte sich wieder dem Unterricht zu. Und sobald sie Jane zurückkommen hörte, sprang sie aufs Sofa und wiederholte ihre exzellente Darbietung.

In ihrem Liebesleben ließen sich die Temerlins durch Lucys Anwesenheit offensichtlich wenig stören, und sie erlebte die von Maury so genannte »Urszene« ziemlich häufig mit. Ein wildes Schimpansenkind, das seine Mutter bei der Kopulation beobachtet, führt sich wie verrückt auf und greift den verliebten Mann buchstäblich an, vor allem attackiert es sein Gesicht. Lucy praktizierte die amerikanische Version der Eifersucht: Um ihre ineinander verschlungenen Eltern abzulenken, raste sie durchs Zimmer, schlug Purzelbäume, verspritzte Wasser, schaltete den Fernseher ein und das Licht an und aus. Wenn das alles nichts half, packte sie ihren Vater bei den Füßen und zerrte ihn vom Bett.

Lucys eigene sexuelle Reifung ging durchaus ungehemmt und ohne Wertung seitens ihrer Eltern vonstatten. Im Alter von drei begann sie, ihre Anatomie mit Hilfe von Haushaltsgeräten zu erkunden. Sie kauerte sich über einen Handspiegel, bog ihre Schamlippen mit dem Griff einer Zange auseinander und rieb ihre Klitoris mit einem Bleistift. Mit acht Jahren begann sie zu menstruieren, und ihre Selbstbefriedigungsmethoden wurden erfindungsreicher. Eines Nachmittags saß sie auf dem Sofa, blätterte im *National Geographic* und trank Gin, den sie sich aus der Hausbar zu holen pflegte. Plötzlich richtete sie sich kerzengerade auf, als hätte sie einen großartigen Einfall. Sie setzte das Glas ab, legte die Zeitschrift beiseite und sauste durch den Flur zum Wandschrank, in dem der Staubsauger untergebracht war. Sie schleppte ihn ins Wohnzimmer, steckte ihn ein und zog die Bürste vom Schlauch, dann schaltete sie ihn an und hielt das Rohr an ihre Genitalien, bis sie, wie Temerlin vermutete, zum Orgasmus kam – »sie lachte, sah selig drein und verlor jäh das Interesse«. Lucy schaltete die Maschine wieder aus und kehrte zu Gin und Lektüre zurück. Der Staubsauger war fortan eines ihrer Lieblingsspielzeuge.

Wenn Lucy im Östrus war, legte sie ihre *National Geographics* beiseite und griff statt dessen zum *Playgirl*, kauerte sich über die Fotos nackter Männer und rieb sich an deren Genitalien. In der Fachliteratur wurde Lucys *Playgirl*-Vorliebe eine Zeitlang immer wieder als der drastischste und bislang sicherlich ungewöhnlichste Beweis dafür angeführt, daß ein Schimpanse in der Lage ist, auf Fotografien zu reagieren.

Wie die meisten Pflegefamilien von Schimpansen verständigten sich Lucy und die Temerlins mit einer Kombination aus Schimpansenlauten, Gesten und Englisch. Als Lucy zum ersten Mal mit ASL in Berührung kam, lebte sie schon seit sechs Jahren bei den Temerlins, und alle Familienmitglieder konnten sich mühelos ihre jeweiligen Gefühle und Absichten mitteilen. Lucy verstand auch ziemlich gut Englisch. Wenn ich sie bat: »Machst du mir einen Tee?«, rannte sie davon und erfüllte meinen Wunsch.

Lucy reagierte auf ASL wie eine Ente auf Wasser. Unsere typischen Sitzungen begannen mit einer Tasse Tee, gefolgt von diversen Kitzeleien auf dem Boden – sozusagen zum Aufwärmen –, bis auf der Couch der eigentliche ASL-Unterricht anfing. Lucy begriff viele Gebärden nach lediglich einer oder zwei Aufforderungen, und am liebsten lernte sie spielend, vor allem wenn das Spiel darin bestand, mich herumzukommandieren. WO BÜRSTEN? fragte ich sie, und Lucy antwortete: BÜRSTEN LUCY BÜRSTEN LUCY, bis ich sie am ganzen Körper bürstete. Oder ich fragte: WER ESSEN?, und sie antwortete: ROGER ESSEN, stopfte mir eine Aprikose in den Mund und richtete sich auf, um mir beim Kauen zuzusehen. (Der Versuch, Lucy durch eßbare Belohnungen zu konditionieren, war nicht nur sinnlos, sondern der sicherste Weg, *mich* zu mästen: Wie ihr Vater war Lucy geradezu versessen darauf, andere zu füttern und dafür zu sorgen, daß sie ihren Teller leer aßen.)

Wenn ich fragte: WAS DU WOLLEN?, antwortete Lucy vorzugsweise: WOLLEN MICH UMARMEN, bis ich sie fest in die Arme nahm. Ihre Umarmungen und Kitzeleien arteten leicht in Grobheiten aus – obwohl Lucy nie so wild wurde wie Washoe, die mir hin und wieder das Hemd zerriß –, und manchmal war es dringend nötig, sie zu besänftigen: Dann groomte ich sie, bis sie mitten auf der Couch einschlief. Eine andere Ablenkungsstrategie war das Gespräch. Wenn ich sah, daß sie wie ein Güterzug von der anderen Ecke des Zimmers auf mich zustürmte, fragte ich rasch: WAS DU WOLLEN? Sie blieb wie angewurzelt stehen und antwortete: KITZELN! Daraufhin verhandelten wir hin und her, bis sie mich höflich bat: BITTE KITZELN LUCY. Unterdessen hatte sie sich beruhigt, und wir balgten uns ein bißchen – durchaus sanft.

Manchmal machte ich mit Lucy einen Ausflug in meinem VW-Bus. Sie besaß einen ausgeprägten Orientierungssinn. WOHIN DU WOLLEN FAHREN? fragte ich sie. FAHR DORTHIN, antwortete sie und zeigte nach links, dann: FAHR DORTHIN, und zeigte nach rechts. Nach ein paar Minuten und vielen Kurven standen wir vor dem Büro von Jane Temerlin. Gleichgültig, von wo wir abfuhren – Lucy fand stets den Weg zum Arbeitsplatz ihrer Mutter.

Ihre Hauskatze behandelte Lucy genauso wie Washoe ihre Lieblingspuppe – wie ein Baby, das man möglichst nie aus der Hand legt. Aber anders als Washoes Puppe versuchte sich Lucys Katze natürlich dem Klammergriff ihrer überfürsorglichen Schimpansenmutter zu entziehen und kletterte auf den nächsten Baum, was auf der Flucht vor Menschen sicher eine wirksame Methode ist, nicht aber bei einem Schimpansen. Nachdem Lucy ihr durchgebranntes Kind zurückgeholt hatte, schimpfte sie es aus – manchmal mit Gebärden –, und wiegte es dann in den Armen oder auf dem Schoß, genau wie eine Schimpansenmutter in der Wildnis. Wenn ich Lucy aufforderte, die Katze laufen zu lassen, trug sie sie knapp über dem Boden dahin, so daß es aussah, als schwebte sie. Die arme Katze merkte bald, daß sie kein Recht auf ein Eigenleben hatte, und sobald Lucy ins Zimmer kam, erschlaffte sie auf der Stelle und sank zu einem Häufchen auf dem Boden zusammen.

Lucy nahm ihre Ammenrolle gegenüber ihrem Katzenkind äußerst ernst. Eines Tages saß sie auf dem Boden, setzte die Katze zwischen ihre Beine und hielt ihr ein Buch so hin, daß die Katze es sehen konnte. Dann deutete Lucy auf das Buch und führte der Katze die Gebärde BUCH vor. Ein andermal sahen Lucy und ich die Katze, während sie gerade in ihrer Kiste zugange war. Lucy riß empört die Katze aus der Kiste und schleppte sie quer durch den Gang zum Bad. Als ich sie eingeholt hatte, hielt Lucy die Katze über die Toilette und ermunterte sie, ihr Geschäft zu beenden. Es funktionierte; daraufhin setzte Lucy die Katze befriedigt ab und betätigte die Spülung.

Schon ehe Lucy ASL lernte, besaß sie eine außerordentliche Begabung, ihre Gefühle mitzuteilen und die Stimmungen anderer zu erfassen. Wenn sie merkte, daß jemand traurig war, umarmte sie ihn und gab ihm einen Kuß. Zwei Menschen, die wütend aufeinander waren, trennte sie kurzerhand, indem sie den einen ablenkte. Erschien eine fremde Person, marschierte sie geradewegs auf sie zu, beroch sie (oder ihn) und taxierte sie dann auf ziemlich nervenaufreibende Weise, wie Jane Goodall bei ihrer ersten Begegnung mit Lucy erlebte: »Lucy kam zu mir, setzte sich dicht neben mich auf das Sofa und tat lange, lange nichts als mir tief in die Augen zu blicken. Mir wurde dabei einigermaßen komisch zumute. Fragen drängten sich mir auf: Was denkt sie wohl?«[3] (Die Musterung fiel offensichtlich positiv aus, denn Lucy gab Jane Goodall einen feuchten Kuß, stand auf, schenkte sich einen Gin Tonic ein und schaltete den Fernsehapparat ein.)

Daß Lucy ihre Gebärden von Anfang an dazu benutzte, ihre vielschichtigen Gefühle und ihre große Sensibilität auszudrücken, war nicht überraschend. Eines Tages, als wir gerade mitten im Unterricht waren, fuhr Jane Temerlin vor dem Haus vor. Lucy sprang auf und wollte die Lektion beenden, doch Jane war nur eine Minute im Haus, dann fuhr sie wieder ab. Lucy zog ihren Stuhl zum Fenster, sah ihrer davonfahrenden Mutter nach und teilte mir mit: WEINEN ICH, ICH WEINEN. Ein andermal machte man ihr klar, daß sie die Pfoten ihrer Katze verletzt hatte – sie hatte versucht, sie von einem Zaun fortzuziehen, an dem die Katze sich festklammerte. Daraufhin nahm Lucy ihr Baby in die Arme und gebärdete: WEH, WEH. Immer wenn sie jemanden traf, den sie nicht kannte, inspizierte sie ihn aufmerksam: Entdeckte sie ein Pflaster oder eine verschorfte Stelle, teilte sie sehr mitfühlend mit: WEH, WEH.

Die Sprache diente ihr auch dazu, andere hinters Licht zu führen. Die Fähigkeit zu betrügen galt lange als ein Unterscheidungskriterium von Menschen und Nichtmenschen: Menschen seien zum Betrug in der Lage, Tiere nicht. Natürlich hatten mich Washoe und in jüngster Zeit auch Thelma und Cindy öfter hereingelegt, als ich zugeben wollte oder mich auch nur erinnern konnte. Aber Lucy war der erste Schimpanse, der mich mit Hilfe der Gebärdensprache zu beschwindeln versuchte. Eines Tages, als ich gerade nicht auf sie achtete, hinterließ sie im Wohnzimmer ein Kothäufchen.

Roger: WAS DAS?
Lucy: LUCY NICHT WISSEN.
Roger: DU DOCH WISSEN. WAS DAS?
Lucy: SCHMUTZIG SCHMUTZIG.
Roger: WESSEN SCHMUTZIG SCHMUTZIG?
Lucy: SUE [eine Studentin].
Roger: DAS NICHT SUE. WESSEN DAS?
Lucy: ROGER!
Roger: NEIN! NICHT MEIN. VON WEM?
Lucy: LUCY SCHMUTZIG SCHMUTZIG. BEDAUERN LUCY.

Nicht anders als Kinder sind auch Schimpansen äußerst erfinderisch. Nachdem ich Lucy ein paar Dutzend Gebärden beigebracht hatte – sie lernte 75 Gebärden in ihren ersten zwei Unterrichtsjahren –, brauchte ihr ich nicht mehr zu zeigen, was sie damit anfangen sollte. Und sie aufzufordern, ihre Gebärden nach meinem Lehrplan einzusetzen, wäre dasselbe gewesen, als hätte man ihr befohlen, den Staubsauger ausschließlich zur Bodenreinigung zu verwenden. Wie es so kommt, hatte Lucy ihre kreativsten sprachlichen Einfälle genau dann, wenn es mir um etwas ganz anderes ging. Im denkwürdigsten Fall wollte ich wissen, ob Lucy wie Washoe eine Vorstellung von Kategorien hatte – das heißt, ob sie eine Gebärde verallgemeinern und begreifen konnte, daß BAUM sich auf alle Bäume bezog. Deshalb legte ich mehrere Tage hintereinander dieselben 24 Obst- und Gemüsesorten auf den Tisch und bat Lucy, sie zu benennen. Zur Bezeichnung von Nahrungsmitteln kannte sie damals lediglich die Gebärden ESSEN, FRUCHT, TRINKEN, BONBON und BANANE. Sie bewies mir, daß sie mit Kategorien sehr wohl etwas anfangen konnte: Äpfel, Orangen und Pfirsiche nannte sie FRÜCHTE, aber Mais, Erbsen und Sellerie bezeichnete sie als ESSEN (die Gebärde für GEMÜSE kannte sie noch nicht).

Aber noch interessanter wurde es, als Lucy ihr beschränktes Vokabular benutzte, um Lebensmittel zu *beschreiben*, die ihr unbekannt waren.[4] Eine Wassermelone, die sie gekostet hatte, nannte sie BONBON TRINKEN oder TRINKEN FRUCHT. Näher kann man dem Begriff »Wassermelone« kaum kommen, wenn man die Gebärden für WASSER und MELONE nicht kennt. Als sie zum ersten Mal einen Rettich kostete, nannte sie ihn WEINEN WEH ESSEN. Zitrusfrüchte bezeichnete sie als RIECHEN FRÜCHTE, vermutlich wegen des Aromas, das die Schale freisetzte, wenn sie hineinbiß. Eine Selleriestange nannte sie ESSEN PFEIFE – die Gebärde PFEIFE kannte sie, weil ich manchmal eine Pfeife rauchte. Und eine süß eingelegte Gurke nannte sie PFEIFE BONBON.

Außerdem setzte Lucy spontan Worte zu neuen Bedeutungen zusammen, genau wie Washoe, die eine Paranuß STEIN

BEERE und einen Schwan WASSER VOGEL genannt hatte. Einen Kater aus der Nachbarschaft, den sie nicht ausstehen konnte, beschimpfte sie als SCHMUTZIGE KATZE – die Gebärde für SCHMUTZIG hatte sie bislang nur im Zusammenhang mit ihren Toilettengeschäften benutzt. SCHMUTZIG wurde bald ihre Allzweckgebärde für alles, was ihr mißfiel; wenn wir zu einem Spaziergang aufbrachen, nannte sie ihre Leine SCHMUTZIGE LEINE.

Es war ein merkwürdiger Zufall, daß Washoe etwa um dieselbe Zeit *ebenfalls* anfing, ihre Widersacher mit skatologischen Begriffen zu beschimpfen. (Offensichtlich ist das nicht allein eine menschliche Eigenschaft.) Mit dem Fluchen begann sie, als Lemmon neue Bewohner mit recht ausgeprägtem Territorialverhalten in die Schweinescheune einquartierte: eine Gruppe von Makaken. Einer von ihnen, ein Rhesusaffe, pflegte Washoe und mich mit gefletschten Zähnen und Drohgebell zu empfangen, so daß Washoe ihm ebenfalls mit Drohgebärden entgegentrat. Um das gespannte Verhältnis zu lockern, brachte ich Washoe die Gebärde für AFFE bei. Ich zeigte auf den Rhesusaffen und deutete ihr AFFE. Auf der Stelle stürmte Washoe auf den wütenden Makaken zu und teilte ihm wiederholt mit: SCHMUTZIGER AFFE. In der Folgezeit benutzte Washoe die Gebärde SCHMUTZIG als Adjektiv zur Beschreibung jedes bösen Menschen, von dem sie nicht bekam, was sie wollte. Wenn sie von der Insel fortwollte und mich bat: ROGER MICH HINAUS, und ich ihr antwortete: BEDAURE, DU MÜSSEN HIER BLEIBEN, beschimpfte sie mich wieder und wieder als SCHMUTZIGER ROGER, während sie empört davonmarschierte.

Über Lucys und Washoes einfallsreiche Verwendung der Gebärde SCHMUTZIG mußte ich oft lachen. Aber in linguistischer Hinsicht waren diese Flüche äußerst vielsagend. Wenn Lucy von einer SCHMUTZIGEN LEINE sprach oder einen Rettich WEINEN WEH ESSEN nannte, demonstrierte sie eine Eigenschaft der Sprache, die man *Produktivität* nennt – die Fähigkeit, durch Kombination einer endlichen Anzahl von Wörtern oder Gebärden eine unendliche Zahl neuer Bedeutungen hervorzubringen.

Zu dem Zeitpunkt hatte Washoe schon mehrere Jahre lang Gebärden zu neuartigen Sätzen zusammengestellt. Aber Lucys Gebärdenkombinationen – SCHMUTZIGE LEINE, TRINKEN FRUCHT, RIECHEN FRUCHT – waren ein noch augenfälligerer Beweis dafür, daß ein Schimpanse auf unvoreingenommene und kreative Weise mit Symbolen umgehen kann. Lucy benutzte die Sprache, um ihre eigenen sinnlichen Erfahrungen mitzuteilen, und ließ uns damit einen Blick in die Wahrnehmungsweise eines Schimpansen werfen. Eine Orange beschrieb sie nicht nach ihrer Farbe oder ihrem Geschmack, sondern nach ihrem Geruch; auch Sellerie beschrieb sie nicht nach seinem Geschmack, sondern nach seiner Form. Lucys idiosynkratische Beschreibungen waren unwiderstehlich. Bei einem menschlichen Kind gelten solche deskriptiven Fähigkeiten als das Wesen der Sprache schlechthin, sogar als primitive Form von metaphorischer Poesie.

Lucys Produktivität im Gebrauch von Gebärden stellte die vorherrschende Meinung, inwieweit ein Schimpanse über Sprachvermögen verfügt, erheblich in Frage. Nach dem Projekt Washoe gaben die Linguisten zwar widerwillig zu, daß Schimpansen wohl in der Lage seien, ein menschliches Vokabular zu erlernen – daß sie fähig seien, das Symbol HUT mit dem realen Gegenstand in Verbindung zu bringen. Aber den Gedanken, Schimpansen könnten durch Kombination ihres Vokabulars auch neue Begriffe erfinden, lehnten sie nach wie vor ab. Zum Beispiel hatten Ursula Bellugi und Jacob Bronowski, zwei Kritiker des Projekts Washoe, 1970 verkündet, die Fähigkeit, Wörter zu neuen Botschaften zu ordnen, sei das »evolutionsgeschichtliche Charakteristikum des menschlichen Geistes«.[5] Es gebe keinen Beweis, sagten sie, daß ein nichtmenschlicher Primat diese Fähigkeit besitze, »selbst wenn ihm der nötige Wortschatz gebrauchsfertig geliefert wird«.

Aber Lucy widerlegte diese Behauptung und hob damit die scharfe Trennlinie zwischen der menschlichen und allen anderen tierischen Kommunikationsformen auf. Der damals vorherrschenden Theorie zufolge war die Sprache des Menschen dank ihrer Bedeutungsflexibilität ein »offenes« Kommunikationssystem; alle anderen tierischen Verständigungsweisen galten als inflexibel und »geschlossen«.

Nach dieser Ansicht tritt nichtmenschliche Kommunikation in zwei Formen auf. Die erste ist ein begrenztes Repertoire an Signalen, deren jedes eine festgelegte Botschaft übermittelt. Zum Beispiel stößt eine Meerkatze unterschiedliche Alarmrufe aus, je nachdem, ob sie vor einer Schlange oder vor einem Leoparden warnt. Die zweite Kommunikationsform hingegen besteht aus variablen Signalen. Wale beispielsweise singen komplexe Lieder, deren Töne oder Melodien wie Variationen zu einem Thema neu kombiniert werden. Beide Formen haben bestimmte oberflächliche Eigenschaften mit der menschlichen Sprache gemeinsam – im ersten Fall das Vokabular, im zweiten die Neukombination von Signalen –, doch keine von beiden eignet sich dazu, neue Bedeutungen zur Beschreibung neuartiger Ereignisse zu erfinden.

Das Problem bei Entweder-Oder-Kategorien wie »geschlossen« und »offen« besteht darin, daß die immer wieder zutage tretenden neuen Erkenntnisse solche klaren Trennlinien verschwimmen lassen. Die Kommunikation wilder Schimpansen galt lange Zeit als geschlossen, weil die Wissenschaftler sich auf den falschen Kanal konzentrierten: die Vokalisierung. Aber sobald die Verhaltensforscher begannen, auch zu sehen, statt nur zuzuhören, erkannten sie, daß Schimpansen durchaus fähig sind, die Bedeutung ihrer Gesten zu variieren.

1971 begann die Presse, an die Tür des Instituts für Primatenforschung zu klopfen, um sich die »sprechenden Schimpansen« anzusehen. William Lemmon empfing sie mit offenen Armen – was für mich nach der strikten Abgeschiedenheit, in der wir Washoe in Reno gehalten hatten, sehr ungewohnt war. Die Gardners gehörten zu jener seltenen Spezies seriöser Wissenschaftler, die diese Form von Publicity verabscheuten. Ihre Forschungsergebnisse veröffentlichten sie ausschließlich in wissenschaftlichen Fachzeitschriften und vertrauten darauf, daß sie für sich selbst sprächen. Mit sensationslüsternen Journalisten, die Washoes Leistungen womöglich übertrieben oder trivialisierten, wollten sie nichts zu tun haben.

Als das Magazin *LIFE* sich 1971 mit Lemmon in Verbindung setzte und um die Erlaubnis bat, einen Fotobericht über Washoe und die anderen Schimpansen zu veröffentlichen, hielt ich es für besser, Allen Gardner davon in Kenntnis zu setzen. Er war erwartungsgemäß entsetzt über die Vorstellung, Washoe im meistgelesenen Magazin der Welt wiederzufinden. Ich respektierte seine Wünsche und sagte Lemmon, Washoe werde in dem *LIFE*-Artikel nicht erscheinen, was ihm recht war: Er war auf Washoe ohnehin nicht gut zu sprechen und zog es vor, einen Schimpansen seines eigenen Instituts ins Rampenlicht zu rücken.

In der Ausgabe vom 11. Februar 1972 brachte *LIFE* unter dem Titel »Gespräche mit einem Schimpansen« einen Fotobericht über Lucy und mich bei unserem täglichen Sprachunterricht im Wohnzimmer der Temerlins. In einer Bilderserie wurde Lucy gezeigt, wie sie auf Fragen antwortete (WER BIST DU? WAS WILLST DU?) und darum bat, gekitzelt zu werden – ein Wunsch, den ich ihr natürlich erfüllte.

Die ganze Welt erfuhr von den sprechenden Schimpansen, und für eine Weile war Lucy ein Thema der Presse – *Psychology Today, Parade, Science Digest, The New York Times* und so weiter. Doch ihre Berühmtheit veränderte ihr Leben nicht im geringsten: Lucy führte nach wie vor ein abgeschiedenes Dasein im Schoß ihrer Familie und hatte keine Ahnung, was für ein Star sie geworden war.

Lucys wenige ruhmreiche Jahre hatten etwas Ergreifendes: Die berühmteste Schimpansin der Welt *wußte* nicht einmal, daß sie eine Schimpansin war. Sie selbst hielt sich für einen Menschen. Sie war anderen Schimpansen nie begegnet und hatte dasselbe Bild von sich wie Washoe vor ihrer Ankunft in Oklahoma. Washoe hatte die Welt in zwei klar getrennte Bereiche geteilt: »wir« (LEUTE) und »die« (HUNDE, KATZEN, SCHWARZE KÄFER). Die Tatsache, daß sie so anders aussah als ihre menschliche Familie, schien Washoe nicht weiter zu stören. Wenn sie in den Spiegel schaute, sah sie einen Menschen.

Lucy erging es ebenso: Einmal saß sie auf dem Boden und blätterte eher beiläufig einen Stapel Fotos durch, bis sie auf ein Bild stieß, das sie erstarren ließ. Verwirrt starrte sie darauf und fragte: WAS DAS? Es war das Foto eines Schimpansen.

Unter dieser Identitätsverwirrung scheinen alle Schimpansen zu leiden, die von Menschen aufgezogen werden; auch Viki Hayes, dem Schimpansenkind, das Ende der vierziger Jahre ohne Kontakt zu Artgenossen bei Keith und Cathy Hayes lebte, war es nicht anders ergangen. Viki liebte es, Dinge zu sortieren, und eines Tages sortierte sie Fotos nach zwei Kategorien: Tiere und Menschen. Ein Foto von sich selbst legte sie auf denselben Stapel wie Dwight Eisenhower und Eleanor Roosevelt. Aber das Bild ihres leiblichen Vaters Bokar legte sie zu den Katzen, Hunden und Pferden.

Ally war ein Jahr alt, als ich ihn im Oktober 1970 zum ersten Mal in seinem Ranchhaus besuchte. Er war im Institut zur Welt gekommen – seine Eltern waren Pan und Caroline –, doch im Alter von sechs Wochen wurde er Sheri Roush anvertraut, die ebenfalls eine Patientin von Lemmon war. Wie Washoe begann Ally mit etwa einem Jahr die Gebärdensprache zu lernen und machte sehr rasche Fortschritte: Nach ein paar Jahren beherrschte er zuverlässig 130 Gebärden.

Eine Gebärde setzte ich allerdings nie auf seine Wortschatzliste: Ally pflegte sich zu bekreuzigen. Er war Katholik – das behauptete jedenfalls seine Mutter, die ihn mit zwei Jahren hatte taufen lassen und allen Besuchern stolz die Fotos von der Feier zeigte. »Warum sollte mein Kind nicht wie jeder andere das Recht auf Erlösung haben?« fragte sie.

Ally kam mir immer vor wie eine Flipperkugel in Aktion – wenn er wie ein Querschläger von den Wänden abprallte, von Möbeln sprang, radschlagend über Menschen hinwegsetzte. Ein Gespräch mit Ally in ASL war, als unterhielte man sich mit einem Wirbelwind; er blieb gerade lang genug stehen, um kurz eine Gebärde einzuschieben, und war schon wieder fort, ehe man Zeit hatte zu antworten. Allys Gebärden waren ausladend, kühn und ausdrucksstark, die ASL-Version eines sehr lauten Kindes. Und sie waren stürmisch bis hin zur Grobheit. Ally war eine Art Stuntman, der vor nichts zurückschreckte. Wenn er HUT deutete, hieb er sich so fest auf den Kopf, daß er sich beinahe selbst zu Boden schlug.

Auf dieselbe explosive Weise, wie er sprach, malte er, und seine Ölbilder hatten eine unheimliche Ähnlichkeit mit dem Action-painting der fünfziger Jahre. Wir fanden das recht amüsant: Unter den Kritikern des abstrakten Expressionismus kursierte der Witz, wenn man einen Schimpansen mit Leinwand und Farben in ein Zimmer sperre, werde er dieselben avantgardistischen Werke zustande bringen, wie sie in den New Yorker Galerien hängen. Polly Murphy, eine meiner Studentinnen, die im Hauptfach Kunstgeschichte studierte, beschloß eines Tages, die Meinung eines Experten über Allys Werk einzuholen, und brachte einem Kunsthistoriker einige seiner Bilder: Sie stammten von einem jungen Maler, mit dem sie befreundet sei, sagte sie. Der Experte geriet in helle Aufregung: »Ein zweiter Pollock!« verkündete er begeistert.

Ally war jedoch nicht immer in Aktion: Wenn er mit einem Projekt beschäftigt war, das er sich selbst ausgedacht hatte, konnte er sogar stundenlang stillsitzen. Einmal vergaß Sheri Roush, ihn in seinen Käfig zu sperren, als sie zur Arbeit ging, woraufhin Ally den ganzen Tag damit zubrachte, jede einzelne der zementierten Boden- und Wandkacheln im Badezimmer abzumontieren. (Wohnungsumgestaltungen sind eine Leidenschaft von Schimpansen. Viki Hayes riß einmal eine Wand vollständig ein, um herauszufinden, woher die Termiten kamen.)

Allys Gesellschaft war stets angenehm; nie wurde er traurig oder deprimiert wie Lucy, wenn ihre Mutter fortging, oder wie Cindy und Thelma, wenn ich sie anschnauzte. Er war immer in Hochstimmung, immer bereit zu neuen Taten, immer begeistert über weitere Kitzeleien, auch wenn ich schon längst erschöpft war. Er war so freundlich und entgegenkommend wie Booee, dabei aber viel leichtgläubiger. Immer wieder fiel er auf den ältesten Trick der Welt herein: Wenn ich zur Decke deutete, schaute er hinauf, woraufhin ich ihn unter dem Kinn kitzelte. Seiner verblüfften Miene nach zu urteilen, ärgerte er sich zwar, daß er hereingelegt worden war, doch er ließ sich jedesmal wieder übers Ohr hauen.

Als Ally drei Jahre alt war, führte ich eine Studienreihe mit ihm durch, die sich mit der wichtigsten noch ungelösten Frage beschäftigte: Kann ein Schimpanse mit einer einfachen Grammatikregel umgehen? Washoe und Lucy hatten zwar schon bestätigt, daß sie zu neuartigen Gebärdenkombinationen in der Lage waren – SCHMUTZIGE LEINE, RIECHEN FRÜCHTE –, doch sie hatten noch nicht bewiesen, daß ein Schimpanse fähig ist, neuartige Sätze zu verstehen und selbst zu erfinden. Denn dazu muß ein Schimpanse, wie ein Kind, Grammatikregeln anwenden.

Die Grammatik ermöglicht dem Kind, die Wörter seines Vokabulars auf neue Weise zu verbinden. Zum Beispiel kann ein Kind, das mehrmals den Satz »Gib mir den Teller« gehört und begriffen hat, die Aufforderung »Gib Papa den Ball« auf Anhieb verstehen, indem es die oberflächlichen Unterschiede außer acht läßt und statt dessen die in beiden Sätzen identische Wortfolge (Verb-Subjekt-Objekt) erkennt: Es setzt »Papa« an die Stelle von »mir« und »Ball« anstelle von »Teller« und verhält sich entsprechend. Das Kind wendet eine syntaktische Regel an und kann damit zwei Wörter in eine vollkommen neue Beziehung zueinander setzen.

Im Rahmen unseres ersten Experiments wollte ich herausfinden, ob Ally Gebärdensätze verstehen konnte, die er noch nie zuvor gesehen hatte.[6] Zu diesem Zweck spielten wir ein Spiel, bei dem einer meiner Studenten Ally aufforderte, einen von fünf Gegenständen aus einer Kiste zu nehmen – BLUME, BALL, PUPPE, BÜRSTE, HUT. Dann wurde Ally aufgefordert, den Gegenstand an einem von zwei Plätzen im Zimmer abzulegen oder einem anderen Studenten zu reichen. Zum Beispiel baten wir: ALLY LEGEN BALL IN TASCHE oder GIB BILL ZAHNBÜRSTE. Als Ally das Spiel begriffen hatte, fügte ich weitere

Gegenstände hinzu, und sehr bald reagierte er auf 33 verschiedene Aufforderungen.

Um Allys Verständnis zu testen, erweiterten wir das Spiel um neue Objekte, neue Plätze und neue Studenten, so daß er Aufforderungen nachkommen mußte, die ihm unbekannt waren. Außerdem wurde die Kiste so gestellt, daß die Person, die Ally Anweisungen gab, die Gegenstände nicht sehen und ihm folglich keinerlei Hinweise geben konnte. Um die Möglichkeit unbewußter Hilfeleistung auszuschließen, stellten wir schließlich sogar eine Trennwand zwischen der Person und den Plätzen auf, an die Ally die Gegenstände bringen sollte. Bei einer Testrunde mit einer Kombination aus alten und neuen Aufforderungen brachte Ally in 61 Prozent der Fälle den richtigen Gegenstand zum richtigen Ort (durch bloßes Raten hätte er ein Ergebnis von 7 Prozent erzielt). In vier weiteren Testrunden, bei denen Ally ausschließlich neue Befehle erteilt wurden, betrug seine Erfolgsquote 31 Prozent (wiederum hätte er durch Raten nur 7 Prozent Treffer zustande gebracht).

Daß Allys Ergebnisse nicht wesentlich besser waren, lag an zwei interessanten Eigenheiten seiner Persönlichkeit. Wenn man ihn aufforderte: LEG LÖFFEL AUF STUHL, ging er zum Stuhl und setzte sich darauf, den Löffel in der Hand. Offensichtlich war er der Meinung, Stühle seien zum Sitzen da, nicht um Gegenstände darauf abzulegen. Hätten wir keine Stühle in den Test miteinbezogen, hätte Allys Trefferquote 50 Prozent betragen. Außerdem vertrug sich der Test schlecht mit Allys Hyperaktivität: Fast immer – in ungefähr 90 Prozent der Fälle – wählte er den richtigen Gegenstand aus, aber er schnappte sich das Ding und rannte damit hinter die Trennwand, ehe wir ihm sagen konnten, wohin er es bringen sollte. Wie viele menschliche Kinder war Ally zu energiegeladen für Prüfungsbedingungen. Dennoch bewies die Studie, daß ein Schimpanse Bedeutungsunterschiede erfassen kann, die durch eine grammatikalische Regel ausgedrückt werden.

Als nächstes demonstrierte Ally, daß er einfache Grammatikregeln nicht nur begreifen, sondern auch anwenden konnte, um uns mitzuteilen, wo sich irgend etwas befand. Auf entsprechende Fragen antwortete er: BLUME AUF KISSEN oder BALL IN KISTE. Bei einem Doppelblindversuch, bei dem der Experimentator die Antworten selbst nicht wußte, waren Allys Reaktionen in 77 Prozent der Fälle korrekt.

Bis heute behaupten jene, die Sprachforschungen an Menschenaffen fehlinterpretieren, Schimpansen seien lediglich dressiert wie Hunde, die Befehlen wie »Platz!« und »Hol die Zeitung« gehorchten, also eine simple Pawlowsche Assoziation zwischen einem oder mehreren Wörtern und der entsprechenden Reaktion herstellten. Doch bei Ally konnte von einer Eins-zu-eins-Assoziation keine Rede sein, denn er beschrieb Beziehungen zwischen Objekten und Plätzen, die er nie zuvor gesehen hatte. Er wählte zwei Gebärden aus seinem Wortschatz aus und wandte eine grammatikalische Regel an, um die beiden Gebärden auf neue Weise miteinander zu verbinden. Diese Art sprachlicher Offenheit ist genau das, was nach Chomskys Definition das menschliche Kind von den Skinnerschen Verstärkungsregeln befreit.

Aber wieso war Ally *fähig*, eine Grammatikregel zu lernen? Diese Frage bereitete mir Kopfzerbrechen; sie stand im Zentrum der Kontroverse um das Sprachvermögen der Schimpansen. Inzwischen gaben die meisten Linguisten zwar zu, daß ein Schimpanse sich einen Wortschatz aneignen kann, doch kaum einer traute ihm dieselbe Fähigkeit im Hinblick auf die Grammatik zu. Chomsky und seine Anhänger behaupteten, die komplexen Regeln der Syntax seien genetisch vorprogrammiert und allein den Menschen vorbehalten; sie könnten *niemals* erlernt werden. Hingegen waren Chomskys Gegner der Ansicht, Kinder lernten diese Regeln sehr wohl, und zwar, indem sie Erwachsene nachahmten; gleichwohl hielten sie die Grammatik für das Kennzeichen menschlicher Intelligenz schlechthin, eine Eigenschaft, die den übrigen Primaten grundsätzlich versagt sei.

Allys Leistungen widersprachen beiden Auffasssungen. Offensichtlich waren in Allys Gehirn keine speziellen Grammatikregeln angelegt: In der Wildnis hätten sie ihm nichts genutzt. Deshalb hatte er die Regel Subjekt-Präposition-

Standort (BALL IN KISTE) offensichtlich *gelernt*. Das stützte zwar Chomskys Gegner, denen zufolge Kinder die Grammatikregeln erlernen müssen, doch es bewies andererseits, daß diese Fähigkeit nicht den Menschen vorbehalten, sondern – zumindest in gewissem Maß – auch den Schimpansen zu eigen ist.

Ich dachte immer, die Fähigkeit, eine Grammatikregel zu lernen, müsse sehr fortgeschritten sein, denn allen Linguisten galt die Grammatik seit jeher als der komplexeste und geheimnisvollste Aspekt der Spracherlernung. Doch eines machte mich stutzig und brachte mich auf die Idee, daß wir uns darin vielleicht alle irrten. Ally lernte nicht einfach nur eine Grammatikregel und wandte sie an, sondern mehr noch: *Ihm unterlief niemals ein grammatikalischer Fehler*. Das stellte die linguistische Theorie auf den Kopf: Offensichtlich ist die Grammatik letztlich doch nicht so kompliziert wie angenommen. Ally verwechselte manchmal die Plätze, an die er die jeweiligen Gegenstände bringen sollte, doch die Reihenfolge Subjekt-Präposition-Standort deutete er stets korrekt, selbst dann, wenn wir Subjekt und Ort vertauschten. Mit anderen Worten: Ally kannte den Unterschied zwischen ZAHNBÜRSTE AUF DECKE und DECKE AUF ZAHNBÜRSTE sehr genau. Sein syntaktisches Verständnis legt nahe, daß alle kognitiven Fähigkeiten, die er dafür benutzte, ihre stammesgeschichtlichen Wurzeln in irgendeinem primitiven tierischen Verhalten haben. Andernfalls hätte er sich sehr anstrengen müssen und Fehler gemacht.

Jedes, selbst das komplexeste Verhalten muß eine biologische Grundlage besitzen, sonst kann es nicht existieren. Sobald ich aufhörte, über die Rätselhaftigkeit und Komplexität der Grammatik nachzudenken, und mich statt dessen mit den möglichen biologischen Wurzeln von Allys Leistungen befaßte, wurde mir alles klar. Jedes Tier ordnet die Welt, indem es die Regeln der Natur erkennt und sich daran hält. Es ist also nicht allzu bemerkenswert, daß Menschen – oder Schimpansen – auch den Wörtern eine Ordnung auferlegen.

Die Funktionsweise jedes Gehirns, des primitivsten ebenso

wie des komplexesten, unterliegt einem alles bestimmenden Prinzip: der Erkennung eines Musters, das den sich ständig wandelnden Reizen zugrunde liegt, und dessen Anwendung auf neue Situationen. Mit anderen Worten: Das Gehirn folgt einer Regel. Dieses Verhalten wurde im Fall von Silbermöwen ausgezeichnet dokumentiert. Die Forscher nahmen Eier aus Möwennestern und legten sie neben ein größeres Ei vor das Nest. Als die brütenden Möwenweibchen zurückkamen, beförderten sie stets das *größte* Ei ins Nest, auch wenn es nicht ihr eigenes war. Mütter erkennen keine einzelnen Eier, sondern gehen einfach nach der Regel vor: »Größer ist besser.«

Allgemeine Regeln anzuwenden, statt sich für jede neue Situation eine neue Verhaltensweise zurechtzulegen, ist ein schlauer Trick des Nervensystems. Ein Rotkehlchen, das einen Wurm aus der Erde zieht, muß eine allgemeine Eigenschaft von Würmern erkennen, denn am nächsten Tag wird es einen anderen Wurm fressen. Einem Schimpansen genügt es nicht, einen einzigen Baum zu bezwingen, sondern er muß lernen, auf jeden beliebigen Baum zu klettern.

Stellen Sie sich die Alternative vor. Müßte das Rotkehlchen jeden Morgen von neuem lernen, wie man einen Wurm aus dem Boden zieht, wäre es bald ein totes Rotkehlchen. Doch selbst wenn es überlebte, benötigte sein Gehirn für jeden neuen Wurm eine eigene Neuronenbahn. Unter diesen Umständen – und das war eine Zeitlang eine sehr beliebte Theorie – würde das Gehirn wie eine gigantische Schalttafel funktionieren: Es müßte Reiz 2458 mit Reaktion 2458 verbinden, wie der Telefonist in der Hotelzentrale, der einen bestimmten Anruf zu einem bestimmten Zimmer durchstellt. Das Problem bei diesem Modell ist, daß dem Gehirn bald keine Neuronenbahnen mehr zur Verfügung stünden. Denn das Rotkehlchen wird Wurm 1 nach dessen Vertilgung nie wieder treffen, so daß es eine Verschwendung wertvoller Gehirnmasse wäre, diesem Wurm ein komplettes Neuron zu reservieren.

Das Gehirn funktioniert keineswegs wie eine Telefonzentrale, sondern es sucht verwandte Reize nach einem gemeinsamen Muster ab, wendet eine allgemeine Regel an und hält sich daran, wenn es das nächste Mal einen ähnlichen Reiz registriert. Ein Rotkehlchen kann jeden Wurm fangen, auch wenn jeder Wurm ein bißchen anders ist. Ein junger Schimpanse kann auf jeden Baum klettern, indem er sich an bestimmte Regeln hält – zum Beispiel klettert er immer mit dem Kopf voraus hinauf –, obwohl er seine Muskelbewegungen dem jeweiligen Baum anpassen muß.

Derselbe Mechanismus steuert auch das menschliche Gehirn. Das erkennen wir an der Art, wie Kinder sich bestimmte Aspekte der Sprache aneignen, die mit Grammatik nichts zu tun haben. Zum Beispiel ist es durchaus verbreitet, daß ein Kind, nachdem es das Wort *Hund* gelernt hat, sämtliche vierbeinigen Wesen »Hund« nennt. (Das tat auch Washoe, als sie alle verkleinerten Gegenstände BABY nannte.) Auch wenn Kinder das Zählen lernen, wenden sie Regeln an. Ich kenne einen Vierjährigen, der sich zur Zeit mit den Zahlen über zehn beschäftigt und sagt: »Eins-zehn, zwei-zehn, drei-zehn, vierzehn, fünf-zehn« und so weiter. Er hat eine logische Regel gefunden, die Kombination einer Zahl mit »zehn«, und wendet sie so lange an, bis er die drei Ausnahmen *elf, zwölf* und *siebzehn* gelernt hat. Erwachsene tun dasselbe, allerdings meist mit Absicht, wenn sie sich Eselsbrücken zurechtlegen wie »Trenne niemals das S-T, denn das tut den beiden weh«, statt sich jedes einzelne Wort zu merken, das in diese Kategorie fällt.

Lernen Kinder auch die Grammatikregeln auf diese Weise, nämlich indem sie den ständigen Wandel im Redefluß der Erwachsenen ignorieren und statt dessen die zugrundeliegenden Muster wahrnehmen? Vieles deutet darauf hin. Zum Beispiel bestehen Kinder darauf, ihre Sprache nach bestimmten Regeln zu gestalten, die sie entdeckt haben, ungeachtet dessen, was sie von den Erwachsenen hören. Wir alle kennen die typischen Fehler von Kindern wie: »Ich haltete das Kaninchen fest.« Das Kind lernt die Endung *-te* für das Imperfekt und generalisiert sie auf alle Verben. Erst später lernt es die Ausnahmen dieser Regel: die unregelmäßigen Verbformen wie *hielt*.

Die Tatsache, daß Kinder grammatikalische Regeln automatisch anwenden – indem sie beispielsweise »haltete« sagen –, wird von Chomsky-Schülern häufig als Beweis angeführt, daß diese Regeln angeboren und in einem Sprachorgan genetisch angelegt sein müssen. Aber die Kinder brauchen keine vorprogrammierten Anlagen, wenn sie auf natürlichem Weg bestimmte Regeln aus den Worten oder Gebärden der Erwachsenen ableiten können, um sie darauf hin selbst anzuwenden. Wenn die Sprache tatsächlich in den Gehirnmechanismen unserer Säugetiervorfahren verwurzelt ist, wovon ich fest überzeugt bin, dann ist Grammatikalität nichts anderes als eine komplexe Form von Regelbefolgung – ein Verhalten, das jeden Aspekt der kognitiven Entwicklung eines Kindes kennzeichnet. Es erklärt auch, weshalb ein Schimpanse wie Ally den Unterschied zwischen ZAHNBÜRSTE AUF DECKE und DECKE AUF ZAHNBÜRSTE begreift: Er ignoriert die Veränderlichkeit der Reize und wendet eine Regel an.

Lucy und Ally waren sprachliche Erfolge; zwei meiner anderen Schülerinnen hatten weniger Glück.

Ich hatte Maybelle etwa neun Monate lang unterrichtet, als ihre Adoptivmutter Vera Gatch beschloß, ihre Schimpansentochter zum ersten Mal allein zu lassen. Vera war eine ehemalige Studentin von Lemmon und Psychotherapeutin mit eigener Privatpraxis und Lehrauftrag an der Universität. Sie hatte Maybelle von frühester Kindheit an aufgezogen und nicht eine einzige Nacht allein gelassen. Jetzt war Maybelle vier, und Vera fand, sie könne es sich nun erlauben, an einer Psychologenkonferenz in einer anderen Stadt teilzunehmen. Sie besorgte einen Babysitter, der sich bei ihr zu Hause um Maybelle kümmern sollte.

Nachdem Vera einen ganzen Tag fortgewesen war, brach Maybelle zusammen. Sie bekam fürchterlichen Durchfall und eine Infektion der Atemwege. Wir alle, die Maybelle kannten, organisierten einen gemeinsamen Schichtdienst, um sie rund um die Uhr zu versorgen. Tag für Tag saßen wir an ihrem Bett, verabreichten ihr Medikamente und versuchten, das Fieber zu senken, aber die arme Maybelle siechte vor meinen Augen dahin, und ich konnte nichts tun, um sie zu retten. Aus dem Durchfall wurde Ruhr, und die Atemwegsinfektion entwickelte sich zu einer schweren Lungenentzündung. Der Arzt kam, aber er war machtlos. Als ihre Mutter zurückkam, war Maybelle tot.

Knapp zwei Jahre später erlebte ich, wie meine jüngste Schülerin, die fast noch ein Baby war, in Abwesenheit ihrer menschlichen Mutter ebenfalls verkümmerte und schließlich starb. Salome lernte die ersten Gebärden im Alter von vier Monaten, etwa um dieselbe Zeit wie gehörlose Kinder. Dank ihrer Frühreife erschien sie neben Lucy in dem erwähnten *LIFE*-Artikel. Salome wurde von Susie und Church Blakey aufgezogen; Blakey war ein wohlhabender Geschäftsmann und Patient von Lemmon. Kaum war Salome aus dem Säuglingsalter, wurde Susie schwanger. Nach der Geburt beschlossen die Blakeys, mit ihrem neuen Kind Ferien zu machen. Unmittelbar darauf bekam Salome eine Lungenentzündung und war dem Tod nahe. Die Blakeys kehrten sofort nach Hause zurück, und Salome erholte sich von ihrer psychosomatischen Krankheit. Doch wenig später verreisten die Blakeys erneut, und diesmal schaffte es Salome nicht. Sie starb innerhalb weniger Tage.

Die Art, wie Maybelle und Salome in Abwesenheit ihrer Mütter starben, erinnert an einen anderen Tod, den Jane Goodall um dieselbe Zeit bei den wilden Schimpansen am Gombe beobachtete.[7] Sie erzählt die Geschichte von einem Schimpansenjungen namens Flint, der eine ungewöhnlich enge Bindung zu seiner alten Mutter Flo hatte. Noch im Alter von acht Jahren schlief Flint bei seiner Mutter und ließ sich wie ein Neugeborenes von ihr auf dem Rücken tragen. Nach Flos Tod im Jahr 1972 verfiel Flint in eine tiefe Depression, siechte dahin und starb.

Ich weiß nicht, warum Washoe den Verlust ihrer Mutter nicht annähernd so traumatisch erlebte wie Maybelle und Salome. Natürlich war Washoe emotional bei weitem nicht so abhängig von Trixie Gardner gewesen wie die beiden jungen Schimpansinnen, die keine andere Bezugsperson hatten als ihre menschlichen Mütter. Vielleicht hatte Washoe Glück gehabt, daß sie nicht in einer Kleinfamilie aufgewachsen war, sondern dank der gemeinschaftlichen Fürsorge durch mehrere Personen Gelegenheit hatte, andere Bindungen zu entwickeln; vielleicht hatte ihre Bindung an mich ihr das tragische Ende erspart, das Maybelle und Salome erlitten. Vielleicht auch nicht, wer weiß. Womöglich war Washoe von Natur aus unverwüstlich, die geborene Überlebenskünstlerin: Ein eigensinniges Mädchen mit einer widerstandsfähigen Seele und dem besonderen Talent, immer wieder auf den Füßen zu landen.

Ich fragte mich oft, ob Washoe noch an die Gardners dachte, an die sichere Welt, die sie in Reno hinter sich gelassen hatte. (In den sechziger Jahren hatte ich über Washoes Schimpansenmutter nachgegrübelt, was mir inzwischen so fern wie die Frühgeschichte der Menschheit vorkam.) Nie erwähnte ich ihr gegenüber MRS. G oder DR. G, und auch Washoe sprach nicht von ihnen. Nach unserem ersten unsicheren Jahr am Institut rückte unser Leben in Reno in eine immer fernere Vergangenheit. Vielleicht empfand Washoe genauso.

Doch im Frühjahr 1972, eineinhalb Jahre nach unserer Ankunft in Oklahoma, riefen die Gardners mich an und sagten, sie wollten Washoe besuchen. Ich stimmte zu, hatte allerdings erhebliche Bedenken. Ich hatte keine Ahnung, ob Washoe sie mit offenen Armen oder mit Zorn und Groll empfangen würde. Aus Afrika hörte man Geschichten von Schimpansen, die ihre menschlichen Pflegeeltern angegriffen hatten, nachdem sie von ihnen im Stich gelassen worden waren, und ich wollte um jeden Preis vermeiden, daß dieses Wiedersehen außer Kontrolle geriet. Deshalb beschloß ich, Washoe von dem bevorstehenden Besuch nichts zu erzählen, und vereinbarte ein Treffen auf der Insel, einem eng umgrenzten Gebiet.

An dem Tag, an dem die Gardners eintrafen, schaffte ich sämtliche Schimpansen von der Insel, auch Washoe. Dann bat ich Allen und Trixie, sich hinter der Rundhütte, dem neuen Betonbau mitten auf der Insel, zu verstecken. Mit dem Ruderboot brachte ich Washoe hinüber; wir gingen an Land und auf die

Hütte zu, umrundeten sie – und dahinter saßen die Gardners auf dem Boden, keine zwei Meter entfernt, mit einem Stapel eingewickelter Geschenke zu ihren Füßen. Washoe erstarrte zu Stein, als stünde sie unter Schock, und stieß einen ohrenbetäubenden Schrei aus, der mir durch Mark und Bein ging. Dann setzte sie sich an Ort und Stelle auf den Boden und nahm die Gardners nicht mehr zur Kenntnis, als wären sie unsichtbar. Offensichtlich erinnerte sie sich sehr gut an sie: Auf Fremde wäre sie zugegangen und hätte sie gründlich inspiziert. Die Geschenke allerdings ignorierte sie nicht, sondern packte sie nacheinander aus wie ein Kind an seinem Geburtstag.

Auch während der nächsten zwei Tage tat Washoe, als existierten die Gardners nicht. Sie erwiderte weder ihr freundliches Lächeln noch ihre Gebärden, und als sie Washoe zu ihren Lieblingsspielen auffordern wollten, zeigte sie kein Interesse oder stellte sich dumm. Am dritten und letzten Tag endlich begann Washoe aufzutauen und spielte sogar die alten Spiele mit ihren Pflegeeltern. Aber noch am selben Tag reisten die Gardners nach Reno zurück und verschwanden erneut aus Washoes Leben.

Washoes brüske Reaktion gegenüber ihren Eltern, ihre buchstäbliche Weigerung, auch nur ein Wort mit ihnen zu sprechen, erinnert an ein Trennungsverhalten, das Jane Goodall bei den wilden Schimpansen beschrieben hat. Wenn ein junger Schimpanse im Regenwald von seiner Mutter getrennt wird, weint er und schreit lauthals, solange die Trennung andauert. Doch sobald Mutter und Kind einander wiederfinden, sagt Goodall, »gibt es keine überschwengliche Begrüßung, keine Umarmungen und Küsse, wie man erwarten würde. Statt dessen schlendert das Kind lässig auf seine Mutter zu, ignoriert sie vielleicht sogar und scheint die Botschaft auszudrücken: ›Du bist gemein. Du hättest mich nicht allein lassen dürfen.‹«[8]

Ich fragte mich, wie es den Gardners angesichts der Behandlung durch Washoe erging. Empfanden sie Schuldgefühle? Bedauern? Trauer? Sie sprachen nicht darüber. Und mir fiel es nicht ein, Fragen zu stellen. Washoes Umzug nach Oklahoma war ein Familientabu, Wir taten so, als wäre die jähe Abreise ihrer Adoptivtochter aus Reno das Natürlichste der Welt und hätte für keinen von uns emotionale Nachwirkungen irgendeiner Art.

Trotz der Lawine von Aufmerksamkeit seitens der Fachwelt und der Öffentlichkeit, die dank Washoe, Lucy und Ally über die University of Oklahoma hereinbrach, war ich nach drei Jahren harter Arbeit nach wie vor nur Forschungsmitarbeiter und Gastassistent mit einem Minimalgehalt und ohne konkrete Aussichten auf eine permanente Stelle am Lehrstuhl. Die Universität erkannte zwar bereitwillig meinen Wert für die psychologische Fakultät an – auf einmal war sie im ganzen Land berühmt und wurde mit Bewerbungen um Studienplätze überschüttet –, doch offensichtlich ging man davon aus, daß ich keine Alternative hatte. Wo sonst als an Lemmons Institut konnte ich die Gebärdensprache bei Schimpansen studieren?

Das änderte sich rasant, als 1973 die Yale University auf den Plan trat. Debbi und ich erhielten ein Flugticket nach New Haven zu einem Vorstellungsgespräch für den Posten eines Assistenten an der psychologischen Fakultät. Alan Wagner, der überaus zuvorkommende Leiter des Personalausschusses, ließ uns eine fürstliche Behandlung zuteil werden. Noch nie hatte ich eine Ivy-League-Universität von innen gesehen, und die altehrwürdige Tradition des Orts stimmte mich entsprechend ehrfürchtig. Während wir im Yale Club speisten, betrachtete ich die altersdunklen Mannschaftsruder längst verflossener Sieger, und in den Korridoren des Psychologiegebäudes bewunderte ich die imposanten Porträts illustrer verstorbener Professoren, die laut Auskunft der beigefügten Hinweistafeln allesamt die Ehrendoktorwürde von Yale erhalten hatten. Ich fragte Alan Wagner, was es mit dieser merkwürdigen Übereinstimmung auf sich habe. Es sei undenkbar, erklärte er, daß jemand ohne einen Titel von Yale ebendort ordentlicher Professor würde; deshalb verleihe man jedem Professor den Doktor h.c.

In Gesellschaft solch vornehmer Ahnen brauchte ich allerdings Hilfe. In meinen Augen war ich immer noch ein vom Glück begünstigter kalifornischer Farmjunge mit nicht besonders hoch angesehenen Abschlußzeugnissen der Long Beach State University und der University of Nevada. Doch in Yale galt ich – im Unterschied zu Oklahoma – nicht nur als aufsteigender Stern, sondern wurde auch so *behandelt*. Man war bereit, mir in jeder Weise entgegenzukommen. Außerdem waren die dort vorhandenen Einrichtungen für Primaten äußerst angesehen. Im Geist begann ich bereits, Pläne zu schmieden: Ich würde das gesamte Schimpansenprojekt nach Osten mitnehmen – Washoe, Booee, Bruno, Thelma, Cindy sollten alle mitkommen, die Forschung würde weitergehen. Drei Jahre nach meiner Promotion sollte der Traum jedes Akademikers für mich plötzlich wahr werden: eine herausragende Stelle in Lehre und Forschung an einer der führenden Universitäten der Welt. Eine wirklich berauschende Aussicht.

Die Hochstimmung hielt allerdings nur so lange an, bis ich das Primatenquartier von Yale zu Gesicht bekam: ein Bunker drei Stockwerke unter der Erde, in den nie ein Sonnenstrahl drang. Mein Führer, der Leiter der Tierpflegeabteilung, machte mich darauf aufmerksam, daß hier unten ausschließlich die Wärter für die Tiere zuständig seien. Ich müßte die Verantwortung für Washoe vollständig abtreten und hätte nichts mehr zu bestimmen – ein Arrangement, das den meisten Forschern offensichtlich behagte.

Dann zeigte der Führer mir den Raum, in dem Washoe leben sollte: eine winzige Betonzelle, etwa zwei Meter im Quadrat, verriegelt durch eine Stahltür mit einer kleinen Öffnung, die das einzige Fenster im Raum war. Entlang einer Wand verlief eine Abflußrinne, so daß die Zelle bequem zu säubern war. Alles in allem eine Art Reagenzglas für Primaten. Nicht einmal ein Schimpanse kann eine glatte Wand hinaufklettern.

»Erlauben Sie hier Spielsachen?« fragte ich.

»Niemals«, antwortete er. »Daran bleibt nur der Kot kleben, und das erschwert uns die Reinigung.«

»Wie steht es mit Decken?« fragte ich weiter.

»Das ist gegen die Vorschriften. Decken verstopfen die Abflüsse.«

Verglichen mit diesem Verlies, war die Schimpanseninsel in Oklahoma ein Paradies. Sosehr ich Lemmon seine Grausamkeit übelnahm – auf seiner Insel hatten die Schimpansen wenigstens einander und halbwegs Platz zum Spielen.

Als ich aus den Tiefen des Primatenquartiers wieder emportauchte, ins Freie trat und tief Luft holte, war mir zweierlei klar. Erstens: Ich konnte in Yale unmöglich arbeiten, und zweitens: Meine Phantasien über die Art und Weise, wie die Primatenforschung an anderen Universitäten betrieben wurde, waren nichts weiter als eben das – Phantasien.

Meine Illusionen über die akademische Welt rührten vermutlich von meinen ersten Erfahrungen im Garten der Gardners her, einem Ort, an dem die Wissenschaft ihrem Forschungsobjekt Mitgefühl und Respekt entgegenbrachte. Es war eine Atmosphäre, wie mir jetzt klar wurde, die ich in Oklahoma verzweifelt herzustellen versucht hatte, indem ich unsere Oase geistiger Gesundheit gegen den ringsum herrschenden Wahnsinn verteidigte. Dank Lemmon hatte ich die dunkle Seite menschlicher Machtbestrebungen kennengelernt. Aber die ganze Zeit über hatte ich mir immer wieder gesagt, Lemmon sei ein Außenseiter, ein fehlgeleiteter und unseriöser Wissenschaftler, und an anderen Universitäten seien die Voraussetzungen sicher vollkommen anders. Ich war tatsächlich fest überzeugt, daß die führenden Forscher an den namhaften Universitäten unsere nächsten Verwandten mit dem Respekt behandeln, der diesen intelligenten und geselligen Wesen zusteht. Und endlich würde mich eine dieser Universitäten aus meiner Misere in Oklahoma erlösen – so meine Hirngespinste.

Nach dem Besuch im Primatenlabor von Yale kam ich mir vor wie ein Kind, dem man soeben eröffnet hat, daß es den Weihnachtsmann nicht gibt. Yale war keineswegs eine Erlösung, im Gegenteil. Dort würde man Washoe, ein fröhliches, geselliges Wesen, das erst acht Jahre alt war, in eine Zelle sperren, ohne irgendein Spielzeug, ohne Decken, ohne Freunde.

Offensichtlich hatte man hier nicht die geringste Vorstellung, worum es beim Projekt Washoe überhaupt ging, und es war anzunehmen, daß andere Universitäten ebenfalls keine Ahnung hatten.

Als mir Alan Wagner am selben Abend die heißersehnte Stelle anbot, wollte ich diplomatisch sein und bat um eine Woche Bedenkzeit. Ein paar Tage später rief er mich an.

»Sie wollen die Stelle nicht, stimmt's?« fragte er.

»Nein, um ehrlich zu sein, ich hab's mir anders überlegt.«

»Das war mir schon vorher klar«, antwortete er in sachlichem Ton.

»Wieso?« fragte ich.

»Niemand bittet Yale um eine Woche Bedenkzeit«, erklärte er.

Daß ich das Angebot von Yale abgelehnt hatte, erwies sich als Glücksgriff. Zum einen sah ich Lemmons Insel jetzt mit neuen Augen und wußte die relative Freiheit, in der die Schimpansen sich dort bewegten, endlich zu schätzen. Und zum anderen betrachtete mich die University of Oklahoma nun nicht mehr als Selbstverständlichkeit: Fortan wurde ich als »Wunderkind« gehandelt, und innerhalb von vier Jahren war ich ordentlicher Professor.

Ich selbst bedauerte meine Entscheidung, in Oklahoma zu bleiben, keine Sekunde; meine Kollegen hingegen griffen sich an den Kopf. Keiner konnte sich vorstellen, weshalb ein Wissenschaftler, der halbwegs bei Verstand war, die Aussicht auf akademischen Ruhm so leichtfertig ablehnen konnte. Vermutlich hat keiner von ihnen meine Beziehung zu Washoe je verstanden. Sie gehörte zu meiner Familie. Sie in eine unterirdische Gruft zu sperren, ob in Yale oder an irgendeiner anderen Universität, so angesehen sie auch sein mochte – das wäre undenkbar gewesen. Im Rückblick war es eine Entscheidung, die bezeichnend war: das erste und noch lange nicht das letzte Mal, daß ich gezwungen war, mich zwischen Washoes Wohl und meinen akademischen Ambitionen zu entscheiden.

Auf der Insel war das Leben für die Schimpansen zwar unendlich besser als die Einzelhaft im Keller einer Universität, doch auch hier waren wir nicht vor Auseinandersetzungen und traumatischen Erfahrungen sicher. Das erste Drama erlebten wir im Juni 1974, als Sheri Roush verkündete, sie werde heiraten und in ihrer neuen Familie sei für ihren Adoptivsohn Ally kein Platz mehr. Der Schimpanse müsse fort. Bill Lemmon beschloß, Ally ins Institut zurückzuholen, wo er mit Washoe und den anderen auf der Insel leben sollte. Als Mensch aufgewachsen, sollte Ally nun erfahren, was Schimpansen sind. Ich wollte eine Wiederholung von Washoes schaurigem und gewalttätigem Einzug in die Schimpansengemeinschaft vermeiden und überredete Lemmon, Ally den Beginn seines neuen Lebens zu erleichtern, indem er ihn vor dem großen Umzug die Insel ein paarmal besuchen ließ.

Nie werde ich Allys ersten Ausflug zur Schimpanseninsel vergessen. Wie ein Kind, das zum allerersten Mal den Zoo besucht, war er höchst aufgeregt und überrascht. Hand in Hand spazierten wir über die Insel, während er auf Washoe und die übrigen komischen Tiere deutete und sie staunend anstarrte. Die anderen Schimpansen waren eher neugierig als eifersüchtig auf meinen neuen Freund und inspizierten ihn gründlich. Bruno und Booee stolzierten herum und protzten vor dem neuen Kind, und Ally schien das alles durchaus unterhaltsam zu finden.

Ein paar Tage später brachte ich Ally wieder auf die Insel. Auch diesmal war er sehr aufgeregt über den Anblick der sonderbaren Tiere. Als wir am Ufer aus dem Boot stiegen, kam Washoe, die Ally wiedererkannte, auf uns zu und begrüßte ihn mit einer Gebärde. Großartig, dachte ich, vielleicht reden die beiden miteinander und freunden sich an.

Aber Ally antwortete nicht. Er stand da wie vom Donner gerührt und war so perplex, wie wir es wohl wären, wenn wir unversehens einem sprechenden Hund gegenüberstehen würden. Es war ein schrecklicher, endloser Augenblick. Ich kann nur vermuten, daß es Ally auf einmal wie Schuppen von den Augen fiel und er endlich zwei und zwei zusammenzählte: *Ich bin einer von denen!* Ally geriet in eine schwere Identitätskrise. Er stieß einen markerschütternden Schrei aus, dann bekam er einen Anfall echter Panik.

Der Schrei lockte Lemmon herbei. Im Laufschritt eilte er zum Teichufer, erfaßte die Lage und verkündete Allys Schicksal mit dem Mitgefühl eines Henkers: »Lassen Sie ihn auf der Insel. Sagen Sie seiner Mutter, daß er nicht zurückkommt.«

Ich wußte nicht, was Ally bevorstand, Lemmon sehr wohl. In einer wissenschaftlichen Publikation hatte er sich mit Schimpansen befaßt, die in menschlichen Familien aufgezogen und dann abrupt von ihren Müttern getrennt worden waren. Darin beschrieb er ihre »anaklitischen Depressionen und atypischen neurologischen Zustände, die bei einem menschlichen Kind ein Hinweis auf eine schwere Erkrankung des Zentralnervensystems wären«.[9] Mit anderen Worten: Sie wurden verrückt.

Ally war keine Ausnahme. Er entwickelte eine hysterische Lähmung und konnte den rechten Arm nicht mehr bewegen. Und er verfiel in eine tiefe Depression, die bei einem Schimpansen, der sein Leben lang ein Energiebündel gewesen war, schrecklich anzusehen war. Ally aß nichts mehr. Er sprach nicht mehr. Er riß sich die Haare aus. Er war untröstlich und vollkommen unzugänglich.

Mir fiel nichts anderes ein, als Ally festzuhalten und zu hoffen, daß der Körperkontakt – wie zu einem Familienmitglied in der Wildnis – ihn beruhigte und ihm half, den traumatischen Verlust seiner Mutter zu überwinden. Bill Chown, einer meiner Assistenten, und ich fingen an, Ally herumzutragen – auf der Insel, außerhalb der Insel, im Wald, überall. Er wog sicherlich über dreißig Kilo, aber in jeder wachen Minute hielten wir ihn fest an die Brust gedrückt. Er war nie allein.

Nach zwei vollen Monaten ununterbrochener liebevoller Pflege tauchte Ally endlich aus seiner furchtbaren Dunkelheit auf. Er aß wieder, und er fand seine Gebärden wieder. Schließlich ließen wir ihn jeden Tag länger auf der Insel bei den anderen jungen Schimpansen. Nachdem Booee und Bruno, die damals sieben beziehungsweise sechs Jahre alt waren, ihre

Dominanz sichergestellt hatten, nahmen sie den fünfjährigen Ally als »einen der ihren« auf, wie einen jüngeren Bruder, der mit ihnen mitziehen durfte. Seine Späße und wilden Streiche gefielen ihnen, und sie ermutigten ihn bei seinen Clownerien. Und Ally lachte am Ende immer über sich selbst, auch wenn er hereingelegt wurde. Es war unmöglich, ihn nicht zu mögen.

Zu der Zeit, Ende 1974, war Bruno nicht länger der Boß auf der Insel. Booee, der Größere und Ältere, war inzwischen das dominante Männchen, und seine neue Machtposition kam auf sehr interessante Weise ins Spiel. Ich war gespannt, ob die drei Jungen sich untereinander in ASL unterhalten würden, zumal Ally in menschlicher Gesellschaft so spontan und gesprächig war. Doch wie sich zeigte, war Ally gegenüber seinen dominanteren Geschlechtsgenossen extrem zurückhaltend im Gebrauch seiner Gebärden. Wenn Booee etwas von ihm wollte, sah er ihm in die Augen, teilte ihm seinen Wunsch mittels Gebärden mit, und stieß ihm dann den Zeigefinger vor die Brust zum Zeichen für DU, wie ein Football-Trainer, der seinem Spielmacher Befehle erteilt. Ally hingegen schaute Booee selten in die Augen, und noch viel weniger wagte er, ihm mit Gebärden zu antworten oder ihn zu berühren.

Es kam soweit, daß sogar Booee Allys gesenkten Blick und seine Zurückhaltung leid wurde. Und wenn Ally etwas von Booee wollte – in der Regel etwas zu essen –, wartete Booee, bis Ally ihn korrekt darum bat, ehe er das Gewünschte herausrückte. War Ally zu schüchtern, um zu fragen, was normalerweise der Fall war, dann pikste ihn Booee, um ihn auf sich aufmerksam zu machen, und deutete ihm mit Gebärden DU GIB MIR ESSEN. Booee setzte seine Aufforderung so lange fort, bis Ally kurz aufblickte und die Gebärden DU GIB MIR ESSEN wiederholte. Befriedigt reichte ihm Booee daraufhin die Nahrung.

Wir stellten bald fest, daß Dominanz in der Kommunikation der Schimpansen eine erhebliche Rolle spielte; wer mit wem sprach, war sehr wichtig. Das leuchtete mir ein: Effiziente Kommunikation ist die Kunst, seine Gesprächspartner richtig einzuschätzen, und in einer Schimpansengesellschaft ist nichts wichtiger, als die eigene Stellung gegenüber jedem anderen Mitglied der Gemeinschaft zu kennen. Heute wissen wir, daß *alle* Primaten ihre Kommunikation an die jeweilige soziale Situation anpassen. Zum Beispiel gibt der kindliche Maki nur in der Interaktion mit seiner Mutter eine charakteristische Reihe von Lauten von sich, und auf dieselbe Weise wandelt der erwachsene Maki seine Laute je nach dem Rang seines – dominanten oder unterlegenen – Zuhörers ab.

Nicht anders verhält es sich bei den menschlichen Primaten. Die in den siebziger Jahren durchgeführten Studien über die »Muttersprache« bewiesen, daß alle Mütter gegenüber ihren Kleinkindern ihre Sprache verändern, was sowohl für die Lautsprache wie für die Gebärdensprache gilt. Spätere Untersuchungen zeigten, daß auch Kinder ihre Sprache an verschiedene Zuhörer anpassen und sich unterschiedlich ausdrücken, je nachdem, ob sie mit jüngeren Kindern, mit ihren Eltern oder mit Gleichaltrigen kommunizieren.[10] Schon Zweijährige sprechen mit Familienmitgliedern anders als mit familienfremden Erwachsenen.

Die Tatsache, daß Kinder mit ihren Lehrern anders reden als mit ihren Freunden, mag uns heute als Binsenweisheit erscheinen. Doch im Jahr 1973 war die Vorstellung, daß wir unsere Sprache an die jeweiligen Zuhörer anpassen, ein Verstoß gegen die herrschende Theorie Chomskys von der Sprache als abstraktem logischem System, das von jedem Kind auf ein und dieselbe, angeborene Weise angewandt würde, unabhängig vom Gesprächspartner.

Meine Beobachtungen auf der Insel brachten mich auf die Idee, mit Hilfe zweier Studenten, die auf Sprachstörungen spezialisiert waren, die erste vergleichende Studie über die Kommunikation von Schimpansen und gehörlosen Kindern in der American Sign Language durchzuführen.[11] Neben Booee, Bruno und Ally untersuchten wir drei hörgeschädigte Kinder – Gwen, Jeff und Sharon –, die eine Gehörlosenschule in Oklahoma besuchten. Die drei Kinder, ebenfalls Sechs- und Siebenjährige, waren genauso sensibel für soziale Hierarchien wie die Schimpansen, wenn auch aus anderen Gründen. Gwen, die partiell hören konnte, dominierte die anderen Kinder, die beide völlig taub waren; an zweiter Stelle stand Jeff und am Ende der Rangordnung Sharon.

In ihrem Dominanzverhalten entsprachen die Schimpansen- und die Menschenkinder einander in fast jeder Hinsicht. In beiden Gruppen folgten nahezu alle Berührungen einer einzigen Regel: Je niedriger ein Kind in der Rangordnung stand, desto häufiger wurde es von den dominanteren Individuen berührt. In einem typischen, zwei Minuten langen Videofilm berührte Booee Bruno vierzehn- und Ally dreißigmal. Ally, der Unterwürfigste der Gruppe, berührte Bruno einmal und Booee überhaupt nicht. Genauso faßte die dominante Gwen das rangniedrigste Kind Sharon viermal an, während Sharon Gwen kein einziges Mal berührte.

Sowohl die Schimpansen wie die gehörlosen Kinder zeigten Respekt vor der Autorität, indem sie ihre Lehrer selten berührten. Und sowohl die Schimpansen wie die Kinder berührten einander häufiger, wenn der Lehrer abwesend und die Situation weniger förmlich war. Dominanz bestimmte auch die Häufigkeit und die Richtung von Blickkontakten. Doch hier folgten Kinder und Schimpansen entgegengesetzten Regeln. Für die Schimpansen bedeutete Respekt vor Autorität, daß sie direkten Augenkontakt ebenso vermieden wie die Berührung eines dominanten Individuums. Das ist auch in vielen menschlichen Kulturen der Fall, in denen der abgewandte Blick Demut signalisiert. In der amerikanischen Kultur jedoch bringt man den Kindern bei, »zu Autoritäten aufzublicken« und anderen »in die Augen zu schauen«. Die gehörlosen Kinder hielten sich daran und beobachteten ihren Lehrer aufmerksam.

Was den Gebrauch von ASL anlangte, waren wir nicht überrascht festzustellen, daß die Kinder genau wie die Schimpansen der sozialen Hierarchie gehorchten und der jeweils Dominierende am häufigsten sprach. Doch beide Gruppen paßten ihre Gebärden der jeweiligen sozialen Situation an: In der Kommunikation mit den Lehrern äußerten sich Schimpansen und Kinder förmlicher und präziser. Aber kaum waren die

Lehrer fort, wurden die Gebärden der Kinder beziehungsweise Schimpansen untereinander weniger perfekt und weitaus entspannter.

Booee und Bruno hatten mir bereits bewiesen, daß jeder Schimpanse, wie jedes Kind, bei der Erlernung der Sprache seiner eigenen Strategie folgt. Nun demonstrierten sie mir außerdem, daß die Sprache sich nicht von den jeweiligen sozialen Beziehungen, in denen sie auftritt, trennen läßt. Diese Erkenntnis war es, mehr als alles andere, die meine Arbeit während der nächsten zwanzig Jahre entscheidend prägte. Andere Forscher, die sich mit dem Sprachvermögen von Menschenaffen befaßten, studierten jeweils nur einen einzigen Schimpansen; zum Beispiel beobachteten sie einen Schimpansen, der mit einem Computer, mit Plastikmarken oder beweglichen Symbolen oder mit einem menschlichen Wissenschaftler interagierte. Mir kam diese Methode immer wie eine Wiederholung derselben Irrtümer vor, die den Linguisten in den sechziger Jahren unterlaufen waren, als sie davon ausgingen, Sprache ließe sich auf ein System logischer Interaktionen außerhalb jedes sozialen Zusammenhangs reduzieren. Ich wollte wissen, wie die Schimpansen *miteinander* sprachen.

Nicht jeder Neuankömmling auf der Schimpanseninsel fand seinen Platz innerhalb der Primaten-Hackordnung so mühelos wie Ally. Einmal versuchten wir, eine kurz zuvor durch das Friedenskorps importierte Schimpansin namens Candy einzuführen, doch sie wurde wie ein neues Kind auf dem Schulhof von Bruno und Booee gnadenlos gehänselt und gequält. Nach wochenlanger Schikane nahm Washoe endlich die Neue unter ihre Fittiche, und die Lage beruhigte sich.

Doch Washoe konnte Candy nicht rund um die Uhr beschützen. Eines Morgens vermißte ich sie, und nachdem ich sie überall gesucht hatte, befürchtete ich, daß sie versucht hatte, über den Wassergraben zu springen und ertrunken war. Meine Studenten und ich wateten durch das brusttiefe Wasser und suchten mit langen Stangen den schlammigen Boden ab.

Nach etwa einer Stunde spürte ich ihren kleinen Körper unter meinen Füßen und tauchte unter, um ihn zu bergen. Als ich mit Candys leblosem Körper in den Armen aus dem Wasser kam, beobachteten mich die übrigen Schimpansen aus der Ferne mit demselben morbiden Interesse wie Zaungäste bei einem Verkehrsunfall. Nie zuvor hatte ich einen toten Schimpansen gesehen, geschweige denn im Arm gehalten. Es brach mir fast das Herz. Wie Kinder sind Schimpansen so lebhaft in jedem Gesichtsausdruck, so sprühend von Leben in jeder Bewegung, daß ihre Seele das Wesen des Lebens selbst zu sein scheint. Entseelt, war Candys steifer Körper in meinen Armen nur noch ein leeres Gefäß.

Nach Candys Tod ließ Lemmon einen Elektrozaun rund um die Insel aufstellen, um weiteren Todesfällen durch Ertrinken vorzubeugen. Doch im Sommer 1974 stellten wir fest, daß auch der Zaun nicht narrensicher war. Eines Morgens brachten wir ein neues Mädchen namens Penny auf die Insel. Am selben Nachmittag, als wir am Ufer spielten, hörte ich einen gellenden Schreckensschrei von der anderen Seite der Insel. Ich dachte, Penny sei in Panik, weil sie mit den anderen Schimpansen alleingelassen worden war. Doch gleich darauf ertönte ein lautes Platschen, als Penny ins Wasser eintauchte. Sie hatte Anlauf genommen und sich über den Elektrozaun geschwungen.

Ich ließ meine Brieftasche fallen und rannte zum anderen Ufer in der Absicht, mich ins Wasser zu stürzen und sie zu retten. Aber noch im Laufen fiel mir ein, daß dieser Rettungsversuch in einer doppelten Katastrophe enden könnte: Der Versuch, einen hysterischen Schimpansen aus tiefem Wasser zu bergen, ist ein gefährliches Unterfangen. Sie konnte mich ohne weiteres mit sich reißen und ertränken.

Als ich den Zaun beinahe erreicht hatte, sah ich zu meiner Verblüffung Washoe vor mir herrasen: Mit einem Satz übersprang sie die zwei elektrischen Drähte. Sie landete Gott sei Dank auf der schmalen Lehmbank, die unmittelbar darauf steil in den Teich abfällt. Penny, die wie ein Stein untergegangen war, tauchte nun in der Nähe des Ufers wieder auf und schlug wild um sich. Dann versank sie erneut. Aber Washoe hielt sich mit einer Hand an einem Zaunpfahl fest und schob sich auf dem glitschigen Lehm bis zur Kante vor. Sie streckte die andere Hand aus, packte einen von Pennys fuchtelnden Armen und zog sie aus dem Wasser in die Sicherheit des Ufers. Ich rannte zurück, um das Boot zu holen, und ruderte, so schnell ich konnte, zu den beiden Mädchen, die sich jenseits des Zauns aneinanderkauerten. Penny stand unter Schock, zitternd und zu Tode erschrocken. Ich brachte die beiden zurück auf die Insel, wo Washoe und ich lange Zeit bei Penny saßen und sie groomten.

Während Penny sich allmählich beruhigte, hatte ich Zeit, wieder zur Besinnung zu kommen und mir über die Ungeheuerlichkeit dessen klarzuwerden, was ich gerade erlebt hatte. Washoe hatte ihr Leben aufs Spiel gesetzt, um eine andere Schimpansin zu retten – eine Schimpansin, die sie erst seit ein paar Stunden kannte.

Der Wassergraben war zwar eine wirkungsvolle – und manchmal tödliche – Methode, um die jüngeren Schimpansen an der Flucht zu hindern, doch gegen die erwachsenen Schimpansen nützte er wenig. Die Hauptkolonie war befestigt wie ein Fort, aber trotz Lemmons ausgeklügelter Sicherheitsmaßnahmen kam es zu unvermeidlichen Ausbrüchen. Vor allem die männlichen Schimpansen stellten die Wehranlagen ihres Quartiers immer wieder auf die Probe, wie eine Gruppe Soldaten in einem Kriegsgefangenenlager.

Sie gingen dabei recht systematisch vor. Ein Schimpanse begann damit, das freie Ende des dicken Maschendrahtgitters, das die Hauptkolonie umfriedete, zu verdrehen. Sobald der erste müde wurde, übernahm ein anderer. Das Unterfangen dauerte Tage, bis der Draht durch Materialermüdung nachgab und riß, und die Schimpansen die gesamte Gitterwand aufbiegen konnten. Das Bemerkenswerteste an diesem Sabotageakt war, daß sie es schafften, ihn völlig geheimzuhalten. Tatsächlich sahen wir sie nie am Maschendraht arbeiten, denn sobald einer von uns die Kolonie betrat, hörten sie damit auf. Erst als wir von draußen heimlich durch die Fenster spähten, ertappten wir sie.

Nach ihrer Flucht aus der Hauptkolonie reagierten die männlichen und weiblichen Erwachsenen völlig unterschiedlich. Die Weibchen machten sich normalerweise in den Wald davon und marschierten gut eine Viertelmeile, ehe sie aufgaben. Die Männchen hingegen rannten ins Freie und standen dann stocksteif da, als wüßten sie nicht, was sie mit ihrer Freiheit anfangen sollten. Normalerweise hatten sie nichts anderes im Sinn als Essen. Als Pan einmal ausbrach, plünderte er die Speisekammer und brachte einen Vorrat an Cola-Konzentrat zurück, den er mit seinen dankbaren Zellengenossen teilte.

Eines Nachmittags erhielt ich zu Hause einen Anruf von Steve, dem halbwüchsigen Sohn von Maury und Jane Temerlin, der als Pfleger für Lemmon arbeitete. »Kommen Sie bitte sofort rüber«, sagte er, »ich krieg Burris nicht mehr in den Käfig.« Burris war der heruntergekommenste Schimpanse, den ich je kennengelernt habe. Aufgewachsen war er bei zwei Cowboys, die ihn angekettet in einer Hundehütte hielten. Im Alter von zwölf schoben sie Buddy, wie sie ihn nannten, ans Institut ab. Lemmon taufte Buddy in Burris um, nach Burrhus Frederick Skinner, den er haßte.

Da er wie ein Hund aufgewachsen war, fehlte es Burris an bestimmten grundlegenden schimpansentypischen Verhaltensweisen. Er verstand nichts von sozialer Fellpflege, und er konnte nicht klettern. Wenn er an einen Zaun kam, blieb er stehen. Die meiste Zeit saß er allein in einem Käfig in der Schweinescheune und masturbierte. Natürlich kam der Tag, an dem Lemmon es an der Zeit fand, ihn zu sozialisieren, und ihn in die Hauptkolonie verlegte. Prompt prügelten ihn die erwachsenen Männchen windelweich.

In der Regel verhöhnte Lemmon meine Versuche, mit den Schimpansen eine Beziehung herzustellen, doch im Fall von Burris hielt er meine sanfte Methode für hilfreich und bat mich, einen Versuch mit ihm zu machen: Vielleicht ließ sich der Neuankömmling rehabilitieren. Also quartierte ich Burris wieder in seinem früheren Käfig ein und unternahm lange Spaziergänge mit ihm. Ich versuchte, ihm beizubringen, was Groomen ist, und zeigte ihm, wie man auf Bäume klettert. Sehr allmählich ging es ihm besser – bis zu Steves Anruf.

Aus irgendeinem Grund hatte ihn Steve wieder zu den Erwachsenen gesteckt, die ihn natürlich angriffen. Jetzt saß Burris in einem befestigten Käfig und weigerte sich eisern, durch den Tunnel in seinen eigenen Einzelkäfig zurückzukehren. Als ich ankam, öffnete Steve gerade die Eisentür und versuchte, Burris eine Leine anzulegen. Wie der Blitz brach der gewaltige Schimpanse aus dem Käfig und raste schäumend vor Wut ins Freie, schnurstracks auf Lemmons Haus zu. Dorthin durfte er auf keinen Fall gelangen. Im Haus hielt sich zu dem Zeitpunkt nur Lemmons Haushälterin auf, eine sanfte alte Dame namens Mrs. Daniels. Ich spurtete auf das Haus zu und schaffte es irgendwie, vor Burris die Tür zu erreichen, wo ich mich ihm in den Weg stellte. Burris blieb stehen und hämmerte gegen das Glasfenster neben der Tür, bis es zersplitterte.

»Wer ist da?« rief Mrs. Daniels in fröhlichstem Ton.

»Sperren Sie sich in einen Wandschrank ein!« brüllte ich ihr zu.

Burris war inzwischen vollkommen durchgedreht. Er sah aus wie besessen und fing an, das Haus zu umrunden auf der Suche nach Schwachstellen in der Verteidigung. Ich rannte neben ihm her und unternahm armselige Versuche, seine Schulter zu groomen. Dann tauchte Steve mit einem Luftgewehr auf und schoß Burris eine Ladung Schrot in den Rücken. Burris zuckte nicht mit der Wimper. Er drehte sich um und steuerte nun auf die Schweinescheune zu, sein früheres Heim; ich hinterher.

Kaum war er in der Scheune, richtete er sich auf, schwang bedrohlich hin und her und rüstete zum Angriff. Ich stand zehn Meter von ihm entfernt, beide Beine fest auf dem Boden. Wie ein wilder Stier stürmte er auf mich zu, und wie ein Matador wich ich im letzten Augenblick zur Seite. Nachdem er mich verfehlt hatte, bremste er ab, drehte sich um und begann wieder mit seinen Drohgebärden. Unterdessen hatte ich auf einem Regal einen Sack Rosinen erspäht, packte ihn, riß ihn auf und schleuderte ihn Burris entgegen. Der Sack prallte von ihm ab. Burris achtete nicht darauf, sondern setzte zum nächsten Angriff an. Noch einmal wich ich ihm aus – aber diesmal geriet ich in eine Nische, die auf drei Seiten mit Maschendraht abgeriegelt war.

Auf der Stelle war mir klar, was für ein gewaltiger Fehler das war. Burris machte kehrt und versperrte mir meinen einzigen Fluchtweg. Ich saß in der Falle. Das war's, dachte ich, jetzt bin ich tot. Um nicht gebissen zu werden, packte ich seinen Kopf mit beiden Händen und klammerte mich mit aller Kraft daran fest. Daraufhin ergriff Burris meine Beine, hob mich hoch und fing an, mich auf den Betonboden zu schlagen – wie eine Ramme, die einen Pfahl in die Erde hämmert.

In dem Moment tauchte Steve wieder auf, legte sein Gewehr an und feuerte eine weitere Ladung auf Burris ab. Tobend vor Wut ließ mich Burris mitten im Schwung fallen und drehte sich zu Steve um, der aus der Scheune floh, die Tür hinter sich zuschlug und sie verriegelte. Großartig, dachte ich, jetzt bin ich mit einem mordlustigen Schimpansen in einem Raum eingesperrt – mit Muhammad Ali im Ring hätte ich bessere Chancen. Burris kam wieder zu mir zurück, um mir den Garaus zu machen. Ich fing an zu beten.

Aber genau in diesem Augenblick blieb Burris plötzlich stehen und starrte zu Boden. Ich folgte seinem Blick und sah einen gewaltigen Haufen Rosinen. Burris traute seinen Augen nicht! Mit einem Schlag tauchte er aus der Trance auf, in der er während der letzten zwanzig Minuten gewesen war, setzte sich nieder und fing an, sich mit Rosinen vollzustopfen, wie ein Kind im Bonbonladen. Ich schlich aus meiner Falle, griff nach einer Leine und befestigte sie vorsichtig an seiner Halskette. Daraufhin schlenderten Burris und ich gemächlich durch die Scheune, teilten uns die Rosinen und groomten einander, als wären wir auf einem schönen Ausflug im Park und nicht um ein Haar einer Katastrophe entgangen. Nach einer Weile brachte ich ihn in seinen Käfig zurück. Dann legte ich mich ins Gras und fiel in Tiefschlaf.

Zwanzig Minuten später weckte mich Motorenlärm: Lemmons Mercedes raste über die Auffahrt und bremste mit quietschenden Reifen. Offensichtlich hatte Steve ihn mitten aus einer Therapiesitzung gerissen und ins Telefon gebrüllt: »Burris ist ausgebrochen!« Vielleicht hat der Trick mit den Rosinen *mein* Leben gerettet, mit Sicherheit aber das von Burris. Wäre er bei Lemmons Erscheinen immer noch Amok gelaufen, hätte er nicht Schrot, sondern echte Kugeln abbekommen.

8
Autismus und der Ursprung der Sprache

Eines Tages Ende 1971 ließ ich die Schimpansen auf der Insel allein und fuhr nach Oklahoma City zur medizinischen Fakultät der Universität. In Begleitung von George Prigatano, einem alten Freund und klinischen Psychologen, trat ich durch die Doppeltüren der Klinik und ging zu einem kleinen Zimmer im ersten Stock, wo ich einen neunjährigen Jungen namens David kennenlernte.[1]

David war ein klassischer Fall von kindlichem Autismus. Autismus ist eine Entwicklungsstörung, gekennzeichnet durch fehlende Sprachentwicklung, Kontaktstörungen, zwanghafte und repetitive Körperbewegungen und die Unfähigkeit, die Existenz und Gefühle anderer Menschen zur Kenntnis zu nehmen. Das autistische Kind lebt unter einer Art Glasglocke, in einer eigenen Wirklichkeit ohne Verbindung nach außen. Autismus hatte mich schon immer fasziniert, seitdem ich mich auf dem College damit befaßt hatte; deshalb hörte ich gespannt zu, als George mir von seinem kleinen Patienten David erzählte. Und bald darauf nahm eine ziemlich unorthodoxe therapeutische Idee in meinem Kopf Gestalt an.

Theorien über Autismus gab es damals zuhauf. Der namhafte Psychologe Bruno Bettelheim, der in Chicago eine Schule für seelisch schwer gestörte Kinder leitete, sah die Ursache von Autismus im gleichgültigen Verhalten gefühlskalter Mütter und untersagte ihnen Besuche an seiner Schule. Dr. Ivar Lovass hingegen bevorzugte die Skinnersche Methode und behandelte autistische Kinder mit einem Wechselbad aus Belohnungen und Bestrafungen; zu seiner Therapie gehörten auch Elektroschocks, die anomalen Verhaltensweisen vorbeugen sollten. Und ein anderer Arzt von unserer Universitätsklinik in Oklahoma behauptete, autistische Kinder litten unter Reizüberflutung, und empfahl, sie zum Zweck des Reizentzugs in eine Gummizelle zu stecken. Sämtliche Ansätze legten mehr oder weniger hohen Wert auf eine Sprachtherapie, allerdings mit entmutigenden Ergebnissen – keine einzige hatte David geholfen.

Ich trat unmittelbar nach Davids erstem und letztem Tag der Reizentzugstherapie in sein Leben. Als er in die Gummizelle gesperrt wurde, schrie er so laut, daß seine Mutter forderte, ihn auf der Stelle freizulassen. Die Klinik schrieb ihn als hoffnungslosen Fall ab. Die Ärzte meinten, er sei inzwischen zu alt, um auf psychologische Behandlung oder Sprachtherapie zu reagieren. Aus schierer Verzweiflung war Davids Mutter einverstanden, meine neue Idee auszuprobieren.

Ich hatte das Gefühl, daß David in der Lage sein könnte, die American Sign Language zu lernen. Natürlich war ich kein Autismusexperte, doch manche Aspekte des autistischen Verhaltens drängten einen visuellen Zugang zur Sprache geradezu auf. Zum einen scheinen die meisten autistischen Kinder Probleme mit der Verarbeitung und der Reaktion auf auditive Reize, also Laute, zu haben; wenn die Ärzte sagten, autistische Kinder hätten »Sprachschwierigkeiten«, meinten sie in Wahrheit Probleme mit der *gesprochenen* Sprache. Zum anderen war ich auf mehrere Studien aus den späten sechziger Jahren gestoßen[2], die zeigten, daß viele autistische Kinder auf Gesichtsausdrücke, Gesten und Berührungen sehr wohl reagierten, und ich hatte den Eindruck, daß die moderne Psychologie sich auf den falschen Kommunikationskanal konzentrierte, nicht anders, als es bei den ersten Sprachexperimenten mit Menschenaffen der Fall gewesen war. Einem autistischen Kind die Lautsprache aufzuzwingen ist ebenso sinnlos, wie es die diversen lautsprachlichen Versuche mit Schimpansen gewesen waren.

Es war natürlich nicht sehr verwunderlich, daß niemand je versucht hatte, einem autistischen Kind die Gebärdensprache beizubringen. Die meisten Psychologen waren wie die meisten Linguisten Anhänger des Dogmas: »Die Lautsprache ist etwas

Besonderes.« Bis in die siebziger Jahre galt Taubstummheit als pathologisch und wurde »therapiert«, indem man taub geborene Kinder zwang, von den Lippen zu lesen und mit ihrer Stimme zu sprechen. Auch von autistischen Kindern wurde erwartet, daß sie entweder so sprachen, »wie es sich gehört«, oder überhaupt nicht.

Meine Vermutung, die Gebärdensprache könnte ein brauchbarer Ansatz sein, schien vernünftig. Aber ein Patentrezept gibt es nicht – das hatten mir Booee, Bruno, Thelma und Cindy klargemacht: Jedes Kind lernt auf seine eigene Weise. Also bat ich Davids Mutter um die Erlaubnis, ihren Sohn ein- oder zweimal zu besuchen, damit ich sein Verhalten beobachten konnte. Ich ging davon aus, daß David sehr wohl Informationen aufnahm und verarbeitete und dabei irgendeiner Logik folgte. Welcher Logik, das mußte ich nun herausfinden.

Als ich das erste Mal ins Krankenhaus kam, saß David auf einem Stuhl, starrte zum Deckenlicht hinauf und wedelte mit der rechten Hand rasch vor den Augen hin und her. Dann begann er, sich vor und zurück zu wiegen, wobei er hinter sich griff und mit dem Daumen entlang der Stuhllehne hin und her fuhr. Nach einigen Minuten stand er auf, ging zum Schreibtisch und blätterte ein Buch durch, immer wieder von neuem. Dann drehte er sich zu mir um und kam auf mich zu, aber er sah mich nicht an, als wäre ich ein Teil der Zimmereinrichtung. Er griff in meine Hemdtasche, zog meine Pfeife heraus und spielte eine Weile damit. Gegen Ende der Sitzung stellte sich David mit dem Gesicht zur Wand und stieß einen durchdringenden Schrei aus, wobei er mehrmals den Kopf auf und ab bewegte.

Das alles waren Beispiele der klassischen »Stereotypien«: sinnlose, repetitive Verhaltensweisen. Aber dieses Verhalten kam vielleicht nur uns sinnlos vor – für David mußte es eine Bedeutung haben. Also begann ich, nach Hinweisen auf seine Art der Informationsverarbeitung zu suchen. Klar war zunächst, daß David visuelle Reize wahrnahm (Starren auf fluoreszierendes Licht und die sich bewegenden Buchseiten). Außerdem hatte er keine Schwierigkeiten, auf visuelle Reize mit motorischer Aktivität zu reagieren (Wedeln mit der Hand vor dem Gesicht, Blättern im Buch, Spielen mit Pfeife und Schlüsseln). Er war auch in der Lage, zweierlei Bewegungen miteinander zu verbinden – den Oberkörper zu wiegen, während er gleichzeitig den Daumen hin- und herbewegte. Was ihm offenbar mißlang, war die gleichzeitige Verarbeitung auditiver und visueller Reize. Deshalb mußte er das Gesicht zur Wand drehen, wenn er schrie: Er schloß sein Gesichtsfeld aus, während er Lärm machte.

David hatte offensichtlich Schwierigkeiten, die Informationen, die über das Gehör zu ihm gelangten, mit anderen, die er über die Augen wahrnahm, zu verbinden. Diese Gehirnfunktion nennt man Modaltransfer. David konnte visuelle mit visuellen, visuelle mit motorischen und motorische mit motorischen Funktionen verbinden, doch die Integration von visuellen und auditiven Informationen gelang ihm nicht. Jeder, dem diese Verbindung zwischen Gehör- und Gesichtssinn fehlt, hat größte Mühe, eine Lautsprache zu lernen. Wenn ich einen Stift hochhalte und sage: »Das ist ein Kugelschreiber«, stellen die meisten Kinder die Verbindung sofort her. Aber für jemanden wie David, der zwei getrennte sensorische Systeme hatte, war es dasselbe wie ein sehr schlecht synchronisierter Film: Für ihn waren Töne bestenfalls verwirrend und im schlimmsten Fall erschreckend. Kein Wunder, daß er seiner Mutter und allen anderen aus dem Weg ging. Ihre Sprache verstörte ihn. (Eine genauere Vorstellung von dieser verzerrten auditiven Wirklichkeit gewann ich später durch die Arbeit mit einem autistischen Mädchen: Auf das Läuten des Telefons reagierte sie nicht, aber fünf Sekunden später fing sie an zu schreien.)

Nachdem ich David beobachtet hatte, war ich zuversichtlicher denn je, daß die Gebärdensprache für ihn geeignet war. Für die Verständigung mit Gebärden sind genau die beiden Sinneskanäle notwendig, die bei ihm funktionierten, der Gesichts- und der Bewegungssinn. Seine Mutter war mit einem Versuch einverstanden, und in der Woche darauf besuchte ich ihn wieder in der Klinik. Nachdem David eine Weile dagesessen und sich hin und her gewiegt hatte, ging er zur Tür und begann, wild am Türknauf zu drehen, als wollte er hinaus. Ich nahm seine beiden Hände in die meinen, formte sie zu der ASL-Gebärde für ÖFFNEN (Handflächen nebeneinander, nach unten gerichtet) und führte sie dann durch die gesamte Gebärde (die Hände öffnen sich und wenden sich nach außen, wie ein Buch, das aufgeschlagen wird). Als wir auf den Gang hinaustraten, begann David zu rennen. Ich hielt ihn auf, nahm wieder seine Hände und zeigte ihm die Gebärde LAUFEN (die rechte Handfläche reibt gegen die linke).

Eine Woche später sahen wir uns wieder. Diesmal ging David zur Tür und machte die Gebärde ÖFFNEN. Wir traten in den Flur hinaus, er deutete LAUFEN, und wir rannten gemeinsam durch die Korridore. Von dem Augenblick an hatte ich keine Schwierigkeiten, David Gebärden beizubringen: Er saugte sie förmlich auf – offensichtlich entlud er damit ein lang aufgestautes Bedürfnis nach Kommunikation. David und ich sahen uns nur einmal in der Woche für eine halbe Stunde, doch innerhalb von zwei Monaten hatte er sich bereits ein kleines Vokabular von Gebärden angeeignet und begann, sie zu Sätzen zu kombinieren wie DU MIT MIR LAUFEN.

Ausgerüstet mit diesen Gebärden, zertrümmerte David die Glasglocke, die ihn neun lange Jahre in einer isolierten Welt gefangengehalten hatte. Sein Verhalten änderte sich radikal. Er schrie nicht mehr, wiegte sich nicht mehr hin und her, sondern konnte andere Menschen ansehen, sie zum Spielen auffordern und seine eigenen Gesten erfinden, um mitzuteilen, was er wollte. Für Davids Mutter war der Anblick ihres autistischen Sohns, der mit einer Gebärde MAMA sagte, ein regelrechtes Wunder. Ebenso sprachlos waren die Ärzte und Schwestern der Universitätsklinik. Mehr als alles andere verblüffte sie seine Fähigkeit, Blickkontakt herzustellen. Sie konnten nicht glauben, daß dies dasselbe Kind war, das ihre Existenz bisher nie zur Kenntnis genommen hatte.

Davids Gebärden und die drastische Veränderung seines Verhaltens waren in der Tat beeindruckend. Wenn meine Methode auch bei anderen Kindern funktionierte, konnte sie sicher als Durchbruch gewertet werden. Aber die Geschichte war damit nicht zu Ende. Denn ein paar Wochen, nachdem David begonnen hatte, sich durch Gebärden auszudrücken, geschah etwas Außerordentliches und Unerwartetes: David fing an zu *sprechen*. Zuerst waren es nur einzelne Wörter: »Öffnen«, »Mama«, »trinken«. Aber zur selben Zeit, wie er seine Gebärden zu Sätzen zu kombinieren begann, bildete er auch aus Wörtern Sätze: »Gib mir Trinken.«

Ich war vollkommen perplex. Wie war es möglich, daß Gebärden, die rein visuell waren, ihn zum Sprechen veranlaßten, für das er Gehör und Stimme brauchte? Ich hatte zwar alle meine Gebärden mit Worten kommentiert (eine Methode, die man »totale Kommunikation« nennt), aber nie versucht, ihn zu einer gesprochenen Antwort aufzufordern. Offensichtlich hatte die Gebärdensprache bei ihm auch die Fähigkeit zu lautlicher Sprache aktiviert. Aber wie?

Das konnte nicht bloß ein glücklicher Zufall sein. Deshalb beschloß ich, die ASL-Therapie bei einem anderen autistischen Kind auszuprobieren, einem fünfjährigen Jungen namens Mark. Mark war extrem hyperaktiv. Als ich ihn das erste Mal zu Hause besuchte, wirbelte er wild herum, rang die Hände, stieß unverständliche Laute aus. Seine Eltern sagten, er lache und weine oft unmäßig und greife sich selbst und andere an. Er war bei fünf verschiedenen Ärzten in Behandlung gewesen, unter anderen zwei Kinderneurologen und einem Psychiater. Drei Schulen hatten ihn wieder fortgeschickt, darunter eine für lernbehinderte und emotional gestörte Kinder.

Nun erhielt Mark zweimal in der Woche je eine halbe Stunde Unterricht in der Gebärdensprache. Wie David lernte Mark seine erste Gebärde – GIB MIR – schon in der ersten Woche. In der zweiten Woche deutete er seinen ersten Satz – GIB MIR SCHLÜSSEL. In der vierten Woche zählte ich insgesamt 100 gebärdete Antworten.

Dann begann Mark wie auf ein Stichwort hin zu reden. Zuerst, in der fünften Woche, sprach er nur ein Wort. Es folgten immer mehr Wörter bis zur zehnten Woche, in der er seine ersten Sätze bildete. Im selben Maß wie seine Gebärdensätze länger wurden (GIB MIR MEHR TRINKEN), sprach er auch längere Sätze. Um Marks sprachliche Fortschritte graphisch darzustellen, zeichnete ich vier Kurven nebeneinander, jede mit einem Abstand von wenigen Wochen, die alle denselben Verlauf nahmen: eine Kurve für die Gebärden, die zweite für Gebärdensätze, die dritte für Wörter und die vierte für Wortsätze. Es bestand kein Zweifel, daß die Gebärdensprache ihm die Lautsprache erleichterte. In unserer zwanzigsten Unterrichtsstunde erfand er ein Spiel, bei dem er mir die Schlüssel in die Tasche steckte und wieder herausnahm, wobei er sagte: »Schlüssel finden«, »Gib mir Schlüssel zurück« oder »Zurück Schlüssel geht raus.«

Wie David erlebte auch Mark einen radikalen Persönlichkeitswandel. Während unserer Sitzungen war er aufmerksam, und er freute sich schon lang im voraus darauf. Er forderte mich zu Spielen auf, teilte mir durch Gebärden mit: BITTE KITZELN, oder er formte meine Hand zur Gebärde KITZELN und griff mich dann spielerisch an. Wenn seine Eltern ihn umarmten, erwiderte er die Umarmung, was eine erstaunliche Entwicklung war. Mark war zwar noch kein normaler Fünfjähriger, doch er lebte nicht mehr allein in seiner Welt.

Als ich die Ergebnisse dieser Studie 1976 im *Journal of Autism and Childhood Schizophrenia* veröffentlichte[3], stellte ich fest, daß noch mindestens zwei weitere Forschungsgruppen die Gebärdensprache bei autistischen Kindern ausprobiert und ähnliche Ergebnisse erzielt hatten wie ich[4]: Sämtliche Kinder hatten eine bestimmte Anzahl von Gebärden gelernt, alle konnten Kontakt zu ihrer Umgebung aufnehmen, und *manche* Kinder hatten zu sprechen begonnen. Die Lautsprache war anscheinend ein willkommener Nebeneffekt bei autistischen Kindern, die in der Gebärdensprache unterrichtet wurden, obwohl niemand die geringste Ahnung hatte, weshalb. Nebenbei widerlegte dieses Phänomen den alten Irrglauben, wonach ein Kind, das die Gebärdensprache lernt, nie mehr in der Lage sei, mit seiner Stimme zu sprechen: Das war eindeutig falsch.

Während ich durchs Land reiste und in Dutzenden von Universitäten Vorträge über Sprachstudien an Schimpansen hielt, appellierte ich speziell an Sprachtherapeuten und Psychologen, bei autistischen Kindern auf Sprachübungen zu verzichten und ihnen statt dessen die Gebärdensprache beizubringen. Heute, 20 Jahre später, ist die ASL-Therapie für viele autistische Kinder zur wichtigsten Behandlungsform geworden.

Dennoch blieb die Frage, *warum* Gebärden die Lautsprache fördern? Darüber zerbrach ich mir endlos den Kopf, bis ich genau dort über die Antwort stolperte, wo ich sie am wenigsten erwartete, wie es in der Wissenschaft so häufig der Fall ist. Anfang 1977 hielt ich einen Vortrag an der University of Western Ontario im kanadischen London. Eine meiner Gastgeberinnen war die Neurologin Dr. Doreen Kimura, die kurz zuvor einige interessante Forschungsarbeiten über Aphasie-Patienten durchgeführt hatte: Menschen, die ihr Sprechvermögen infolge einer Schädigung der linken Gehirnhälfte ganz oder teilweise verloren hatten.[5] Kimura stellte fest, daß die Patienten außerdem Schwierigkeiten mit feinmotorischen Bewegungsabläufen hatten, zu denen sie die Finger benötigten. Wurden sie zum Beispiel aufgefordert, auf einen Knopf zu drücken und dann einen Henkel zu ergreifen, drückten sie sowohl auf den Knopf als auch auf den Henkel.

Die Sprachregion im Gehirn sei offenbar auch für die Steuerung präziser Handbewegungen zuständig, erklärte mir Kimura. Ein Aphasie-Patient kann ein Wort begreifen und sogar aussprechen, aber es gelingt ihm nicht, Wörter zu Sätzen zusammenzufügen. Er kann auch eine motorische Bewegung ausführen – auf einen Knopf drücken –, aber einen ganzen Bewegungsablauf zu koordinieren gelingt ihm nicht.

Es dauerte etwa eine Sekunde, bis mir klar wurde, was das bedeutete. *Am Sprachvermögen sind präzise, aufeinanderfolgende Bewegungsabläufe beteiligt*. Das war die perfekte Erklärung, weshalb die autistischen Kinder über Gebärden zur Lautsprache gelangt waren. Hatten sie einmal gelernt, mit Hilfe der feinmotorischen Bewegungen der Gebärden zu kommunizieren, begannen sie spontan, sich durch eine andere Form feinmotorischer Bewegungen auszudrücken: gesprochene Worte. Ich hatte mich auf den *Unterschied* zwischen gebärdeter und gesprochener Sprache konzentriert – die eine sieht man, die andere hört man – und damit die augenfällige Tatsache übersehen, daß beide Sprachen eine Form von Gestik sind.

Die Gebärdensprache stützt sich auf Gesten der Hände; die Lautsprache ist die Gestik der Zunge. Die Zunge vollführt präzise Bewegungen und stoppt an spezifischen Stellen innerhalb des Mundes, so daß wir bestimmte Laute hervorbringen. Und die Hände und Finger halten an bestimmten Stellen des Körpers inne, um Gebärden zu erzeugen. Die Präzisionsbewegungen von Zunge und Händen sind nicht nur verwandt, sondern in den motorischen Regionen des Gehirns miteinander *verbunden*. Diese Verbindung war schon Charles Darwin aufgefallen, und zwar bei einer Tätigkeit, die uns allen wohlbekannt ist: Wenn unsere Finger sich sehr präzise bewegen – zum Beispiel beim Einfädeln einer Nadel –, vollführt die Zunge oft unfreiwillig eine ähnliche Bewegung. Und Doreen Kimura bemerkte, daß bestimmte Arten von Handbewegungen nur dann erfolgen, wenn die betreffende Person spricht, also die Zunge bewegt.

Kimuras umwälzende Erkenntnis, daß die Präzisionsbewegungen der Zunge und der Hand von derselben Gehirnregion gesteuert werden, erhärtete eine Theorie, die einige Jahre zuvor der Anthropologe Gordon Hewes aufgestellt hatte: Der Ursprung der Sprache, sagte er, liege in der Gestik. Die frühen Hominiden hätten sich mit den Händen verständigt, woraus sich spontan andere Fingerfertigkeiten entwickelten, wie zum Beispiel die Herstellung von Werkzeugen.[6] Aus derselben Fähigkeit, »komplexen, fortlaufenden Mustern« zu folgen, entstand später die Sprache. Nach Hewes ist das Unterscheidungsmerkmal des Frühmenschen sein wachsendes Verständnis für »Syntax« – die Fähigkeit, komplexe Handlungsprogramme zu erfinden und anzuwenden, ob zur Werkzeugherstellung, für Gebärden oder für Worte.

Hewes' Theorie erklärte, weshalb moderne Schimpansen imstande sind, einfache Werkzeuge herzustellen und zu benutzen; unsere eigenen handwerklichen Begabungen wurzeln genau wie die ihren im Erkenntnisvermögen und den neuromuskulären Steuerungsmechanismen unserer gemeinsamen affenähnlichen Vorfahren. Sie erklärte auch, weshalb Ally eine einfache Grammatikregel anwenden konnte. Wie die Werkzeugherstellung beruht auch die Sprache auf einer neuromuskulären Syntax, die im Tierreich entstanden ist.

Aber das Rätsel, wie sich die Sprache *körperlich* aus der Gestik entwickelte, löste Hewes nicht. Worte und Gesten mögen zwar einer gemeinsamen »Syntax«, einem komplexen Gefüge folgen, doch es ist ein gewaltiger Sprung von der Bewegung der Hand zur flüssigen Rede aus dem Mund. Wie haben unsere frühmenschlichen Vorfahren diese Kluft überbrückt?

Kumura fand die Brücke in den neuronalen Mechanismen, die Hand- und Zungenbewegungen miteinander verbinden. Aber es waren zwei autistische Kinder, David und Mark, die uns diese Brücke auf dramatische Weise vor Augen führten, indem sie sie binnen weniger Wochen überquerten. Es ist durchaus denkbar, daß David und Mark damit noch einmal dem evolutionären Pfad unserer eigenen Ahnen folgten, einer sechs Millionen Jahre dauernden Reise, die von der affenähnlichen Gestik der Hominiden zur Sprache des modernen Menschen führte.

Jahrtausendelang war man sich zweier interessanter Eigenheiten der menschlichen Kommunikation bewußt gewesen. Erstens: Kleinkinder gestikulieren – zeigen, deuten, schauen –, ehe sie zu sprechen beginnen, und zweitens: Gesten sind eine Art Universalsprache, in die wir alle zurückverfallen, sobald wir uns nicht mehr in einer gemeinsamen Lautsprache verständigen können. Aufgrund dieser beiden Beobachtungen vermuteten früher viele Menschen den Ursprung der Sprache in der Gestik.

Doch die modernen Linguisten verwarfen den Gedanken, daß die frühmenschliche Gestik die Vorläuferin der späteren Lautsprache sei. Auch die ersten Gesten der heutigen Kinder hätten mit den Worten, die sie später artikulieren, nichts zu tun. Diese kategorische Ablehnung der Gestik ging zum Teil auf ein Vorurteil aller Sprechenden zurück – ob sie Linguisten, Kinderpsychologen oder Anthropologen sind –, die dazu neigen, nur die gesprochene Sprache als Sprache anzuerkennen. In jeder menschlichen Kultur ist die Macht der Worte eng mit Magie und Mystik verknüpft: Fast alle Schöpfungsmythen der Welt setzen »Das Wort« mit der Menschwerdung gleich – anscheinend haben wir Mühe mit der Vorstellung, daß Adam die Tiere mit Gebärden statt mit Worten benennt. Und abgesehen von diesem Vorurteil erschien die Gestik den Linguisten als eine evolutionäre Sackgasse: erst in den sechziger Jahren stellten sie fest, daß Gebärdensprachen in jeder Hinsicht so komplex und grammatikalisch sind wie die Lautsprachen. (Nicht einmal Darwin vermutete den Ursprung der Sprache in der Gestik, vielleicht deshalb, weil zu seiner Zeit kaum jemand über Gebärdensprachen Bescheid wußte.)

Wenn man bedenkt, wie unpopulär und unverstanden Gesten immer waren, ist es nicht überraschend, daß die zwei wichtigsten Theorien über die Entstehung der Sprache beide von der Lautsprache ausgehen. Die Anhänger der Theorie vom »frühen Ursprung« sind der Ansicht, die Sprache sei vor mehr als einer Million Jahren entstanden, zur selben Zeit wie das Gehirnvolumen des *Homo habilis* und des frühen *Homo erectus* zunahm und die ersten Steingeräte in Gebrauch kamen. Die Vertreter des »rezenten Ursprungs« hingegen vermuten die Anfänge der Sprache vor etwa 100 000 Jahren bei den modernen Menschen mit großem Gehirnvolumen, deren Stimmtrakt sich bereits so weit gesenkt hatte, daß sie physisch in der Lage waren zu sprechen.

Diese zwei Hypothesen, die beide den Ursprung der Sprache im gesprochenen Wort suchen, stoßen auf mehrere unlösbare Widersprüche zur Evolutionstheorie. Nehmen Sie irgendein Buch über die Entstehung der Sprache, und Sie werden feststellen, daß der Autor sich schon mit dem ersten Problem erfolglos herumschlägt: *Wie entwickelten sich aus den Grunzern der Affen die Worte der Hominiden?* Auf den ersten Blick scheint die Frage nicht allzu schwer zu beantworten – es mag ja sein, daß aus »uch uch« irgendwann »ma ma« wurde –, bis man sich klar wird, daß die Grunzlaute der Affen nicht anders als die unwillkürlichen Schreie des Menschen vom limbischen System gesteuert werden, dem primitivsten Teil des Gehirns. Hätte sich unser Sprechvermögen direkt aus dem limbischen System entwickelt, wären wir nie in der Lage gewesen, eine einfache Botschaft mitzuteilen wie: »Hinter dir steht ein Löwe«, ohne in unkontrollierbares Alarmgeschrei auszubrechen. Tatsächlich wird die willkürliche Rede im menschlichen Gehirn *nicht* durch das limbische System gesteuert.

Zu unserem Glück mußte sich unsere Sprache nicht aus den Affengrunzern entwickeln; andernfalls würden wir wahrscheinlich heute noch grunzen. Washoes Fähigkeit, sich durch Gebärden zu äußern, zeigt, daß unsere gemeinsamen affenähnlichen Vorfahren ihre Alarmrufe und ihr Freßbellen zwar vermutlich nicht bewußt steuern konnten, doch sie waren durchaus in der Lage, sich mit Hilfe willkürlicher, sichtbarer Gesten miteinander zu verständigen. Wir wissen, daß die Evolution stets den Weg des geringsten Widerstands geht; folglich müssen unsere frühesten vierbeinigen Hominidenvorfahren nicht anders als ihre vierbeinigen Vettern, die Ahnen der heutigen Menschenaffen, mit ihren Händen kommuniziert haben. Sobald diese frühen Hominiden sich aufrichteten, hatten sie die Hände frei für kompliziertere Gesten, und schließlich faßten sie mehrere Gebärden zu einer Sequenz zusammen, um sehr spezifische Informationen mitzuteilen.

Hier, in der Erweiterung des sprachlichen Systems, stoßen die beiden lautsprachlichen Theorien auf die zweite, noch höhere evolutionäre Mauer. Selbst wenn aus dem Grunzen der Affen irgendwie Wörter entstanden, und selbst wenn der Mensch sich ein Vokabular zurechtlegte, das groß genug war, um verschiedene Gegenstände zu benennen, ist er von einer Sprache, die bestimmten Regeln folgt, immer noch meilenweit entfernt. Wie kam der Höhlenmensch von »ich« und »Bär« zu der Mitteilung »Ich habe einen Bären gefangen« oder aber »Der Bär hat mich gefangen«? Wie schaffte er den riesigen Sprung von einzelnen Symbolen zu einem logischen System, das Millionen von Bedeutungen hervorbringen kann?

Der Sprung ist so gewaltig, daß die meisten Linguisten den Zufall ins Spiel bringen. Derek Bickerton meinte, »die Syntax [müsse] im Ganzen und sozusagen über Nacht entstanden sein – wobei die wahrscheinlichste Ursache eine Art struktureller Mutation im Gehirn war«.[7] Mit anderen Worten: Wir haben biologisch das große Los gezogen, und das Ergebnis war eine universelle Grammatik. Andere Linguisten schlugen ein noch unwahrscheinlicheres Szenario vor, nämlich eine ganze *Reihe* zufälliger Mutationen, die im Lauf der Zeit eine universelle Grammatik im Hominidenhirn verankerten.

Aber Experten für Gebärdensprachen, die vom gestischen Ursprung der Sprache ausgehen, erklären die Entstehung der Syntax auf viel einfachere, vernünftigere Weise. Das können Sie selbst ausprobieren, indem Sie dem Vorschlag von David Armstrong, William Stokoe und Sherman Wilcox aus ihrem Buch *Gesture and the Nature of Language* folgen[8]:

Schwenken Sie Ihre rechte Hand vor dem Körper vorbei und ergreifen Sie den ausgestreckten Zeigefinger Ihrer Linken.

Dieser Bewegungsablauf, sagen die Autoren, veranschaulicht die einfachste Form von Syntax. »Die dominante Hand ist der Handelnde (das Subjekt), deren Bewegung und Zugreifen ist die Handlung (das Verb), und der unbewegte Finger ist der Erduldende (das Objekt). Die symbolische Formel, die der Grammatiker dafür benutzt, ist das altbekannte SPO.« [Subjekt–Prädikat–Objekt]

Man kann sich leicht vorstellen, wie unsere frühen Vorfahren sich mit dieser Geste mitteilten FALKE FING HASEN. Und vielleicht erweiterten sie den Satz durch Adjektive (zwei Finger für zwei Hasen) und Adverbien (mit gerunzelter Stirn zum Zeichen des Erstaunens: FALKE FING HASEN *IRGENDWIE*). Eine syntaktische Beziehung und ihre Variationen sind die Anfänge der Sprache, wie wir sie kennen.

Diese Beispiele veranschaulichen den wesentlichen Unterschied zwischen einem primitiven Lautsystem und einem primitiven Gestensystem: Worte symbolisieren Objekte; Gesten symbolisieren Beziehungen. Von gesprochenen Worten zu einer gesprochenen Grammatik ist der Sprung enorm, weshalb die Linguisten annehmen mußten, daß dazu eine oder zwei einschneidende Gehirnmutationen erforderlich waren. Aber um von Gesten zu einer Grammatik zu gelangen, ist überhaupt kein Sprung notwendig: Gesten *sind* Grammatik. Ein Höhlenmensch brauchte keine in seinem Gehirn vorprogrammierte grammatikalische Regel für Subjekt–Prädikat–Objekt, wenn er diese Beziehung in der Welt wahrnehmen und durch eine Geste ausdrücken konnte.

Mit der Zeit wurde die gestische Grammatik natürlich komplexer, während die Gebärden selbst sich von grobmotorischen zu präziseren feinmotorischen Bewegungen weiterentwickelten. Unter diesem Anreiz wurde auch das Gehirn immer besser darin, lange Folgen von motorischen Bewegungen zu erzeugen. Und dieses Verständnis für Abläufe warf einen Gewinn ab, wie Gordon Hewes vermutete: die Fähigkeit, immer komplexere Werkzeuge herzustellen und zu verwenden.

An dieser Stelle allerdings stieß die Theorie vom gestischen Ursprung der Sprache zunächst auf ihre eigenen Schwierigkeiten: Es war zwar leicht nachzuvollziehen, wie das Gestensystem immer präziser wurde, bis schließlich die modernen Gebärdensprachen daraus hervorgingen, doch wie erfolgte der Schritt von einem Gestensystem zur *gesprochenen* Sprache? Das Rätsel lösten meine autistischen Schüler Mark und David. Genauso, wie bei ihnen die Gebärden die ersten sinnvollen Stimmlaute auslösten, zogen auch bei unseren Ahnen die präzisen Gesten zur Verständigung und zur Herstellung von Geräten präzise Bewegungen der Zunge nach sich.

Ich vermute, daß der Wechsel zur Lautsprache bei unserer Spezies vor etwa 200000 Jahren begann: Diese Datierung fällt mit den ersten auffällig verbesserten Werkzeugen des frühen *Homo sapiens* zusammen. Die spezialisierten Steingeräte wurden in einem Verfahren hergestellt, für das Präzisionsgriffe, genau bemessener Druck und jene Form von Auge-Finger-Daumen-Koordination erforderlich waren, die, wie Doreen Kimura erkannte, mit der Lautsprache eng verbunden ist. Mit anderen Worten: Die Frühmenschen, die diese Werkzeuge herstellten, verfügten bereits über die neuronalen Mechanismen, die ihnen auch erlaubten, Worte hervorzubringen.

Von dem Zeitpunkt an wurden Worte ein Teil der gestischen Kommunikation unserer Vorfahren. Schon die primitivste Rede brachte unmittelbare Vorteile: Ein sprechender Mensch kann mit Worten kommunizieren, auch wenn er die Hände voll hat oder sein Zuhörer ihm den Rücken zuwendet. Unter evolutionärem Druck kam es schließlich zu den Neuerungen unserer Anatomie, die für die voll entwickelte Lautsprache erforderlich sind: Der Stimmtrakt senkte sich, und die Fähigkeit, zu sprechen und Worte zu verstehen, entwickelte sich immer schneller. Innerhalb von Zehntausenden Jahren verdrängten die gesprochenen Worte allmählich die Gesten und wurden zur vorherrschenden Kommunikationsform des Menschen. Unterdessen verständigten sich die Menschen mit Hilfe einer Kombination von präzisen Gesten und gesprochenen Wörtern.

Mit der Annahme dieser langen Phase, in der sich Gestik und Lautsprache überschnitten, läßt sich die dritte und letzte Hürde überwinden, die allen Theorien vom lautlichen Ursprung der Sprache im Weg steht. Ehe eine gesprochene Sprache selbständig funktionieren konnte, waren ein entsprechender Stimmtrakt erforderlich, eine Mindestzahl von Phonemen und die Fähigkeit, diese Laute rasch zu äußern. In der Zwischenzeit sprachen unsere Vorfahren vermutlich mit einer begrenzten Anzahl nicht eindeutiger Laute, sehr langsam und mit vielen Verständnisfehlern – ähnlich wie heute ein zweijähriges Kind. Diese ineffizienten und willkürlichen Laute hätten unseren Ahnen wahrscheinlich keinerlei Anpassungsvorteile gebracht – *es sei denn, sie waren in der Lage, ihre Botschaften durch begleitende Gebärden unmißverständlich klarzumachen.* Ohne ein System von Gesten zu ihrer Ergänzung hätte die Lautsprache ihre ersten tausend Jahre vermutlich nicht überlebt. Wie Gordon Hewes einmal schrieb: »Wären alle Erwachsenen mit jener Art von Sprachfehlern behaftet, wie sie in der frühen Kindheit normal sind, würden wir vermutlich immer noch eine gut entwickelte Gebärdensprache benutzen.«[9]

Dieses Szenario liefert eine Erklärung, wie die Sprache sich über Millionen von Jahren ununterbrochen weiterentwickeln konnte, ohne daß man dazu auf unwahrscheinliche Mutationen oder unmögliche Sprünge zurückgreifen müßte. Sie stimmt auch mit Charles Darwins radikaler These überein, die menschliche Sprache sei aus anderen tierischen Kommunikationsformen hervorgegangen: Sprache ist in der Anatomie, dem Erkenntnisvermögen und dem neuromuskulären Verhalten unserer gemeinsamen affenähnlichen Vorfahren fest verwurzelt. Ohne diese evolutionäre Kontinuität läßt sich unmöglich erklären, weshalb die heutigen Schimpansen in der Lage sind, mit Wortgebärden umzugehen.

Die Kontinuität zwischen Gebärden und Lautsprache erklärt auch, weshalb wir noch heute zu gestikulieren beginnen, sobald die gesprochene Sprache sich als nutzlos erweist. Als älteste Kommunikationsform unserer Spezies fungieren Gesten immer noch als »Zweitsprache« jeder Kultur. In bestimmten Situationen greifen wir automatisch auf Gesten zurück, zum Beispiel wenn wir in fremden Ländern sind, neben einem röhrenden Flugzeug stehen, im Meer tauchen oder uns auf dem Baseball-Spielfeld Signale geben. Und wenn die für die Lautsprache nötige Mechanik beim einen oder anderen Individuum gestört ist – beim Gehörlosen, Autisten, Stummen und so weiter –, eignet sich der Betreffende selbstverständlich ein ganzes *System* gestischer Kommunikation an: die Gebärdensprache.

Die menschlichen Kinder veranschaulichen auch die Kontinuität zwischen Geste und Sprache, entsprechend jener berühmten Maxime der Biologie: *Die Ontogenese rekapituliert die Phylogenese* – die Entwicklung des Individuums durchläuft noch einmal die Evolutionsgeschichte der Spezies. In der Entwicklung seines Körpers und seines Verhaltens wiederholt jedes menschliche Kind die viele Millionen Jahre lange Reise unserer Vorfahren von den Gesten der Hände zu den Gesten der Zunge.

Das menschliche Kind wird mit einem ähnlichen Stimmtrakt geboren wie ein Schimpanse und ist nicht in der Lage, artikulierte Laute hervorzubringen. Am Anfang kommuniziert es nur durch Gesichtsmimik und einfache Gesten. Im Alter von fünf oder sechs Monaten lernt ein Kind, das mit Gebärdensprache konfrontiert wird, seine ersten Gebärden. Im selben Alter beginnt sich der Kehlkopf zu senken (die endgültige Stellung ist erst mit vierzehn Jahren erreicht), aber das Kind beherrscht seine Zunge noch nicht ausreichend, um Worte zu artikulieren: soweit ist es mit etwa einem Jahr. Beginnt es dann zu sprechen, hört es nicht mit einem Schlag auf, mit den Händen zu gestikulieren, sondern verknüpft Wörter mit Gesten, um sich verständlich zu machen, nicht anders als unsere Hominidenvorfahren. Irgendwann zwischen zwei und drei Jahren ist der Stimmapparat dann soweit ausgereift, daß eine wahre Explosion von Wörtern erfolgt, zusätzlich zu den gestischen Signalen, die wir unser Leben lang beibehalten. Die Gesten der Hände und die Gesten der Zunge sind untrennbar miteinander verbunden.

Wir müssen uns darüber im klaren sein, daß die menschliche Sprache, ob sie sich durch Gebärden oder durch Worte äußert, in keiner Hinsicht »besser« ist als das Kommunikationssystem der wilden Schimpansen. Die Evolution ist keine Leiter ständiger »Verbesserungen«, an deren Spitze die menschliche Spezies stünde, sondern ein fortwährender Prozeß der Anpassung, den Millionen verwandter Spezies durchlaufen, jede auf ihrem eigenen entwicklungsgeschichtlichen Weg. Die Kommunikation des modernen Menschen und die Kommunikation des modernen Schimpansen sind, wie unsere jeweils verschiedene Art, zu gehen, zu essen, uns fortzupflanzen, das ideale Ergebnis einer Anpassung, die bisher sechs Millionen Jahre gedauert hat. Und beide spezialisierten Ergebnisse lassen sich auf die Gesten unseres gemeinsamen affenähnlichen Vorfahren zurückführen. Deshalb demonstrieren wir jedesmal, wenn wir sprechen oder gebärden, unsere entwicklungsgeschichtliche Verwandtschaft mit Washoe und anderen Schimpansen.

Mitte der siebziger Jahre hatte ich eigentlich alles, was ich mir je gewünscht hatte, persönlich wie beruflich. 1975 brachte Debbi unser drittes Kind Hillary zur Welt, und wir fünf lebten in einem kleinen Landhaus mit achttausend Quadratmetern Grund, zusammen mit etlichen Kaninchen, Hühnern, Katzen, Hunden und einem Appaloosa-Pferd. Es war wie das Leben auf der Farm, die ich als Kind so geliebt hatte.

Außerdem schwamm ich auf einer Welle der Begeisterung für die Sprachforschung bei Menschenaffen, die mir sowohl beruflichen Ruhm als auch umfangreiche Forschungsmittel einbrachte. Die Universität von Oklahoma war zwar nicht Yale, aber hinsichtlich der sprechenden Schimpansen war sie der Mittelpunkt des Universums. Meine Arbeiten wurden regelmäßig in den angesehensten Fachzeitschriften veröffentlicht, und von überallher strömten die Doktoranden nach Oklahoma, um mit den Schimpansen und mir zu arbeiten. Ich unterrichtete sehr gern, und daß ich den Ruhm mit meinen Assistenten teilen und ihnen zu einer eigenen wissenschaftlichen Karriere verhelfen konnte, befriedigte mich sehr.

1974 wurde ich eingeladen, auf der weltweit ersten Konferenz über das Verhalten von Menschenaffen auf Burg Wartenstein in Österreich einen Vortrag über die Spracherlernung bei Schimpansen zu halten: Erst einunddreißig Jahre alt, wurde ich von den Koryphäen der Primatologie empfangen – Jane Goodall, Junichiro Itani, Diane Fossey, Toshisada Nishida und Birute Galdikas. Nur sieben Jahre zuvor war ich einen winzigen Schritt – die Umarmung einer Schimpansin – von einer Karriere als Klempner entfernt gewesen. Es kam mir vor wie ein Traum, vor allem, wenn ich mich zusammen mit meinem verschrobenen Freund Ally in dem Magazin *People* sah, dem brandneuen Trendsetter der amerikanischen Popkultur.

Aber der erstaunlichste Gewinn meiner Arbeit war, daß ich, ein Tierverhaltensforscher, einen Weg gefunden hatte, mit menschlichen Kindern zu arbeiten – aus diesem Wunsch heraus hatte ich überhaupt Psychologie studiert. Immer noch kann ich mir nichts Dramatischeres und Ergreifenderes vorstellen als ein autistisches Kind, das die Hände ausstreckt und seine allererste Gebärde bildet oder den Mund öffnet und sein erstes Wort spricht. Die wissenschaftliche Bedeutung erschien mir dabei immer nebensächlich: »Kommunikationsunfähige« Kinder kommunizieren zu sehen war mir Lohn genug. Und zu beobachten, wie ihre Familien aufatmeten und endlich zusammenwuchsen, war eine Erinnerung, die mich in den finsteren Zeiten, die mir bevorstanden, immer wieder aufrichtete.

Denn ich war auf dem Weg in sehr finstere Zeiten – Jahre der Finsternis. Gewiß, ich war obenauf, aber schon seit langer Zeit nagte etwas an mir und drohte nun, alles zu vernichten, was ich erreicht hatte. Im Rückblick ist mir klar, daß die Schwierigkeiten anfingen, als ich Ende 1971 meine Arbeit mit den autistischen Kindern begann. Das Problem waren nicht die Kinder: die wenigen Stunden in der Woche, die ich mit ihnen verbrachte, bedeuteten mir sehr viel. Das Problem war, ins Institut zurückzukehren. Die Schimpansen eingesperrt in ihren Käfigen zu sehen war sehr viel schwerer zu verdauen, nachdem ich den Nachmittag im liebevollen Heim eines Kindes verbracht hatte.

Was mich am meisten verstörte, war meine eigene Rolle in diesen beiden grundverschiedenen Umgebungen. David und Mark, die nach allen psychologischen Maßstäben »anomale« Kinder waren, erlebten dank meiner Arbeit offenkundige Verbesserungen. Aber Washoe und die anderen, völlig normale Wesen, waren zu einem Leben in Gefangenschaft verurteilt, fern ihrer afrikanischen Heimat. Die Kinder verdankten der Wissenschaft Hoffnung und Freiheit. Für die Schimpansen hingegen bedeutete die Wissenschaft Gefängnis. Diese Diskrepanz war um so bestürzender, als die Gebärdensprachtherapie, von der die Kinder profitierten, aus der Forschungsarbeit mit Washoe hervorgegangen war.

Allmählich konnte ich die Tatsache nicht länger verdrängen, daß meine gesamte Arbeit nur durch die Inhaftierung meiner Forschungsobjekte möglich war. Ich war zum Gefängniswärter geworden. Und daran konnte aller wissenschaftlicher Beifall der Welt nichts ändern. Zu meinen täglichen Interaktionen mit den Schimpansen gehörten Käfige,

Vorhängeschlösser, Leinen, Elektroschocker und Gewehre – und diese Beherrschungsinstrumente waren mit der Zeit völlig alltäglich geworden.

Mein unsanftes Erwachen war wohl unvermeidlich. Als ich 1970 ans Institut gekommen war, hatte ich versucht, aus einer üblen Situation das Beste zu machen, und mit William Lemmon Kompromisse geschlossen. Ich hatte Washoes wissenschaftlichen Status verbessert und damit meine eigenen Mittel aufgestockt, um Schimpansenwaisen wie Ally, Booee, Bruno und die anderen zu schützen, und ich hatte mich mit dem Wissen getröstet, daß Washoe und ihre Freunde ohne meine Fürsprache allein in der Schweinescheune säßen, so elend und einsam wie die Schweine auf dem elektrisch geladenen Rost und die liebeskranken, sterbenden Siamangs.

Ich hatte gekämpft und die kleinen Schlachten gewonnen. Die Jugendlichen bekamen ihre Rundhütte auf der Insel. Ich erhielt die Erlaubnis, sie zu großartigen Ausflügen durch den Wald mitzunehmen. Ich hatte für Burris das Recht erkämpft, allein zu leben. Mein Gewehr war mit Platzpatronen statt mit scharfer Munition geladen. Aber alle meine Siege hatten mir letztlich nur eines eingetragen: das Recht, in einem Gefängnis Forschung zu betreiben. Ich war vielleicht ein *netter* Gefängniswärter – trotzdem war ich derjenige, der die Schlüssel verwaltete. Jeden Morgen ließ ich die Schimpansen aus ihren Zellen, legte ihnen Leinen an und führte sie wie einen Trupp Kettensträflinge auf die Insel.

Und die Situation wurde immer schlimmer. Ende 1974 eröffnete mir Lemmon, er werde Washoe, Booee, Bruno und Ally in die Hauptkolonie der Erwachsenen verlegen (Thelma und Cindy waren bereits dort). Inzwischen war eine neue Generation junger Schimpansen auf die Insel gekommen, und Lemmon wollte Washoe und die anderen Jungen zu den Erwachsenen stecken, damit sie sich fortpflanzten. Lemmons Studenten führten zwar noch die eine oder andere Untersuchung über das Mutter- und das Sexualverhalten in der Hauptkolonie durch, doch die eigentliche Funktion der erwachsenen Schimpansen bestand in der Erzeugung von Nachwuchs, der an andere Forscher verkauft oder verliehen werden konnte.

Mein Waffenstillstand mit Lemmon hatte uns einen vierjährigen Frieden auf der Insel gebracht, aber er war zunehmend besessen von der Zwangsvorstellung, die Schimpansen kontrollieren zu müssen. Eines Tages erzählte er mir, er habe den ultimativen »Schimpanseneindämmungsplan« ersonnen, und führte mir vier Dobermänner vor. Sein Plan bestand darin, zwei konzentrische Zäune rund um das Grundstück zu errichten, in deren Zwischenraum die Hunde leben sollten: Keinem Schimpansen würde es je einfallen, diese Todeszone überwinden zu wollen. Solange die Zäune noch nicht standen, waren die Dobermänner angekettet: der Unkalkulierbarkeit halber jeden Tag an einer anderen Stelle.

Eines Nachmittags war ich mit Booee unterwegs, den ich auf den Schultern trug, als wir plötzlich eine Hundekette rasseln hörten. Mir blieb das Herz stehen, Booee sprang mit einem Satz über meinen Kopf auf meine Brust. Als ich mich umdrehte, sah ich einen Dobermann, bereits im Sprung, mit gefletschten Zähnen auf uns zustürzen. Bis auf fünfzig Zentimeter kam er an uns heran, ehe ihn die Kette auf den Boden zurückriß. Hättten wir den Dobermann zwei Sekunden früher geweckt, wären Booee und ich Hundefutter geworden.

Während dieser Zeit gelangte ich zu der ernüchternden Erkenntnis, daß das gesamte Gebiet der Affensprachforschung keineswegs so nützlich und harmlos war, wie ich einst gedacht hatte. Einer nach dem anderen wurden die sprechenden Schimpansen erwachsen, und im Alter von sieben Jahren galten sie den Verhaltensforschern als »verbraucht«. Zwar hörte auch ein ausgewachsener Schimpanse nicht auf zu lernen, doch er war zu groß, zu stark und zu unberechenbar, als daß man in einem Haus oder sogar innerhalb eines eingezäunten Geheges mit ihm arbeiten konnte. Deshalb standen die Wissenschaftler vor der schweren Entscheidung, was sie mit ihren zu groß gewordenen Forschungsobjekten anfangen sollten.

Das Projekt Washoe war zuallererst ein Experiment über Ammenaufzucht gewesen, bei dem ein Schimpanse soziale und emotionale Bindungen zu einer menschlichen Familie einging. Aber Bindungen sind keine einseitige Sache: Washoe hatte uns ebenso geprägt wie wir sie. Ich kam mir vor wie die alte Katzenmutter auf unserer Farm, die ich durch List dazu gebracht hatte, Entenküken auszubrüten und großzuziehen. Die frisch geschlüpften Küken hingen sehr an ihrer Mutter, doch auch sie war keineswegs desinteressiert, sondern begann sich merkwürdig entenartig zu benehmen – was beweist, daß Ammenaufzucht keine Einbahnstraße ist.

Von dem Tag an, an dem ich in das Projekt Washoe einstieg, mußte ich das erste Gebot der Verhaltensforscher über Bord werfen: *Du sollst dein Forschungsobjekt nicht lieben.* Ich wurde dafür *bezahlt*, mein Forschungsobjekt zu lieben, damit Washoe in einer natürlichen, familiären Umgebung sprechen lernte. Die Gardners hatten mir gezeigt, daß man Verhaltensforschung auch auf humane und mitfühlende Weise betreiben kann, ohne deshalb auf wissenschaftliche Objektivität zu verzichten. Leider hatte niemand mich darauf vorbereitet, daß ich aufhören mußte, Washoe zu lieben, sobald das Experiment vorbei war. Als ich mir über die Tiefe meiner Gefühle zu ihr klar wurde, war es zu spät: ich war gebunden.

Aber wenn ich mich umsah, stellte ich fest, daß andere Wissenschaftler ihren Schimpansen anscheinend keineswegs derart zugetan waren. Es war offensichtlich, daß die Gardners Washoe liebten, dennoch wurde sie schließlich fortgeschickt. Als sie vor der Wahl standen, entweder die Pflegefamilie zusammenzuhalten oder die Wissenschaft voranzutreiben, entschieden sie sich für die Wissenschaft. Und im Jahr 1972 stand fest, wohin ihre Wissenschaft sie führte.

Nur wenige Monate nach ihrem Besuch in Oklahoma adoptierten die Gardners ein zweites Schimpansenkind namens Moja. Und während der folgenden vier Jahre, zwischen 1973 und 1976, nahmen sie drei weitere neugeborene Schimpansen auf: Pili, Tatu und Dar. Drei von ihnen – Moja, Pili und Dar – waren in biomedizinischen Forschungslabors zur Welt gekommen, Tatu stammte aus William Lemmons Zuchtprogramm. Sie war die Tochter von Thelma, meiner zerstreuten, verträumten Schülerin.

Das neue Experiment der Gardners war extrem ehrgeizig. Sie planten eine Neuauflage des Projekts Washoe, diesmal jedoch sollten die Schimpansen von Geburt an mit der Gebärdensprache konfrontiert werden und einander als Spielgefährten und Gesprächspartner haben. Außerdem würden sie in Gesellschaft von Gehörlosen aufwachsen, für die ASL die Muttersprache war, kurz: Sie sollten im selben sprachlichen Umfeld groß werden, in das menschliche Kinder hineingeboren werden. Zweifellos würde das Gardnersche Experiment in noch umfassenderem Maß die sprachlichen Fähigkeiten der Schimpansen aufzeigen: ein Meilenstein in der Verhaltensforschung.

Aber was dann? Was sollte aus Moja, Pili, Tatu und Dar werden, wenn sie zu groß und zu eigenständig waren? Wo sollten sie hin? Würden sie überleben wie Washoe? Würden sie durchdrehen wie Ally? Würden sie sich zu Tode grämen wie Maybelle? Nachdem wir bewiesen hatten, daß Schimpansenkinder in der Lage sind, sich an menschliche Eltern zu binden, hatten wir dann nicht auch eine gewisse moralische Verpflichtung, ihre emotionalen Bedürfnisse zu befriedigen?

Diese Fragen hatte ich mir schon am Tag unserer Abreise aus Reno gestellt. In den darauffolgenden Jahren hatte ich an Maybelles Sterbebett gesessen, hatte miterlebt, wie die kleine Salome dahinsiechte und starb, und hatte Allys teilweise gelähmten Körper Tag um Tag an mich gedrückt in der verzweifelten Hoffnung, seine verkümmerte Seele wiederzubeleben. Man hätte blind sein müssen, um nicht zu sehen, daß die Trennung von ihren Müttern die Schimpansenkinder seelisch tief erschütterte. Der letzte Beweis für eine erfolgreiche Ammenaufzucht zwischen Menschen und Schimpansen war die Tatsache, daß die Pflegekinder starben, wenn die Familienbande zerrissen.

Diese »Adoptionen« waren inzwischen keine Experimente über Familienbindungen mehr, sondern vielmehr über die traumatische Erfahrung der Trennung. Um die Sichtweise der Schimpansen schien sich keiner je zu kümmern. Und während ich mich mit dem Schicksal meiner Schimpansenfreunde herumquälte, stellte ich mir plötzlich die Fragen, die ich als Kind meiner Mutter nie gestellt hatte: Warum mußte Coco der neugierige Affe seine Heimat im Dschungel verlassen? Warum steckte »der Mann mit dem gelben Hut« den »braven kleinen Affen« in einen Zoo?

Die Antwort, erkannte ich nun, war Neugier – nicht die des neugierigen Coco, sondern unsere eigene. Wir waren alle wie der Mann mit dem gelben Hut. Wir Wissenschaftler waren so neugierig auf Schimpansen, daß wir eine Rechtfertigung für nahezu jedes Verhalten fanden, nur um unsere Neugier zu befriedigen. Jeder Einsatz von Schimpansen war uns recht und billig, solange er half, eine interessante wissenschaftliche Frage zu klären. Die Raumfahrtbehörde, die damit begonnen hatte, Schimpansenkinder aus Afrika zu entführen, berief sich auf die Wissenschaft. Die Gardners beriefen sich auf die Wissenschaft, als sie Washoe fortschickten und Thelma ihr Neugeborenes wegnahmen. Und im Namen der Psychotherapie verschrieb Lemmon seinen Patienten Schimpansen, als wären sie Pillen.

Niemand schien zu bemerken, geschweige denn überhaupt auf die Idee zu kommen, daß die Schimpansen litten. Im Gegenteil – meine Kollegen versicherten mir im Brustton der Überzeugung, die Verschickung von Schimpansen sei eine gute Sache, denn sie diene dem Fortschritt unseres Wissens.

Ich weiß nicht, warum ich die Situation anders sah, jedenfalls war es so. Alle wissenschaftlichen Rationalisierungen konnten die Stimme meines Gewissens nicht länger zum Schweigen bringen. Ich hätte mich damit trösten sollen, daß meine Sprachforschungen mit Schimpansen ja den autistischen Kindern zugute kamen, aber mein Unbehagen wurde davon nur noch größer. Der Gegensatz zwischen diesen Kindern, die geliebt wurden, und den eingesperrten Schimpansen war mir mittlerweile unerträglich geworden. Immer wieder wurde ich gefragt: »Wieso gibst du die Schimpansen nicht auf und widmest dich ganz den autistischen Kindern?«

»Weil diese Kinder Familien haben«, antwortete ich. »Die Schimpansen haben keine Familien. Sie haben nur mich.«

Aber Ende 1974 hatte ich genug. Ich wollte nicht Teil eines Systems sein, das immer mehr Schimpansen zu weiterem Leiden heranzüchtete. Und vor allem wollte ich kein Wissenschaftler sein, wenn das bedeutete, Washoe in ein Gefängnis zu sperren.

»Ich möchte Washoe nach Afrika zurückschicken«, sagte ich eines Abends zu Debbi. »Dort gehört sie hin. Hier wird alles immer nur schlimmer.«

Debbi wußte genau, was ich meinte. Washoe war inzwischen neun Jahre alt, und der Eintritt in die Erwachsenenkolonie stand ihr unmittelbar bevor. Sie würde den Rest ihres Lebens hinter Gittern verbringen. Sofern sie Kinder bekam, würden sie ihr höchstwahrscheinlich weggenommen werden. Ihre Schimpansenfreunde würden kommen und gehen, je nach den Launen der Wissenschaft. Sie hatte zwar Debbi und mich, aber das reichte bei weitem nicht. In Afrika könnte sie ein freies Dasein im Dschungel führen, für das die Natur sie geschaffen hat. Natürlich würde ich Washoe schrecklich vermissen und ohne sie die Sprachforschung bei Schimpansen nicht weiter betreiben. Allerdings könnte ich dann die Gelegenheit ergreifen und meiner Arbeit mit autistischen Kindern mehr Zeit widmen. Ich wäre endlich frei von dem bedrückenden Kerkerleben.

»Du mußt mit dir selbst ins reine kommen«, sagte Debbi.

Noch am selben Abend schickte ich Jane Goodall einen Brief in ihre Forschungsstation am Gombe-Strom in Tansania und berichtete ihr von meinen Gewissensqualen und meinem Entschluß, Washoe in die Wildnis zurückzuschicken, weit fort von der Wissenschaft.

Ich hatte Jane kennengelernt, als sie 1971 nach Oklahoma gekommen war, im selben Jahr, in dem sie ihre klassische Feldstudie, das vielgelesene Buch *Wilde Schimpansen* veröffentlichte. Jane Goodall hatte, wie mir damals auffiel, eine sehr ruhige, aber kraftvolle Ausstrahlung, und ihre Leistungen als

Wissenschaftlerin erfüllten mich mit großer Ehrfurcht. Aber noch etwas anderes war mir an dem Tag aufgefallen, als Jane Lucy und Washoes Freunde kennengelernt hatte: ihre Feinfühligkeit gegenüber den Schimpansen als Individuen. Sie sah jeden von ihnen als ein eigenes Wesen. Wenn irgend jemand meine Entscheidung verstehen konnte, dachte ich, dann Jane. Ich bat sie, mir bei meinem Plan zu helfen. Dann wartete ich auf ihre Antwort.

Als sie zwei Monate später eintraf, fiel ich aus allen Wolken. »Das ist die schlechteste Idee, die ich je gehört habe«, schrieb sie und erklärte, Washoe werde sich niemals in eine Gruppe wilder Schimpansen einfügen können; schlimmer noch: Als Außenseiterin würde sie wahrscheinlich getötet. Außerdem seien die afrikanischen Nationen nicht einmal imstande, ihre eigenen Menschen finanziell zu unterstützen, geschweige denn einen ausgebürgerten Schimpansen. Und nicht zuletzt wäre es grausam gegenüber Washoe. Sie sei als menschliches Kind aufgezogen worden, gewickelt, mit dem Löffel gefüttert und von Privatlehrern unterrichtet. Wie könne ich erwarten, daß sie im afrikanischen Dschungel auch nur zehn Minuten überleben werde? Um sicherzugehen, daß ich wirklich begriff, schrieb Jane, mein Vorschlag sei dasselbe, als würde ich ein zehnjähriges amerikanisches Mädchen nackt und hungrig in der Wildnis aussetzen und ihm verkünden, es werde jetzt zu seinen natürlichen Wurzeln zurückkehren. Das sei Romantik in ihrer gefährlichsten Form.

Nach kurzem Nachdenken mußte ich ihr recht geben. Meine Behauptung, Washoe gehöre nach Afrika, war fast genauso egozentrisch wie Lemmons Ansicht, sie gehöre in ein Laborgefängnis. Washoe war zwar im afrikanischen Dschungel geboren worden, doch psychologisch war sie ein Mensch und kulturell eine Amerikanerin. Es wäre in der Tat grausam, sie meinen Vorstellungen vom natürlichen Lebensraum eines Schimpansen zu unterwerfen, nur um mein Gewissen zu beruhigen. Sie konnte nie wieder »nach Hause«, ebensowenig wie Ally, Bruno, Booee und Thelma. Ihr Zuhause war *hier*.

Es verschlug mir die Sprache, als ich erkannte, wie leicht ich bereit gewesen war, Washoe im Stich zu lassen. Sie war ein Kind, das kaum etwas anderes kennengelernt hatte, als verlassen zu werden. Ihre Mutter war umgebracht worden, sie selbst verkauft von den Tierhändlern, die sie geraubt hatten. Die Labortechniker der Air Force, die bei Holloman für sie verantwortlich gewesen waren, hatten sie aufgegeben. Auch die Gardners, ihre menschlichen Pflegeeltern, hatten sie fortgeschickt. Debbi und ich waren die einzigen Fixpunkte in ihrem jungen Leben. Selbst wenn ich mir noch so sehr wünschte, alles hinzuwerfen und nur noch mit autistischen Kindern zu arbeiten, war mir klar, daß ich das nicht konnte. Zum zweiten Mal in meiner beruflichen Laufbahn mußte ich akzeptieren, daß ich zuallererst Washoe verpflichtet war.

Der plötzliche Zusammenbruch meiner Afrikaphantasien brachte mich ins Trudeln. Es war, als hätte ich auf meine Entlassung aus dem Gefängnis gewartet und wäre statt dessen zu lebenslänglicher Haft verurteilt worden. Weder Yale noch Afrika, noch sonst irgend etwas konnte Washoe und mich retten.

In meiner Verzweiflung griff ich zum Alkohol. Eines späten Nachmittags nach den Vorlesungen fuhr ich aufs Land in eine miese Pinte, möglichst weit von der Universität entfernt. Ich bestellte einen Krug Bier, dann noch einen, und so weiter. Als ich sturzbetrunken war, sagte ich mir: »Roger, du bist in ein Schlamassel geraten, mit dem du nicht fertig wirst und aus dem du wahrscheinlich lange nicht mehr herauskommst. Washoe kann leicht noch vierzig Jahre leben.«

Ich verfluchte den Tag, an dem ich Washoe auf dem Spielplatz in Reno kennengelernt hatte: Es war der Tag, an dem ich unsere Familie für den Rest unseres Lebens zu Gefangenen gemacht hatte. Ich verfluchte Lemmon, und ich verfluchte die Wissenschaft. Aber vor allem verfluchte ich mich selbst. Ich steckte in einem Alptraum und kam nicht mehr heraus. »Ich wollte doch nur Kinderpsychologe werden«, sagte ich mir immer wieder. »Was ist mit mir passiert?«

Wahrscheinlich hatte ich, wie viele Menschen, einen Hang zum Alkoholismus. Und sobald ich dieser Veranlagung einmal nachgegeben hatte, fiel es mir sehr schwer, wieder aufzuhören.

Während der nächsten vier Jahre war ich ein Trinker. Zuerst trank ich, um die Alltagswirklichkeit der Käfige, Gewehre, Dobermänner und die Paranoia rund um William Lemmon zu vergessen. Ich trank immer nur in Kneipen, in denen ich mit Sicherheit keinem meiner Studenten begegnen würde; ich suchte mir Orte, wo mich niemand »Professor« nennen oder daran erinnern würde, wer ich war, wo ich einfach irgendwer sein konnte, jemand, dessen Arbeit mit Gefängnissen und Terror nichts zu tun hatte. Während ich trank, konnte ich davon träumen, ein Bauer zu werden und Kartoffeln anzupflanzen oder ein Wissenschaftler, der Kakerlaken studierte.

Aber bald trank ich nur noch aus reinem Selbstmitleid. Vergessen war mir nicht genug. Ich wollte mich selbst auslöschen. Tagsüber rauchte ich drei Schachteln Marlboro, und den größten Teil des Abends verbrachte ich in der Kneipe. Nach Hause kam ich völlig abgestumpft. Wenn ich meine Kinder auch nur ansah, fühlte ich mich schuldig: Ihr Vater war ein Gefängniswärter. Wenn ich Gin trank, wurde ich sogar bösartig. Dann zettelte ich mit Debbi Streit an, und wir zerfleischten uns gegenseitig, griffen einander an unseren schwächsten Punkten an, wie es lang verheiratete Paare so gut können.

»Roger, bitte sei gut zu dir selber«, flehte Debbi mich schließlich an. »Hör auf zu trinken.«

»Das ist mein Laster«, antwortete ich ihr dann, »ich will's so haben.«

Merkwürdigerweise schadete die Trinkerei meiner Karriere keineswegs. Ich veröffentlichte nicht weniger, im Gegenteil: In den Jahren zwischen 1975 und 1979 schrieb ich mehr als zwanzig Artikel, hielt Vorträge auf Dutzenden von Symposien, unterrichtete Hunderte von Studenten und arbeitete mit einem Dutzend Doktoranden. Offenbar wollte ich beweisen, daß ich das wissenschaftliche Spiel immer noch beherrschte und trotzdem wie besessen trinken konnte. Aber hinter meiner erfolgreichen Fassade war ich völlig leer.

Ich bin nicht stolz auf diese Jahre. Aber ich will auch niemanden mit meinen persönlichen Fehlern langweilen. Es mag genügen, wenn ich sage, daß ich ein abwesender Vater und ein miserabler Ehemann war. Und wie die meisten Säufer suhlte ich mich lieber im Selbstmitleid, als daß ich mein Leben änderte. Doch ich danke Gott, daß ich eine Frau hatte, die an mich glaubte und überzeugt war, daß ich aus diesem schwarzen Tunnel irgendwann wieder auftauchen würde.

Ende 1974 verlegte Lemmon die älteren Schimpansen von der Insel in die Erwachsenenkolonie; Washoe ging mit. Ich hätte darauf bestehen können, Washoe auf der Insel zu lassen, aber ich dachte, es ginge ihr besser, wenn sie mit ihren Freunden zusammenbliebe. Nach wie vor nahmen Debbi und ich die ganze Bande zu Spaziergängen in die Wälder mit und studierten ihre Fortschritte in der Gebärdensprache, aber den größten Teil ihres täglichen Lebens verbrachte sie nun hinter Gittern.

Nachdem Washoe jetzt in der Zuchtkolonie der Erwachsenen lebte, stand ihr ein weiteres Übergangsritual bevor: die Sexualität. Im Jahr zuvor hatten Debbi und ich bemerkt, daß Washoes Genitalien leicht rötlich und geschwollen waren, was die ersten Anzeichen sexueller Reife sind. Es war schwer zu glauben, daß das kleine Mädchen, das ich einst gewickelt und mit der Flasche gefüttert hatte, nun an der Schwelle zur Adoleszenz stand.

Bei einem wilden Schimpansenweibchen werden diese ersten Schwellungen der Schamlippen nach und nach immer größer, bis mit zehn oder elf Jahren der erste Östrus mit voll entwickelter Schwellung eintritt. Im Lauf einer Woche wachsen ihre äußeren Genitalien auf die sechsfache Größe an, und während der nächsten zehn Tage sieht ihr Hinterteil aus wie ein großer rosaroter Ball. In dieser Zeit ist sie paarungsbereit, und zugleich findet der Eisprung statt, in der Regel am letzten Tag der vollen Schwellung. Wenn die Schwellung zurückgeht, blutet sie etwa drei Tage, und während der nächsten zwei Wochen behalten die Genitalien dann ihre normale Größe und Farbe – insgesamt dauert der Menstruationszyklus 36 Tage.

Obwohl die Schimpansin in der Wildnis mit etwa zehn Jahren zu menstruieren beginnt, gewährt die Natur ihr eine

Schonfrist: Während der ersten ein bis drei Jahre ihrer Pubertät ist sie unfruchtbar.[10] In der Regel wird sie erst mit zwölf bis vierzehn Jahren zum erstenmal trächtig. Diese Phase der sexuellen Einführung läßt ihr Zeit, sich von ihrer Mutter zu trennen und mit den erwachsenen Männchen ihrer eigenen Gemeinschaft bekanntzumachen oder aber in eine benachbarte Gruppe zu wechseln. Nach der Kopulation mit manchen oder allen Männchen, die um sie werben, sucht sie sich meist ein bestimmtes als Partner aus und verschwindet mit ihm auf »Safari« oder in die »Zweisamkeit«, wie Jane Goodall es nennt. Diese Privataffäre im Dschungel kann zwischen zwei Wochen und drei Monaten dauern.

Zwar ist es in der Regel das Männchen, das mit einem Werberitual die Aufmerksamkeit des Weibchens erregt, doch heranwachsende Schimpansinnen sind keineswegs bereit, herumzustehen und abzuwarten; man weiß, daß sie sich um Männchen jeglichen Alters bemühen. Washoe war alles andere als schüchtern und introvertiert. Auf einmal wurde sie sehr aggressiv gegenüber Angehörigen des anderen Geschlechts, vor allem menschlichen. Washoe im Östrus war eine Naturgewalt, mit der man erst einmal fertig werden mußte. Wenn sie sich in einen meiner männlichen Studenten verknallte, warf sie sich ihm buchstäblich an den Hals: Sie sprang ihn an, umschlang ihn mit beiden Armen, küßte ihn mit weit offenem Mund und drängte ihren Unterleib gegen den seinen. Wilde Schimpansen begrüßen einander häufig mit solchen feuchten Küssen – ohne gleichzeitig mit dem Unterleib zugange zu sein –, aber für einen Menschen kann die erste Begegnung mit einer knapp zentnerschweren Schimpansin, die ihn mit Mund-zu-Mund-Beatmung beglückt, ziemlich verstörend sein.

Auch ich war von Zeit zu Zeit von Schimpansinnen aus menschlichen Familien auf diese Weise umschwärmt worden, von Washoe hingegen nie. Anscheinend war ich für sie tabu, vermutlich aufgrund unserer engen familiären Beziehung. Tatsächlich nahm sie mich während ihrer allmonatlichen Liebeswehen praktisch nicht zur Kenntnis. Auch Lucy achtete in dieser Zeit peinlich genau darauf, jeden körperlichen Kontakt zu ihrem Vater Maury und ihrem Bruder Steve zu vermeiden, aber wie Washoe war sie imstande, Fremden in die Arme zu springen. Washoes und Lucys Abneigung gegenüber ihren älteren Brüdern ist nicht überraschend: Das Inzesttabu hat bei unseren Vorfahren tiefe biologische Wurzeln. Jane Goodall bemerkte, es sei äußerst selten, daß sich in der Wildnis Schimpansenweibchen mit ihren älteren Brüdern paarten. Ein Bruder zeigt in der Regel sehr wenig Interesse an seiner Schwester, es kümmert ihn nicht einmal, wenn sie mit sämtlichen geschlechtsreifen Männchen der Gemeinschaft kopuliert; aber falls er dennoch durch seine Schwester sexuell erregt wird, achtet *sie* sorgfältig darauf, ihm aus dem Weg zu gehen, oder protestiert heftig gegen seine Werbung.

Wenn man bedenkt, daß Washoe ihre prägenden Erfahrungen mit Liebe, Intimität und Bindung in einer menschlichen Familie gemacht hatte, ist es verständlich, daß ihr männliche Menschen lieber waren als männliche Schimpansen. Wie Lucy und Ally hielt sich Washoe für menschlich – weshalb sollte sie nicht erwarten, sich mit »ihresgleichen« zu paaren? Natürlich konnte es nicht ausbleiben, daß sie früher oder später frustiert davonzog und sich den Männern ihrer eigenen Spezies zuwandte.

Als sie neun Jahre alt wurde und in die Erwachsenenkolonie kam, begann Washoe regelmäßig zu menstruieren und zu ovulieren, obwohl ihre Zyklen vermutlich noch nicht fruchtbar waren. Washoes Brunstschwellung war nicht zu verkennen: rosarot und so groß wie ein Volleyball. Die Erwachsenen, allen voran Pan, der Alphamann, waren äußerst interessiert an ihr, aber Pan stieß bei ihr auf Granit. Washoe konnte mit Machotypen nichts anfangen; und auf keinen Fall warf sie sich ihm oder irgendeinem anderen Schimpansen so unverblümt an den Hals, wie sie es bei Menschen tat.

Aber manchmal kauerte Washoe sich am Maschendraht nieder und präsentierte ihr Hinterteil als Aufforderung an eines der Männchen im Nachbarkäfig. Am häufigsten reagierte der fünfjährige Manny, der vermutlich das am wenigsten dominante Männchen der Kolonie war, auf ihre Reize. Manny war ein »echter« Schimpanse, einer von wenigen, die von ihren leiblichen Müttern aufgezogen worden waren. In seinem sexuellen Instinkt war er deshalb sehr sicher und eindeutig. Kaum erblickte er Washoes präsentiertes Hinterteil, war er erigiert und bestieg sie durch den Maschendraht. Zu Mannys Leidwesen verlor Washoe rasch das Interesse und ging davon, ehe er fertig war, so daß er jedesmal vor Wut und Frustration tobte. Washoe bekam offenbar Mitleid mit dem armen Manny, als sie sah, wie er sich auf dem Boden wälzte. Sie deutete ihm: KOMM UMARMEN und drückte dann ihr Hinterteil an den Draht. Er bestieg sie erneut, sie entzog sich ihm, er bekam einen Wutanfall, worauf sie ihn erneut aufforderte: KOMM UMARMEN.

Eines Tages begriff Manny, daß er keine Wutanfälle inszenieren mußte, um Washoes Aufmerksamkeit zu erregen, sondern lediglich die Gebärden KOMM UMARMEN machen brauchte – die er von ihr gelernt hatte: Darauf reagierte sie äußerst zuverlässig. Von dem Zeitpunkt an wußten beide, daß es Zeit für ein Stelldichein war, wann immer einer von ihnen KOMM UMARMEN verlangte. Das ist interessant, denn in der Wildnis fordern die männlichen Schimpansen die weiblichen nahezu immer durch eine oder mehrere Gesten zur Paarung auf. Entweder sie halten ein Blatt, legen eine Hand auf einen Ast, oder sie strecken dem Weibchen einen oder beide Arme entgegen. Manny paßte sich einfach an seine Umgebung an, indem er ein neues Paarungssignal lernte.

Als Washoe zehn war, gab sie Manny den Laufpaß und erkor sich Ally zum Partner, der sexuell ein wenig reifer war. Das überraschte mich eigentlich nicht. Von allen Schimpansen beherrschten Washoe und Ally die American Sign Language am besten, in der sie sich seit ihrem zweiten Lebensjahr verständigten. Sie unterhielten sich nahezu ausschließlich in ASL miteinander. Außerdem schien Washoe Ally wirklich zu mögen, und sie genoß seine Gesellschaft. Ally stand auf einer niedrigen Rangstufe in der Schimpansenhierarchie und hatte nichts von dem Machogehabe eines Pan oder anderen männlichen Erwachsenen. Er war ein überaus charmanter Komödiant und offenbar das, was man einen einfühlsamen Mann nennt. Auch Washoe pflegte ihn NUSS zu nennen, wie wir – den Spitznamen verdankte er seiner schrulligen Persönlichkeit.

Auch in der Wildnis ist es nicht ungewöhnlich, daß ein sanftmütiger Bursche wie Ally die besseren Chancen hat: In der Gesellschaft der Schimpansen ist der Alphamann keineswegs immer der Don Juan. Tatsächlich ist ein dominantes Männchen, der viele Rivalen hat, häufig so sehr damit beschäftigt, seine Machtposition zu verteidigen, daß ihm wenig Zeit und Kraft bleiben, um eine große Nachkommenschaft zu zeugen, während ein weniger aggressives Männchen den Machtkampf gar nicht erst mitmachen muß und sich statt dessen der Verführung der Weibchen widmen kann. So einer war Ally.

1975 war es mit Lemmons großartigem Experiment über das Mutterverhalten menschlich aufgezogener Schimpansen praktisch vorbei. Die Schimpansenkinder, die er an seine Patienten verteilt hatte, waren alle gestorben oder ans Institut zurückgeschickt worden. Bis auf Lucy. Sie war elf Jahre alt und das einzige noch aktuelle Forschungsobjekt. Länger als jeder andere Schimpanse war sie fern ihrer eigenen Spezies als Menschenkind aufgewachsen.

Doch 1975 gerieten William Lemmon und Maury Temerlin, Lucys Pflegevater und Lemmons treuester Anhänger, heftig aneinander. Temerlin hatte kurz zuvor sein Buch *Lucy: Growing Up Human* veröffentlicht, das ebensosehr ein Bericht über die Aufzucht eines Schimpansen war wie eine öffentliche Abrechnung mit seinem Therapeuten. Er nannte ihn zwar nicht beim Namen, doch das Porträt, das er von Lemmon zeichnete, war nicht nur eine vernichtende Kritik, sondern auch für ganz Oklahoma unverkennbar. »Ich hielt ihn für unfehlbar«, schrieb Temerlin, »und nahm noch seine verschrobensten Ansichten beim Wort. Ich hielt ihn für gutmütig und mißachtete die augenfälligsten Beweise kleinlicher Selbstsucht. Ich hielt ihn für allmächtig und erkannte nicht, wie sehr er auf die Menschen, die von ihm abhängig waren, angewiesen war.«[11]

Temerlin warf seinem ehemaligen Therapeuten »psychologischen Inzest« vor, weil er sich auf ethisch unverantwortliche Weise in das Leben seiner Patienten und ihrer Familien außerhalb der Therapie einmischte. Nachdem Lucy eindeutig ein Teil der Nabelschnur war, die Lemmon mit Temerlin verband, war ich nicht sehr überrascht, als Maury mir eines Tages verkündete, er und seine Frau Jane seien auf der Suche nach einem neuen Heim für sie. Sie wollten wieder »ein normales Leben führen«, sagte er, Lucy sei kein Kind mehr, das ständige Zuneigung brauche, und ihre Bedürfnisse und Ansprüche als Erwachsene seien viel schwerer zu erfüllen. Außerdem sei sie in der letzten Zeit einmal so aufgeregt gewesen, daß sie einen Gast in den Arm gebissen hatte, weil sie meinte, er versuche, Maury anzugreifen.

Aber wohin sollten sie Lucy schicken? Lucy, schrieb Temerlin, sei »biologisch natürlich ein Schimpanse, aber in psychologischer Hinsicht ohne weiteres imstande, gesund und glücklich als Mensch zu leben, ohne mehr Aufsicht zu brauchen als etwa ein geistig zurückgebliebenes Kind«. Lucy war selbstverständlich nicht geistig zurückgeblieben. Sie war eine durchaus intelligente Schimpansin, die, statt in Afrika, in Florida zur Welt gekommen, von ihrer Mutter getrennt und als menschliches Kind in einer Mittelstandsfamilie aufgezogen worden war. Jetzt, wo sie kein Kind mehr war, aber noch ein halbes Jahrhundert Leben vor sich hatte, teilte man ihr plötzlich mit, daß sie nicht menschlich genug sei, um weiter in der Gesellschaft der Menschen zu leben.

Lucy ans Institut zu schicken, in das Waisenhaus, das für Washoe, Ally, Bruno und Booee zur letzten Zuflucht geworden war, kam nicht in Frage. Diese Brücke hatte Temerlin durch seinen Angriff gegen Lemmon abgebrochen – er sagte mir einmal, Lemmon würde Lucy umbringen, falls sie ihm je in die Hände fiele. Nach über zweijähriger Suche beschlossen die Temerlins schließlich, Lucy nach Afrika zu schicken, in dieselbe »Heimat«, die ich eine Zeitlang für Washoe im Sinn gehabt hatte. Lucy sollte in ein Schimpansenrehabilitationsprojekt aufgenommen werden, das eine Frau namens Stella Brewer in dem winzigen westafrikanischen Staat Gambia leitete. Brewer hatte in den sechziger Jahren ein Waisenhaus für Schimpansenbabys begründet, die man im letzten Moment noch hatte beschlagnahmen können, ehe die Wilderer sie an die Unterhaltungsindustrie oder an die biomedizinische Forschung verkauften und nach Übersee schickten. Wurden die Jungen zu groß fürs Waisenhaus, versuchte Brewer, sie im Niokolo-Koba-Nationalpark in Senegal wiederanzusiedeln. Sie konnte etliche bemerkenswerte Erfolge verzeichnen, in erster Linie allerdings mit Schimpansen, die in der Wildnis geboren und nur kurz in Gefangenschaft gehalten worden waren.

Lucy war, gelinde gesagt, keine geeignete Kandidatin für ein Leben im afrikanischen Dschungel. Sie hatte noch nie andere Schimpansen gesehen. Sie war nicht nur vollständig ausgewachsen und weit über das beste Alter hinaus, in dem an eine Wiedereingliederung in die Wildnis zu denken ist, sondern außerdem eine recht luxuriöse menschliche Lebensweise gewöhnt. Sie unterhielt sich in der Gebärdensprache, trank feinen Chablis zum Abendessen, liebte Fernsehen und befriedigte ihre allmonatlichen Sehnsüchte mit Hilfe von *Playgirl*. Lucy beizubringen, wie man ein Baumnest baut, im Dschungel Nahrung findet und fauchende Kobras abwehrt, hatte mit Rehabilitation nichts mehr zu tun. *Rehabilitation* bedeutet »Wiederherstellung oder Wiedereingliederung in einen früheren Zustand« – Lucy konnte nicht in etwas wiedereingegliedert werden, was sie nie kennengelernt hatte: Sie war eine amerikanische Tochter aus gutem Hause. Stella Brewer lehnte den Antrag der Temerlins natürlich ab.

Aber die Temerlins waren nicht bereit, aufzugeben. Sie nahmen eine junge Schimpansin namens Marianne zu sich, damit Lucy endlich eine Artgenossin kennenlernte, und stellten eine meiner Studentinnen, Janis Carter, als Pflegerin für Lucy ein. Nachdem Janis und Lucy sich angefreundet hatten, fragten die Temerlins, ob Janis bereit sei, mit ihnen nach Afrika zu gehen und ein paar Wochen dort zu bleiben, um Lucy bei der Eingewöhnung in ihr neues Leben zu helfen. Janis sagte zu, und nun war auch Stella Brewer einverstanden, Lucy und Marianne in ihr Rehabilitationsprogramm aufzunehmen.

Lucys bevorstehende Abreise bedrückte mich tief. Den Traum der Temerlins von einem bequemen Ausweg aus ihrer Zwangslage – einem »Happy-End«, wie Maury es nannte – konnte ich zwar nachvollziehen, doch 1977 wußte ich endgültig, daß es bei Ammenaufzucht nie ein glückliches Ende gibt. Lucy ein naturgemäßes Leben zu wünschen war ja schön und gut – aber was das bedeutete, hatte sie nie erfahren. Doch die Temerlins hielten Afrika für vielversprechender als ein Leben bei Lemmon oder in einem Tierpark.

Im September 1977 besuchte ich Lucy am Abend vor ihrer Abreise zum letzten Mal. Wir saßen auf der Couch, groomten einander und unterhielten uns mit Gebärden, und ich bemerkte überrascht, wie erwachsen sie geworden war. Das kleine Mädchen, das früher so gern gekitzelt werden wollte, war jetzt ein Teenager, eher eine Freundin als eine Schülerin. Ich konnte mir nicht vorstellen, was ihr bevorstand.

Am nächsten Morgen wurde Lucy betäubt, in eine Holzkiste gesteckt und ins Flugzeug verladen. Als sie wieder zu Bewußtsein kam, war sie in Afrika, an einem ihr vollkommen unbekannten Ort. Eine Woche später verabschiedete sich das zwölfjährige Mädchen von den einzigen Eltern, die es je gekannt hatte. Die Nachrichten, die während der nächsten Monate aus Afrika eintrafen, waren nicht gut: Lucy und Marianne lebten in einem kleinen Reservat im Wald nahe einer Stadt in einem Käfig, bis man sie in einen Naturpark verlegen konnte. Lucy war deprimiert, ausgezehrt und schwer krank. Nacht für Nacht verfolgten mich Jane Goodalls warnende Worte: »Sie haben nicht die geringste Vorstellung von Afrika.«

Ich rechnete ständig mit der Nachricht von Lucys Tod, aber sie traf nicht ein. Lucy war zäh.

Im Frühjahr 1976 fiel uns auf, daß Washoes Bauch dicker geworden war. Außerdem litt sie unter morgendlicher Übelkeit und erbrach ihr Frühstück, was auch bei Schimpansen ein untrügliches Zeichen ist. Im Juni waren wir sicher, daß die zehnjährige Washoe Nachwuchs erwartete und vielleicht schon in der letzten Phase der achtmonatigen Schwangerschaft war.

Debbi und ich waren sehr aufgeregt über die Neuigkeit. Washoes Schwangerschaft schien uns wie ein Hoffnungsschimmer in einer sehr düsteren Zeit. Wenn Washoe schon in Gefangenschaft leben mußte, fanden wir, dann sollte ihr wenigstens die Erfahrung der Mutterschaft vergönnt sein. Und vom wissenschaftlichen Standpunkt aus war ich äußerst gespannt, ob Washoe ihrem Kind Gebärden beibringen würde.

In unsere Aufregung mischte sich freilich auch Sorge, vor allem wegen Lemmon. Ally, der wahrscheinliche Vater, gehörte Lemmon, der folglich Anspruch auf das Baby erheben und uns mit Schadensersatzforderungen das Leben schwermachen konnte. Aber ich war bereit, den Kampf um das Sorgerecht auszufechten.

Am 18. August 1976 kam Washoes Kind zur Welt. Ihre Wehen dauerten offenbar sehr kurz: Morgens um halb acht zeigte sie noch keine Anzeichen davon, doch um acht Uhr war das Baby bereits da, ohne daß einer von uns die Geburt miterlebt hatte. Als ich eintraf, sah ich sofort, daß mit ihrem Kind etwas nicht stimmte: Es regte sich kaum. Washoe wiegte ihr Kind in den Armen und groomte es vorsichtig, saugte ihm sogar den Schleim aus Mund und Nase, um es zu beleben. Ab und zu bewegte sich das Baby, und Washoe drückte es an die Brust. Zweimal, als es über lange Zeit keinerlei Lebenszeichen von sich gab, legte sie es neben sich, deutete BABY und weinte.

Als es ihr nicht gelang, ihr Kind wiederzubeleben, kam Washoe mit ausgestreckten Armen zu uns, als wollte sie uns das Neugeborene anvertrauen. Anscheinend wußte sie, daß sie mit dem Problem nicht allein fertig würde. Aber es ist äußerst ungewöhnlich, daß eine Schimpansenmutter ein Kind aufgibt, selbst ein krankes, und tatsächlich änderte Washoe ihre Meinung und legte sich wieder auf ihr Bett. Endlich trafen wir die quälende Entscheidung, Washoe unter Narkose zu setzen, damit wir ihr Kind in die Universitätsklinik bringen konnten. Auf dem Weg dorthin wurde eine Reanimation versucht, doch es war bereits zu spät. Das Baby war tot. Eine Autopsie ergab eine Gehirnerschütterung am Hinterkopf – vielleicht hatte Washoe das Kind über den Rand ihres Bettes hinweg geboren, so daß es auf den Boden gefallen war. Aber die eigentliche Todesursache war ein angeborener Herzfehler, ein Loch in einer Herzkammer.

Am nächsten Tag zeigte Washoe Anzeichen von Depression. Sie aß fast nichts und streifte jämmerlich durch ihren Käfig. Ich brachte Ally zu ihr, damit er sie aufheiterte. Nach etwa zwei Wochen schien sie auf dem Weg der Besserung.

Im Herbst 1977 war ich am Tiefpunkt angelangt. Washoes Baby war tot, Ally, Booee, Bruno und die anderen saßen Tag und Nacht im Gefängnis. Die Nachrichten von Lucy wurden immer besorgniserregender. Und Lemmon war nach Temerlins Aufstand noch einzelgängerischer und berechnender geworden als je zuvor.

Inzwischen fiel es mir schon ungeheuer schwer, morgens aufzustehen, geschweige denn ins Institut zu gehen. Ich kam mir vor, als hätte ich ein Gift geschluckt, das langsam meine Seele auffraß. Wer Primaten in Gefangenschaft hält, muß in ständiger Schuld leben – er entkommt ihr nicht. Manche Wissenschaftler versuchen, ihre Schuld zu verdrängen, indem sie wie Lemmon ihre Gefangenen zu unwürdigen Wesen degradieren, die kein Mitgefühl verdienen. Andere ziehen sich weiße Laborkittel an und reden sich ein, sie arbeiteten mit Maschinen – und behandeln Schimpansen mit einer eisigen Gleichgültigkeit, die sie ihren eigenen Hunden, Katzen, sogar Hamstern gegenüber niemals an den Tag legen würden. Wieder andere geraten in die Falle des egozentrischen Selbstmitleids und ertränken ihre Sorgen im Suff – wie ich es nahezu vier Jahre lang tat.

Zwar ging ich mit meinem Schuldbewußtsein anders um als William Lemmon, doch es ließ sich nicht abstreiten, daß ich auf dem besten Weg war, genauso zu werden wie er. Ich haßte meine Arbeit, und mein Verhältnis zu den Schimpansen verschlechterte sich rapide. Washoe und die anderen wollten nicht mehr mit mir zusammensein: Sogar für sie war ich zu deprimierend geworden.

Eines Abends, als ich in einer Bar saß, dämmerte mir, daß ich in ein paar Jahren nicht Lemmons Ebenbild, sondern *William Lemmon selbst* sein würde. Ich würde das Institut leiten, die Regeln bestimmen, die Gefängniswärter herumkommandieren und nebenbei ein paar Experimente mit Schweinen und Gibbons anstellen, damit Geld hereinkam. Dann wäre die Verwandlung von Dr. Roger Fouts abgeschlossen. Von dem idealistischen und mitfühlenden jungen Wissenschaftler wäre nichts mehr übrig, und an seiner Stelle stünde ein weiterer gesichtsloser, alkoholkranker Forscher, der seinen Lebensunterhalt damit verdiente, Schimpansen im Kerker zu halten.

Und das war das Bild, das mich endlich aufrüttelte.

9
Tod eines Babys

Am nächsten Morgen ging ich ins Büro, setzte mich an meinen Schreibtisch und legte zwei Blätter Papier vor mich hin. Auf das erste Blatt schrieb ich in Großbuchstaben: »Ein neues Zuhause für Washoe finden.« Dieses Zuhause sollte ein Asyl für Schimpansen sein, in dem sie in relativer Freiheit und weitgehend ohne menschliche Eingriffe leben konnten. Seit Jahren hatte ich von einem solchen Ort geträumt; jetzt begann ich, Pläne zu schmieden. Diese Zuflucht würde ich selber einrichten müssen – hoffentlich in Zusammenarbeit mit einer Universität, an der ich lehren konnte. Ich stellte eine Liste der Universitäten auf, an denen ich im Verlauf des nächsten Jahres einen Vortrag halten sollte, und unterstrich diejenigen, die mir vielleicht eine Stelle anbieten konnten. Dann studierte ich eine Landkarte, um herauszufinden, welche von ihnen ein geeignetes Klima und ein angemessenes Waldstück in der Nähe hatten. Und ich erstellte eine weitere Liste mit den Namen der Rektoren, die ich anrufen mußte.

Auf das zweite Blatt schrieb ich: »National Science Foundation« und entwarf einen Forschungsantrag zur Untersuchung der spannendsten noch ungelösten Frage in der Affensprachforschung: Können Schimpansen die Gebärdensprache an die nächste Generation weitergeben? Früher oder später würde Washoe wieder schwanger werden. Wenn es soweit war, wollte ich vorbereitet sein, um die gesamte gestische Kommunikation zwischen ihr und ihrem Kind zu beobachten und aufzuzeichnen.

Nach dieser Art von Forschung, der reinen Beobachtung, sehnte ich mich schon seit Jahren. Ich war es leid, den Zeremonienmeister bei Experimenten zu spielen und Sprachprüfungen mit Schimpansen zu veranstalten. Innerhalb der traditionellen Methoden war für die Frage, was die Schimpansen *selbst* mit ihrer Sprache anfangen wollten – wenn Lucy mit ihrer Katze sprach, Booee und Bruno sich um Essen stritten, Washoe und Ally sich miteinander unterhielten, bevor sie sich paarten –, kein Platz vorgesehen. Ich wollte die Sprache der Schimpansen genau so untersuchen, wie ich sie bei den autistischen Kindern studiert hatte. Ich wollte ihr natürliches und spontanes Kommunikationsverhalten im Alltag aufzeichnen und darüber berichten wie ein Ethologe. Die Schimpansen waren für mich keine »Forschungsobjekte« mehr, sondern meine Partner in der Forschung. Ihre Interessen sollten nicht an letzter, sondern an erster Stelle stehen.

Washoe sollte mit ihrem Kind ohne menschliche Einmischung kommunizieren: Damit wollte ich der Skepsis etlicher Wissenschaftler, zumeist Linguisten, begegnen, die behaupteten, Washoe und die anderen Schimpansen seien vorzüglich dressierte Tiere, die ihre Lehrer nachahmten oder auf deren unbewußte Andeutungen reagierten. Wenn Washoe ihrem Kind die Gebärdensprache beibrachte – ohne daß ein Mensch daran beteiligt war –, wäre dies ein Beweis, daß die Schimpansen die korrekte Anwendung der Gebärden begriffen und sie spontan gebrauchten, um sich miteinander zu verständigen.

Noch einen weiteren Entschluß faßte ich an diesem Morgen, der so einfach war, daß ich ihn nicht eigens aufschreiben mußte: Ich würde aufhören zu trinken. Wenn ich mein Leben nicht in Ordnung brachte, würde es mir niemals gelingen, ein Asyl für Washoe zu finden und zugleich einen wichtigen Beitrag zur Forschung zu leisten. Im Lauf der Jahre war ich bei so vielen Treffen der Anonymen Alkohliker gewesen, daß mir inzwischen klar war, wo der Schlüssel zu meiner Genesung lag – in dem Gebet um Gelassenheit: »Gott schenke mir die Gelassenheit, zu akzeptieren, was ich nicht ändern kann, den Mut, zu ändern, was ich ändern kann, und die Weisheit, den Unterschied zu erkennen.«

Diese Worte widersprachen allem, was man mir während meiner Ausbildung je beigebracht hatte. Als experimenteller

Psychologe hatte ich mir die wissenschaftliche Arroganz zu eigen gemacht, die glaubt, wir hätten die Tiere, die Natur, ja das Leben selbst in unserer Gewalt. Ich war überzeugt, ich sei zu allem imstande und deshalb auch für alles verantwortlich. Aber dann war mir etwas begegnet, das außerhalb meiner Kontrolle stand: William Lemmons Institut. Und wenn ich meine Illusion, ich könnte die Schimpansen retten, nicht endlich aufgab, würde der Alkohol mich umbringen.

Loszulassen war leichter gesagt als getan. Die Stärken und Schwächen anderer zu akzeptieren fiel mir nicht schwer; meine Schimpansen und meine autistischen Kinder konnte ich so nehmen, wie sie waren, jeder von ihnen ein Individuum. Schwer fiel mir, mich mit meinen eigenen Grenzen abzufinden. Ich mußte lernen, mir selbst gegenüber dieselbe Demut und denselben Respekt an den Tag zu legen wie gegenüber meinen sogenannten Forschungsobjekten. Mir war klar, daß ich über meine Trinkerei keine Kontrolle hatte, und mir war auch klar, daß es keinen Zauberstab gab, mit dem ich hätte winken können, um die Lage der Schimpansen zu verbessern. Das Bild des allmächtigen Forschers, der alles im Griff hat, war eine Lüge. *Ich war machtlos* – und sobald ich das endlich zugeben konnte, empfand ich eine enorme Erleichterung. Ich konnte immer noch jeden Tag zur Arbeit gehen und mein Bestes tun, um den Schimpansen zu helfen, aber um keinen Preis der Welt würde ich mich je in William Lemmon verwandeln.

Sobald ich diese Tatsache akzeptiert hatte, schwand mein Bedürfnis nach Alkohol. Ich hörte auf, nach der Arbeit durch die Kneipen zu ziehen. Und ziemlich bald hörte ich ganz zu trinken auf.

Ende 1977 stellte ich meinen Forschungsantrag an die National Science Foundation (NSF): Ich wollte untersuchen, »ob es möglich ist, daß ein neugeborener Schimpanse die Gebärdensprache von seiner gebärdenden Schimpansenmutter lernt«. Zumindest ein Mitglied des NSF-Prüfungsausschusses fand mein Ansinnen lächerlich, befürwortete jedoch die Bewilligung von Forschungsmitteln, damit endlich erwiesen wäre, daß ich mich irrte. Und Anfang 1978 erhielt ich den Bescheid, daß mein Antrag genehmigt worden sei, allerdings unter der Voraussetzung, daß Washoe trächtig würde. Das war wohl das erste Mal in der Geschichte, daß ein NSF-Forschungsauftrag von einem Schwangerschaftstest abhing.

Unterdessen hatte ich fieberhaft nach einem Asyl für die Schimpansen gesucht. Mit mehreren Universitäten in Texas und im Südwesten hatte ich bereits gute Kontakte hergestellt, und jedesmal, wenn ich in ein Flugzeug stieg, studierte ich die Landschaft unter mir. Ich suchte nach Flüssen mit einem Altwasserarm – eine natürliche Zuflucht für Schimpansen, weil das Land nur von einer Stelle aus zugänglich und auf allen anderen von Wasser umschlossen ist. Entsprachen die Gegebenheiten meinen Vorstellungen, suchte ich die nächstgelegene Universität heraus, um mich zu erkundigen, ob ich dort einen Lehrauftrag bekommen könnte.

Die Zeit drängte immer mehr. Ich machte mir nicht nur um Washoe Sorgen, sondern um alle Schimpansen am Institut. Nach Temerlins Aufstand und dem Zusammenbruch der Ammenaufzuchtstudien war Lemmon zunehmend verbittert und immer weniger gewillt, sich mit den logistischen und finanziellen Problemen zu befassen, die ihm die Schimpansen verursachten. Inzwischen war er finster entschlossen, eine dauerhafte Lösung für sein »Schimpansenproblem« zu finden. Bisher hatte Lemmon stets eine klare Trennlinie zwischen der »weichen« Verhaltensforschung in seiner Schimpansenkolonie und den »harten« biologischen Experimenten an den Siamangs und den Schweinen in der Scheune gezogen. Aus diesem Grund waren Washoe und ich überhaupt hierher geraten: Lemmons Institut war die einzige Forschungseinrichtung in ganz Amerika, die weder biologische Faktoren noch Krankheiten studierte, sondern ausschließlich das Verhalten der Schimpansen.

Doch eines Tages im Jahr 1978 tauchten am Institut mehrere Männer in Geschäftsanzügen auf und inspizierten das Gelände. Lemmon sagte, sie seien von Merck, Sharp, Dome, einem großen Pharmaunternehmen, das auf der Suche nach einer

Schimpansenkolonie sei, um einen Impfstoff gegen Hepatitis B zu testen. Lemmon hatte sich um einen Auftrag beworben, mit dem die Schimpansen in Objekte der Krankheitsforschung verwandelt werden sollten. Hepatitis B würde sie nicht umbringen, sagte er, was strenggenommen stimmte. Ziel der Forschung war es, die Wirksamkeit des Impfstoffs auszuprobieren, und dazu mußten die Subjekte nicht sterben und obduziert werden. Der Impfstoff gegen Hepatitis B besteht aus Lebendvakzinen, das heißt aus lebenden, abgeschwächten Viren, und galt als zu gefährlich, als daß man ihn an Menschen testen konnte. Deshalb wollten die Forscher den Impfstoff Schimpansen injizieren und sie daraufhin mit Hepatitis-B-Viren infizieren, um festzustellen, ob die Krankheit ausbrach. Etwa einmal im Monat würde man sie dann anästhesieren, um ihnen Blut abzunehmen und eine Leberbiopsie durchzuführen: Wurden keine Hepatitis-B-Erreger in ihren Körpern gefunden, galt der Impfstoff als wirksam. In diese Kategorie würden die meisten Schimpansen fallen.

In meinen Augen bestand das Problem darin, daß manche Schimpansen dennoch zu Hepatitis-B-Trägern würden, und in manchen Fällen wären höchstwahrscheinlich Lebererkrankungen und vielleicht Leberkrebs die Folge. Darüber hinaus müßten die infizierten Schimpansen von den anderen isoliert und den Rest ihres Lebens in Einzelhaft gehalten werden. Lemmon war offensichtlich bereit, seine Schimpansen diesem Risiko auszusetzen. Kam seine Bewerbung durch, würde das Unternehmen eine hochmoderne Anlage am Institut einrichten und betreiben, und Lemmon wäre seine finanziellen Schwierigkeiten ein für allemal los.

Zum Glück erhielt nicht er den Auftrag, sondern ein biomedizinisches Labor in New York. Doch die Idee hatte sich nun in ihm festgesetzt, und er fing an, die medizinische Forschung nach anderen potentiellen Einnahmequellen zu sondieren. Die National Institutes of Health suchten nach einer Zuchtkolonie, und Lemmon schickte eine Bewerbung ein, mit der er sein Institut als Vorratslager für Schimpansenbabys zur Krankheitsforschung anbot. Aber auch dieser Antrag wurde abgelehnt.

Die Monate vergingen, und Lemmon war zunehmend verzweifelt. Früher oder später würde er eine Verwendungsmöglichkeit für seine Schimpansen finden, soviel war sicher.

Im Juni 1978 war Washoes Schwangerschaftstest positiv. Um ganz sicherzugehen, ließ ich noch einen zweiten Test durchführen und schickte die Ergebnisse an die National Science Foundation. Einen Monat später wurde die erste Rate meiner auf drei Jahre verteilten Forschungsmittel in Höhe von insgesamt 187000 Dollar überwiesen. Eine erfreuliche Nachricht. Das Geld würde nicht nur die Studie finanzieren, sondern mir auch eine gewisse Unabhängigkeit von Lemmon garantieren und Washoes Baby vor allen Plänen schützen, die Lemmon womöglich mit ihm im Sinn hatte. Denselben Schutz wollte ich auch Ally, Washoes Partner, angedeihen lassen – unabhängig davon, ob ich ein Asyl fand oder nicht. Ally sollte Teil meiner Studie sein, weil er seine Gebärden ausgezeichnet beherrschte und außerdem wahrscheinlich der Vater von Washoes Kind war. Wenn Washoe und Ally zusammenlebten, hätte das Neugeborene eine richtige Familie sprechender Schimpansen, in der es Gebärden lernen konnte.

Washoe und ich unternahmen nun regelmäßige Ausflüge in den Wald. Ich füllte meine Taschen mit Äpfeln, Trockenobst und anderen Leckerbissen, für die sie schwärmte. Im Wald angelangt, nahm ich ihr die Leine ab, damit sie auf Bäume klettern konnte, so oft sie wollte. Später, als ihre Schwangerschaft weiter fortgeschritten war, zog sie es vor, einfach unter Bäumen zu sitzen und sich zu entspannen. In solchen ruhigen Augenblicken groomte sie mich und suchte sorgfältig meine Haare und Ohren ab; ich erwiderte ihr den Gefallen und groomte ihr Arme, Schultern und Rücken.

Washoe wußte, daß sie wieder schwanger war, daran bestand kein Zweifel.

WAS IN DEINEM BAUCH? fragte ich sie.

BABY, BABY, antwortete sie und wiegte ein imaginäres Kind im Arm.

Durch Washoes Schwangerschaft war es um so dringender geworden, endlich ein neues Heim für sie zu finden. Als ich in Pasadena, Kalifornien, in der LSB Leaky Foundation einen Vortrag über die Gebärdensprache bei Schimpansen hielt, erfuhr ich von Joan Travis, der Leiterin der Stiftung, daß ein Drehbuchautor, der an einer Geschichte über Menschenaffen arbeitete, mich unbedingt noch am selben Abend sprechen wollte. Schon mehrmals hatten sich Drehbuchautoren an mich gewandt; doch die Schimpansen, die in ihren Filmen vorkamen, waren anscheinend alle nur Spaßmacher am Rande einer Liebesgeschichte zwischen Menschen, und das interessierte mich einfach nicht. Aber Joan zuliebe stimmte ich zu, den Autor nach meinem Vortrag bei ihr zu Hause zu treffen. Ich rechnete mit einem fünfzehnminütigen Austausch von Höflichkeiten, mehr nicht.

Der Autor war Robert Towne, der die Drehbücher für *Chinatown, The Last Detail* und *Shampoo* geschrieben und einen Oscar erhalten hatte. Die Geschichte, an der er derzeit arbeitete, war Tarzan, eine Figur, die mir immer sehr lieb gewesen war. Die Tarzanstory von Edgar Rice Burroughs ist die Umkehrung von Washoes Geschichte: Ein Menschenfindling, der von einer Schimpansengemeinschaft in Afrika aufgezogen wurde, erkennt als Erwachsener, daß er nicht nach England »heimkehren« kann, weil der Dschungel sein Zuhause und die Schimpansen seine Familie sind.

Towne versuchte schon seit Jahren, sein Tarzanprojekt zu verwirklichen. Sein Film sollte originalgetreuer werden als alle seine Vorgänger. Ich war beeindruckt von seinem Engagement für den Erhalt der Wildnis und seinen bisherigen Recherchen über Afrika und wilde Schimpansen. Warner Brothers investierte Millionen in Townes Projekt mit dem Titel *Greystoke: Die Legende von Tarzan, Herrn der Schimpansen*, und das Studio hatte Towne die Regie zugesagt.

Towne plante, in Afrika zu drehen, und zwar mit Menschen in Schimpansenkostümen: Ich sollte mit den Darstellern arbeiten, damit wir ein möglichst naturgetreues Schimpansenverhalten zustande brächten. Bis zum Morgengrauen redeten wir über die Geschichte, und irgendwann im Lauf der Nacht kam mir eine Idee: Warum sollte man bis nach Afrika reisen, nur um kostümierte Menschen zu filmen, wenn es in Oklahoma eine Gemeinschaft *echter* Schimpansen gab? Statt Millionen auszugeben, um am anderen Ende der Welt einen Film zu drehen, könnte das Studio auf einer Insel in Oklahoma den afrikanischen Dschungel nachstellen. Dann würden wir Washoe und ihre Freunde auf die »afrikanische« Insel bringen, und die Kameraleute könnten sämtliches Schimpansenverhalten aufzeichnen, das Towne interessierte: Groomen, Imponiergehabe, Angriffe, Mutterverhalten, Freundschaft, Werkzeuggebrauch. Dieses Material könnte er bearbeiten und seine menschlichen Darsteller nur für die Szenen einsetzen, die er nicht hatte filmen können.

Je länger wir darüber sprachen, desto besser gefiel Towne die Idee. Ein eindeutiger Vorteil ergab sich zumal für eine frühe, wesentliche Szene des Films, in der Kala, Tarzans Schimpansenmutter, ein Kind zur Welt bringt. Ihr Neugeborenes stirbt, woraufhin Kala ihre mütterlichen Gefühle dem menschlichen Baby Tarzan zuwendet, das sie im Dschungel gefunden hat. Wenn Towne in Afrika drehte, müßte er die Geburtsszene mit einem als Schimpanse verkleideten Menschen und einer Puppe als Baby drehen, in Oklahoma jedoch würde Washoe schon in wenigen Monaten, im Januar, ihr Kind bekommen. Von meinen NSF-Geldern hatte ich 5000 Dollar für den Bau eines speziellen Geburtskäfigs für Washoe vorgesehen, damit ich ihre ersten Interaktionen mit ihrem Baby filmen konnte. Towne hingegen konnte kraft Unterstützung von Warner Brothers eine noch viel bessere Geburtsumgebung einrichten und erstklassiges Filmmaterial drehen. So ließe sich die Geburt von Washoes Kind einerseits für die Wissenschaft und andererseits für das Kinopublikum auf der ganzen Welt festhalten.

Aber der eigentliche Zweck meines Plans bestand in seinem langfristigen Vorteil: Nach dem Abschluß der Dreharbeiten könnte die »afrikanische Insel« in Oklahoma ein dauerhaftes Asyl für die Schimpansen des Instituts werden: Wenn ihnen schon die Rückkehr nach Afrika verwehrt war, könnte Hollywood statt dessen ein Stück Afrika nach Nordamerika bringen. Davon würden alle profitieren: Die Schimpansen kämen aus ihrem Gefängnis frei und blieben von der Krankheitsforschung verschont, und Lemmon wäre sein Schimpansenproblem ein für allemal los. Und ich hätte einen sicheren Hafen für Washoe und die anderen gefunden, ein Ziel, für das ich andernfalls jahrelang verhandeln und um finanzielle Unterstützung betteln müßte.

Towne konnte Warner Brothers die Idee bald schmackhaft machen. Nachdem er sämtliche Schimpansen des Instituts einsetzen wollte, mußte ich Lemmons Zustimmung einholen, was angesichts seines Wunsches, die Schimpansen loszuwerden, kein Problem war: Er war geradezu begeistert, zumal ihm dabei Geld und die Aufmerksamkeit der Medien winkten. Wie nicht anders zu erwarten, bestand er darauf, die Verantwortung für das Projekt selbst zu übernehmen: Er dankte mir und verkündete, fortan werde *er* mit Robert Towne und Warner Brothers verhandeln. Das war mir recht; ich hatte ja schon bekommen, was Washoe und ich brauchten.

Lemmon erhielt von Warner Brothers 25 000 Dollar für den Bau eines großen, abgeschiedenen Geburtskäfigs mit Einwegscheiben und Luken für die Kameras. Carlo Rimbaldi, der die Kostüme für *E.T. Der Außerirdische* entworfen hatte, besuchte das Institut, um zu prüfen, ob seine Schimpansenkostüme für *Greystoke* so realistisch waren, daß sie sich neben echten Schimpansen verwenden ließen. Tatsächlich waren seine Kostüme derart überzeugend, daß Ally auf einen der Darsteller im Schimpansenkleid losging und auf seinen mechanisch verlängerten Arm eindrosch – um gleich darauf, entsetzt über den »stählernen Schimpansen«, die Flucht zu ergreifen.

Unterdessen forschte Robert Towne nach brauchbaren Orten in der Nähe des Instituts, wo er seinen afrikanischen Set aufbauen konnte. Lemmon fand eine zum Verkauf stehende große Insel mitten im Canadian River, der durch Norman fließt. Sie schien perfekt. Eines Tages, als Towne wieder einmal zu Besuch war, sattelte Lemmon mehrere Pferde, um Townes Mannschaft zu der vorgesehenen Insel zu bringen. Mich forderte er nicht auf, mitzukommen, aber das war mir gleichgültig. Ich wollte nur, daß Towne das Land kaufte, so daß dem künftigen Schimpansenasyl nichts mehr im Weg stünde. Früh am Morgen brachen sie zu ihrer Besichtigungstour auf und wollten den ganzen Tag unterwegs sein.

Am späten Nachmittag – ich arbeitete zu Hause – erschien ohne Vorwarnung ein wutschnaubender Robert Towne an meiner Tür. Er war fuchsteufelswild.

»Ich will mit dem Kerl nichts zu tun haben«, schnaubte Towne; er sprach von Lemmon: »Er ist völlig irr – ständig hat er auf sein armes Pferd eingeprügelt.« Wie sich herausstellte, war Lemmons Pferd ohnehin schon zu alt, um noch geritten zu werden, aber was schlimmer war: Lemmon hatte den größten Teil des Tages damit verbracht, das arme Tier zu treten.

Für Robert Towne war dieser Zwischenfall der Tropfen, der das Faß zum Überlaufen brachte. Lemmons Gefühllosigkeit und Machtbesessenheit hatte er schon kennengelernt, aber inzwischen hatte er außerdem den Verdacht, daß Lemmon soviel Geld wie möglich aus Warner Brothers herausholen wollte. Unglücklicherweise konnte man ihn nicht einfach übergehen: Schließlich *besaß* Lemmon die Darsteller, das heißt die Schimpansen – ihretwegen war Towne überhaupt nach Oklahoma gekommen. Niemals würde William Lemmon die Schimpansen für einen Film herausrücken, in dem seine Mitwirkung nicht eigens erwähnt wurde. Towne sagte, es tue ihm sehr leid, aber er müsse seinen Film anderswo drehen.

Ich war am Boden zerstört. Mein Traum war zum Greifen nahe gewesen – und jetzt fiel das Projekt ins Wasser. Aber das war noch nicht alles: Ich war mir derart sicher gewesen, daß ich die Verhandlungen mit mehreren anderen Universitäten, die ich vielleicht für die Sache der Schimpansen hätte gewinnen können, abgebrochen hatte. Ich war wieder auf dem Nullpunkt angelangt.

Ich war nicht der einzige, dessen Hoffnungen auf *Greystoke* zerschlagen wurden. 1982, nachdem Towne nahezu ein Jahrzehnt seines Lebens der Tarzangeschichte gewidmet hatte, entzog ihm das Studio den Film. Als wir uns das nächste Mal trafen, sagte er zu mir: »Mir kommt es vor, als hätten wir uns zuletzt bei der Beerdigung eines guten Freundes gesehen.«

»Mir geht es ganz genauso«, antwortete ich. *Greystoke* war für uns beide ein schwerer Schlag gewesen. Towne verlor seinen Film, Washoe und ich verloren unser Asyl.

Warner Brothers verlangte nie die 25 000 Dollar zurück, die Lemmon erhalten hatte. Ich habe keine Ahnung, was er mit dem Geld anfing, den Geburtskäfig baute er jedenfalls nicht. Ich bedrängte ihn immer wieder, aber er vertröstete mich nur. Im Dezember, einen Monat vor dem Termin, konnte ich nicht länger warten. Ohne eigenen Käfig hätte Washoe keine Ruhe, und ich könnte die Geburt nicht filmen.

Ich schrieb die 25 000 Dollar ab und beschloß, den Geburtskäfig mit den 5000 Dollar von den NSF-Forschungsmitteln selbst zu bauen. Ich fertigte einen Entwurf an und holte Angebote ein. Aber Lemmon bootete mich wieder aus: Mein NSF-Geld wurde von der Universität verwaltet, und Lemmon rückte dem Rektor, der ebenfalls einer seiner ehemaligen Studenten war, so lange auf den Pelz, bis er *ihm* die 5000 Dollar aushändigte. Meinen Entwurf lehnte er ab und baute den Käfig selbst. Allerdings erst nach Neujahr: für die Geburt war es zu spät.

Am 8. Januar um sieben Uhr morgens erhielt Debbi einen Anruf von der Hauptkolonie. Ein Mitglied unseres Teams hatte auf dem Boden von Washoes Käfig Blut mit Wasser entdeckt. Die Fruchtblase war geplatzt, die Wehen begannen. Auf der Stelle eilte ich hinüber, um bei ihr zu sein.

In der Wildnis verläßt die Schimpansin kurz vor der Niederkunft ihre Gruppe, um ihr Kind allein, in der Abgeschiedenheit des Dschungels zur Welt zu bringen. Dieses Bedürfnis nach Einsamkeit ist so stark, daß selbst in der Gefangenschaft die Geburt eines Schimpansen in geheimnisvolles Dunkel gehüllt ist. Oft bemerken die Pfleger gar nicht, wenn eine Schimpansin trächtig ist, sondern entdecken eines Morgens ein Neugeborenes im Käfig. Trächtige Schimpansinnen schieben den

Beginn der Wehen so lange hinaus, bis die Pfleger das Gebäude verlassen haben. Aber Washoe war nicht einmal diese kurzfristige Privatsphäre vergönnt: Sie mußte ihr Kind in einem winzigen, knapp drei Quadratmeter großen Käfig zur Welt bringen, direkt neben dem größeren Gehege, in dem die fünfundzwanzig hocherregten, schreienden Schimpansen der Hauptkolonie untergebracht waren.

KOMM UMARMEN, deutete Washoe, als ich an ihren Käfig kam.

Sobald die Wehen begannen, war meine Sorge über ihre mangelnde Einsamkeit rasch verschwunden. Sie schien auf einmal in einem anderen Bewußtseinszustand, weit entfernt von mir und allem anderen ringsum. Sie wußte sehr genau, was sie tat, als sie verschiedene Stellungen einnahm, um die Schmerzen erträglicher zu machen und die Wehen voranzutreiben. Eine ihrer Lieblingspositionen war mit dem Kopf nach unten und das Hinterteil in die Höhe gereckt – manchmal stand sie fast auf dem Kopf, während sie sich mit einer Hand am Käfig abstützte. Als die Kontraktionen stärker wurden, verzerrte sie das Gesicht und stieß scharfe »Ah«-Laute aus. Zwischen den Wehen lag sie auf der Seite oder auf dem Rükken und bat mich, ihr Sachen zu essen und zu trinken zu holen, wie Lutscher und Eiswürfel. Nachdem ich bei Debbi drei Geburten miterlebt hatte, waren mir diese Wünsche nur zu vertraut. Besonders stark war ihr Kommunikationsbedürfnis während der Wehen, und ich staunte, wie Washoe unter derart extremem körperlichen und seelischen Streß noch gebärden konnte.

Bei wilden Schimpansinnen dauern die Wehen in der Regel eine bis zwei Stunden. Aber bei dem Lärm unmittelbar nebenan und den Schlägen ans Käfiggitter zog sich der Prozeß bei Washoe in die Länge. Nach vier zermürbenden Stunden, um 11.57 Uhr, stellte sich Washoe auf beide Füße und eine Hand und hielt die andere Hand unter und hinter sich. Dann gebar sie ihr Kind geschickt in die wartende Hand. Unmittelbar darauf hob sie das Baby an ihre Brust und begrüßte es auf Schimpansenart, indem sie laut japsend ihren Mund auf den seinen legte. Ich konnte nicht sehen, ob das Baby weiblich oder männlich war.

Washoe begann nun, das Ohr des Babys zu groomen, und erst jetzt sah ich, daß die Nabelschnur eng um seinen Hals geschlungen war. Es wirkte wie tot. Washoe drückte das reglose Kind an die Brust und baute sich ein Nest in einem alten Reifen, in dem sie beide liegen konnten. Sie küßte ihr Baby und saugte ihm den Schleim aus Mund und Nase, dann atmete sie ihm mehrere Male in den Mund. Ich hielt den Atem an, doch trotz Washoes hervorragender mütterlicher Instinkte lag das Baby leblos in ihren Armen und bewegte sich nicht.

Washoe biß nun die Nabelschnur vom Hals des Kindes und beseitigte damit eine mögliche Atemnot. Minuten später tat sie dasselbe wie ein Arzt, wenn er dem Neugeborenen einen Klaps versetzt, indem sie sanft mit den Zähnen an den winzigen Fingern knabberte, und auf einmal quiekte das Baby. Ich seufzte tief vor Erleichterung. Ein paar Minuten später stieß Washoe die nährstoffreiche Plazenta aus und aß sie auf. Dieses Verhalten mag seltsam erscheinen, aber es ist allen Säugetieren gemeinsam – auch in manchen menschlichen Kulturen ist es üblich –, und in Washoes Zustand erhöhten Mutterinstinktes schien es vollkommen selbstverständlich.

Ich sah, daß ihr Kind sich noch immer nicht richtig an ihr festhalten konnte. Washoe hörte nicht auf, es zu groomen und immer wieder zu beatmen. Das Baby griff kurz mit einer Hand in Washoes Fell, doch abgesehen davon blieb es weitgehend schlaff. Endlich, nach drei Stunden, legte Washoe das Baby beiseite, wie sie es mit ihrem ersten Kind getan hatte. Das war kein gutes Zeichen. In der Wildnis legt eine Schimpansenmutter nur ein totes Kind ab. Ich traf dieselbe qualvolle Entscheidung wie beim letzten Mal und nahm Washoes Baby aus dem Käfig. Es lebte, aber es war sehr schwach und sichtlich in Not. Als ich es im Arm hielt, sah ich, daß es ein Junge war.

Ich brachte das Baby zu uns nach Hause; es hatte Fieber. Debbi und ich blieben den größten Teil der Nacht bei ihm und flößten ihm Flüssigkeit ein, um einer Dehydrierung vorzubeugen, und am Morgen hatten wir seine Temperatur stabilisiert, aber es wurde weiterhin intravenös und mit dem Fläschchen ernährt. Wir nannten es Sequoyah nach jenem Indianerhäuptling aus Oklahoma, der die schriftliche Sprache der Cherokee erfunden hatte.

Am selben Nachmittag brachten wir Sequoyah zu seiner Mutter zurück. Washoe war sehr aufgeregt, als sie ihr Kind sah, und legte es gleich an die Brust. Aber sein Saugreflex war schwach. Jedesmal, wenn Washoe sich auch nur ein wenig bewegte, glitt die Brustwarze wieder aus seinem Mund. Das war nicht sehr ermutigend: Wenn Sequoyah zu schwach zum Saugen war, würde er nicht überleben. Noch einmal beschloß ich, das Kind von seiner Mutter zu trennen, damit wir sichergehen konnten, daß es richtig ernährt wurde. Aber diesmal sträubte sich Washoe, und wir mußten sie unter Narkose setzen, um ihr das Kind abnehmen zu können.

Ich war jetzt fest entschlossen, Sequoyah soweit aufzupäppeln, daß er sich das nächste Mal an Washoe festhalten und saugen konnte; deshalb beschloß ich, die beiden für zwei Wochen voneinander zu trennen. Wir fütterten Sequoyah mit menschlicher Muttermilch, die stillende Mütter aus der Gegend gespendet hatten, um eventuellen allergischen Reaktionen gegen synthetische Präparate vorzubeugen. Wir benutzten auch einen anderen Sauger für das Fläschchen, der mehr Kraftaufwand erforderte, in der Hoffnung, auf diese Weise seinen Saugreflex zu stärken.

Wir mußten auch an Washoe denken. Sie war sehr niedergeschlagen, und ich fürchtete, sie könnte während der Trennung ihren Mutterinstinkt völlig verlieren, deshalb gab ich ihr ein anderes Schimpansenbaby zur Pflege: Abendigo war zwei Jahre alt, bereits entwöhnt, und hatte bis zur Vorwoche mit seiner leiblichen Mutter zusammengelebt. Washoe nahm Abendigo sofort an und verbrachte die meiste Zeit damit, das neue Baby zu halten.

Nach zwei Wochen ging ich zu Washoes Käfig und verkündete ihr mit Gebärden, ihr eigenes Baby käme jetzt zurück. Sie war sehr aufgeregt und wiederholte in einem fort BABY. Als ich ihr ein paar Minuten später Sequoyah brachte, drückte sie ihn sofort an sich und groomte seine Ohren und sein Gesicht. Doch sobald er zu saugen begann, verzog Washoe das Gesicht und wich zurück, so daß er die Brustwarze verlor.

Es war Zeit für ein ernsthaftes Gespräch über das Stillen. Ich stieg zu Washoe in den Käfig und deutete ihr, sie müsse ihr Baby füttern. Washoe weigerte sich. Ziemlich rasch artete mein »Beratungsgespräch« zu einer erbitterten Auseinandersetzung aus, aber mitten im Streit bemerkte ich, daß Sequoyah wieder in ihrem Fell zu wühlen begann. Rasch rückte ich seinen Kopf so zurecht, daß er an Washoes Brust lag und zu saugen begann. Washoe sah auf ihn hinunter, dann funkelte sie mich wütend an und stieß einen markerschütternden Schrei aus. Ich zog rasch einen Lutscher aus der Hosentasche und steckte ihn ihr in den offenen Mund. Erschrocken und irritiert nahm sie das Ding heraus und blickte auf Sequoyah hinunter, der inzwischen recht kräftig saugte. Sie wollte ihn wieder von sich schieben, aber ich tadelte sie mit einem sanften »Ah, ah«, bis sie schließlich nachgab und ihn saugen ließ. Nach etwa sieben Minuten döste Sequoyah ein. Ein paar Stunden später versuchte er wieder zu saugen, und diesmal mußte ich nichts weiter tun, als Washoe streng anzuschauen. Von nun an ging das Stillen ohne Probleme vonstatten.

Als Sequoyah ein paar Wochen alt war, sah die Lage allmählich besser aus. Lemmon hatte endlich Washoes neuen, geräumigeren Käfig in der Schweinescheune fertig. An einem kalten Morgen Mitte Februar verlegten wir die gesamte Familie – Washoe, Ally und Sequoyah – aus der Hauptkolonie in ihr neues Quartier.

Doch bald merkte ich, daß Lemmon für den Bau des neuen Käfigs rasiermesserscharfes Streckmetall verwendet hatte, statt des sicheren Maschendrahts, den ich verlangt hatte. »Schimpansensicher« nannte er diese idiotische Konstruktion – das hieß, daß kein Schimpanse je wagen würde, sich am Gitter zu schaffen zu machen. Meine Studenten und ich begannen sofort damit, von Hand Hunderte tödlicher Kanten abzufeilen.

Aber es war unmöglich, alle rechtzeitig abzuschleifen. Schon in der ersten Woche schnitt sich Sequoyah an einer scharfen Kante eine Zehe auf. Trotz unserer lokalen Behandlung infizierte sich die Wunde, und er wurde zusehends schwächer; er konnte sich kaum noch an seiner Mutter festhalten. Und als wäre das nicht genug, ging eines Nachts die Propangasheizung in der Schweinescheune aus. Normalerweise sagten die Pfleger Lemmon Bescheid, wenn die Gasflasche sich dem Ende zu neigte, woraufhin er eine neue bestellte. Aber diesmal war kein Gas mehr da, und in der Scheune sank die Temperatur auf minus 3 Grad Celsius. Am nächsten Morgen fanden wir Washoe und Sequoyah in der Kälte eng aneinandergeschmiegt.

Ein paar Tage später hatte Sequoyah eine schwere Erkältung, und Washoe verbrachte viele durchwachte Nächte damit, ihm den Schleim aus Nase und Mund zu saugen, bis zu zwanzigmal in der Stunde. Doch trotz ihres unermüdlichen Eifers ging es Sequoyah immer schlechter.

Am 8. März hatte Sequoyah eine so schwere Lungenentzündung, daß Washoe nicht mehr damit zurechtkam und wir Mutter und Kind abermals trennen mußten. Als Washoe mich mit der Spritze in der Hand auf sich zukommen sah, schrie sie mich an und deutete: MEIN BABY, MEIN BABY. Sie wußte genau, daß ich sie wieder »niederstrecken« wollte. Hastig brachte ich Sequoyah ins städtische Krankenhaus von Norman, aber die Ärzte weigerten sich, ihn aufzunehmen. »Schimpansen sind hier nicht erlaubt«, beharrten sie. In unserer Verzweiflung richteten Debbi und ich eine provisorische Krankenstation in unserem Eßzimmer ein. Wir hatten ziemlich regelmäßig Besuch von Schimpansen, aber dieser Besuch war anders, und unsere Kinder, die inzwischen drei, acht und elf Jahre alt waren, begriffen sofort, daß etwas Schlimmes vor sich ging. Debbi und ich konnten unsere Angst nicht verbergen. Die ganze Familie scharte sich um den Eßzimmertisch, auf dem in Dekken gewickelt Washoes Sohn lag. Ich hielt Sequoyahs winzige Hand und betete stumm zu Gott, sein Leben zu retten.

Am Abend rief ich unseren Kinderarzt und Freund Dr. Richard Carlson an und bat ihn, herzukommen und uns einen Rat zu geben, was wir tun könnten, um Sequoyah zu stärken. Carlson untersuchte ihn und stellte fest, daß seine Lungenentzündung bakteriell bedingt war: Vermutlich hatte sich die Staphylokokken-Infektion an seiner Zehe ausgebreitet und sich in der Lunge festgesetzt. Das Baby war so schwach, daß es inzwischen nichts mehr greifen und festhalten konnte, und die Prognose war sehr düster. Wir legten Sequoyah unter ein Aerosolzelt und verabreichten ihm mittels Vernebler Ampicillin. Carlson führte ein Röhrchen in Sequoyahs Nase, damit er das zerstäubte Mittel leichter einatmen konnte. Bis elf Uhr nachts blieb er bei ihm, dann lösten Debbi und ich ihn ab.

Sequoyah starb am nächsten Tag, dem 9. März, um vier Uhr nachmittags. Debbi, die Kinder und ich waren starr vor Schmerz. Dieses entzückende Kind, dessen Geburt wir erst zwei Monate zuvor gefeiert hatten, war tot. Es war schwer zu glauben; vor allem war es so unnötig, das war das Schlimmste. Ich grübelte die ganze Nacht, was ich falsch gemacht hatte. Hätte ich nur mehr gekämpft, um einen besseren Käfig zu bekommen. Hätte ich nur auf einer besseren Heizung bestanden. Hätte ich nur früher erkannt, daß die Infektion an der Zehe systemische Antibiotika erforderte, um einer bakteriellen Lungenentzündung vorzubeugen. Hätte ich Sequoyah nur in Washoes Obhut gelassen. Sie hatte es besser verstanden als wir, ihrem Sohn den Schleim aus Nase und Mund zu entfernen. Die Wahrheit ist natürlich, daß Sequoyah verloren war, nachdem seine Lungenentzündung dieses schwere Stadium erreicht hatte: Dann konnte nichts ihm das Leben retten, nicht einmal die beste Mutter der Welt – die Washoe offensichtlich war.

Am meisten fürchtete ich mich davor, Washoe erzählen zu müssen, was geschehen war. Früh am nächsten Morgen ging ich zu ihr. Als sie mich kommen sah, hob sie die Brauen und fragte: BABY? Sie beließ die zur Wiege gefalteten Arme in dieser Haltung, um ihrer Frage Nachdruck zu verleihen. Ich beugte mich zu ihr und versuchte, soviel Mitgefühl wie möglich in meinen Gesichtsausdruck zu legen; ich faltete ebenfalls

Arme, dann streckte ich beide Hände vor mir aus, die linke Handfläche nach unten gewandt, die rechte nach oben. Und dann drehte ich beide Hände um zum Zeichen für Tod: BABY TOT, BABY WEG, BABY VORBEI.

Washoe ließ die Arme in den Schoß fallen. Sie wich in die hintere Ecke zurück und wandte den Blick ab; ihre Augen waren leer. Ich blieb noch eine Weile sitzen, aber mir war klar, daß ich nichts mehr sagen oder tun konnte.

Ich verließ Washoe und ging zu unserem allwöchentlichen Treffen in Lemmons Büro. Während ich dasaß und über Sequoyahs Tod und Washoes Schmerz klagte, fiel mir auf, daß Lemmon ungewöhnlich vergnügt war; er schien eine geradezu diebische Freude an meinem Elend zu empfinden. Und als ich begann, mich über den gefährlichen Käfig zu beschweren, den er für Sequoyah gebaut hatte, unterbrach er mich.

»Wissen Sie, Roger«, sagte er, »vor längerer Zeit habe ich mal einen Viehtransporter aus diesem Streckmetall gebaut. Bis ich zum Markt kam, waren die Rinder völlig zerschnitten.« Und er lachte.

Ich hatte mir von William Lemmon eine Menge bieten lassen, aber jetzt hatte er das Leben eines Neugeborenen auf dem Gewissen. Als ich aufstand und ging, wußte ich, daß es das letzte Mal war.

Mit einem Mal hatte sich schon wieder ein Abgrund vor mir aufgetan. Erst vier Monate zuvor war alles gut gelaufen. Washoe war schwanger, man hatte mir die größte Forschungssumme meiner Laufbahn bewilligt, und, was das Beste war, wir hatten Aussicht auf ein Schimpansenasyl auf der *Greystoke*-Insel. Mein Leben hatte sich so vollständig gewandelt, daß ich seit Monaten keinen Tropfen Alkohol angerührt hatte. Jetzt stand ich wieder auf der Kippe. Mit unserem Asyl war es vorbei, Washoes Baby war tot, Washoe selbst zutiefst deprimiert, was nur zu verständlich war. Und ohne Sequoyah würde sich auch mein Forschungsauftrag in Rauch auflösen.

Ich mußte sämtliche Kräfte aufbieten, um nicht in die nächste Kneipe zu fahren. Ich tat es nicht. Ich war zu wütend auf Lemmon, um aufzugeben und ihm den endgültigen Sieg zu überlassen. Und ich machte mir zu große Sorgen um Washoe. Ein neues Zuhause für sie war auf einmal eine Frage von Leben und Tod.

Ich ging schnurstracks zum Rektor und verlangte von der Universitätsverwaltung, Washoe und mir eine neue Unterkunft auf dem Universitätsgelände zur Verfügung zu stellen. Er druckste herum. Daraufhin sagte ich ihm, ich hätte nicht nur die Absicht, der NSF die gesamten Forschungsmittel zurückzugeben, sondern würde den Ausschuß auch genau informieren, was mit Washoes Sohn geschehen sei. Damit gewann ich seine Aufmerksamkeit.

Wenige Tage später rief der Rektor mich an und teilte mir mit, wir könnten die Baracken auf dem aufgegebenen Flugplatz South Base beziehen. Es war zwar nicht die afrikanische Insel, von der ich geträumt hatte, aber immerhin ein Schritt in die richtige Richtung, ein Schritt, der Washoe Lemmons Zugriff entziehen würde.

Nachdem zumindest dieses Problem gelöst war, wandte ich mich dem viel größeren Problem zu, Washoe aus ihrer tiefen Depression herauszuhelfen. Drei Tage lang empfing mich Washoe jeden Morgen mit derselben Frage: BABY? Und jedesmal antwortete ich wie zuvor: BABY TOT. Washoe saß nur noch in der Ecke und verweigerte jede Interaktion mit uns. Sie sprach fast nicht mehr. Ich brachte Ally in ihren Käfig in der Hoffnung, daß er sie in ihrer Trauer trösten könnte. Aber nicht einmal Ally, der so energiegeladen und munter war wie immer, vermochte Washoe aufzuheitern.

Mit jedem Tag, der verging, wuchs unsere Sorge um Washoe. Es steht außer Frage, daß Schimpansen wissen, was Tod bedeutet, in der Wildnis wie in der Gefangenschaft. Das ist mit ein Grund ihrer schrecklichen Angst vor dem todesähnlichen Zustand der Narkose. Aus der Art, wie Washoe verstummte und sich so vollständig zurückzog, schloß ich, daß sie die Endgültigkeit von Sequoyahs Tod begriffen hatte. Aber wie die Menschen können anscheinend auch die Schimpansen den

Tod nicht ohne weiteres hinnehmen: Washoes tägliche Frage nach Sequoyah war unserer menschlichen Verdrängung des Todes sehr ähnlich, unserer hartnäckigen Weigerung, den plötzlichen Verlust eines geliebten Wesens zu akzeptieren. Es war, als sagte sie: »Bist du wirklich sicher, daß er tot ist? Gibt es nicht noch irgendeine winzige Hoffnung, an die ich mich klammern kann?«

Nach drei Tagen hörte Washoe auf, mich nach Sequoyah zu fragen. Offenbar hatte sie jetzt akzeptiert, daß er tot war. Aber dadurch wurde ihr Schmerz nur noch größer. Sie aß nichts mehr, und Debbi und ich gerieten in Panik. Noch nie hatten wir Washoe depressiv erlebt, nicht einmal nach dem traumatischen Umzug nach Oklahoma: Washoe war einfach nicht der depressive Typ, sie ließ sich nie unterkriegen – um so schlimmer war es, sie so vollkommen lethargisch und niedergeschlagen zu erleben. Sie, die sonst mit allen Situationen zurechtkam, glitt immer tiefer in völlige Finsternis davon. Und wir fanden keinen Weg, um sie aufzuhalten. Washoe sagte uns immer wieder, daß sie ihr BABY wollte, und wir konnten nichts tun, um ihren Schmerz zu lindern.

Schon zu oft hatte ich erlebt, wie ein Schimpanse sich zu Tode grämte. Wenn ich nicht bald etwas unternahm, würde Washoe an ihrer Trauer und der Nahrungsverweigerung zugrunde gehen. Aber sie sterben zu lassen war undenkbar – sie gehörte doch zu unserer Familie.

Eine Hoffnung blieb uns noch. Abendigo, ihr »Pflegekind«, hatte Washoe akzeptiert. Vielleicht konnte ein neues Kind ihren starken Mutterinstinkt wiederbeleben und ihr damit neuen Lebensmut schenken. Irgendwie, irgendwo mußte ich ein Adoptivbaby für Washoe auftreiben.

10

Wie die Mutter, so der Sohn

Die nächsten Tage verbrachte ich mit der verzweifelten Suche nach einem Schimpansenkind als Ersatz für Sequoyah. Nach Dutzenden von Anrufen bei Primatenzentren im ganzen Land erklärte sich das Yerkes Regional Primate Research Center in Atlanta, Georgia, bereit, uns einen zehn Monate alten Schimpansenjungen namens Loulis abzutreten. Er war nach den beiden Wärterinnen benannt, die sich um ihn kümmerten: Louisa und Lisa. Loulis war bereits entwöhnt, was mich einigermaßen überraschte, denn normalerweise säugen Schimpansenmütter ihre Kinder mindestens vier Jahre. Ich nahm an, daß man ihn vorzeitig von seiner Mutter getrennt hatte. Dank seiner frühreifen Ernährungsgewohnheiten war Loulis der perfekte Kandidat für Washoe, denn so mußten wir Washoe nicht erst wieder mühsam überreden, ihn zu stillen.

Am nächsten Morgen machten wir uns mit einem Campingbus auf den langen Weg nach Atlanta; drei Studenten begleiteten mich. Das Yerkes Center, eine der größten amerikanischen Forschungseinrichtungen für Primaten, hatte ich schon immer besuchen wollen: Ihr Begründer Robert M. Yerkes, ein vergleichender Psychologe, war von Menschenaffen fasziniert gewesen und hatte zugleich großen Respekt vor ihnen. Yerkes war einer der ersten Forscher, die Schimpansen bei sich zu Hause aufzogen; 1925 hatte er die Vermutung geäußert, daß ein Schimpanse wohl in der Lage wäre, eine nichtverbale Sprache zu lernen. Vierzig Jahre später bestätigte Washoe seine Theorie.

Anfang der vierziger Jahre ging Yerkes in den Ruhestand, und zehn Jahre später verlegten seine Nachfolger das Zentrum von Orange Park, Florida, in eine hochmoderne Anlage an der Emory University. Nach dem Ausscheiden seines Begründers verlagerte sich der Schwerpunkt des Yerkes-Primatenforschungszentrums von der Verhaltensforschung auf biomedizinische Experimente an Schimpansen. Ich hatte jedoch gehört, daß das Zentrum sehr fortschrittlich sei und über Freigelände und Spielplätze verfüge, wo die Schimpansen zusammensein konnten.

Am Morgen des 22. März 1979, nach zwanzigstündiger Fahrt, kamen wir im Yerkes-Zentrum an. Ich starrte ungläubig aus dem Fenster, als wir vor dem Hauptgebäude vorfuhren: Es war eine mit Stacheldraht eingezäunte graue Betonfestung und sah aus wie das Hochsicherheitsgefängnis in Oklahoma, das ich einmal besichtigt hatte.

Nach der Begrüßung durch den Direktor Frederick King wurden wir in die Kinderstation geführt, in der Loulis die ersten Monate seines Lebens verbracht hatte. Nach dem Schild an der Tür, das »Kinderstube« verkündete, hatte ich ein warmes, freundliches Spielzimmer erwartet, eine Umgebung, wie Washoe sie im Garten der Gardners erlebt hatte. Aber wie sich zeigte, herrschte hier eher eine Orwellsche Sprachregelung: Diese »Kinderstube« war ein kahler Raum mit zwei Stahlkäfigen auf Rollen. Darin saßen sieben Schimpansenbabys und tranken Milch aus Flaschen, und unser Führer berichtete, die Forscher versuchten, die Babys über die Milch mit lebenden Leukämie-Viren zu infizieren. Ich mußte mich abwenden.

Danach wurden wir durch einen langen Korridor geführt, der aussah wie ein Gefängnis für Schwerverbrecher: eine Aneinanderreihung von Käfigen, alle von derselben Größe und Form, alle mit gewaltigen Stangen aus Stahl gesichert und absolut ausbruchsicher. In jeder Zelle, die etwa so winzig wie die Küche eines Apartments war, saßen oder standen ein bis zwei Schimpansen. Manche hatten denselben abwesenden, leeren Blick wie Washoe in der schlimmsten Phase ihrer Depression. Andere hämmerten gegen die Stahltüren und stießen bedrohliche *Pant-hoots* aus, als wollten sie uns für das, was ihnen angetan wurde, am liebsten umbringen. Es war schlimm genug, so viele kluge, fühlende, empfindsame Wesen zu sehen, denen jeder natürliche soziale Kontakt verwehrt wurde. Aber noch schlimmer war, daß ihre Käfige völlig leer waren – nicht ein Spielzeug, nicht ein Ast, nicht eine einzige Decke. Ich fragte mich, was Robert Yerkes wohl davon gehalten hätte. Ein knappes halbes Jahrhundert zuvor hatte er die äußerst gesellige Natur der Schimpansen mit der treffenden Bemerkung zusammengefaßt: »Ein Schimpanse allein ist kein Schimpanse.«[1]

Ich war wie vor den Kopf geschlagen, während wir diesen Tunnel abschritten. Mehrmals wäre ich beinahe ausgerutscht, denn der graue Betonboden war kurz zuvor mit Wasser und Chemikalien abgespritzt worden. Uniformierte Wärter patrouillierten durch die Gänge wie Gefängnisaufseher. Wir kamen an einer Unmenge von Zellen vorbei: es mußten Hunderte sein, mit Hunderten von Schimpansen – mehr, als ich in meinem Leben je gesehen hatte. Ich versuchte, mir Washoe in einem dieser Käfige vorzustellen, aber schon der Gedanke daran war zu qualvoll.

Endlich waren wir bei Loulis' Käfig angelangt. Er saß einfach da und starrte uns fragend an, mit riesigen Augen und entzückendem Babygesicht. Er wirkte völlig fehl am Platz – ein hilfloses Kleinkind, das in einem Hochsicherheitstrakt inhaftiert ist. Seine Mutter saß reglos in der anderen Ecke der Zelle. Ich warf einen Blick auf sie und brauchte nicht zu fragen, warum Loulis so früh entwöhnt worden war. Aus ihrem Kopf ragten vier Metallbolzen. Sie war ein Objekt der Implantationsforschung: Offensichtlich wurde an ihr mit Hirnstimulationen experimentiert, die in den siebziger Jahren ein sehr populäres Forschungsgebiet waren. Bei solchen Experimenten versuchten die Forscher das »Lustzentrum« und andere Steuerungszentren des Gehirns zu lokalisieren, um dann die Reaktionen des Schimpansen durch Stromstöße in diese Regionen zu belohnen oder zu bestrafen.

Worin das Experiment auch bestand, sicher war jedenfalls, daß Loulis' Mutter ihr Baby weder versorgen noch säugen konnte. Ich fragte mich, ob sie überhaupt wußte, daß es ihr Kind war. Während die Pfleger Loulis von seiner Mutter trennten, ging ich in die Verwaltung und unterzeichnete die

Entlassungspapiere. Bis zu dem Zeitpunkt hatte ich gedacht, es handle sich schlicht um eine Übertragung der Verantwortung, wie etwa bei der Verlegung eines Klinikpatienten, doch nun erfuhr ich, daß Loulis Eigentum von Yerkes war. Folglich konnte ich ihn entweder für 10000 Dollar kaufen oder ihn als Leihgabe mitnehmen. Ich besaß keine 10000 Dollar und mußte ihn also ausleihen. Die Papiere wurden ausgestellt, und ich unterschrieb.

Dann erschien ein Wärter im weißen Laborkittel mit einem Tragekäfig für Hunde. »Das wird nicht nötig sein«, sagte ich. Als ich Loulis aus dem Zwinger holte und in die Arme nahm, musterte mich der Wärter befremdet, als setzte ich mein Leben aufs Spiel, wenn ich ein Schimpansenbaby aus seinem Käfig befreite. Loulis klammerte sich fest an mich. Wir machten uns auf den Weg; und als wir ins helle Sonnenlicht hinaustraten, hatte ich das Gefühl, einem Alptraum entronnen zu sein.

Yerkes wurde stets als eines der humansten Forschungslabors gerühmt. Wenn Yerkes human war, wollte ich nicht wissen, was ein inhumanes Labor war. Das sollte ich allerdings bald mit eigenen Augen sehen. Jedes Labor, das ich in den folgenden Jahren besichtigte, brachte mich von neuem aus der Fassung, aber keine Erfahrung erschütterte mich so tief wie diese erste Besichtigungstour in Yerkes. Bis dahin hatte ich in einem akademischen Elfenbeinturm gelebt, der zwar von gefangenen, aber immerhin sozial regen Schimpansen bewohnt wurde. Abgesehen von meinem eintägigen Besuch in Yale im Jahr 1973 hatte ich das tragische Schicksal, das die Primaten überall sonst erdulden mußten, völlig verdrängt. Yerkes rüttelte mich wach.

Ich saß mit Loulis hinten im Campingbus, während meine Studenten sich am Steuer abwechselten. Loulis drückte seine kleine, warme Gestalt an mich und klammerte sich an mein Hemd. Er schien sich sicher zu fühlen. Aber irgendwo in der Nähe von Chattanooga, Tennessee, strebte er von mir fort. Ich fand, er brauchte den Körperkontakt, und versuchte ihn festzuhalten, doch seine Zähne teilten mir mit, daß er andere Pläne hatte.

Er begann, sämtliche Ecken und Fenster nach seiner Mutter abzusuchen. Hin und wieder stieß er einen leisen, klagenden Suchruf aus: »Hu, hu … hu, hu.« Als er bis zur Fahrerkabine vorgedrungen war, nahm ihn ein Student bei den Händen und drehte ihn um, so daß er mit seiner Suche von vorn beginnen konnte. Das tat er viele Male, bis er erschöpft war und neben meinen Studenten auf dem Teppichboden des Wagens einschlief.

Ich hätte über Loulis begeistert sein sollen, doch diese Suche nach seiner Mutter verursachte mir zwiespältige Gefühle. Mit meiner Entschlossenheit, Washoes Leben zu retten, hatte ich Loulis von der einzigen Bezugsperson getrennt, die er je gehabt hatte. Gewiß, seine Mutter war nicht in der besten Verfassung, sich um ihn zu kümmern, aber welches Recht hatte ich, ihre mütterlichen Fähigkeiten zu beurteilen, geschweige denn, ihr Kind zu entführen? Woher sollte ich wissen, daß Loulis nicht einfach verkümmern und sterben würde? Auf eine bloße Vermutung hin setzte ich sein Leben aufs Spiel.

Am 24. März kurz vor Sonnenaufgang waren wir wieder zu Hause. Es war der zwölfte Geburtstag meines Sohns, und als Josh noch halb schlafend ins Wohnzimmer stolperte, fand er George Kimball, meinen Forschungsassistenten, auf dem Sofa liegen, den schlafenden Loulis auf der Brust. Josh war nicht gerade erfreut, daß ein Schimpansenbaby ausgerechnet an seinem Geburtstag die gesamte Aufmerksamkeit beanspruchte, doch es dauerte nicht lang, bis er mit Loulis auf dem Boden herumtollte. Bald darauf stießen die achtjährige Rachel und die dreijährige Hillary dazu und spielten mit.

Dr. Carlson kam vorbei, um Loulis zu untersuchen, und war sehr zufrieden mit seiner Verfassung. Das Milchfläschchen, das Debbi für ihn hergerichtet hatte, nahm er sofort entgegen, und um acht Uhr waren wir bereit, Loulis mit seiner Adoptivmutter bekanntzumachen.

Wir fuhren hinüber zur Schweinescheune, wo er und Washoe leben sollten, bis ihr neues Heim auf dem Flugplatz beziehbar war. Ich trat allein ein, um Washoe die Neuigkeit zu verkünden.

ICH HABE BABY FÜR DICH, teilte ich ihr glücklich mit.

Zum ersten Mal seit zwei Wochen fuhr Washoe aus ihrer Trance und geriet in Aufregung. BABY, MEIN BABY, BABY, BABY! gebärdete sie immer wieder und taumelte auf zwei Beinen, jauchzend vor Freude und mit gesträubtem Fell.

Ich ging hinaus zum Wagen und kam gleich darauf mit Loulis im Arm zurück. Aber als ich in Washoes Käfig stand, warf sie einen langen Blick auf Loulis, und ihre Aufregung legte sich. BABY, deutete sie langsam, während sie Loulis mit mäßigem Interesse musterte. Ich hatte vergessen, ihr klar und unmißverständlich mitzuteilen, daß es EIN BABY war, nicht DEIN BABY. Zu spät. Man mußte auf das Beste hoffen.

Ich hatte angenommen, Washoe würde Loulis halten wollen; statt dessen saß sie einen Meter entfernt auf dem Boden und beobachtete ihn. Ich hatte auch erwartet, daß Loulis Washoe halten wollte, doch er klammerte sich nur noch fester an mich. Ich mußte Loulis buchstäblich von mir abschälen; dann drehte ich ihn um und reichte ihn Washoe. Im selben Augenblick, in dem Washoe ihn entgegennahm, verließ ich rasch den Käfig und schloß die Tür ab. Loulis kämpfte sich aus Washoes Armen frei und wollte mir nachlaufen.

Inzwischen war Washoe bereits hingerissen von ihm, doch es fiel ihr nicht ein, sich ihm aufzudrängen. Sie ging zu Loulis hinüber und berührte ihn sanft. Dann rückte sie wieder von ihm ab und hoffte auf ein Kitzel-und-Fang-Spiel. Doch Loulis ließ sich nicht darauf ein. Er saß allein auf dem Boden und starrte zu Debbi und mir heraus. Also versuchte Washoe eine neue Taktik: Sie näherte sich Loulis, soweit es ging, ohne daß er die Flucht ergriff, und saß dann einfach da und beobachtete ihn, vollkommen fasziniert. In dieser Nacht wollte sie Loulis dazu bringen, daß er in ihren Armen schlief, wie Sequoyah es getan hatte. Aber Washoe war natürlich nicht seine Mutter, und so schlief Loulis allein am anderen Ende der Metallbank.

Aber um vier Uhr morgens beobachteten meine Studenten eine radikale Wende. Washoe wachte auf, richtete sich auf zwei Beine auf und forderte Loulis mit energischen Gebärden und lauten, klatschenden Geräuschen auf: KOMM BABY. Loulis fuhr aus dem Schlaf und sprang direkt in Washoes Arme. In dieses breite, haarige Kissen gebettet, schlief er gleich wieder ein.

Von dieser Nacht an schliefen Mutter und Kind zusammen. Innerhalb weniger Tage erwartete Loulis Zuwendung und Schutz nur noch von Washoe – Schutz zumal vor ihren Nachbarn in der Schweinescheune, den Siamang-Gibbons. Siamangs besitzen aufblasbare Kehltaschen, dank deren sie grelle Schreie ausstoßen können, wenn sie durch die Baumkronen des Regenswalds von Sumatra klettern. In einer engen Scheune mit Metallwänden ist die Wirkung phänomenal. Für Washoe waren die Siamangs der Fluch ihres Lebens. Immer wieder nahm sie einen Mundvoll Wasser, rannte zum anderen Ende ihres Käfigs und bespuckte sie. Aber jetzt hatte sie für Loulis zu sorgen und konnte ihren Sohn nicht allein auf der Bank zurücklassen, denn er begann sofort zu wimmern. Also berührte sie gerade noch mit den Zehenspitzen die Bank, damit Loulis nicht weinte. Dann hielt sie sich an der Käfigwand fest, streckte sich so weit aus, wie sie konnte, und überschüttete die Siamangs mit einem Schwall Wasser. Loulis war entzückt.

Zum ersten Mal seit Wochen faßte auch ich wieder Mut. Und nachdem nun eine feste Bindung zwischen Mutter und Adoptivkind entstand, konnte ich meine Forschungsmittel behalten und untersuchen, ob Loulis von Washoe die American Sign Language lernen würde.

Die Untersuchung der Frage, wie Schimpansen die Gebärdensprache von einer Generation zur nächsten weitergeben, würde, wie ich hoffte, ein fehlendes Teilchen in das Puzzle von der Evolution der Sprache einfügen. Aufgrund meiner bisherigen Erkenntnisse mußte ich annehmen, daß Sprache *nicht* das Ergebnis irgendeiner Mutation ist, die in den Gehirnen unserer Vorfahren mit einem Schlag eine voll entwickelte Grammatik hervorgebracht hätte. Vielmehr deutete alles darauf hin, daß die Ursprache der Hominiden ein Kommunikationssystem war, das von Generation zu Generation weitergegeben wurde und sich zuerst in Form von Gesten, dann in Form von Lauten ausbildete. Währenddessen entwickelten sich unser Gehirn und unser Kehlkopf auf eine Weise, die das moderne menschliche Kind hervorragend darauf vorbereitet, Sprache zu lernen und selbst zu sprechen. Doch die Sprache an sich bleibt ein ziemlich prekäres kulturelles Artefakt und kann nur überleben, wenn sie von einer Generation zur nächsten weitergegeben wird.

Daß die Sprache ein reines Kulturgut ist, können Sie anhand eines kleinen Gedankenexperiments nachvollziehen. Stellen Sie sich vor, was geschehen würde, wenn jeder Angehörige unserer Spezies, der älter als ein Jahr ist, plötzlich von der Erde verschwände und die übriggebliebenen Kleinkinder es irgendwie fertigbrächten, nicht zu verhungern.[2] Diese Kinder hätten alle die hochentwickelten anatomischen Strukturen, die sie brauchen, um Sprache zu erlernen und zu erzeugen. Doch ohne erwachsene Lehrer hätten sie nichts zu lernen. *Sie müßten die Sprache noch einmal neu erfinden.* Höchstwahrscheinlich würden sie wie unsere Ahnen mit einer Mischung aus Gesten und Lauten beginnen, die ein paar sehr einfachen Regeln folgt. Und es könnte noch einmal hunderttausend Jahre dauern, bis sie das komplexe Sprachsystem aufgebaut hätten, mit dem wir uns heute verständigen.

Kultur – egal, ob Kunst, Werkzeugherstellung oder Sprache – wird durch einen Lernprozeß weitergegeben. Wenn die Sprache, wie ich glaube, ein Kulturprodukt ist, dann müssen schon unsere frühesten Hominidenvorfahren ihr gestisches Kommunikationssystem an ihre Kinder weitergegeben haben, denn Gesten bedeuteten soziale Vorteile. Die beste Methode, um dies zu beweisen, bestünde darin, gebärdende Schimpansen – die in ihrem Erkenntnisvermögen und ihrer Fingerfertigkeit vermutlich den frühen Hominiden ähneln – zu beobachten und zu prüfen, ob die Gebärdensprache ihnen genügend soziale Vorteile verschafft, so daß sie diese neue Errungenschaft an die nächste Generation weitergeben. Für diese Untersuchung gibt es kein besseres Umfeld als die Beziehung zwischen Mutter und Kind.

In den sechziger Jahren hätten die Anthropologen die Idee für absurd gehalten. Meine eigenen Collegeprofessoren lehrten, daß allein die Menschen ein Kommunikationssystem über Generationen weitergäben. Die Sprache galt auch deshalb als einmalig, weil sie die Methode war, mit der Stämme ihr kulturelles Erbe vermittelten – ihre Kunst, ihre Fähigkeiten zur Werkzeugherstellung, ihre religiösen Rituale und so weiter. Sämtliche anderen Spezies galten als Sklaven ihrer Instinkte und als unfähig, Sprache *oder* Kultur weiterzugeben. Doch Mitte der siebziger Jahre berichteten Jane Goodall und andere Ethologen aus Afrika, daß Schimpansen in sehr jungen Jahren von ihren Müttern lernen, Werkzeuge herzustellen. Das war ein klarer Hinweis darauf, daß Schimpansenkinder sich das Wissen und die Kultur ihrer Gemeinschaft auf sehr ähnliche Weise aneignen wie die menschlichen Kinder. Wenn die Sprache ihren Ursprung in den Gesten und der Werkzeugherstellung unserer gemeinsamen affenähnlichen Vorfahren hat, dann, so meine Theorie, müßte Loulis von Washoe Gebärden lernen.

Vom Tag seiner Ankunft an vermieden wir es, uns in seiner Gegenwart mittels Gebärden zu verständigen, um sicherzugehen, daß Loulis ASL nicht von *uns* lernte. Lediglich sieben Gebärden waren erlaubt, wenn wir in Loulis' Gegenwart mit Washoe sprachen: WELCHES, WAS, WOLLEN, WO, WER, ZEICHEN und NAME. Damit wollten wir eine Art Kontrollexperiment durchführen, um herauszufinden, ob Loulis diese sieben Gebärden von uns lernen würde. Unterdessen antworteten wir auf Washoes gebärdete Fragen entweder auf Englisch, das sie inzwischen ziemlich gut verstand, oder mit Schimpansenlauten. (Wenn jemand versehentlich in Loulis' Anwesenheit die Gebärdensprache benutzte, schrieben wir es auf; es passierte weniger als vierzig Mal während der gesamten, auf fünf Jahre angelegten Studie.) In dieser Umgebung konnte Loulis Gebärden ausschließlich von Washoe oder Ally lernen.

Am 31. März, seinem achten Tag mit Washoe, lernte Loulis die erste Gebärde: den Namen von George Kimball, den wir darstellten, indem wir mit der flachen Hand über den Hinterkopf strichen – was sich auf seine langen Haare bezog. Es war nicht überraschend, daß Loulis diese Gebärde als erste lernte: George war derjenige, der Washoe und Loulis das Frühstück brachte.

Bald verwendete Loulis drei weitere Gebärden – KITZELN, TRINKEN und UMARMEN –, die er gelernt hatte, indem er Washoe beobachtete. Aber er imitierte sie nicht einfach: Zuerst »plapperte« er nur, genauso, wie ein gehörloses Kind spielerisch eine Gebärde oder den Teil einer Gebärde ausprobiert, um sie zu lernen. Die Gebärde KITZELN zum Beispiel wird gebildet, indem man mit dem rechten Zeigefinger über den linken Handrücken fährt. Loulis sah zu, wie Washoe auf eine menschliche Person zuging und KITZELN entweder auf ihrer eigenen oder der Hand des anderen deutete. Loulis wiederholte die Gebärde für sich, wie ein Kind, das vor sich hinplappert. Erst nach einer ganzen Weile ahmte er nach, was Washoe außerdem noch getan hatte – mit Spielgesicht ging er auf die Person zu und deutete KITZELN auf deren oder seiner eigenen Hand. Auf dieselbe Weise entwickelte er die Gebärde TRINKEN (Daumenspitze auf der Unterlippe), indem er zuerst imitierte, dann plapperte und schließlich die Gebärde korrekt und zum richtigen Zeitpunkt benutzte.

Alle menschlichen Kinder plappern. Das scheint die Methode der Natur zu sein, mit der ein Kind sich auf die Sprache vorbereitet; aus diesen stimmlichen Experimenten entwickeln sich Laute und schließlich artikulierte Worte. Taube Kinder können ihre Stimme natürlich nicht hören und stellen deshalb ihr Plappern bald völlig ein. Unterdessen beginnen sie jedoch, mit den Händen zu »plappern«, indem sie zunächst mit Gesten und später mit Gebärden spielen. Loulis lernte eine gestische Sprache von seiner Mutter, wie die Natur es vorgesehen hatte, sein Plappern trat also ebenso spontan auf wie bei jedem gehörlosen menschlichen Kind. Außerdem bestätigte er, daß Schimpansen Sprache genauso weitergeben können wie die

Technik der Werkzeugherstellung. Loulis lernte die Gebärdensprache, indem er seine Mutter beobachtete, mit anderen Erwachsenen kommunizierte und sie immer wieder übte. Dank diesem flexiblen Lernprozeß war er in der Lage, seine Gebärden zu generalisieren und auf neue, andere Situationen anzuwenden.

Loulis war ein selbstbestimmter Schüler: 90 Prozent seiner Gebärden erfolgten spontan, ohne Aufforderung durch Washoe. Das führte zu kreativen Durchbrüchen. Zum Beispiel gab ich ihm einmal, nachdem er tags zuvor die Gebärden SCHNELL und GIB MIR gelernt hatte, etwas zu trinken und nahm ihm versehentlich, ohne Vorwarnung den Becher vom Mund. Loulis schaute mich an und deutete SCHNELL GIB MIR – seine erste Gebärdenkombination!

Es war klar, daß Washoe ihn nicht eigens zu unterrichten brauchte, denn wie ein menschliches Kind lernte Loulis die Sprache aus einem tief verwurzelten Bedürfnis nach sozialer Kommunikation. Dennoch gab sie ihm hin und wieder Unterricht. Einmal stellte sie einen Stuhl vor Loulis hin und zeigte ihm fünfmal hintereinander die Gebärden STUHL SITZEN. Ein andermal brachte einer der Volontäre ihr einen Napf Hafergrütze, und während Loulis zusah, führte Washoe ihm immer wieder die Gebärde ESSEN vor. Anschließend formte sie seine Hand zu der Gebärde ESSEN und führte sie mehrmals an seinen Mund – genauso, wie ich es in Nevada mit ihr gemacht hatte und wie es auch Eltern von gehörlosen Kindern häufig tun. Die praktische Anleitung schien sich zu bewähren, denn Loulis lernte prompt die Gebärde für ESSEN. Auch dieses Verhalten ähnelte sehr der Art und Weise, wie wilde Schimpansen Kultur weitergeben. (Sie erinnern sich an das Beispiel der Schimpansenmutter, die ihrer frustrierten Tochter mit einer kurzen, aber anschaulichen Anleitung zeigte, wie man mit einem Hammer eine Nuß öffnet.)

Nach lediglich acht Wochen mit Washoe sprach der einjährige Loulis regelmäßig Menschen und Schimpansen mit Gebärden an. Interessanterweise machte er sich keine einzige der sieben Gebärden zu eigen, die wir in seiner Gegenwart benutzten, sondern lernte ausschließlich von Washoe und Ally. Achtzehn Monate nach seiner Ankunft verwendete Loulis nahezu zwei Dutzend Gebärden spontan. Er war der erste Nichtmensch, der von anderen Nichtmenschen eine menschliche Sprache lernte. Damit lieferte er nicht nur den Beweis, daß die Spracherlernung auf den Lernfähigkeiten beruht, die wir mit den Schimpansen gemein haben, sondern zeigte auch, daß die Weitergabe von Sprache ein kulturelles Phänomen ist. Washoe vermittelte ihrem Sohn ein gestisches Kommunikationssystem – und Loulis war motiviert, es anzunehmen –, weil beide soziale Vorteile davon hatten. Die Sprache festigte die Bindung zwischen ihnen. Vermutlich war einer der Hauptgründe, weshalb sich die Sprache bei unseren Hominidenvorfahren entwickelte, die verbesserte Kommunikation zwischen Mutter und Kind: Bei jeder Spezies mit langer Kindheit, einer Lebensphase, die vorwiegend zur Imitation und zum Lernen genutzt wird, ist die Mutter-Kind-Kommunikation besonders wichtig. Aus diesem Grund geben wir auch heute noch die Sprache an unsere Kinder weiter.

Bei der Konferenz der Psychonomic Society im Jahr 1979 stellte ich die ersten Ergebnisse der Loulis-Studie vor. Und ab 1982 publizierten Debbi und ich eine Reihe wissenschaftlicher Artikel, in denen wir Loulis' Leistungen dokumentierten.[3] Die Mitteilung, daß ein Schimpansenkind von seinen Schimpanseneltern die American Sign Language gelernt hatten, wurde von Biologen, Ethologen, Anthropologen und Experten für Gebärdensprache begeistert aufgenommen: Es waren jene Wissenschaftler, die ohnehin schon die enge Verwandtschaft im Verhalten von Menschen und Schimpansen erkannt hatten. Viele Linguisten hingegen blieben stumm. Was hätten sie auch sagen sollen? Sie hatten behauptet, Washoe und die anderen Schimpansen seien entweder durch Belohnung dressiert worden, oder sie seien ganz einfach geschickte Imitatoren, die auf Stichworte reagieren und den Menschen nach*äffen*. Aber Loulis hatte keine Gebärden bei Menschen beobachtet, die er hätte nachahmen können. Außerdem zeigten Hunderte Stunden Videofilm, wie Loulis von Washoe Gebärden lernte. In meinen

Augen war der gescheiterte Versuch der Kritiker, das Projekt Loulis zu widerlegen, seine vielsagendste Bestätigung.

Im Juni 1979, etwa drei Monate nach Loulis' Ankunft, konnten wir endlich Washoe, Loulis und Ally in ihr neues Quartier auf dem aufgelassenen Flugplatz South Base verlegen, ungefähr fünf Meilen vom Institut entfernt. Lemmon und ich verkehrten nur noch über den Rektor der Universität miteinander, und ich fragte ihn nicht um Erlaubnis, ob ich Ally mitnehmen durfte. Das war natürlich ein riskanter Schritt: Ally war zwar Teil der von der NSF geförderten Studie, doch rechtlich gesehen gehörte er Lemmon. Ich hoffte, Lemmon würde ihn einfach abschreiben.

South Base war eine Ansammlung von Holzbaracken, die im Zweiten Weltkrieg als Trainingslager der Luftwaffe eilig aus dem Boden gestampft worden war, und deshalb gab es natürlich etliche Probleme. Erstens war die Siedlung extrem brandgefährdet. Jahre zuvor hatte eine Baracke Feuer gefangen und war innerhalb von drei Minuten niedergebrannt. Ich richtete eine Wachstation im Speicher eines Gebäudes ein, auf der meine Studenten für den Fall eines Blitzschlags oder Kabelbrands rund um die Uhr Wache hielten. Außerdem hätte ein Besucher leicht vermuten können, daß wir nicht Schimpansen, sondern Kakerlaken studierten: Sobald man in einer Baracke das Licht einschaltete, huschten Tausende von ihnen die Wände hinauf.

Ein zweites Problem waren die sanitären Einrichtungen. Wir hatten die Krankenbaracke bezogen, weil sich dort unter dem Boden Rohrleitungen verlegen ließen. Meinen Bruder, einen von mehreren Klempnern in der Familie, hatte ich manchmal aufgezogen: Um Klempner zu werden, sagte ich, müsse man nur eines wissen: Scheiße fließt bergab. Aber dieses Prinzip war den Installateuren von der University of Oklahoma anscheinend fremd: Sie verlegten den kleinen Bodenabfluß an der höchsten Stelle in der Mitte des Barackenbodens, was bedeutete, daß wir Flüssigkeiten nach oben wischen mußten, damit sie abflossen. Außerdem war das Kanalrohr zu eng für Affenfutter und anderen Müll, die immer wieder im Abfluß landeten. Die Folge war, daß Washoe viel Zeit damit zubrachte, mit Schrubber und Saugglocke das Badezimmer ihrer Familie zu wischen und die verstopften Abflüsse zu befreien.

Aber trotz dieser Nachteile war South Base ein gewaltiger Fortschritt gegenüber dem Institut, nicht zuletzt deshalb, weil die Universität eine Klimaanlage installieren ließ. In der metallenen Schweinescheune waren Washoe und Loulis buchstäblich geröstet worden. Unsere bemerkenswerteste wissenschaftliche Erkenntnis vor dem Umzug im Juni war, daß Schimpansen bei einer Temperatur von knapp 50 Grad Celsius weder auf Gebärden noch auf sonst irgend etwas Lust haben, sondern nur vor den Ventilatoren herumliegen.

Als Washoe und Loulis in ihrem neuen Heim halbwegs abgekühlt waren, führten sie uns mehrere erstaunliche Beispiele für die Lernweise von Schimpansen vor, die nicht alle mit Gebärden zu tun hatten. Washoe brachte Loulis ein Spiel bei, das ich zehn Jahre zuvor in Reno mit ihr gespielt hatte: KUCKUCK. Washoe legte die Hände über die Augen und versuchte dann, Loulis zu finden. Natürlich schummelte sie und spähte zwischen den Fingern hindurch, damit sie ihn schneller fand – wie schon als Kleinkind.

Loulis erfand selbst ein Spiel, das wir »Fangen« nannten. Loulis fing damit an, indem er Washoe oder Ally KOMM deutete. Kamen sie auf ihn zu, lief Loulis in die andere Richtung davon, knapp außerhalb ihrer Reichweite. Dann forderte er sie wieder auf: KOMM – und so weiter, bis er gefangen wurde. Loulis war viel kleiner und geschwinder als Washoe, so daß sie ihn nie erwischte. Schließlich dachte sich Washoe einen Trick aus, um das Fangspiel zu gewinnen: Sie legte sich auf die Bank und tat, als sei sie eingeschlafen. Wenn Loulis sich dann neugierig näherte, fuhr sie auf und packte ihn, und das Spiel war vorbei.

Wie ein kleiner Schimpanse in der Wildnis lernte Loulis viele weitere wichtige Verhaltensweisen, wie etwa den Nestbau, indem er seine Adoptivmutter beobachtete. Im afrikanischen

Dschungel braucht ein Schimpanse fünf Minuten, um sich weit oben in einer Baumkrone ein Schlafnest zu bauen, indem er mehrere Zweige zu einem bequemen Polster ineinander schlingt. Washoe hatte ihre eigene Nisttechnik: Sie wirbelte ihre Schlafdecke rund um sich und legte dann ihre Spielsachen ins Nest, bevor sie selbst hineinstieg. Loulis sah ihr zunächst nur zu. Manchmal half er ihr auch und reichte ihr die Spielsachen. Nach einer Weile begann Washoe, Loulis festzuhalten, während sie ihr Nest baute. Nach etwa einem Jahr wickelte Loulis dann seine eigene Decke zu einem Nest direkt neben Washoe.

Wie seine Mutter war Loulis ein übermütiges und aufmüpfiges Kind. Wenn er uns auf sich aufmerksam machen wollte, bespuckte er uns mit Wasser. In seiner Gegenwart benutzten wir Gebärden erst, als er sechs Jahre alt war, weshalb wir uns anfangs bei Washoe auf Englisch beschweren mußten. Sie klopfte Loulis daraufhin auf den Kopf und packte ihn am Bein, um ihn abzulenken. Nach einer Weile eilte sie zu ihm, wenn sie sah, daß er im Begriff war, jemanden anzuspucken, und hielt ihn fest, um ihn daran zu hindern.

Washoe schien sehr erleichtert, daß Ally bei ihr war und ihr bei der Kindererziehung half. Schon mit Sequoyah war er ein sehr interessierter und freundlicher Vater gewesen. Damals hatte Washoe ihm nicht erlaubt, Sequoyah zu halten, aber schließlich ließ sie zu, daß Ally das Baby groomte. Als Loulis kam, hatte Ally offensichtlich ihr vollkommenes Vertrauen gewonnen. Wenn sie von Loulis' unersättlicher Lust auf Kitzeln, Jagen und Fangen genug hatte, trat sie ihn an Ally ab. Trotzdem setzte sie sich daneben und beobachtete das Treiben der beiden aufmerksam, bereit, sofort einzugreifen, wenn es Loulis zuviel wurde. Fing er tatsächlich zu weinen an, eilte sie herbei und nahm ihren Sohn wieder an sich, während Ally BEDAUERN, BEDAUERN und UMARMEN, UMARMEN deutete.

Am Ende waren alle meine Bemühungen, Ally zu retten, vergeblich. Im Herbst ließ mir der Rektor eine Nachricht von

Lemmon zukommen: Er verlangte Ally zurück. Nach Auskunft seiner Studenten plante Lemmon, seine gesamte Kolonie an ein biomedizinisches Labor zu verkaufen. Die Vorstellung, daß Ally in einem Forschungsgefängnis wie Yerkes enden würde, brach mir das Herz.

Fast zehn Jahre waren vergangen, seit ich den damals einjährigen Ally kennengelernt hatte, den kleinen Hanswurst, der sich zu bekreuzigen pflegte. Im Lauf dieser Jahre hatte ich ihn mit aufgezogen, hatte ihm die Gebärdensprache beigebracht, ihn in die Gemeinschaft der Schimpansen eingeführt und ihm in seiner tiefen Trauer über den Verlust der Mutter vielleicht das Leben gerettet. Im Gegenzug hatte er mich getröstet, mich unterhalten und mir eine Menge beigebracht. Ally war mein Freund. Und er war Washoes Partner, Sequoyahs Vater und Loulis' Adoptivvater. Aber alle diese Bande zählten jetzt nichts mehr. Von Rechts wegen war Ally Lemmons Eigentum, und dieses Eigentum hatte ich entwendet.

Ich war sicher, daß Lemmon die Polizei einschalten würde, falls ich mich weigerte, Ally zurückzugeben; dann wäre die Universität gezwungen, sich auf Lemmons Seite zu stellen. In dem Fall bliebe mir nichts anderes übrig, als Ally zu entführen, was das Ende meines bisherigen Lebens wäre. Ich versuchte mir vorzustellen, wie ich mich als flüchtiger Rechtsbrecher mit einem erwachsenen Schimpansen in meinem Campingbus versteckte. Früher oder später würde man mich festnehmen.

Mehrere Tage ging ich in mich. Am Ende mußte ich zugeben, daß ich nicht bereit war, seinetwegen meine Freiheit aufzugeben, sosehr ich Ally auch liebte.

Eines Morgens im Oktober legte ich Ally eine Leine an, lud ihn in meinen Wagen und fuhr zum Institut. Nachdem ich ihn Lemmons Pflegern übergeben hatte, stand ich da und deutete ihm: LEB WOHL, NUSS.

MACH'S GUT, antwortete er.

Ich sah Ally nie wieder.

Auf Allys jähe Abreise folgte eine gleichermaßen unerwartete Ankunft. Anfang Dezember erhielt ich einen Anruf von Allen Gardner.

»Roger, wir können mit Moja nicht weitermachen«, sagte er. »Wir halten es für die beste Lösung, sie zu Ihnen zu schicken.«

Moja war die älteste Schimpansin in der zweiten Gebärdenstudie der Gardners. Ihr Name ist das Zahlwort »eins« auf Swahili. Seit ihrer frühen Kindheit war sie bei den Gardners gewesen und mittlerweile sieben Jahre alt. Allen und Trixie hatten inzwischen das kleine Haus aus Washoes Kindheit aufgegeben und waren auf eine dreißigtausend Quadratmeter große »Scheidungsranch« gezogen, ein Aufenthaltsort für Leute, die wegen der berühmten »Schnellscheidungen« nach Reno kamen. Die Gardners lebten im Ranchhaus, und ihre vier Schimpansen bewohnten je eine eigene kleine Hütte.

Seit einem knappen Jahr hatten sie immer wieder bei uns angerufen und uns um Rat wegen Mojas zunehmend seltsamen Verhaltens gefragt: Sie biß ohne Vorwarnung und ohne ersichtlichen Grund zu. Mir kam das nicht so ungewöhnlich vor, ich habe eine Menge *menschliche* Kleinkinder erlebt, die meinen, es sei ihre Aufgabe, jeden zu beißen, der ihnen über den Weg läuft. Unglücklicherweise weigerten sich manche Projektassistenten, mit Moja zu arbeiten, und die übrigen hatten ständig eine Trillerpfeife bei sich, um die Studenten, die mit den anderen Schimpansen arbeiteten, zu warnen, sobald Moja sich deren Territorium näherte. Nach einer Weile wollte niemand mehr mit Moja arbeiten, und Allen holte Greg Gaustad zurück, meinen einstigen Kollegen im Projekt Washoe. Aber nun wollte Greg wieder fortziehen.

Als Washoe ihre Rabaukenphase durchlief, ging sie direkt auf mich los und kämpfte mit mir. Moja hingegen wandte psychische Manipulationen an. Zunächst weigerte sie sich zu essen, was ihr unweigerlich die Aufmerksamkeit der Gardners eintrug. Dann fing sie an zu beißen. Schließlich verstümmelte sie sich selbst: In kalten Nächten blieb sie im Freien, bis ihre Hände Frostbeulen bekamen, und sie kaute auf ihren beschädigten Fingern herum, bis der Knochen bloßlag. Abgesehen von der Gefahr für ihre Gesundheit, warf diese Manie die wissenschaftlich nicht unerhebliche Frage auf, wie sie mit verstümmelten Fingern noch gebärden konnte.

Die Gardners waren außer sich. Sie hatten nicht mehr die Macht, Moja im Haus festzuhalten. Und selbst wenn es ihnen gelungen wäre, hätte sich niemand gefunden, der mit ihr arbeiten wollte. Offensichtlich sahen sie nur den einen Ausweg, Moja zu uns zu schicken. Ich hatte ein Déjà-vu-Erlebnis, als Allen mir eröffnete, er habe Mojas Umzug nach Oklahoma bereits geplant. Greg Gaustad werde sie im Flugzeug herbringen und ein paar Tage bleiben, um ihr bei der Eingewöhnung zu helfen.

Selbst nach zehn Jahren war es undenkbar für mich, zu Allen Gardner nein zu sagen. Also fanden Debbi und ich uns damit ab, Moja aufzunehmen. Dank dem NSF-Forschungsauftrag konnten wir es uns leisten, sie zu versorgen, und vielleicht konnte sie ja als Freundin von Washoe und Babysitterin für Loulis Allys Stelle einnehmen. Wenn wir sie dazu bringen konnten, ihre Selbstverstümmelungen aufzugeben, wäre Moja sicher eine gesprächige Gefährtin: Ihre ersten Gebärden hatte sie mit drei Monaten gelernt, und sie beherrschte inzwischen 150 Wortzeichen. Allerdings hatten wir erhebliche Bedenken. Wir kannten Moja nicht, und sie kannte uns nicht. Ich hatte sie zwei Jahre zuvor drei Tage lang gesehen. Wie, um alles in der Welt, sollten wir mit einer mächtigen Schimpansin fertig werden, die allen Berichten zufolge eine neurotische Tyrannin war?

Wie sich zeigte, mußten nicht *wir* mit Moja fertig werden, und das war Washoes Verdienst. Moja war noch nie mit einem Schimpansen zusammengewesen, der älter, größer und stärker als sie war. Sie pflegte ihre jüngeren Geschwister Dar und Tatu zu terrorisieren und war es gewöhnt, daß die Menschen auf ihren ersten Schrei reagierten und sich um jede Wunde schreckliche Sorgen machten. Jetzt stand die nicht einmal 35 Kilo schwere Moja einer Siebzig-Kilo-Frau gegenüber, die ein achtzehn Monate altes Kind zu versorgen hatte. Washoe hatte keine Zeit für Mojas Selbstmitleid und verwies sie im Handumdrehen auf ihren Platz. An dem Tag, an dem sie Washoe kennenlernte, begann Moja erwachsen zu werden.

Die Umstellung war ziemlich brutal. Die Trennung von Allen und Trixie richtete Moja regelrecht zugrunde. Washoe war in Oklahoma auf beiden Füßen gelandet und einfach weitermarschiert, Moja hingegen war ein seelisches Wrack. Sie aß nichts mehr. Sie hatte ununterbrochen Durchfall. Sie schrie die ganze Zeit. Sie bohrte in ihren Wunden herum, bis sie bluteten. Und wenn das alles nichts half, fragte sie uns: HEIM? GEHEN HEIM? und erstarrte sekundenlang in dieser Gebärde, um uns zu zeigen, wie dringend es ihr war.

Es war qualvoll, Moja leiden zu sehen, und viel zu bequem für uns, jeder ihrer Forderungen nachzukommen. Wenn sie ein SANDWICH verlangte – Erdnußbutter auf Weißbrot war alles, was sie zu sich nahm –, rissen Debbi und ich uns die Beine aus, um ihren Wunsch zu erfüllen. Wenn sie schrie, zerbrachen wir uns den Kopf, was sie wohl aufgeregt haben mochte. Wenn sie auf ihren Fingern herumkaute, flehten wir sie an, aufzuhören.

Washoe ging mit Moja sehr viel pragmatischer um. Wenn sie nicht aufhörte, zu schreien, gab Washoe ihr eine Ohrfeige, als wollte sie damit sagen: »Jetzt hast du wenigstens Grund zum Schreien«, woraufhin Mojas Tränen auf der Stelle versiegten. Wenn Moja versuchte, uns zu manipulieren, indem sie ihre Wunden aufkratzte, machte Washoe eine Gruppensitzung daraus und groomte fleißig mit. Und wenn Moja teilnahmslos herumhing, setzte Washoe ihr Loulis auf den Rücken und ließ sie eine Zeitlang »Tante« spielen. Loulis liebte Moja, und seine Energie und Zuneigung lockten sie aus ihrer Reserve. Mit der Zeit war Moja so sehr damit beschäftigt, sich vor Washoes Einfällen zu fürchten, daß sie zum Schmollen kaum noch Gelegenheit hatte.

Mojas Wunden brauchten ein Jahr, um zu verheilen. Als sie aus ihrer Depression auftauchte, war sie eine andere. Sie biß nicht mehr, sie tyrannisierte nicht mehr, sie verstümmelte sich nicht mehr. Moja war zwar immer leicht neurotisch und verschroben, aber sie sah zu Washoe auf und war dem kleinen

Loulis treu ergeben. Washoe hatte etwas fertiggebracht, wozu die Gardners und wir nie in der Lage gewesen wären: Sie hatte aus Moja ein soziales Wesen gemacht.

Ein paar Monate nach Mojas Ankunft schickte mir der Rektor eine weitere Nachricht von Lemmon, und diesmal fiel ich völlig aus den Wolken. Lemmon behauptete nun, Washoe sei sein Eigentum, und er verhandle bereits über ihren Verkauf an ein biomedizinisches Forschungslabor. »Sie gehört mir und geht mit den anderen Schimpansen mit«, hieß es in der Nachricht. Die Gardners hätten Washoe 1970 rechtskräftig dem Institut übertragen.

Ich war sicher, daß die Gardners das Sorgerecht für Washoe mir übertragen hatten, als wir nach Oklahoma gezogen waren, aber ich besaß keine Unterlagen, mit denen ich meinen Anspruch beweisen konnte. Und selbst existierende Papiere wären bedeutungslos gewesen. Wie ich bei Loulis und Ally erfahren habe, zählt ein Sorgerecht nichts, sobald es um Schimpansen geht. Sie können sich zwar verhalten und mit Gebärden ausdrücken wie Kinder, aber aus rechtlicher Sicht sind sie nichts anderes als Besitzgegenstände – wie ein Auto, ein Haus oder ein Toaster. Washoe war entweder mein Eigentum, oder ich hatte mit ihr nichts zu schaffen. Der Rektor verlangte einen Beleg, daß Washoe mir gehörte, und zwar sofort.

Ich war nicht einmal sicher, ob Washoe das Eigentum der Gardners war – nach dreizehn Jahren wußte ich nicht, wem Washoe gehörte; das schien mir unglaublich. Konnte es sein, daß Lemmon der Eigentümer meiner Schimpansenschwester war?

Allen Gardner beschwichtigte meine Zweifel sofort. »Lemmon besitzt sie nicht«, sagte er. »Sie ist eine Schimpansin der Air Force.« Also setzte ich mich mit der Air Force in Verbindung, und einige Wochen später erhielt ich einen förmlichen Brief, unterzeichnet von einem Oberst:

Sehr geehrter Herr Dr. Fouts,
aufgrund Ihrer kürzlich erfolgten Anfrage betreffend das Eigentumsrecht an dem Schimpansen 474 (»Washoe«), welcher sich zuvor in der Kolonie des 6571. Raummedizinischen Forschungslabors befand, haben wir die vorhandenen Unterlagen geprüft. Daraus geht hervor, daß das Tier zum Zeitpunkt der Verlegung im Juni 1966 in das Eigentum von Beatrix T. Gardner überging.

Anhand dieses Schreibens konnte ich Allen zu dem Eingeständnis bringen, daß er und Trixie tatsächlich Washoes Eigentümer waren. Mit diesen juristischen Formsachen wollten sie lieber nichts zu tun haben, soviel hatte ich inzwischen begriffen: Denn der nachweisliche Eigentümer eines Schimpansen konnte auch haftbar gemacht werden – was angesichts der Schwierigkeiten mit der beißenden Moja eine begründete Sorge war.

Die Gardners hätten das Eigentumsrecht an Washoe ohne weiteres an Debbi und mich übertragen können, aber die Vorstellung, Washoe zu besitzen, war mir so widerwärtig wie der Gedanke, unsere eigenen Kinder zu kaufen oder zu verkaufen. Leider teilt die Gesellschaft im allgemeinen nicht unsere Ansicht, daß Schimpansen Menschen näherstehen als lebloser Besitz; das Rechtssystem hat seine Regeln, und um Washoes willen mußten wir uns daran halten.

Ich schickte Allen eine Kopie unserer Vereinbarung mit Yerkes, wonach uns Loulis auf unbefristete Zeit geliehen wurde, und er arbeitete eine entsprechende Vereinbarung für Washoe aus: Fortan sollte Washoe Debbi und mir leihweise zur Verfügung stehen. Eine geliehene Washoe war zwar immer noch merkwürdig – als wäre sie ein geleastes Auto –, aber immerhin weniger schlimm, als hätten wir sie besessen. Diese neue Vereinbarung brachte ich dem Rektor und legte ihm außerdem sämtliche Unterlagen über die Eigentumsverhältnisse im Hinblick auf Washoe vor. Damit war die Angelegenheit offiziell abgeschlossen.

Der Kampf um Washoe und überdies die miserablen Wohnverhältnisse in South Base machten mir klar, daß es an der Zeit war, eine bessere Unterkunft für die Schimpansen zu finden. Aber wo? Anfang 1980 hielt ich Vorträge an verschiedenen Universitäten, in Kalifornien, Texas, Ohio, North Dakota, Oregon, Michigan, Tennessee, Colorado und Manitoba. Überall erkundigte ich mich nach Unterbringungsmöglichkeiten für Primaten und einem eventuellen Asyl für uns. Mit einer oder zwei Universitäten hatte ich sogar Gespräche begonnen, aber die Verhandlungen verliefen zäh.

Dann tat sich plötzlich am unwahrscheinlichsten aller Orte eine Tür auf. Im Mai 1980 hielt ich einen Vortrag an der Central Washington University (CWU) in Ellensburg, Washington, allerdings ohne irgendeinen Gedanken an einen möglichen Lehrauftrag hier zu verschwenden. Die CWU vergab nur Diplome und Magistergrade, keine Doktorate, und wäre folglich an einem Professor, der Postgraduierten-Vorlesungen über Primatenverhalten und -kommunikation hielt, kaum interessiert. Aber nach meinem Vortrag sprach mich einer der Administratoren an, der zuvor an der University of Oklahoma beschäftigt gewesen war und sich dort vor allem mit Öffentlichkeitsarbeit befaßt hatte.

»Was müßten wir tun, um Sie an die CWU zu holen?« fragte er mich.

»Aber das geht doch nicht«, antwortete ich. »Sie haben keine Unterkunft für Primaten.«

Er ließ nicht locker. Er erinnerte sich, daß Washoe, Lucy und Ally Mitte der siebziger Jahre landesweit ein größeres Medienecho gefunden hatten als das Football-Team der Universität – und in Oklahoma ist Football so etwas wie eine Staatsreligion. Am nächsten Tag rief er wieder an und verkündete die überraschende Neuigkeit, die CWU habe sehr wohl eine Unterkunft für Primaten, die noch dazu beinahe neu sei. Der zweite Stock des kürzlich fertiggestellten Psychologiegebäudes habe einen Flügel mit vier Räumen, die eigens für Affen eingerichtet worden seien, aber niemand arbeite mit Affen. Ich sah mir die Räume an. Es gab hervorragende Abflußrohre, für jeden

Raum eine eigene Wärme- und Feuchtigkeitsregelung, in einem Zimmer Fenster vom Boden bis zur Decke und, der Gipfel des Luxus, eine Küche! (Für drei Schimpansen zu kochen ist eine Vollzeitbeschäftigung.) Verglichen mit unserer kakerlakenverseuchten, fensterlosen Mausefalle in South Base erschien mir der Affenflügel der CWU wie ein Palast.

Man hatte mir offiziell noch keine Stelle angeboten, aber als ich nach Oklahoma zurückkam, zählte ich Debbi sofort lauter gute Gründe für einen Umzug nach Washington auf. Ellensburg ist eine bezaubernde Kleinstadt, die sich in ein schönes Tal an der Ostflanke der Kaskadenkette schmiegt, etwa zwei Stunden östlich von Seattle. Wir fanden beide, daß Ellensburg für die Schimpansen eine Verbesserung wäre und für unsere Kinder ein guter Ort, um dort aufzuwachsen.

Die Nachteile lagen allerdings ebenso auf der Hand. Im Vergleich zur University of Oklahoma, deren psychologische Fakultät an dreizehnter Stelle auf der nationalen Rangliste stand, war die CWU ein akademisches Notstandsgebiet. Anders als die University of Washington in Seattle kam die CWU für Bundesforschungsmittel kaum in Frage. Außerdem hätte ich keine Doktoranden, die mir assistierten und meine Arbeit voranbrächten. Und Debbi müßte ihren lebenslangen Traum aufgeben, selbst den Doktor zu machen.

Das alles waren ziemlich große Opfer. Aber tief im Herzen wußten wir beide, daß die CWU uns die Freiheit bot, die bestmögliche Umgebung für Washoes Familie zu schaffen. Aus dieser Sicht war die Provinzialität der CWU sogar einer ihrer größten Vorteile für uns: Es gab dort keine speziellen Vorschriften für den Umgang mit Primaten, keine Technokraten, Wärter, Gewehre, Regeln oder andere unumstößliche Bestimmungen, wie man sich zu verhalten hatte. Ein unbeschriebenes Blatt. Wir wären endlich frei, ein Schimpansenforschungszentrum ins Leben zu rufen, das auf gegenseitigem Respekt und auf Mitgefühl beruhte statt auf Angst und Beherrschung. Natürlich wäre mir ein weitläufiges Gelände, auf dem die Schimpansen sich vorwiegend im Freien aufhalten konnten, lieber gewesen, doch der Präsident der CWU hatte die Möglichkeit, daß in naher Zukunft ein Freigelände gebaut würde, nicht ausgeschlossen. Bis dahin war das Wichtigste, daß Washoe, Loulis und Moja ein Zuhause fanden, das sicherer und bequemer war.

Im Juni 1980 nahm ich das Angebot einer Stelle als ordentlicher Professor für Psychologie an der Central Washington University an. Der Dekan der Fakultät in Oklahoma war entsetzt, als ich ihm die Neuigkeit mitteilte. »*Wohin* gehen Sie?« fragte er nach, als hätte er mich beim ersten Mal nicht verstanden. Er versuchte, mich zum Bleiben zu überreden, und versprach mir, Oklahoma werde in einem, spätestens zwei Jahren eine angemessene Anlage errichten. Falls nicht, fügte er hinzu, werde man mir sicher eine Stelle an einer Ivy-League-Universität anbieten. Er hatte anscheinend noch immer nicht begriffen. Im Jahr zuvor hatte ich ein Dutzend universitätseigene Primatenlabors besucht und selbst gesehen, wie nichtmenschliche Primaten dort behandelt wurden. Damit wollte ich nichts zu tun haben.

Ich rechnete fast damit, daß Lemmon in letzter Minute noch irgendeine Überraschung für uns bereithielt. Deshalb ließ ich über unsere Pläne weiterhin kein Wort verlauten. Über einen Studenten, der bei einer Dressuranstalt in der Nähe von Los Angeles arbeitete, lieh ich mir heimlich einen überlangen Pferdetransporter aus. Außer sechs Studenten wußte niemand von der Universität oder dem Institut, daß wir fortgingen. Für den Transport der Schimpansen nach Ellensburg heuerte ich zwei meiner Studenten als Helfer an.

An einem frühen Augustmorgen, noch vor Sonnenaufgang, fuhr ich den Transporter zu den Baracken der South Base. Der Transporter war sicher groß genug für zwei Schimpansenkäfige: In dem einen sollten Washoe und Loulis, im anderen Moja sitzen. Ich würde den Transporter fahren, einer meiner Studenten den Lastwagen. Washoe und Moja zu überreden, daß sie in die Käfige kletterten, war noch schwieriger, als ich befürchtet hatte. Zwar liebten beide Autofahrten über alles, doch angesichts dieses merkwürdigen Transporters und meiner verschämten Bitten wußten sie sofort, daß ihnen keine Spazierfahrt um den Block bevorstand. Je verlockender meine Angebote waren – Limonade, Bonbons, Joghurt –, desto argwöhnischer wurden sie. Ich steckte in der Klemme. Mit Gewalt brachte ich sie nicht in die Käfige, sie waren viel stärker als ich. Ich hätte sie narkotisieren können, aber dazu brauchte ich ein Betäubungsgewehr, das einen dicken Pfeil mit Nadelspitze verschießt: Der Pfeil hinterläßt eine Wunde und kann ziemlich schmerzhaft sein.

Moja log ich schließlich ganz unverblümt an. DU MIT MIR GEHEN HEIM, deutete ich ihr, als hätte ich wirklich die Absicht, sie nach Reno zu bringen. Ihre Augen leuchteten auf, und sie sprang wie der Blitz in den Transporter. Washoe war hartnäckiger. Ich erzählte ihr, wir zögen in ein neues Haus, wo es schöner sei, aber sie ging nicht weiter als bis zur hinteren Ladeklappe des Transporters. Dann langte sie in den Käfig und klaubte sämtliche darin liegenden Bonbons auf, wobei sie sorgfältig darauf bedacht war, die Tür offenzuhalten. Daraufhin versuchte ich, sie durch Gebrüll einzuschüchtern. Als auch das nicht half, mußte ich ihr drohen: Ich holte das Betäubungsgewehr hervor. Washoe kreischte und kletterte in den Käfig, Loulis hinterdrein.

Sie setzte sich in die hintere Ecke des Käfigs, fuchsteufelswild, weil ich sie gezwungen hatte. Zwei Stunden später, als wir zum ersten Mal hielten, um zu tanken, würdigte sie mich immer noch keines Blickes. Aber als ich aus dem Laden der Tankstelle Eis mitbrachte, verwandelte sich ihre gesamte Einstellung gegenüber unserer Fahrt. SCHNELL, SCHNELL, GEH, GEH deutete sie und zeigte auf die Straße. Auf einmal war sie eine begeisterte Reisende geworden, und alle zwei Stunden mußten wir halten, um zu tanken und Eis zu kaufen.

Auf dieser Fahrt hatte ich viel Zeit, über das Leben nachzudenken, das wir jetzt hinter uns ließen. In dem Augenblick, als wir von South Base abfuhren, hatte ich einen langen Seufzer der Erleichterung ausgestoßen. Seit Sequoyahs Tod hatte ich soviel Angst um die Schimpansen, daß ich nur noch an eines denken konnte: Washoe, Loulis und Moja lebendig aus Oklahoma fortzubringen. Jetzt waren sie außer Lemmons Reichweite, und ich jubilierte.

Aber meine Hochstimmung hielt nicht lange an, als ich an die anderen dachte, die wir zurückgelassen hatten. Ich fürchtete das Schlimmste für sie. Irgendwann würde es Lemmon gelingen, biomedizinische Forscher in sein Institut zu locken, vielleicht würde er die Schimpansen auch an ein Labor verschachern – auf jeden Fall konnte ich mir kein glückliches Ende für Ally, Booee, Bruno, Cindy, Thelma, Manny und all die anderen vorstellen.

Was Lucy betraf, die drei Jahre zuvor nach Afrika geschickt worden war, so gab es immer noch einen Hoffnungsschimmer. Sie lebte nicht mehr in ihrem Käfig im Reservat. Janis Carter, die ursprünglich »für drei Wochen« mit Lucy nach Afrika gehen wollte, hatte Lucy zusammen mit Marianne und sieben in der Wildnis geborenen Schimpansen auf eine der fünf Paviansinseln im Fluß Gambia verlegt. Janis versuchte, Lucy die Verhaltensweisen wilder Schimpansen beizubringen, wie den Nestbau und das Sammeln von Nahrung, bisher allerdings ohne großen Erfolg. Die arme Lucy war immer noch ausgemergelt und bat Janis mit Gebärden um Nahrung – MEHR ESSEN, JAN GEH. Janis weigerte sich so lange, bis Lucy schließlich anfing, die Früchte eines Affenbrotbaums zu pflücken, jedoch erst, nachdem Janis eine Leiter an den Stamm gelehnt hatte.[4] Es klang, als stünden sowohl Janis als auch Lucy kurz vor dem Zusammenbruch. Aber ich sagte mir, solange es Leben gibt, gibt es Hoffnung.

Ich wandte meine Aufmerksamkeit wieder der Straße zu, den drei Schimpansen, die bei mir im Transporter saßen, und dem VW-Bus vor mir mit Debbi und unseren drei Kindern. Es schien mir unglaublich, daß erst zehn Jahre vergangen waren, seit ich in Oklahoma aus dem Flugzeug gestiegen war: Damals war Washoe der einzige Schimpanse gewesen, den ich kannte. In den Jahren danach waren Washoes Schimpansenfamilie und meine eigene, menschliche Familie eng zusammengewachsen. Aber jetzt, auf dem Weg in eine unbekannte Zukunft, die uns hoffentlich das langersehnte Asyl bringen würde, ergriff mich tiefe Trauer. In meinem Herzen wußte ich, daß wir immer unvollständig sein würden, auch wenn das Heim, das wir in den kommenden Jahren einrichten würden, noch so wunderbar war. Solange Ally und der Rest meiner ausgedehnten Familie hinter Gittern saßen, würde ich keinen Frieden finden.

III
Die Suche nach einem Asyl

Ellensburg, Washington, 1980–1997

Der Unterschied zwischen dem Menschen und den übrigen Tieren ist zwar enorm; dennoch läßt sich mit Recht sagen, daß er geringer ist als der Unterschied zwischen den Menschen selbst.
Galilei, 1630[1]

Wie schlau muß ein Schimpanse eigentlich sein, bis seine Ermordung als Verbrechen angesehen wird?
Carl Sagan, 1977[2]

11
Plus zwei macht fünf

Debbi kam vor mir in Ellensburg an, zusammen mit unseren drei Kindern, zwei Hunden und einer Katze. Als ich mit dem Wagen samt Pferdeanhänger vor unserem neuen Haus vorfuhr, begrüßte sie mich mit der Nachricht, die Unterkunft für die Schimpansen im Psychologiegebäude sei noch immer nicht fertig. Die Universität hatte 20000 Dollar beigesteuert, um in den vier Primatenräumen zimmergroße Drahtgehege aufstellen und außerdem über den einzelnen Räumen Verbindungstunnels legen zu lassen, damit die Schimpansen hinaufklettern und sich gegenseitig besuchen konnten. Alles wurde genau nach unseren Angaben bezüglich Sicherheitsmaschendraht, ausbruchsicheren Türen, Fütterungsluken und so weiter gebaut, doch wir stellten bald fest, daß noch einiges an »Montagearbeit« zu leisten war.

Als wir ins Psychologiegebäude kamen, lagen dort Berge von Gittern, Röhren, Balken, Pfosten und Schrauben, und die Montageanweisungen waren völlig unverständlich – wie der Alptraum aller Eltern am Weihnachtsabend. Während im Pferdetransporter drei heimatlose Schimpansen saßen, versuchten wir, vorgebohrte Löcher zur Deckung zu bringen, damit sich die Wände zusammenschrauben ließen, aber bald gaben wir auf und bohrten neue Löcher. Nach stundenlanger Arbeit war uns klar, daß wir Tage brauchen würden.

Washoe, Moja und Loulis verbrachten also ihre erste Nacht in Ellensburg in einem Pferdetransporter vor unserem Haus. Manche Anwohner waren ohnehin schon nervös wegen der Anwesenheit von Schimpansen in ihrer Stadt: Der *Daily Record* hatte auf der Titelseite angekündigt: »Die Schimpansen kommen! Die Schimpansen kommen!« Und die ungewohnten

Dschungellaute, die mitten in der Nacht aus dem Pferdetransporter drangen, waren sicher nicht förderlich für die Nachtruhe unserer Nachbarn.

Auch ich schlief in dieser ersten Nacht nicht viel. Der Pferdetransporter mußte am nächsten Tag wieder in Los Angeles sein, außerdem fing mein Unterricht bald an. Wir brauchten einen Engel – und fanden ihn in Gestalt von Pautzke Bait, einem Lachseierlieferanten, der uns einen leeren Lagerraum anbot. Ich stellte unseren Honda im Lager ab und band Washoe mit einer sechs Meter langen Leine daran fest. (Loulis mußte nicht angeleint werden, und Moja war mit einer langen Leine an der Wand festgebunden.) Soweit war alles in Ordnung. Bis ich zum Unterricht ging: Washoe erpreßte sofort meine Studenten, indem sie drohte, die Autoscheiben einzuschlagen und die Scheibenwischer abzureißen, wenn sie ihr keine Limonade gäben. Als ich am Nachmittag zurückkam, häufte sich um sie und Loulis ein Berg leerer Limodosen.

Etwa eine Woche später hatten wir zwei Drahtgehege zusammengebaut, und Washoe, Loulis und Moja konnten ihr neues Heim im zweiten Stock des Fakultätsgebäudes beziehen. Die beiden Zimmer waren die kleinsten unserer vier Räume, so daß Moja vorerst noch in ihrem eigenen Zimmer bleiben mußte. Sie fühlte sich sehr einsam und begann wieder mit ihrer Selbstverstümmelung: An einem Furunkel am Bein bohrte sie solange herum, bis sie den Knochen freigelegt hatte, woraufhin ich dafür sorgte, daß ihr tagsüber stets mehrere Psychologiestudenten Gesellschaft leisteten.

Moja war leicht zu beschäftigen, wenn man ihr nur die entsprechenden modischen Accessoires mitbrachte. Sie gab sehr viel auf ihr Äußeres und liebte nichts mehr, als sich ein altes Kleid und Schuhe anzuziehen, sich zu schminken und im Spiegel zu bewundern. Es mußten rote Kleider sein; bei den Schuhen war sie weniger wählerisch: Die Gummistiefel, die wir zur Käfigreinigung trugen, waren ihr genauso recht wie elegante Schuhe. Wenn sie sich herausgeputzt hatte, bat sie uns, ihre lange Mähne zu bürsten, womit für stundenlange Unterhaltung gesorgt war.

Schwieriger war es mit Washoe und Loulis. Das Problem war nicht, sie zum Spielen zu animieren, sondern Loulis irgendwann zurückzupfeifen: Er war in jener schwierigen Phase – die allen menschlichen Eltern wohlbekannt ist –, in der das Kind darauf besteht, ständig im Mittelpunkt zu stehen. Stundenlang spielte er KITZELN FANGEN, aber wenn die Zeit zum Spielen vorbei war und wir die Käfige säubern, Gebärden notieren und Mahlzeiten zubereiten mußten, wurde Loulis zum Terroristen. Er bekam Wutanfälle und bespuckte uns mit Strömen von Wasser. In solchen Phasen nannte Washoe ihn nicht mehr BABY, sondern HUND: KOMM HUND!

Nach monatelanger Trennung waren Moja, Washoe und Loulis endlich wieder vereint und bewohnten den großen Raum mit zwei Meter hohen Fenstern, die auf das Football-Feld des Colleges hinausgingen. Jetzt konnte sich Moja wieder um ihre Familie kümmern, besonders um den kleinen Loulis. Washoe versorgte sofort die neue Wunde, die Moja sich zugefügt hatte, und nach kurzer Zeit war diese körperlich und seelisch wieder auf dem Weg der Besserung.

Doch im Februar 1981, nur einen Monat, nachdem Washoes Familie ihr neues Heim bezogen hatte, erhielt ich einen Anruf von Allen Gardner, der schon wieder unser Leben veränderte. Allen und Trixie wollten Mojas Stiefgeschwister Dar und Tatu zu uns schicken.

Das »Problemkind« war diesmal der vierjährige Dar. Die Gardners hatten Dar 1976 als Kleinkind von Holloman gekauft und ihn, nach der damaligen Hauptstadt von Tansania, Daressalam genannt. Dar war im Grunde völlig normal, doch inzwischen war er vier: ein Alter, in dem Schimpansenjungen aggressiv werden und ihre Körperkraft ausprobieren, nicht anders als die meisten menschlichen Jungen – mit dem Unterschied nur, daß der hochaufgeschossene Dar mit seinen dreißig Kilo einigermaßen furchterregend wirkte. Sein Vater Paleface war der größte Schimpanse, den der Air-Force-Stützpunkt Holloman je besessen hatte: Er war 1,62 Meter groß und wog 106 Kilo. Dars Mutter Kitty brachte mehrere riesige Schimpansenbabys zur Welt, von denen eines liebevoll »Koloß« genannt wurde. Von seinem Vater hatte Dar außerdem die auffallend helle Haut geerbt, von seiner Mutter die riesigen Schlappohren.

Die Gardners hatten keine Erfahrung mit heranwachsenden Schimpansenjungen und wußten nicht, was sie mit dem Rabauken anfangen sollten. In der Nachbarschaft nannte man ihn schon den Ayatollah. (Es war die Zeit, in der iranische Revolutionäre amerikanische Botschaftsangehörige in Teheran als Geiseln hielten.) Dar entwischte oft aus seiner Gruppe und stellte sich am Straßenrand auf – ein Bild der Unschuld, wie er so dastand mit seinem Kinder-T-Shirt, dem sommersprossigen Gesicht, den riesigen Ohren und der sanften Miene. Kam ein Jogger vorbei, winkte ihn Dar zu sich, schüttelte ihm die Hand und ließ sie nicht mehr los. Sobald die Studenten der Gardners erschienen, riß Dar den Mund auf und drohte, seinen Gefangenen zu beißen, wie um zu sagen: »Zwingt mich nicht, ihm weh zu tun!« Einmal zog sich ein solches Geiseldrama über Stunden hin.

Entzückt war Dar auch von seinen neuentdeckten Zerstörungskräften. Als ein paar Studenten die Schimpansen einmal zum Hamburgeressen ausführen wollten, geriet Dar in helle Aufregung und trommelte so lange gegen die Windschutzscheibe, bis sie herausfiel. Auch den Fenstern im Haus erging es nicht besser: Regelmäßig brach Dar in aller Frühe aus seiner Hütte aus und bei den Gardners ein, indem er eine Scheibe einschlug, woraufhin er zu Allen und Trixie ins Bett kroch. Die Gardners wollten lieber nicht abwarten, was Dar alles anstellen würde, wenn er erst sechs oder sieben war.

Die fünfjährige Tatu hingegen war das Engelchen der Familie, ein mustergültiges kleines Mädchen. Die Gardners hatten sie 1975 von William Lemmon gekauft und auf das Suaheli-Wort »drei« getauft. (Zwischen Moja und Tatu war Pili, die Nummer zwei, dazugekommen, aber 1975 an Leukämie gestorben.) Bei Tatu waren Vorhängeschlösser überflüssig: Nie durchstöberte sie Schränke oder plünderte den Kühlschrank wie Washoe. Gut sichtbar konnte man zum Beispiel Hautöl herumstehen lassen, ohne daß Tatu je auf die Idee kam, es auszuleeren. Ihr Zimmer war stets perfekt aufgeräumt, alle Spielsachen in Reih und Glied – nach Gebrauch stellte sie jedes Spielzeug wieder an seinen Platz, bevor sie zum nächsten griff. Und die Gardners sagten immer wieder, mit einer derart pflegeleichten Schimpansin könnten sie es ewig aushalten.

Doch Dar und Tatu waren miteinander aufgewachsen und sollten möglichst nicht getrennt werden, und nachdem ihre Forschungsmittel sich ohnehin dem Ende zuneigten, wollten die Gardners gleich alle beide loswerden: Allen hatte stets die Ansicht vertreten, ein Wissenschaftler sollte nie ohne Auftrag forschen. Am Telefon versuchte ich, Allen begreiflich zu machen, daß Debbi und ich selbst in finanziellen Schwierigkeiten steckten. Die Mittel für meinen dreijährigen Forschungsauftrag waren beinahe aufgebraucht und eine Verlängerung nicht in Sicht. Sollte ich keine Forschungsgelder mehr bekommen, würde es uns schon schwerfallen, Washoe, Loulis und Moja weiter zu versorgen.

»Wenn Sie die beiden nicht nehmen, geben wir sie einem Zoo«, drohte Allen.

»Das können Sie nicht tun!« protestierte ich.

»Ich rufe sofort Washington Park an«, erwiderte er, womit er den Zoo von Portland meinte. »Wenn sie dort landen, ist es Ihre Schuld, weil Sie sich geweigert haben, sie aufzunehmen.«

Kein Zoo würde Dar und Tatu nehmen, soviel stand fest. Zoodirektoren sind der Ansicht, daß Schimpansen, die von Menschen aufgezogen wurden, sich zu menschlich benehmen. Es ist schlecht fürs Geschäft, wenn Zooschimpansen sich Kleider anziehen, sich mit Gebärden unterhalten und in Zeitschriften blättern: Die Besucher, die dumpfe Tiere erwarten, geraten dabei leicht aus der Fassung. Aber auch wenn der Washington-Park-Zoo Dar und Tatu nicht nahm, gab es sehr wohl Einrichtungen, wo sie unterkämen: medizinische Forschungslabors. Außer Tatu hatten Allen und Trixie alle ihre Schimpansen von solchen Labors erworben. Und im Unterschied zu mir fühlten sich die Gardners in der medizinischen Forschung genauso zu Hause wie in der Ethologie und sprachen voller Anerkennung von bestimmten Wissenschaftlern, die in der Hepatitisforschung arbeiteten und versicherten, sie hätten für die Schimpansen nur das Beste im Sinn. Auch Allen pflegte zu betonen, die Schimpansen gehörten der Wissenschaft.

Ich brüllte ins Telefon: »Dann landen sie in einem Versuchslabor!«, und Allen schrie zurück: »Reden Sie doch keinen Unsinn. Ich habe jede Menge Kontakte zu Zoos. Ich kann sie ohne weiteres loswerden!«

Debbi stand neben mir und wußte sofort, was Allen wollte. Als ich aufgelegt hatte, sahen wir uns an. Sollten wir Dar und Tatu zu uns nehmen? Ich hatte die beiden nur ein einziges Mal gesehen, 1977, und damals waren sie noch Babys gewesen. Wir müßten sie über die Trennung von ihrem Heim und ihren Eltern hinwegtrösten und langsam in Washoes Familie integrieren. Wir müßten ihnen durch ihre ganze Kindheit und Jugend zur Seite stehen, was allein mit Loulis schon eine Vollzeitbeschäftigung war – ganz zu schweigen von unseren eigenen drei Kindern. Aber im Gegensatz zu unseren Kindern würden Dar und Tatu für den Rest ihres Lebens vollkommen auf uns angewiesen sein, und das waren weitere dreißig oder vierzig Jahre (sofern wir so alt wurden). Als wir Moja zu uns nahmen, hatten wir wenigstens noch einen Forschungsauftrag, aber nun wurde das Geld knapp.

Trotzdem konnten wir nicht ablehnen. Dar und Tatu waren immerhin Kinder. Wir wollten beide nicht riskieren, daß sie dort landeten, wo wir Loulis herausgeholt hatten. Unsere Angst war um so größer, als uns der Abschied von Ally, Booee und den anderen, die in Oklahoma zurückgeblieben waren, Qualen bereitet hatte: Wir hatten keine rechtlichen Möglichkeiten gehabt, sie mitzunehmen oder zu beschützen, und es war nur eine Frage der Zeit, bis Lemmon sie verkaufte. Und wenn die Gardners Dar und Tatu erst fortgeschickt hatten, würden wir auch für sie nichts mehr tun können, das war uns klar.

Ich rief Allen zurück und sagte ihm, wir würden Dar und Tatu zu uns nehmen.

Es war Mai, also mitten im Semester, und das hieß, daß Debbi und ich nur zwei Tage Zeit hatten, um die siebenhundert Meilen von Ellensburg nach Reno zu fahren, Dar und Tatu abzuholen und nach Hause zu bringen. Erschöpft kamen wir an einem späten Samstagabend auf der Ranch der Gardners an. Dar und Tatu schliefen schon. Zwei ihrer menschlichen Freunde, der gute alte Greg Gaustad und Pat Drumm, ein Student, sollten uns nach Ellensburg begleiten. Um vier Uhr morgens holten Greg und Pat die beiden Schimpansen aus dem Bett, setzten sie aufs Töpfchen und zogen sie an. Als wir dazukamen, warteten die verschlafenen Kinder neben ihren Koffern. Greg verkündete ihnen, wir unternähmen einen AUSFLUG. Noch vor Tagesanbruch machten wir uns auf den Weg.

Dar und Tatu saßen hinten auf dem Schoß ihrer Freunde. Die ersten zwei Stunden ging alles gut – die Schimpansen spielten, teilten sich ein paar Leckerbissen und benutzten bei Bedarf ihr Reisetöpfchen. Doch als die Sonne aufging, sah ich, wie ihre Neugier sich langsam in Bestürzung verwandelte. Sie merkten, daß mit diesem Ausflug irgend etwas nicht stimmte.

HINAUS GEHEN, HINAUS GEHEN, forderte Dar.

NICHT JETZT, WARTE, hielt Greg ihn zurück.

Dar war offensichtlich zu dem Schluß gekommen, daß er und seine Schwester von Fremden entführt worden waren. Zwar waren seine Freunde bei ihm auf dem Rücksitz, aber wahrscheinlich wurden sie ebenfalls entführt. Also richtete er sich auf zwei Beine auf, trommelte gegen die Türen und bewarf mich mit Gegenständen. Tatu kauerte unterdessen reglos in einer Ecke und wirkte gelähmt vor Schreck. Das Drama dauerte den ganzen Tag und die ganze Nacht. Wir waren höchst erleichtert, als wir mit den »geraubten« Kindern endlich in Ellensburg ankamen.

Während der nächsten sechs Monate hielten wir Dar und Tatu von Washoe, Loulis und Moja getrennt: In dieser Gruppe waren einfach zu viele starke Persönlichkeiten, und niemand konnte vorhersagen, wie die Familiendynamik sich entwikkeln würde. Trotz getrennter Unterbringung konnten die beiden Familien sich durch das Gitter im Tunnel zwischen ihren Räumen sehen und berühren. Sie verbrachten viel Zeit in diesem Tunnel und machten sich miteinander bekannt. Dar und Loulis küßten sich oft durch das Gitter, und es war klar, daß sie sich anfreunden würden. Tatu schien sich zu freuen, nach langer Trennung ihre Stiefschwester Moja wiederzusehen, Dar jedoch hatte panische Angst vor Moja – vielleicht erinnerte er sich an die Beißgewohnheiten seiner älteren Schwester. Washoe blieb dicht hinter Loulis und demonstrierte den Neuankömmlingen hin und wieder, wer hier der Boß war.

Im Dezember öffneten wir die Tür im Tunnel, und auf der Stelle war die Hölle los – beide Parteien rannten schreiend und kreischend herum. Mit einer Mischung aus Aufregung und Angst krochen Dar und Tatu langsam in Washoes Zimmer. Ihr eigenes Zimmer hatte kein Fenster, und Tatu setzte sich vor Washoes Fenster und starrte hinaus auf den Schnee. Dann zeigte sie auf den asphaltierten Parkplatz und deutete SCHWARZ.

Loulis forderte Dar mit Spielgesicht auf: SCHNELL KOMM. Dar wiederholte die Gebärden, und schon fingen sie an, sich gegenseitig zu kitzeln und lachend durchs Zimmer zu jagen. Irgendwann, als Dar Loulis am Bein hinter sich herschleppte, griff Washoe ein und nahm ihren Sohn an sich, woraufhin Dar sich in Imponierhaltung aufstellte: Für Washoes Geschmack war das eindeutig zuviel des Machogehabes. Trotz seiner fast vierzig Kilo konnte Dar es nicht mit Washoe aufnehmen: Nachdem sie ihn ein paarmal zurechtgewiesen hatte, streckte sie den Arm aus, und Dar küßte ihn unterwürfig. Kurz darauf drehte er sich um, und sie klopfte ihm auf den Rücken und kitzelte ihm den Nacken.

Immer wieder lief Loulis zurück zu Moja und berührte sie, als wollte er ihr versichern, es sei alles in Ordnung. Tatu blieb im Tunnel; wahrscheinlich hatte sie Angst vor Washoe. Als Loulis und Dar vorbeitobten, versuchte sie, Loulis ziemlich aggressiv zu packen. Aber nachdem Debbi sie darauf aufmerksam gemacht hatte, daß Loulis ein BABY sei, wurden ihre Berührungen sanfter. Eine Stunde später spielten Dar und Tatu mit Loulis auf der Bank. Plötzlich kam Washoe in den Raum gestürmt und erschreckte alle drei. Loulis forderte Tatu auf: SCHNELL UMARMEN, und sie nahm ihn fest in die Arme. Als ich vor dem Abendessen die Tür im Tunnel wieder schloß und die beiden Familien trennte, fing Loulis an zu weinen: Er wollte nicht, daß dieser wunderbare Tag schon zu Ende ging.

Mit der Zeit gewöhnte sich jeder auf seine Art an die neue, größere Familie. Mit ihren sechzehn Jahren war Washoe die unangefochtene Matriarchin. Dar fand in Loulis einen engen Freund und erfuhr von Washoe viel mütterliche Liebe. Nur Tatu war deprimiert: ihr fiel es schwer, unter so vielen Schimpansen ihren Platz zu finden, und sie zog sich zurück. Zu allem Überfluß kam sie Anfang 1982 in die Pubertät und hatte ihre erste Brunstschwellung. Die plötzlichen körperlichen und hormonellen Veränderungen hatten wilde, unvorhersehbare Stimmungsumschwünge zur Folge: In einer Minute weinte sie, in der nächsten forderte sie Washoe heraus, und zwischendurch griff sie nach den männlichen Studenten.

Nach ihrem ersten Menstruationszyklus wurde Tatu eine recht temperamentvolle Heranwachsende. Sie wechselte zwischen heftigen Raufereien mit den Jungen und stillen Phasen, die sie entweder allein oder nur mit Moja verbringen wollte. Moja war inzwischen ein verträumter Teenager, und ihre Lieblingsbeschäftigungen bestanden darin, sich die Haare zu bürsten, in Illustrierten zu blättern oder um die Aufmerksamkeit der jungen Männer im Labor zu werben. Häufig lagen Moja und Tatu auf dem Boden und hielten die Illustrierten mit den Füßen, so daß sie die Hände für Unterhaltungen und Kommentare frei hatten. Besonders Tatu liebte Fotos von männlichen Gesichtern, denen sie mit Gebärden mitteilte: DIES FREUND TATU, gefolgt von vielen Variationen zu diesem romantischen Thema.

Aber wie bei allen Schwestern kam es auch zwischen Tatu und Moja hin und wieder zu erbitterten Auseinandersetzungen. Im Sommer 1982 waren sie gleichzeitig im Östrus und fochten heftige Kämpfe aus: Tagelang haßten sie sich intensiv und schrien sich an, zwickten und stießen sich und rissen sich gegenseitig das Fell aus. Washoe, Dar und Loulis machten einen großen Bogen um sie. Doch kaum war die Menstruation vorbei, bürsteten die Schwestern einander wieder die Haare und tauschten Illustrierte aus.

Begeistert spielten Moja und Tatu mit Loulis, den sie HÜBSCHER JUNGE nannten. Doch manchmal nutzte der HÜBSCHE JUNGE seinen Sonderstatus als Lieblingskind aus und legte seine neuen Schwestern herein, indem er zu Washoe lief, weinte und mit dem Finger auf die Mädchen zeigte. Wenn Loulis es zu weit trieb, mußten sich Moja und Tatu sichtlich beherrschen, um ihn nicht zu verprügeln. Aber sie wollten die Matriarchin nicht provozieren, und deshalb warfen sie Washoe statt dessen flehentliche Blicke zu und schrien um Erbarmen.

Im Frühjahr 1982 wurde Loulis vier und war kaum noch Washoes Baby, sondern immer mehr ein heranwachsender Junge. Genau wie bei Dar waren seine Spiele jetzt aggressiver, durchsetzt mit Imponiergehabe, Stampfen und Angriffen. Zum ersten Mal begann Washoe, ihren Sohn sanft, aber bestimmt zu maßregeln: Sie hielt ihn zurück, starrte ihn finster an oder schlug ihm sogar leicht auf den Rücken, wenn er andere ärgerte. Sein Machogehabe aber löste sich auf der Stelle in Luft auf, wenn er sich fürchtete oder sich verletzt hatte – dann lief er zu Washoe und forderte sie auf: SCHNELL UMARMEN, woraufhin sie sich neben ihn setzte und ihn groomte, bis er sich beruhigt hatte.

Etwa um diese Zeit fanden Debbi und ich, daß Washoes Familie und unsere eigenen Kinder einander näherkommen sollten. In Oklahoma waren unsere Kinder manchmal ins Institut gekommen, und in den ersten Jahren hatten Lucy, Booee und Ally uns gelegentlich zu Hause besucht. Aber wir hatten solche Begegnungen aus zweierlei Gründen nicht gefördert: Kinder übertragen häufig Erkältungen, Grippe und Atemwegsinfektionen, für die Schimpansen besonders anfällig sind. Und Schimpansen, die nicht an Kinder gewöhnt sind, regen sich bei ihrem Anblick manchmal so auf, daß sie mit beängstigendem Imponiergehabe reagieren. Deshalb waren Washoe und unsere Kinder kaum miteinander bekannt.

Das erschien uns mit einem Mal sehr bedauerlich. Washoe war inzwischen das Oberhaupt einer Familie, die der unseren sehr ähnlich war: Auch sie mußte sich Tag für Tag mit den Problemen pubertierender Teenager, mit Geschwisterkämpfen und Kindheitstraumata auseinandersetzen. Offensichtlich verpaßten sowohl die Schimpansen als auch unsere Kinder eine Chance, sich gegenseitig beim Erwachsenwerden zu beobachten – und vielleicht konnten auch wir Eltern noch das eine oder andere dazulernen.

Als Joshua, Rachel und Hillary nun ihre Nachmittage mit den Schimpansen verbrachten, stellten wir fest, daß Washoe unsere Familienstrukturen sehr gut durchschaute. In Washoes Gegenwart hatten Debbi und ich uns nie umarmt oder andere Zeichen der Zuneigung gezeigt. Diese Vorsichtsmaßnahme stammte noch aus der Zeit in Reno, als Washoe körperliche Zuneigung manchmal mißverstanden hatte und auf den »Angreifer« losgegangen war. Seit Reno war Washoe nur selten bei uns zu Hause gewesen, und wir glaubten, daß sie Debbi und mich für Freunde oder Kollegen hielt. Aus reiner Gewohnheit fuhren wir im ersten Jahr in Ellensburg fort wie bisher. Aber einmal, nachdem die sechsjährige Hillary uns ein paarmal im Labor besucht hatte, wollte Washoe sie zum Abschied umarmen. Nach der Umarmung fragte ich Washoe: WER DAS? und zeigte auf Hillary. Ohne zu zögern, antwortete Washoe: ROGER DEBBI BABY. Niemand kann nonverbales Verhalten so hervorragend deuten wie ein Schimpanse. Und wir hatten all die Jahre geglaubt, wir hätten Washoe hinters Licht geführt!

Washoe nannte unsere ältere Tochter Rachel das BLUMENMÄDCHEN, so wie sie auch Debbi zu nennen pflegte. Wir wissen nicht, warum sie Debbi mit BLUMEN in Verbindung brachte, aber ein paar unserer Mitarbeiter meinten, Washoe nehme Debbis parfümierten Lippenbalsam wahr, wenn Debbi sie allmorgendlich mit einem Kuß begrüßte. Rachel und Hillary verbrachten in diesem Jahr viele Nachmittage im Labor, und die

Schimpansen freuten sich immer über ihre Besuche. Rachel hatte schon in der Schule die Anfänge der Gebärdensprache gelernt, um sich mit einer Mitschülerin unterhalten zu können, die unter Muskelschwäche litt und nicht sprechen konnte. Nun begann auch Hillary, ASL zu lernen, und die beiden Mädchen übten zu Hause miteinander.

Washoe liebte es, Rachel und Hillary Spiele beizubringen. Ein Spiel bestand darin, daß Washoe sie aufforderte: GIB MIR SCHUH, woraufhin die Mädchen sich nebeneinander vor ihr aufstellten. Dann kitzelte Washoe eine Schuhspitze, bis das Mädchen wie ein Schimpanse lachte (die oberen Zähne bedeckt, die unteren entblößt, schnaufende Laute). Dann ging sie zum nächsten Fuß über, bis sie schließlich mit allen Füßen wie auf einem Xylophon spielte und die Mädchen sich vor Lachen krümmten. Washoe liebte dieses Spiel so sehr, daß sie es niemanden sonst spielen ließ: Die anderen durften nur zusehen. Nur einmal erlaubte sie Loulis, die Mädchen zu kitzeln, aber er wollte nur ihre Schnürsenkel aufziehen.

Die Mädchen entwickelten eine sehr enge Bindung zu Loulis, und er wurde ihnen gegenüber äußerst besitzergreifend. Wenn die Mädchen Dar in ihr Spiel miteinbeziehen wollten, tat Loulis alles, um Dar zu vertreiben und die gesamte Aufmerksamkeit wieder für sich allein zu haben. Gelang es ihm nicht, setzte er sich hin und weinte, bis die Mädchen ihn trösteten. Hillary und Rachel brachten manchmal auch Freundinnen zu Washoe und Loulis. Eines Tages hörte ich, wie meine sechsjährige Tochter einem anderen Mädchen, das die Schimpansen nicht einmal ansehen wollte, erklärte: »Washoe sieht nicht so schön aus, aber innerlich ist sie schön, und deswegen ist sie meine Freundin.«

Moja und Tatu freundeten sich nicht so schnell mit unseren Töchtern an wie Washoe und Loulis, aber das war verständlich: Sie kannten mich nicht annähernd so lang wie Washoe. Moja und Tatu stellten die Mädchen ständig auf die Probe – wie übrigens jeden Fremden, Schimpanse oder Mensch. Als Rachel Tatu einmal einen Apfel geben wollte, hielt Tatu ihre Hand fest: gerade lang genug, um ihre Überlegenheit zu demonstrieren und Rachel zu erschrecken. Ich eilte zu ihr und sagte: MEIN BABY WEINT. Tatu war so bestürzt, daß echte Zerknirschung in ihrer Miene lag, als sie Rachel ihr BEDAUERN, BEDAUERN versicherte. Nach einigen Zwischenfällen dieser Art kamen Moja und Tatu zu dem Schluß, daß Rachel und Hillary lustige Spielgefährtinnen waren, man sie aber nicht piesacken durfte.

Im Sommer 1981 begann mein vierzehnjähriger Sohn Josh, jeden Tag als Volontär im Labor mitzuarbeiten. Dazu gehörte viel Mut: Es fiel ihm schon schwer genug, in seiner neuen Umgebung Fuß zu fassen; manche Klassenkameraden hänselten ihn und nannten ihn »das Schimpansenkind«. Es gab Prügeleien, Fahrräder gingen zu Bruch, aber Josh hielt durch und kam weiterhin zu den Schimpansen. Er freundete sich nicht nur mit Dar und Loulis an, sondern half auch, das Labor während dieser schwierigen Übergangsphase aufzubauen und in Gang zu bringen.

Im folgenden Jahr wurden die Familienbande enger, als wir es uns gewünscht hätten. Washoe verliebte sich Hals über Kopf in Josh. Anscheinend war mein Sohn inzwischen soweit herangereift, daß Washoes eigene Teenagerhormone schon bei seinem Anblick außer Rand und Band gerieten. Wann immer Josh das Labor betrat, warf sich Washoe ihm buchstäblich zu Füßen und kreischte wie ein verzweifelter, liebeskranker Freier. Es sei schon schlimm genug, meinte Josh, daß keines der Mädchen aus der Schule ihn beachtete, aber eine Schimpansin, die sich ihm täglich an den Hals warf, sei wirklich die Höhe. Nachdem er Washoes Gunstbezeugungen einige Monate standgehalten hatte, fand Josh schließlich, es sei das Beste, das Labor für eine Weile zu meiden.

Nach dem Umzug nach Ellensburg konzentrierte ich meine Gebärdensprachforschungen weiter auf Loulis. Jeden Tag hielten wir eine Auswahl seiner Äußerungen fest. Nach wie vor verzichteten wir in seiner Anwesenheit auf Gebärden, und Ende 1981 hatte er zuverlässig 32 Wortzeichen von Washoe und

Moja gelernt. Aus seinen Zwei-Gebärden-Sätzen waren inzwischen Kombinationen von drei und vier Gebärden geworden, wie zum Beispiel HUT SCHNELL KOMM SPIELEN (ein Laborbesucher trug einen Hut) und KOMM GIB TRINKEN SCHNELL. Nachdem Washoes Familie sich nun um Dar und Tatu erweitert hatte, bekamen wir unerwartet Gelegenheit, die sozialen Interaktionen von fünf gebärdenden Schimpansen zu studieren. Dar und Tatu hatten schon als Babys ASL gelernt und verfügten beide über ein zuverlässiges Vokabular von über 120 Gebärden.[1]

Der Zeitpunkt für diese neue Studie über den interaktiven Gebrauch der Gebärdensprache war genau richtig, denn mittlerweile war um die Sprachforschung bei Menschenaffen eine heftige Kontroverse entbrannt. Die Berichterstattung in den Medien machte die Öffentlichkeit glauben, Schimpansen seien nicht fähig, die Gebärdensprache zu demselben sozialen Zweck einzusetzen wie Kinder. Die Ursache des Aufruhrs war Allys kleiner Bruder, der 1973 in Lemmons Institut zur Welt gekommen war. Lemmon verlieh das Schimpansenbaby an Herbert Terrace, den Psychologen, der Bruno 1968 nach New York mitgenommen hatte. Terrace nannte den kleinen Schimpansen Nim Chimsky (eine scherzhafte Anspielung auf Noam Chomsky) und beobachtete vier Jahre lang seine Sprachentwicklung, bevor er ihn wieder nach Oklahoma zurückschickte. 1979 veröffentlichte Terrace seine Ergebnisse, und sein Buch mit dem Titel *Nim* bedeutete einen schweren wissenschaftlichen Rückschlag für die sprechenden Schimpansen.

Ziel des Projekts Nim war es gewesen, einem jungen Schimpansen die Gebärdensprache beizubringen und zwingend zu beweisen, daß Schimpansen Sätze bilden können. Terrace war freilich nicht der einzige auf diesem Gebiet: In den siebziger Jahren traten viele Wissenschaftler, darunter auch ich, in die Fußstapfen der Gardners und stellten Sprachexperimente mit Menschenaffen an. In Yerkes kommunizierte Duane Rumbaugh mit einer Schimpansin namens Lana unter Zuhilfenahme einer Tastatur und einer computerisierten Sprache namens »Yerkish«. Sue Savage-Rumbaugh benutzte ebenfalls Yerkish und arbeitete mit zwei Schimpansen namens Sherman und Austin und später mit einem Bonobo namens Kanzi. Penny Patterson brachte einem Gorillaweibchen namens Koko die American Sign Language bei, und Lynn Miles unterrichtete einen Orang-Utan namens Chantek in ASL. 1979 stand fest, daß Menschenaffen in der Lage sind, mit Sprache umzugehen; fraglich war nur, in welchem Ausmaß.

In zwei wesentlichen Punkten wich das Projekt Nim von der bewährten Methode der Gardners ab: Nim wurde weder wie ein menschliches Kind aufgezogen, noch kam er innerhalb eines natürlichen Umfelds mit ASL in Berührung. Beim Projekt Washoe war die zentrale Voraussetzung die Ammenaufzucht gewesen: Die Annahme, daß eine Schimpansin sich ein menschliches Gebärdensystem aneignen kann, wenn sie wie ein Kind aufwächst und wie dieses die Möglichkeit hat, spontan zu lernen.

Als Schüler von B. F. Skinner verfolgte Herbert Terrace einen völlig anderen Ansatz.[2] Er gab seinen Assistenten die ausdrückliche Anweisung, Nim *nicht* wie ein Kind zu behandeln. Schon im Alter von neun Monaten wurde Nim an jedem Werktag zur Columbia University gebracht, wo er in einer fensterlosen, sechs Quadratmeter großen Zelle zwei mal drei Stunden lang trainiert wurde. »Das war Absicht«, schrieb Terrace in seinem Buch *Nim*. »In einem so kleinen Raum konnte Nim nicht herumtoben ... Außerdem gab es in einem nackten Zimmer kaum Ablenkungen.« Später schrieb Terrace über Nims Unterrichtsbedingungen: »Auf die kahlen Wände in dem Komplex hatte ich damals kaum geachtet ... Ich fragte mich, wie ich und die anderen Lehrer es fertigbrachten, in diesen deprimierenden Räumen soviel Zeit zu verbringen.«

Mit anderen Worten: Nim wurde mehr oder weniger wie eine Ratte in einer Skinnerbox zur operanten Konditionierung behandelt. Trotz allem, was Terrace später behauptete, war das Projekt Nim weder mit dem Projekt Washoe noch mit meinen eigenen Studien vergleichbar, sondern ein Experiment über soziale Deprivation. In der Umgebung, in der Nim lernen sollte, fehlten sämtliche natürlichen menschlichen Interaktionsmöglichkeiten, so daß der Linguist Philip Lieberman in Anlehnung an die sogenannten »Wolfskinder«, die unter derart anomalen Bedingungen aufwuchsen, daß sie kein normales Sprechvermögen entwickelten, Nim den »Wolfsaffen« nannte.[3]

Dazu kommt, daß Nim von nicht weniger als sechzig verschiedenen Lehrern unterrichtet wurde, die laut Terrace: »... durch das Projekt Nim wie durch eine Drehtür ein und aus gingen«. Den Unterricht beschrieb Terrace folgendermaßen: »Normalerweise griff Nim nach einem Gegenstand, mit dem er spielen, den er essen oder untersuchen wollte. Der Lehrer gab ihm den Gegenstand nicht, sondern führte Nim die entsprechende Gebärde vor und verlangte von ihm, die Gebärde zu wiederholen.« Mit anderen Worten: Nim wurde darauf konditioniert, um Nahrung, Spielzeug und andere Dinge, die er haben wollte, zu betteln. Sie erinnern sich, daß die Gardners 1967 die Skinnerschen Konditionierungsregeln aufgegeben hatten, weil sie Washoes natürliche Bereitschaft untergruben, durch Beobachtung zu lernen.

Nachdem Nim drei Jahre lang auf diese rigide Weise unterrichtet worden war, gelangte Terrace zu der Überzeugung, der Schimpanse habe über hundert Gebärden gelernt und könne nun primitive Sätze bilden. Aber nachdem er Nim nach Oklahoma zurückgeschickt und sich noch einmal die Videoaufnahmen angesehen hatte, stellte Terrace fest, daß Nims Gebärden keineswegs spontan wie die eines Kindes waren: In Zeitlupe war zu erkennen, daß Nim der Aufforderung seiner Lehrer gehorchte und nur wiederholte, was man ihm vorgeführt hatte. Das überraschte niemanden außer Terrace: Schließlich war Nim dafür belohnt worden, daß er seine Lehrer imitierte.

Beweisen konnte Terrace nur eines: daß ein Schimpanse, der keine Zuwendung erfährt und in einer gefängnisähnlichen Umgebung gehalten wird, die Gebärdensprache *nicht* lernt. Dennoch fand Herb Terrace 1980 einen Weg, sein unzulängliches Experiment zu einem glänzenden Medienerfolg zu machen. Bei den Gebärden der Schimpansen, behauptete er, handle es sich nur um optische Täuschung. »Nim hat mich zum Narren gehalten«, schrieb Terrace später und behauptete ferner, seine eigene Analyse der Videoaufnahmen von Washoe werde zeigen, daß deren Gebärden ebensowenig spontan seien wie die von Nim.[4]

Viele von uns, die das Sprachvermögen von Menschenaffen untersuchten, erkannten, warum Terrace gescheitert war. Dem Projekt Nim fehlten sämtliche Vorsichtsmaßnahmen gegen den Klugen-Hans-Effekt (benannt nach jenem berühmten Pferd, das »zählen« konnte, indem es auf die unbewußte Hilfestellung seines Trainers achtete). Durch ausgeklügelte Doppelblindversuche hatten die Gardners und ich jede Möglichkeit unbewußter Hinweise ausgeschlossen. Herb Terrace war der einzige, der bei der Untersuchung der Sprachfähigkeit der Menschenaffen nicht die geringsten Sicherheitsvorkehrungen traf: Allein schon dieser ungeheuerliche Fehler ließ die Daten und Schlußfolgerungen des Projekts Nim fragwürdig erscheinen.

Doch das hielt Terrace nicht davon ab, zu behaupten, er habe recht und alle anderen unrecht: Washoes Gebärden hätten weitaus weniger Ähnlichkeit mit menschlichem Sprachverhalten, wenn man die Filme in Standbildern ansehe. Bei Linguisten, die über die Natur der Gebärdensprache nicht Bescheid wußten, hinterließ diese Behauptung einen starken Eindruck. Wie die Lautsprache ist jedoch auch die Gebärdensprache ein zeitgebundenes Signal: Spielt man einen Film in Gebärdensprache sehr langsam ab, so werden die Gebärden völlig unverständlich – so unverständlich wie die gesprochene Sprache auf einem zu langsam ablaufenden Tonband. Analysiert man also einen Film anhand von Standbildern, gehen sämtliche Flexionen verloren, die in der Gebärdensprache durch die *Bewegungen* der Augen, Hände und des Körpers ausgedrückt werden.

Weiterhin behauptete Terrace, Washoe unterbreche häufig ihre menschlichen Gesprächspartner, was er als Beweis dafür wertete, daß Washoe kein Verständnis für den Verlauf eines Gesprächs habe. Als Vergleich führte er an: »Kinder zeigen ein gutes Gespür dafür, wann sie zuhören müssen und wann sie selbst an der Reihe sind, zu sprechen.« Im Standbild war hin und wieder zu sehen, daß Washoe bereits zu gebärden begann, wenn ihr menschlicher Partner mit seinem Satz noch nicht fertig war. Aber das ist in der Gebärdensprache durchaus üblich: Im Unterschied zur Lautsprache überschneiden sich in der Gebärdensprache bis zu 30 Prozent des Gesprächs.[5] Der Grund liegt auf der Hand: Man kann Gebärden verstehen, während man selbst gebärdet, aber zuzuhören, während man spricht, ist ziemlich schwierig. ASL-Experten, die die Filme von Washoe in normalem Tempo sahen und beurteilten, bestätigten, ihre Gesprächsführung entspreche der von gehörlosen Menschen.

Ich bin sicher, daß Terrace' Behauptungen schnell widerlegt worden wären, wenn er sie, wie es üblich ist, im wissenschaftlichen Kreis zur Diskussion gestellt hätte. Aber es lief anders. Terrace wandte sich an die Medien und posaunte seine Erkenntnisse hinaus, womit er Wasser auf die Mühlen der Chomsky-Anhänger goß. Den Linguisten, die von der Einzigartigkeit des Menschen überzeugt waren, hatte Herb Terrace einen langjährigen Traum erfüllt: Ein Schimpansensprachforscher gab zu, von seinem eigenen Forschungsobjekt getäuscht worden zu sein!

Im Mai 1980 veranstalteten die Kritiker der sprechenden Schimpansen ein Symposium unter der Schirmherrschaft der New York Academy of Sciences unter dem Titel: »Das Kluger-Hans-Phänomen: Kommunikation mit Pferden, Walen, Menschenaffen und Menschen.« Eine Schar von Wissenschaftlern und Laien trat auf und verkündete, das angebliche Sprachvermögen der Menschenaffen sei nichts anderes als Betrug oder Selbstbetrug. Diese Konferenz hatte etwas von Alice im Wunderland: Die Teilnehmer waren angetreten, um den Kluger-Hans-Effekt zu entlarven, und nun hoben sie ausgerechnet Herb Terrace in den Himmel, den einzigen Wissenschaftler, der es versäumt hatte, sich gegen ebendiesen Effekt vorzusehen. Die Konferenz endete mit dem Antrag, jegliche finanzielle Unterstützung für Sprachexperimente mit Menschenaffen einzustellen: womit man die Unterwanderung des Chomsky-

Dogmas, wonach die menschliche Sprache in keinem Zusammenhang mit tierischer Kommunikation steht, durch eventuelle weitere Beweise für die Sprachfähigkeit von Menschenaffen verhindern wollte.

Die Medien stürzten sich begeistert auf Terrace' sensationelle Anschuldigungen, und die Sprache der Menschenaffen wurde das Opfer eines amerikanischen Syndroms: Hämisch attackieren und vernichten die Medien dasselbe Phänomen, das sie kurz zuvor stürmisch gefeiert haben. In den führenden Zeitungen und Wochenmagazinen erschien ein Artikel nach dem anderen und verkündete neue »Beweise« aus dem Projekt Nim, die zeigten, daß die sprechenden Schimpansen nur ein Trick seien. Kaum ein Verfasser wies darauf hin, daß ein Vergleich zwischen Nim und Washoe dasselbe sei, als messe man ein Wolfskind an einem normalen Kind. Und so bewirkte Terrace' fanatischer Kreuzzug, daß ein Großteil der amerikanischen Öffentlichkeit die Erforschung der Sprachfähigkeit von Menschenaffen lediglich für eine vorübergehende intellektuelle Schrulle hielt.

Der Versuch, Terrace' Behauptungen in den Medien zu widerlegen, schlug fehl. Ich wünschte, es hätten mehr Menschen außerhalb der akademischen Welt die weniger sensationslüsterne, aber wichtigere Diskussion in der wissenschaftlichen Literatur verfolgt. Der Linguist Philip Lieberman zum Beispiel befand Terrace »der systematischen Fehlinterpretation der Werke anderer Wissenschaftler, besonders der Gardners« für schuldig[6], und zwei Vertreter der vergleichenden Psychologie, Thomas Van Cantfort und James Rimpau, veröffentlichten in der Zeitschrift *Sign Language Studies* einen fünfzigseitigen Artikel, in dem sie detailliert darlegten, wie Terrace die wissenschaftlichen Daten verzerrt hatte.[7]

Doch die zwingendste Widerlegung erfuhr Terrace durch Nim persönlich. Nachdem Nim 1977 nach Oklahoma zurückgeschickt worden war, zeigte eine neue Studie, daß seine spontanen Gebärden sprunghaft zunahmen, sobald ihm natürliche soziale Kontakte unter zwanglosen Bedingungen erlaubt waren.[8] Nims »Sprachdefizit« hatte nichts mit seiner

Intelligenz zu tun, sondern war einzig und allein auf Terrace' rigide Trainingsmethoden zurückzuführen. Terrace hatte Nim die Möglichkeit zu ungezwungenen Gesprächen verwehrt und ihm anschließend vorgeworfen, es fehlten ihm Spontaneität und andere Elemente sozialen Sprachverhaltens.

Noch heute halten bestimmte Linguisten der Chomsky-Schule am Projekt Nim fest, als sei es nie in Mißkredit geraten. Nach wie vor behaupten sie, die angeblich sprechenden Schimpansen seien dressiert und keinesfalls in der Lage, sich mit spontanen Gebärden zu äußern, sie müßten gedrillt und gezwungen werden, könnten kein Gespräch führen und beherrschten nur die Gebärden für Dinge, die sie haben wollten. Zum Beweis berufen sie sich auf das Projekt Nim.

1983 widerlegte William Stokoe, ein maßgeblicher ASL-Experte, in einem Artikel mit dem treffenden Titel »Sprechende Schimpansen und sprachlose Kritiker« die anhaltenden, unbegründeten Angriffe gegen Washoe und andere Schimpansen, die – im Unterschied zu ebenjenen Kritikern – die Gebärdensprache beherrschten.[9] William Stokoe ist ein bahnbrechender Linguist und der Hauptautor des *Dictionary of American Sign Language*. Seine Untersuchungen über visuelle Syntax führten in den sechziger Jahren zur Anerkennung der ASL als natürlicher menschlicher Sprache. Stokoe hat Washoe, Moja und Loulis beobachtet, er hat Filme gesehen, in denen Washoe sich Dutzende Male durch Gebärden ausdrückt, und er hat sowohl meine Studien als auch die der Gardners aus den vergangenen zwanzig Jahren sorgfältig geprüft.

»Es kann kaum bezweifelt werden«, schrieb Stokoe in seinem jüngsten Buch, »daß Schimpansen über gutentwickelte Fähigkeiten verfügen, mit Hilfe von Gebärden zu kommunizieren.«[10] Nach Stokoes Ansicht liegt der Grund dafür, daß Washoe, Moja, Tatu und Dar sich sprachlich wie menschliche Kinder entwickeln konnten, darin, daß sie eben *nicht* konditioniert oder abgerichtet, ja nicht einmal direkt unterrichtet wurden. Sie lernten die American Sign Language auf dieselbe Weise wie gehörlose Kinder oder die Kinder gehörloser Eltern, nämlich durch spontane Interaktion mit erwachsenen Menschen, die sich mit Hilfe von Gebärden verständigen, schreibt Stokoe.[11]

Natürlich hätten auch Herb Terrace und andere Kritiker zu dieser Erkenntnis gelangen können, wenn sie Washoes Familie in Ellensburg besucht hätten. Dann wären sie Zeugen eines Szenarios geworden, das sich von den Bedingungen des Projekts Nim himmelweit unterscheidet: Sie hätten erlebt, wie sich fünf Schimpansen mit Gebärden über Malfarben, Kleider zum Kostümieren und Fotos in Zeitschriften unterhalten.

Im August 1981, ein Jahr nach dem »Kluger-Hans-Symposium«, waren meine Forschungsmittel von der National Science Foundation erschöpft, und mein Antrag auf eine weitere Finanzierung wurde abgelehnt. Mit der staatlich geförderten Schimpansensprachforschung war es generell zu Ende. Manche Wissenschaftler schoben die Schuld daran allein auf Herb Terrace, aber das ist nicht ganz richtig. Sicher hat er unsere Lage nicht verbessert; tatsächlich aber waren stärkere, politische Kräfte am Werk.

Ronald Reagan war kurz zuvor zum Präsidenten gewählt worden und hatte den »Kampf gegen den Krebs« zur obersten wissenschaftlichen Priorität erhoben. Seine Regierung verteilte nun eifrig den gesamten Forschungsetat an biomedizinische Labors. Als ich bei der Bundesregierung wegen meines Antrags nachfragte, teilte mir der zuständige Beamte mit, Subventionen seien kein Problem, wenn ich bereit sei, mit Washoe und ihrer Familie biomedizinische Forschung zu betreiben.

Das Schicksal der staatlich geförderten Verhaltensforschung war in dem Moment besiegelt, als in den sechziger Jahren die Molekularbiologen erkannten, daß die Schimpansen unsere nächsten genetischen Verwandten sind. Fortan galten Schimpansen in der medizinischen Forschung als brauchbarer Ersatz für menschliche Versuchsobjekte, und man begann, sie mit allen erdenklichen Erregern zu infizieren. Gleichzeitig entdeckten Laborpsychologen und Feldforscher, daß die Schimpansen uns auch in Intelligenz und Familienverhalten ähnlich sind. Die Wissenschaftler beider Lager gingen einander lange aus dem Weg, als wollten sie sagen: »Ihr betreibt eure Forschungen, wir die unseren«, aber es war absehbar, daß diese beiden grundverschiedenen Ansätze in der Schimpansenforschung irgendwann kollidieren mußten.

Noch Anfang der siebziger Jahre konnte ein vom Staat finanzierter Forscher im Namen der Wissenschaft einem Schimpansen ohne Narkose mit einem Stahlkolben den Schädel einschlagen, ohne daß es zu nennenswerten Protesten kam. Doch dank Jane Goodalls Feldstudien, TV-Dokumentarfilmen von *National Geographic* und Washoes Gebärden begann die Öffentlichkeit knapp zehn Jahre später endlich zu begreifen, wie eng die psychische und emotionale Verwandtschaft zwischen Schimpansen und Menschen tatsächlich ist. Die biomedizinische Forschung geriet damit in eine unangenehme Lage: Die Schimpansen wurden immer mehr als denkende und fühlende Individuen erkannt, und den Versuchslabors fiel es zunehmend schwer, ihre Forschungsobjekte als haarige Reagenzgläser zu präsentieren. Was würde geschehen, wenn die Öffentlichkeit erfuhr, daß an die 2000 Schimpansen für schmerzhafte und tödliche Experimente benutzt wurden? Die NSF und andere staatliche Einrichtungen zur Vergabe von Forschungsmitteln reagierten darauf, indem sie Studien wie den meinen, die den Steuerzahlern unsere enge Verwandtschaft mit Schimpansen vor Augen führten, den Geldhahn zudrehten. Dann riefen sie zum Kreuzzug gegen verschiedene tödliche Krankheiten und behaupteten, eine Heilung sei nur zu erreichen, wenn Schimpansen und andere nichtmenschliche Primaten geopfert würden.

Was das für meine eigene Forschung bedeutete, konnte ich haargenau angeben. Allein für die Versorgung von Washoes Familie mußten wir irgendwoher jährlich 40000 Dollar aufbringen, und das hieß, daß wir ganz auf Spenden angewiesen waren. Debbi und ich gründeten sofort einen gemeinnützigen Verein namens Friends of Washoe, der Spenden von Privatpersonen annehmen konnte. Als Fernsehen und Presse von unserer Notlage berichteten, erhielten wir Spenden aus dem ganzen Land. Aber unsere wahren Retter waren die Leute aus unserer neuen Heimat Ellensburg. Ein Geschäftsmann stiftete vierhundert T-Shirts mit Washoes Bild, die wir in Ellensburg auf der Straße verkauften. Von dem Erlös konnte Washoes Familie den ganzen September 1981 leben.

An der Schimpansenfütterungsaktion beteiligte sich die ganze Stadt. Ein Professor und seine Familie ließen uns in ihrem Garten 50 Kilo Karotten und Kartoffeln ernten. Collegestudenten veranstalteten allwöchentlich ein Obstsammelprogramm in ihren Wohnheimen. Dairy Queen verschenkte Gutscheine für Schokoladewaffeln – eine Leibspeise für Schimpansen. Eine großzügige Familie ließ uns in ihren Obstgärten Äpfel, Birnen und Nektarinen pflücken. Wir ernteten vier Tage und hatten schließlich 350 Kilogramm Obst, und in den nächsten zwei Monaten verbrachte ich meine gesamte unterrichtsfreie Zeit damit, zusammen mit freiwilligen Helfern und mittels geliehener Dehydratoren Trockenobst herzustellen.

Auch die Schimpansen trugen ihren Teil bei: Washoe, Dar, Tatu und Moja lieferten Bilder für die allererste Ausstellung ihrer Kunstwerke, die im Oktober 1981 unter dem Titel »Schimpressionistische Werke von Washoe und Freunden« in einem Café in Ellensburg stattfand. Zwar sind Zeichnen und Malen (unseres Wissens) kein Teil der natürlichen Schimpansenkultur, doch in menschlicher Gesellschaft entwickeln sich Schimpansen zu wahren Kunstfreaks.[12] Jeder Schimpanse hat seinen ganz eigenen Stil: Washoe zum Beispiel malt leuchtende, schwungvolle Bilder mit Titeln wie ELEKTRISCH HEISSES ROT. (Die Schimpansen betiteln ihre Bilder selbst.) Moja hingegen ist der erste Nichtmensch, der gegenständlich malt: Ihr Lieblingsthema sind Vögel. (Es ist zwar sehr gut möglich, daß schon andere Schimpansen vor Moja gegenständlich malten, aber das läßt sich nicht beweisen, denn ihnen fehlten die Gebärden, um ihre Bilder zu betiteln.) Tatu nimmt ihre Kunst sehr ernst und legt kein Bild aus der Hand, ehe es vollendet ist, nicht einmal, wenn es Essen gibt. Ihre Werke zeigen ein hervorragendes Gespür für Farben und Komposition. Dar wiederum ist ein ziemlich temperamentvoller Künstler. Seine Bilder sind straff und dynamisch, aber wenn er das Interesse verliert, fängt er an, die Farben zu essen – ein künstlerischer Fauxpas, der seine Schwestern in Rage versetzt.

Nachdem wir mehrere Monate lang Spenden gesammelt hatten, wurde mir klar, wie gefährlich es gewesen war, uns ausschließlich auf staatliche Unterstützung zu verlassen: Ohne Forschungsmittel kommt alle Arbeit zum Stillstand. Jetzt erfreuten wir uns zwar der breiten Unterstützung von Hunderten Freiwilliger und einer hilfsbereiten Stadt und hielten als Gegenleistung Vorträge und Anschauungsunterricht über Schimpansen. Doch das Spendensammeln war zermürbend, und es gab viele schlaflose Nächte, in denen Debbi und ich uns fragten, wie lange wir dieses hektische Leben noch durchhalten würden.

Die Antwort kannte ich ein paar Wochen später, als ich eines Abends, ehe ich nach Hause ging, noch die Post durchsah und auf ein Rundschreiben stieß. Darin stand ein Bericht über den Stand der Forschung im Air-Force-Labor Holloman, wo Dar zur Welt gekommen war. Ein Forscher, der eine Studie über das Einsetzen der Pubertät durchführte, hatte sechs erwachsene und sechs fünfjährige Schimpansen kastriert und ihnen anschließend die Hirnanhangdrüse entfernt. In seinem postoperativen Bericht nannte er die Schimpansen »Affen«.

Dar war jetzt fünf Jahre alt. Wäre er noch in Holloman, wäre er der perfekte Kandidat für die Kastrationsstudie gewesen. Ein Forscher, der nicht einmal den Unterschied zwischen Tieraffen und Menschenaffen kannte, hatte sechs jungen Schimpansen »zu wissenschaftlichen Zwecken« die Hoden abgeschnitten. Bevor ich nach Hause ging, sah ich zu Dar hinein: Er lag zusammengerollt neben Tatu und schlief. Selbst durch das dicke Fell konnte ich an der Innenseite des Oberschenkels die Nummer 445 sehen, die in großen blauen Ziffern eintätowiert war. In der biomedizinischen Forschung werden alle Schimpansen am Tag ihrer Geburt tätowiert. Dars Nummer sollte ihn während seines ganzen Lebens im Forschungslabor begleiten – statt dessen ist seine Tätowierung nun eine ständige Erinnerung an das qualvolle Leben und den einsamen Tod, dem er hatte entrinnen können.

Das zwei mal drei Meter große Gehege in unserem Labor, das mir noch am selben Morgen so winzig vorgekommen war, erschien mir nun wie ein sehr stabiles Rettungsboot. Dieses Boot über Wasser zu halten war nicht länger eine Sache der Wissenschaft oder eine persönliche Entscheidung – es ging um das Überleben einer ganzen Schimpansenfamilie.

Einige Monate später mußte ich einsehen, daß wir trotz unserer Bemühungen kaum ausreichend für Washoes Familie sorgen konnten. Die Situation wurde so schlimm, daß Debbi, die Kinder und ich jeden Abend zum Supermarkt fuhren und die Mülltonnen nach übriggebliebenem Obst und Gemüse durchwühlten. In unserer Verzweiflung willigten wir sogar ein, gegen eine Spende von 500 Dollar an die »Freunde von Washoe« mit Tatu einen Werbespot für Bier drehen zu lassen: Tatu spielte einen Barkeeper, der für Tarzan Bier zapft. Sie war mit Begeisterung dabei, aber zwischen den Aufnahmen verlangte sie immer wieder MILCH! MILCH!

Und dann, als wir dachten, es ginge nicht mehr weiter, kam Hilfe aus Hollywood. Nach jahrelangen Verzögerungen produzierte Warner Brothers endlich den Film *Greystoke*, allerdings nicht unter der Regie von Robert Towne. Hugh Hudson, der britische Regisseur von *Die Stunde des Siegers*, rief mich an: Er werde *Greystoke* drehen, sagte er und wollte wissen, ob ich an einer Mitarbeit interessiert sei. Er besuchte uns, um die Schimpansen zu beobachten. Hudson wollte unbedingt an Originalschauplätzen in Afrika drehen, und zwar mit kostümierten Menschen. »Wenn man Schimpansen beibringen kann, sich wie Menschen zu verhalten«, sagte er, »dann kann man sicher auch Menschen beibringen, sich wie Schimpansen zu benehmen.«

Das Projekt sollte gut sechs Monate in Anspruch nehmen, und ich war nicht sehr begeistert von der Idee, meine Familie und Washoe für so lange Zeit zu verlassen. Aber solange wir im Müll nach Essensresten suchen mußten, konnte ich nicht ablehnen. Warner Brothers bot mir für meine Mitarbeit die schwindelerregende Summe von 100000 Dollar – das entsprach einem großen staatlichen Forschungsstipendium!

Ich bat das Studio, zwei Schecks auszustellen: einen über 40000 Dollar als Entschädigung für meinen Verdienstausfall während des akademischen Jahrs, für das ich mich beurlauben lassen mußte, und den zweiten über 60000 Dollar auf die »Freunde von Washoe«. Von 60000 Dollar – steuerfrei! – konnten die Schimpansen ein ganzes Jahr leben, und es blieb sogar noch eine Summe als Anzahlung für einen Spielplatz im Freien.

Nach jahrelangem Warten kam Tarzan endlich zu unserer Rettung.

12
Gesprächsthemen

Kurz vor meiner Abreise nach Afrika erhielt ich einen Anruf von Chris O'Sullivan, einer meiner Studentinnen aus Oklahoma. Chris war eine Mitarbeiterin des Forschungsteams, das bewiesen hatte, daß Nim nach seiner Rückkehr ins Institut die Gebärdensprache spontan und im sozialen Kontext anwenden konnte.

Chris war völlig fassungslos: Sie hatte erfahren, daß Lemmon seine gesamte Schimpansenkolonie, darunter auch Nim, an das New Yorker Laboratory for Experimental Medicine and Surgery in Primates (LEMSIP: Labor für experimentelle Medizin und Chirurgie an Primaten) verkauft hatte. LEMSIP gehört zur New York University und hatte 1978 von Merck, Sharp, Dome den Zuschlag für die Hepatitis-B-Testreihe erhalten, um die sich auch Lemmon beworben hatte. Nun sollten die Schimpansen schließlich doch in einem Hepatitis-Forschungslabor enden, und zwar sehr bald. Chris sagte, sie kenne jemanden, der bei CBS arbeite, und ich drängte sie, den Fernsehsender auf den bevorstehenden Verkauf aufmerksam zu machen.

CBS brachte eine Reportage über das Schicksal der berühmten »sprechenden Schimpansen«, aber das hinderte Lemmon nicht daran, seinen Plan auszuführen. Ende Mai und Anfang Juni 1982 fuhr ein speziell ausgerüsteter Transporter mehrmals zwischen Oklahoma und New York hin und her und brachte mehr als zwei Dutzend Schimpansen ins LEMSIP. Moja war 1972 im LEMSIP zur Welt gekommen, und ich wußte genug über diesen Ort, um für die Schimpansen, die dorthin gebracht wurden, das Schlimmste zu fürchten.

Im Labor angekommen, wurde jeder Schimpanse in einen Einzelkäfig von der Größe eines Garderobenschranks – 1,50 mal 1,50 mal 1,80 Meter – gesperrt. Dieser Käfig hing an der Decke wie ein Vogelbauer, und sogar der Boden bestand aus Maschendraht, damit der Kot auf eine darunterliegende Plastikplane fallen konnte. In zwei Reihen hingen die Käfige, durch einen Gang getrennt, einander gegenüber. Die Schimpansen konnten sich sehen und ihren Freunden zurufen – oder sich mit Gebärden verständigen –, aber weder Gruppenkontakt noch Freigänge waren erlaubt. Es gab nicht einmal Tageslicht, weil die Metallcontainer, in denen sie untergebracht waren, keine Fenster hatten.

Die gesamte Anlage war so geplant, daß die Angestellten möglichst bequem Zugang zum Blut der Schimpansen hatten. Nach genauem Zeitplan erschienen Laboranten in steriler Kleidung, um den Schimpansen einen Impfstoff gegen Hepatitis B zu injizieren und den Impfstoff durch Injektion eines lebenden Hepatitis-B-Virus zu testen oder ihnen Blut abzunehmen, um zu prüfen, ob der Impfstoff wirksam war. Von Besuchern erfuhren wir, daß Booee, Bruno, Nim, Ally und die anderen die Labortechniker mit Gebärden um Nahrung, Getränke, Zigaretten und den Schlüssel zu ihren Käfigen baten.

Der CBS-Bericht hatte zwar den Transport der Schimpansen nicht verhindern können, doch er löste immerhin eine Lawine negativer Presseberichte über William Lemmon, die New York University und LEMSIP aus. Ständig wurden Schimpansen zwischen biomedizinischen Versuchslabors hin und her geschickt, aber in diesem Fall waren es »sprechende Schimpansen«, unter denen sich sogar zwei Berühmtheiten befanden: Ally war im Magazin *People* erschienen, und sein Bruder Nim hatte erst zwei Jahre zuvor anläßlich der Kluger-Hans-Kontroverse im Mittelpunkt des öffentlichen Interesses gestanden. Besorgte Bürger und Tierschutzgruppen setzten eine Kampagne in Gang, schrieben Protestbriefe, beschwerten sich telefonisch und organisierten Demonstrationen.

Ich war zwar froh über die öffentliche Empörung, doch ich stellte fest, daß niemand das eigentliche Ausmaß der Tragödie begriff. Den Wissenschaftlern im LEMSIP war es egal, daß ihre jüngsten Forschungsobjekte mit Gebärden HINAUS GEHEN,

RAUCHEN und UMARMEN sagen konnten; ihnen kam es allein auf das Blut der Schimpansen an. Den Demonstranten hingegen ging es *ausschließlich* darum, daß die Schimpansen ASL beherrschten, als wären sie allein deshalb etwas Besonderes und des Mitleids wert.

Für mich bestand kein Unterschied zwischen Pan, der keine einzige Gebärde beherrschte, und Booee, der 30 Gebärden kannte, oder zwischen Manny, der zwei Gebärden gelernt hatte: KOMM UMARMEN, und Ally mit seinem Vokabular von 130 Gebärden: Sie litten alle dieselben Qualen der Einsamkeit und hatten schreckliche Angst vor ihrer unnatürlichen neuen Umgebung. Jeder einzelne von ihnen empfand das tiefe Bedürfnis nach Trost durch Körperkontakt und Zuneigung – nicht anders, als es Ihnen und mir erginge. *Das* war das Tragische an dieser Unterbringung: Überaus soziale Wesen wurden einzeln in hängende Käfige gesperrt. Ally und Nim litten nicht deshalb, weil sie die American Sign Language beherrschten; sie litten, weil sie Schimpansen waren.

Wann immer mich in diesem Frühjahr Reporter und Talk-Show-Moderatoren anriefen, versuchte ich, diesen wesentlichen Punkt herauszustellen. Aber die Frontlinien standen bereits fest: Gekämpft wurde nur für die *gebärdenden* Schimpansen. Darin erkannten die New York University und LEMSIP einen Ausweg, den sie sofort medienwirksam nutzten: Sie schickten Ally und Nim, die beiden berühmtesten Schimpansen, nach Oklahoma zurück, und der Aufruhr verebbte auf der Stelle. Daß die weniger berühmten Schimpansen wie Booee, Bruno, Thelma und Cindy nach wie vor in Einzelhaft saßen, schien niemanden zu kümmern.

Kaum waren Ally und Nim in Oklahoma angekommen, trennten sich ihre Wege erneut. Lemmon war entschlossen, die beiden ohne weitere negative Publicity loszuwerden. Den berühmteren Nim verkaufte er an den Fund for Animals, eine Tierschutzgruppe, die von dem Autor Cleveland Amory geleitet wird. Nim kam auf Amorys Black Beauty Ranch in Texas, wo er in einem großen Gehege mit Freigelände untergebracht wurde. Als einziger Schimpanse unter Pferden war er gewiß sehr einsam, doch ein paar Jahre später kam noch eine ältere Schimpansin namens Sally dazu. Sally ist vor kurzem gestorben, und Amory sucht jetzt nach einer anderen Gefährtin für Nim.

Ally hatte weniger Glück. Einer von Lemmons Studenten erzählte mir später, Lemmon sei fest entschlossen gewesen, Ally irgendwo hinzuschicken, wo ihn niemand mehr aufspüren konnte. Das ist ihm gelungen. Am 15. November 1982 wurde Ally in das White-Sands-Forschungszentrum in New Mexico gebracht, ein Privatlabor, das Medikamente, Kosmetik und Insektenvernichtungsmittel an Tieren testet. Die Verantwortlichen von White Sands stritten stets ab, je einen Schimpansen namens Ally erhalten zu haben; sie geben lediglich zu, daß am 19. November 1982 zwei namenlose Schimpansen bei ihnen eintrafen.[1] Wahrscheinlich war einer von ihnen Ally.

Was ist aus Ally geworden, falls er tatsächlich in White Sands gelandet ist? Niemand äußert sich dazu, und nichts dringt nach außen. Später hörte ich, Ally sei während einer Studie über die Toxizität von Insektenvertilgungsmitteln nach einer Injektion gestorben. Ich weiß nicht, ob das stimmt, und werde es wahrscheinlich nie erfahren. Im Oktober 1983, vier Jahre nach der gewaltsamen Trennung von Ally, sahen Washoe und die anderen Dias von sich selbst. Sie lachten über die lustigen Bilder und kommentierten ihre Freunde mit Gebärden. Dann kam ein Bild von Ally. Washoe kauerte sich vor der Leinwand nieder und betrachtete es eingehend. WER DIES? fragte sie ein Student. UMARMEN UMARMEN NUSS, antwortete Washoe und starrte auf die Leinwand.

Beim Anblick von Allys Bild dachte ich an den Tag zurück, dreizehn Jahre zuvor, an dem ich den übermütigen Einjährigen, den Katholiken, der sich bekreuzigte, kennengelernt hatte, und die Worte seiner Pflegemutter bei Allys fröhlicher Taufe kamen mir wieder in den Sinn, jetzt freilich mit bitterem Beigeschmack: »Warum sollte mein Kind nicht wie jeder andere das Recht auf Erlösung haben?«

Greystoke war der erste Film, in dem Bewegung und Verhalten, Kommunikation und Sozialleben von Menschenaffen realistisch dargestellt wurden. Filme wie *King Kong* und *Planet der Affen* zeigen nur groteske Karikaturen. Ich wollte, daß die Schimpansen in *Greystoke* den hochintelligenten und emotionalen Persönlichkeiten glichen, die Jane Goodall bei ihrer Feldforschung in Freiheit erlebte und die ich in Gefangenschaft kennengelernt hatte.

Christopher Lambert, der Tarzandarsteller, kam nach Ellensburg, um sich anzusehen, wie junge männliche Schimpansen, also Dar und Loulis, laufen, groomen, miteinander spielen und kämpfen. Er beobachtete auch Washoe, das Vorbild für Tarzans starke und mitfühlende Schimpansenmutter, wenn sie Streitereien zwischen den beiden Jungen schlichtete. Nach einigen Wochen mit Christopher flog ich nach London, um den Darstellern, die Tarzans Schimpansenfreunde und -familie spielen sollten, Unterricht zu erteilen.

Zuerst mußte ich ihnen die Klischees austreiben, die sie für Schimpansenverhalten hielten. Viele neigten dazu, den Kopf schiefzulegen, als wären sie King Kong, der Fay Wray in die Mangel nimmt. »Ihr seid keine Hähne«, sagte ich immer wieder. »Ihr seid Schimpansen und habt beide Augen vorn, wie ein Mensch.« Das größte Problem war die Fortbewegungsart der Schimpansen. Wenn Menschen die Knie anwinkeln und gebückt dahinschleichen, sehen sie Groucho Marx sehr viel ähnlicher als Dar und Loulis. Erst nach vielen Videofilmen lernten die Schauspieler den sanft wiegenden Gang eines Schimpansen auf zwei Beinen; einem von ihnen, einem athletischen Taekwondo-Meister, gelang sogar das Meisterstück, auf allen vieren zu rennen.

Als nächstes konzentrierten wir uns darauf, individuelle Charaktere zu entwickeln. Jeder Schimpanse bekam einen Namen, und wir erstellten sorgfältig eine Familiengeschichte für jedes Mitglied der Gemeinschaft. Neben Kala, Tarzans Adoptivmutter, und Silverbeard, dem dominanten Männchen, das sein Ersatzvater war, gab es White Eyes (Tarzans Rivale), Blush (ein junges Mädchen), Balino (ein ehrgeiziges, manchmal törichtes Männchen) und etliche andere. Jeder Schimpanse wußte, wer seine Mutter und wer seine Verbündeten waren.

Ich forderte die Schauspieler auf, sich in eine Schimpansenwelt zu versetzen, in der ständig eine Art sozialer Kosten-Nutzen-Abwägung stattfindet. Wird mir etwas zustoßen, oder kann ich mich unbesorgt neben diese Person setzen? Komme ich damit durch? Wen kann ich herausfordern, und mit wem sollte ich mich lieber verbünden? Viele Schauspieler sagten mir später, sie hätten sich schon lange vor dem Ende der Dreharbeiten »schimpansisch« gefühlt und verhalten.

Die in *Greystoke* dargestellte Schimpansengesellschaft war von einer Wirklichkeitsnähe, wie sie später kaum mehr zustande kam. Die Zuschauer konnten nicht fassen, daß der Film nicht mit echten Schimpansen gedreht worden war. Ein paar Jahre später knüpfte *Gorillas im Nebel* dort an, wo *Greystoke* aufgehört hatte, aber viele neuere Filme sind wieder in die alten Karikaturen zurückgefallen: Ich habe an mehreren Filmen mitgearbeitet, bei denen das authentischste Schimpansenverhalten auf dem Boden des Schneideraums landete, weil der Produzent die Szenen »zum Brüllen komisch« haben wollte – was heißt, daß die Schimpansendarsteller sich wie Clowns aufführen sollten.

An Filmen mit echten Schimpansen werde ich persönlich nicht mehr mitarbeiten. Ich war lange genug in Hollywood – und bin aus genügend Filmen ausgestiegen, sobald die Schlagstöcke hervorgeholt wurden –, um zu wissen, mit welchen Methoden man aus Schimpansen oder Gorillas Schauspieler zu machen pflegt. Der »Affe«, den wir so lustig finden, mußte höchstwahrscheinlich Schläge, Elektroschocks und seelische Grausamkeiten erleiden, oft auch alles zusammen. Die Ausbeutung von Menschenaffen um des menschlichen Vergnügens willen ist unerträglich.

Greystoke wurde in einem dichten Regenwald in Westafrika gedreht, an den Hängen des Vulkans Mount Cameroun. In dieser Gegend wurden viele Schimpansen für das amerikanische Raumfahrtprogramm gefangen – vielleicht kam auch

Washoe in dem Regenwald zur Welt, in dem wir drehten. In Kamerun leben nur noch etwa 8000 Schimpansen, und ich habe nur einen einzigen gesehen, aus der Ferne im tiefen Wald.

Ich hatte gehofft, in Westafrika meine alte Freundin Lucy wiederzusehen. Sie war in Gambia, etwa 2000 Meilen vom Drehort entfernt. Kurz zuvor hatte ich erfahren, daß es mit Lucy wieder bergauf ging. Sie war zwar immer noch von Janis Carter abhängig, sammelte aber inzwischen ihre Nahrung selbst, und auch gesundheitlich ging es ihr besser. Sie war jetzt das dominante Weibchen in ihrer Gruppe rehabilitierter Schimpansen und hatte sogar wie Washoe einen verwaisten kleinen Schimpansenjungen adoptiert. Leider ließ der Drehplan mir keine Zeit für Ausflüge, und ich konnte sie nicht besuchen.

Auch wenn ich in Afrika keinen Schimpansen begegnete, traf ich doch eine Menge gut angepaßter menschlicher Primaten: Pygmäen. Hugh Hudson hatte für mehrere Szenen einen ganzen Stamm aus Nigeria mobilisiert. Sie waren authentisch, bis hin zu den gefeilten Zähnen, Lendenschurzen und Köchern voller Speere. In den Drehpausen kletterten sie auf die Bäume und bauten sich Schlafnester. Wie Schimpansen verschwanden sie im dichten Laub, während ich dastand und staunte über ihre Fähigkeit, sich unsichtbar zu machen. Ein bemerkenswerter Beweis für die Verwandtschaft zwischen Washoes Spezies und unserer eigenen.

Während der Dreharbeiten zu *Greystoke* fragte ich mich immer wieder, was Tarzan, das englische Adoptivkind einer Schimpansenfamilie, wohl vom Schicksal meines Freundes Ally gehalten hätte. Am Ende des Films streift Tarzan durch die anatomische Abteilung des British Museum, in dem all die stolzen Errungenschaften der westlichen Wissenschaft des 19. Jahrhunderts vorgeführt werden, und erblickt zu seinem Entsetzen mehrere Schimpansen, die auf Seziertischen festgenagelt sind. Er hört ein Grunzen und sieht einen noch lebenden Schimpansen in einem kleinen Käfig. Für die Wissenschaftler ist er nichts als ein Forschungsobjekt, doch Tarzan kennt das gefangene Tier. Es ist sein Schimpansenvater Silverbeard. Tarzan öffnet den Käfig, befreit seinen Vater, und sie umarmen sich.

Diese Szene war mein persönlicher Tribut an Ally. Ursprünglich hätte Tarzan seinen Vater in einem Zoo finden sollen, doch ich überredete Hugh Hudson, das Drehbuch zu ändern. Die britischen Anatomen der Jahrhundertwende, argumentierte ich, seien die direkten Vorläufer der heutigen biomedizinischen Forscher, die eifrigsten Vertreter der kartesianischen Weltsicht, der zufolge Schimpansen Maschinen ohne Denkvermögen und Gefühle seien. Als Tarzan diesen Käfig öffnete, war es für mich, als hätte er nicht nur seinen Vater befreit, sondern auch Ally, Booee, Bruno und alle anderen Schimpansen, die Gefangene der Wissenschaft sind.

Nach meiner Rückkehr aus Afrika arbeiteten Debbi und ich weiter intensiv an unserem Ziel, ein Forschungsumfeld zu schaffen, das auf gegenseitigem Respekt zwischen Schimpansen und Menschen beruht. Zuallererst kam es uns darauf an, Volontäre zu schulen und ihnen zu helfen, ein gutes Verhältnis zu den Schimpansen aufzubauen. Washoes Familie hatte stets ein Mitspracherecht bei der Auswahl der Bewerber. Besonders Washoe besaß ein unheimliches Gespür für arrogante oder rechthaberische Kandidaten, und wir räumten ihr das Recht ein, jeden zu feuern, den sie nicht leiden konnte. Meist bekundete sie ihre Ansicht, indem sie den Betreffenden anspuckte.

Alle Volontäre erhielten einen einjährigen Unterricht in ASL und Schimpansenverhalten und mußten Schimpansengespräche auf Videofilm analysieren, ehe sie wissenschaftliche Daten über die Gebärdensprache der Schimpansen sammeln konnten. Unser Leitsatz stand auf einem Schild, das über dem Laboreingang hing: LASSEN SIE IHR EGO VOR DER TÜR. Viele brauchten lange, um zu akzeptieren, daß Washoes Familie nicht zum Vergnügen der Menschen da war. Sogar von unseren eigenen Volontären wollten manche immer wieder die Schimpansen anfassen, über sie lachen oder sie beherrschen. Manche dachten, Schimpansen müßten trainiert oder »zugeritten« werden wie Pferde. Andere richteten den Wasserschlauch auf Loulis, wenn er sie anspuckte. Fast täglich sagten Debbi und ich unseren Spruch auf:

> Dieses Labor ist Washoes Zuhause. Sie sind Gast in ihrem Haus. Verhalten Sie sich so, wie Sie es von Ihren eigenen Gästen erwarten. Sie haben nicht das Recht, Washoes Kind zu bestrafen oder Mitglieder ihrer Familie zu bedrohen. Sie dürfen die Schimpansen nicht einmal berühren, wenn sie nicht darum bitten. In diesem Haus steht das Wohl der Schimpansen an erster, die Forschung an zweiter und Ihre persönlichen Bedürfnisse an letzter Stelle. Sie sind frei, jederzeit zu gehen, aber Washoes Familie kann niemals fort. Die Schimpansen sind Gefangene in ihrem eigenen Heim. Ihre Aufgabe ist einfach: Machen Sie den Schimpansen das Leben so angenehm, so kurzweilig und so interessant wie möglich.

Die Volontäre merkten meist schon am ersten Tag, daß sie die Schimpansen keineswegs im Griff hatten, sondern im Gegenteil mit Leichtigkeit von ihnen manipuliert wurden: Die Schimpansen verstanden Englisch, drückten sich fließend mit Gebärden aus, waren Meister in der Deutung nonverbalen Verhaltens und kannten sämtliche Abläufe im Laboralltag. Einer von Washoes Lieblingstricks bestand darin, Neulinge vor dem Mittagessen um EIS zu bitten, als bekäme sie jeden Vormittag Eis. Es war, als sähe ich einem Kind zu, das einem neuen Babysitter versichert, daß es das Sofa *immer* als Trampolin benutzt.

Die Volontäre, die durchhielten, waren jene, die akzeptieren konnten, daß sie bei hochkomplexen, haarigen Personen namens Schimpansen zu Gast waren. Sie warfen sämtliche »Schimpansenmythen« über Bord und bauten respektvolle Beziehungen zu den Mitgliedern von Washoes Familie auf. Ihr einziger Lohn war die Freundschaft der Schimpansen.

Kat Beach, eine unserer langjährigen Volontärinnen, sagte mir einmal, bei ihrer ersten Begegnung mit Washoe habe sie gestaunt, *daß* ein Schimpanse mit menschlicher Sprache umging. Aber als sie die Schimpansen besser kannte, staunte sie, *was* Washoe ihr alles mitteilte. Im Sommer 1982 war Kat schwanger; Washoe war höchst angetan von ihrem Bauch und fragte immer wieder nach ihrem BABY. Unglücklicherweise hatte Kat eine Fehlgeburt und war mehrere Tage nicht im Labor. Als sie wieder kam, begrüßte Washoe sie herzlich, ging dann aber fort und ließ Kat wissen, daß sie ihr die tagelange Abwesenheit übelnahm. Kat wußte, daß Washoe zweimal ein eigenes Kind verloren hatte, und beschloß, ihr die Wahrheit zu sagen.

MEIN BABY GESTORBEN, sagte sie ihr. Washoe blickte zu Boden. Dann sah sie Kat in die Augen und deutete WEINEN, wobei sie unmittelbar unter dem Auge die Wange berührte. Kat sagte später, dieses eine Wort WEINEN habe ihr mehr über Washoe mitgeteilt als alle ihre langen grammatikalisch perfekten Sätze. Als Kat an diesem Tag gehen mußte, wollte Washoe sie nicht fortlassen. BITTE PERSON UMARMEN, bat sie.

Schimpansen sind zuallererst soziale Wesen. Für einen Schimpansen in Gefangenschaft sind daher die zwei schlimmsten Feinde Einsamkeit und Langeweile. In der Wildnis besteht ihr Leben aus ständiger Abwechslung: Jeden Tag plündern sie neue Obstbäume, jeden Abend bauen sie sich auf einem anderen Baum ihr Schlafnest, und während sie durch den Dschungel streifen, treffen sie immer wieder verschiedene Mitglieder ihrer Gemeinschaft. Für die Gefangenschaft in einer Betonzelle und die ewig gleiche, eintönige Institutsroutine ist niemand weniger geeignet als ein Schimpanse. Die Laborumgebung konnten wir Washoe und ihrer Familie nicht ersparen: Bis wir das Geld für ein größeres Freigehege aufbrachten, mußten sie in diesen vier Räumen leben. Um so wichtiger war es deshalb, jeden Aspekt ihres Alltags so interessant wie möglich zu gestalten.

Normalerweise begann der Tag um acht Uhr morgens, wenn wir ins Labor kamen, Washoe, Moja, Tatu, Dar und Loulis weckten und sie mit Gebärden, den ruckartigen Kopfbewegungen der Schimpansen und *Pant-hoots* begrüßten. Vor dem Frühstück baten wir die Familie, die Schüsseln und Löffel vom Vorabend und ihre Schlafdecken aufzuräumen. Tatu, die in Haushaltsdingen am verläßlichsten war, sammelte das Geschirr ein und schob es unter dem Gitter hindurch, damit wir es spülen konnten.

Zum Frühstück bekam jeder Schimpanse eine feine Mischung aus Früchten der Saison und Tiefkühlobst mit Vitaminen und Mineralstoffen. In der Wildnis ernähren sich Schimpansen von mehr als 140 verschiedenen Pflanzen und Früchten, außerdem von Heilkräutern. Deshalb bemühten wir uns, ihnen bei ihrem Frühstück soviel Abwechslung wie möglich zu bieten. Aus Achtung vor ihrem Status als Ältester und dominantem Weibchen servierten wir Washoes Essen zuerst. Ich sage absichtlich »Essen« statt »Futter«. Wir haben festgestellt, daß unsere Wortwahl großen Einfluß auf unsere innere Einstellung und unser Verhalten hat. Washoes Familie bekam zu essen, so wie unsere Familie und die Gäste bei uns zu Hause. Das ist etwas völlig anderes als »die Hunde zu füttern«. Eine Mahlzeit verläuft sehr viel friedlicher, wenn die Essenden mit Respekt behandelt werden.

Nach dem Frühstück reinigten wir die Gehege. Währenddessen wurden die Schimpansen nicht eingesperrt, sondern durften helfen: Washoe und Tatu putzten mit Begeisterung. Sie holten einen Eimer mit Seifenwasser und eine Bürste und schrubbten das Innere ihres Heims, während wir außerhalb der Gehege saubermachten. Wir bemühten uns immer, die Putzaktion in ein geselliges Ereignis zu verwandeln, verbanden sie mit Spielen und Gebärden, zum Beispiel baten wir, aus dem Wasserschlauch TRINKEN zu dürfen, spielten JAGEN mit dem Mop und tauschten ESSEN gegen Arbeit. Wie immer notierte währenddessen ein geschulter Beobachter Verhaltensweisen und Gespräche der Schimpansen.

Nach dem Hausputz gab es eine ÜBERRASCHUNG, die jedesmal mit aufgeregtem und erfreutem Jauchzen begrüßt wurde. Die Überraschung konnte alles mögliche sein – Leckerbissen aus Trockenobst, Tiefkühlfrüchte, Kräutertee, Weingummi, Maisstengel oder auch etwas Exotischeres, wie mit Fruchtsaft gefüllte Ballons. Besonders liebten die Schimpansen ihr Rosinenbrett, eine Idee von Jane Goodall: ein fünfzehn Zentimeter langes Brett mit etwa zwanzig Löchern, in die wir Rosinen oder Marshmallows legten. Dann gaben wir ihnen Weiden- oder Apfelbaumzweige, mit denen sie die Rosinen hervorstochern konnten, genauso, wie Schimpansen in der Wildnis nach Termiten »angeln«.

Im Sommer oder Herbst ernannten wir einen Tag zum BAUM-TAG und schleppten Zweige mit grünen Äpfeln, Weidenäste, riesige Sonnenblumen und andere Pflanzen herbei. Es war erstaunlich, wie lebhaft die Schimpansen wurden, sobald wir ihnen ein Stück Natur in ihre Betonwelt brachten. Washoe machte ihre Vorherrschaft geltend, indem sie als erste über die Äste herfiel und sich die besten heraussuchte. Dann schleppte sie ihre Beute zur Bank, setzte sich mit gekreuzten Beinen darauf und kaute die Blätter. Moja pflückte die Blätter paarweise, blies darauf wie auf einer Pfeife und aß sie dann auf. Tatu sichtete die Blätter und verspeiste besonders gern die Galläpfel, die Geschwulste mit Insekteneiern, während sie ununterbrochen erzählte: DIES BAUM, DIES BLUME, MEIN TATU.

Dar und Loulis inszenierten Schaukämpfe, die geradewegs aus dem afrikanischen Regenwald zu stammen schienen. Beide nahmen Äste in die Hand, stellten sich aufrecht hin und stampften laut mit den Füßen. Bedrohlich schüttelten sie die Äste über dem Kopf und gingen aufeinander los. Wenn sie zusammenstießen, fielen sie um, rangen auf dem Boden und kitzelten sich, bis sie beide hysterisch lachten. Loulis war in seinem Leben nur wenige Male im Freien gewesen, aber er konnte sich ganze Nachmittage mit ein paar Zweigen beschäftigen.

Nach der ÜBERRASCHUNG beziehungsweise den BAUM-Spielen schafften wir Spielsachen und andere Gegenstände herbei, mit denen sich die Schimpansen bis zum Mittagessen vergnügen konnten. Jeder hatte sein Lieblingsspielzeug. Loulis liebte Halloweenmasken, besonders Ungeheuer aller Art und den Lone Ranger: Er setzte sich eine Maske auf und jagte die anderen durch den Raum. Dann mußte ein Labormitarbeiter die Maske aufsetzen und sich von ihm auslachen lassen. Der siebenjährige Dar war ein Dinosaurierfan: Er kitzelte die Plastikfiguren und redete mit Gebärden auf sie ein. Manchmal spielten er und Loulis – letzterer immer noch als Lone Ranger maskiert – in den Tunnels oberhalb der Räume mit ihren Dinosauriern Verstecken.

Washoe, Moja und Tatu liebten es, sich zu verkleiden. Moja, die am kunstfertigsten war, wickelte sich einen Schal um den Kopf und einen Gürtel um die Taille und bemalte sich mit Hilfe eines kleinen Taschenspiegels die Lippen in leuchtendem Rosa. Auch Klettverschlüsse faszinierten sie ungemein: Sie legte sich auf den Boden und konnte sie stundenlang verschließen und wieder öffnen. Nach einer Weile gaben ihr die Labormitarbeiter den Spitznamen KLETTBAND-FRAU.

Tatus Lieblingsfarbe war SCHWARZ – sie liebte SCHWARZE GELDBEUTEL, SCHWARZEN LIPPENSTIFT und SCHWARZE SCHUHE, und ihr bevorzugtes Make-up bestand aus ungiftigen SCHWARZEN Ölfarben. Tatus Vorliebe für Schwarz stammt noch aus ihrer Kindheit: Alles, was sie »klasse«, begehrenswert oder schön fand, bezeichnete sie als SCHWARZ, so zum Beispiel DIES ESSEN SCHWARZ oder SIE SCHWARZ.

Washoe bevorzugte ROT, insbesondere bei Schuhen. Nichts liebte sie mehr, als mit einem Mitarbeiter Kaffee zu trinken und im SCHUH BUCH – wie sie den Modekatalog mit seitenlangen Abbildungen von Schuhen zu nennen pflegte – nach ihren Lieblingsschuhen zu suchen. Im Hinblick auf Zeitschriften hat Washoe einen sehr erlesenen Geschmack, wie man folgendem Gespräch mit Debbi entnehmen kann:

Washoe: MEHR BUCH!
(Debbi holte zwei Kataloge, einen für Männerkleidung und einen für Möbel.)
Debbi (auf Englisch): Welchen möchtest du?
Washoe: JUNGEN BUCH.
(Debbi gab ihr den Katalog mit der Männerkleidung. Washoe blätterte eine Weile darin und legte ihn dann beiseite.)

Washoe: MÄDCHEN BUCH GEH!
(Debbi suchte, konnte aber keine Kataloge mit Frauenmode finden.)
Debbi (Gebärden): ICH NICHT FINDEN MÄDCHEN BUCH.
Washoe: FLEISCH BUCH.
(Debbi ging und brachte den Katalog von William Sonoma mit Abbildungen von allerlei Delikatessen, die Washoe eingehend betrachtete.)

Zu Mittag gab es Erbsen-, Bohnen- oder Linsensuppe, die wir mit Gewürzen abschmeckten und mit weiteren Gemüsesorten verfeinerten. Gelegentlich boten wir den Schimpansen tierisches Eiweiß in Form von Thunfisch oder Hühnchen an, aber nur Tatu war an Fleisch wirklich interessiert. Wir servierten ihnen das Essen in Näpfen mit Löffeln, aber zugleich legten wir Salatblätter und anderes Gemüse auf den Maschendraht über ihnen, damit sie selbst danach stöbern konnten, wann immer sie wollten.

Nach dem Mittagessen waren ruhigere Beschäftigungen an der Reihe – Groomingsitzungen, Bilderbücher oder Fotoalben ansehen, Malen –, gefolgt von weiteren Aufräumaktionen später am Nachmittag. Wie üblich war es Tatu, die Zeitschriften, Spielzeug und die abgenagten Äste einsammelte. Um vier Uhr gab es Abendessen: meistens Reis, gekochtes Getreide, gedünstetes Gemüse und gelegentlich Sandwiches, Tortillas und Bohnen, Pizza oder, als besondere Leckerei, Popcorn. Nach dem Essen verteilten wir die Schlafdecken, Stroh, Weidenzweige, Maisstengel und anderes Pflanzenmaterial für den Nestbau. Jeder Schimpanse hatte seine eigenen Schlafgewohnheiten. Bis zu seinem zehnten Lebensjahr schlief Loulis gemeinsam mit seiner Mutter in einem Nest, das Washoe aus zwei kreisförmig auf dem Boden ausgelegten Decken baute: Sie legte sich hinein und rief Loulis zu sich, aber wie Menschenkinder sind auch kleine Schimpansen vom Schlafengehen nicht immer begeistert. Und so kletterte auch Loulis oft lieber die Wände hinauf und baumelte an der Decke, statt sich zu seiner Mutter ins Nest zu legen. Geduldig forderte Washoe ihn auf: KOMM, KOMM, oder sie holte ihn ins Nest und groomte ihn, bis er ruhig wurde und einschlief. Moja hingegen schlief auf der Bank: Sie breitete die Decke darauf aus und kroch darunter. Dar und Tatu kletterten in den Tunnel und schliefen wie wilde Schimpansen in luftiger Höhe. Washoe und Loulis liebten den Tunnel zwar ebenso, doch für ihr rundes Nest war er zu klein, deshalb nahmen sie meistens mit dem Boden vorlieb.

Wir bemühten uns stets, wenigstens einen Tag im Monat besonders zu gestalten, und ließen keinen Feiertag aus: Am Valentinstag gab es rote und weiße Luftschlangen, Luftballons und herzförmige kleine Kuchen, zu Ostern bunte hartgekochte Eier und versteckte Geschenke, und am Muttertag (für Washoe) füllten wir ein ganzes Zimmer mit Flieder: Die Schimpansen rochen daran, unterhielten sich darüber, aßen ihn und bauten sich Nester daraus. Am Unabhängigkeitstag probierten wir es mit einem Feuerwerk, aber damit jagten wir ihnen nur Angst ein, weshalb wir uns fortan auf Luftballons beschränkten. Und zu Halloween helfen die Schimpansen beim Aushöhlen der Kürbisse, essen das Fruchtfleisch und die Kerne, verkleiden sich und suchen nach kleinen Geschenken. Aber das sind noch längst nicht alle Feste – wir haben auch schon den St. Patricks Day gefeiert, Rosch Ha-Schana (das jüdische Neujahrsfest), Chanukka (das jüdische Fest der Tempelweihe) und jeden anderen Anlaß, um Washoes Familie eine Freude zu machen.

Die größten Feste in unserem Labor sind Thanksgiving und Weihnachten. Zu einem Erntedankessen gehören VOGEL FLEISCH, KARTOFFELN SÜSS, BEEREN SAUCE und KÜRBIS SÜSS; vom Truthahn verlangt jeder Schimpanse sein spezielles Lieblingsstück. Am Wochenende nach Erntedank stellen wir in einem Zimmer, wo sie ihn von ihrem Tunnel aus gut sehen können, den Weihnachtsbaum auf, den die Schimpansen BONBON BAUM nennen. Der BONBON BAUM ist während des gesamten Monats das beliebteste Gesprächsthema, denn jeden Tag kommt etwas Neues hinzu: Girlanden aus Nüssen, Popcorn, Preiselbeeren, Obst, Weingummi und Rosinen. Am Weihnachtstag bringt der WEIHNACHTSMANN eßbaren

Baumschmuck, Strümpfe voller Leckerbissen und besondere Geschenke wie zum Beispiel Kostüme.

Selbstverständlich feiern wir auch die Geburtstage aller fünf Familienmitglieder. Tatus Geburtstag, nur fünf Tage nach Weihnachten, kommt uns immer ein bißchen zu schnell, aber wir bemühen uns, nicht in unserer Begeisterung nachzulassen. 1983 zum Beispiel gab es Ingwerkuchen mit acht Kerzen und dazu Tatus Lieblingsspeise: Joghurt. Als wir »Happy Birthday« vortrugen (mit rhythmischen Gebärden), fing Tatu vor Entzücken so ekstatisch zu kreischen an, daß Washoe ihr beim Ausblasen der Kerzen helfen mußte. (Alle unsere Schimpansen blasen ihre Kerzen aus; Loulis ißt sie außerdem noch auf.) Nach den Leckereien wurden die Geschenke ausgepackt. Das erste stammte von den Gardners: eine flauschige Decke, natürlich in SCHWARZ. Tatu deutete immer wieder begeistert: DIES SCHWARZ, und wickelte sich in die Decke ein. Aus einem Päckchen kam ein dünnes gelbes Negligé zum Vorschein, das Moja sofort anzog; außerdem gab es für jeden Schimpansen eine Geldbörse mit Klettverschluß, die am Handgelenk befestigt werden konnte, und darin fand sich Trockenobst. Loulis aß sein Obst auf, setzte sich die Börse auf den Kopf und verkündete Washoe: HUT HUT. Als die Börsen leer waren, schmückte sich Moja Hand- und Fußgelenke damit und verzog sich in eine Ecke, wo sie sich auf den Boden legte und fasziniert die Verschlüsse auf- und zumachte.

Das Geburtstagskind Tatu verschwand unterdessen im Nebenzimmer und trug eine dicke Schicht Lippenstift auf Lippen und Wangen auf. Als sie damit fertig war, saß sie still da und schraubte vorsichtig den Lippenstift heraus und wieder zurück. Washoe, die sie durch die Tür beobachtet hatte, stürzte herbei, aber bevor sie sich den Lippenstift schnappen konnte, ließ ihn Tatu im Mund verschwinden. Washoe suchte überall, doch ohne Erfolg; nach einer Weile gab sie auf und trollte sich wieder. Daraufhin nahm Tatu den Lippenstift aus dem Mund und begann erneut, sich zu bemalen. Kurz, es war ein sehr SCHWARZER Tag für Tatu.

Dieses gesellige Leben und die vielen Feste schufen eine familiäre Atmosphäre, in der Sprache sich ganz von selbst entfaltete. Der Gedanke, eine Gruppe gebärdender Schimpansen zusammenzubringen und sie miteinander reden zu lassen, sollte eigentlich einleuchten; trotzdem war es nie zuvor geschehen. Zum Teil lag das sicher daran, daß die meisten Wissenschaftler nur mit einem einzigen Schimpansen arbeiteten. (Die Gardners waren eine bemerkenswerte Ausnahme, und in den siebziger Jahren hatten sie über spontane Gebärdenkommunikation zwischen Moja, Dar und Tatu berichtet.) Aber es war auch eine Frage der Vorgehensweise: Manche Forscher lehrten die Schimpansen computergestützte Sprachen, bei denen sie Symbole auf der Tastatur auswählten – eine Methode, die eine normale, gesellige Unterhaltung nicht gerade fördert, und die Konsequenzen waren manchmal amüsant. Lana, eine computerfeste Schimpansin aus Yerkes, tippte Sätze wie: »Bitte, Maschine, kitzle Lana«, sobald ihre Betreuer abends nach Hause gegangen waren.[2] Wenn man bedenkt, daß Schimpansen wie Nim und Lana nie Gelegenheit hatten, sich mit anderen Schimpansen zu unterhalten, ist die Behauptung der Kritiker, sie seien nur durch die Aussicht auf eine Belohnung motiviert, ziemlich absurd.

Loulis hatte ASL von Washoe gelernt: Die Weitergabe der Gebärden an die nächste Generation ist ein Hinweis darauf, daß Sprache sich wahrscheinlich innerhalb der Familie entwickelt hat. Aber menschliche Kinder bewegen sich irgendwann auch außerhalb ihrer Familie und unterhalten sich mit Gleichaltrigen, äußern Gedanken und Gefühle, schließen Freundschaften, schmieden Pläne und legen Streitereien bei. Das heißt, die Sprache entwickelt sich zwar in der Familie, zur vollen Blüte aber gelangt sie erst in der größeren Gemeinschaft, wo das Gespräch jede Begegnung belebt und Kultur, Handel und Bildung erleichtert.

Es war anzunehmen, daß eine Gemeinschaft von Schimpansen, unseren evolutionären Geschwistern, höchstwahrscheinlich aus denselben sozialen Gründen die Sprache in ihren Alltag aufnehmen würde. In diesem Fall hätten wir einen weiteren Hinweis darauf, daß die Sprache sich bei unseren Hominidenvorfahren als ein Weg zum Aufbau sozialer Beziehungen entwickelt hatte. Wenn nun eine Gruppe von Schimpansen sich miteinander unterhielte, so wäre dies der endgültige Beweis dafür, daß Schimpansen die Gebärdensprache nicht deshalb benutzen, weil sie Aufforderungen gehorchen oder sich Belohnungen versprechen, sondern vielmehr aus ihrem natürlichen Bedürfnis nach Kommunikation heraus.

Washoe, Loulis, Moja, Tatu und Dar bildeten eine Großfamilie oder kleine Gemeinschaft und sollten dieselbe Kommunikationsfreiheit wie Menschen genießen. Vom ersten Tag an, an dem wir im Januar 1981 Moja, Washoe und Loulis wieder in einem großen Gehege zusammenbrachten, konzentrierte sich meine Forschung auf ihre spontanen Gespräche. An jedem Wochentag notierten wir in vierzigminütigen Sitzungen zu verschiedenen Tageszeiten die Anzahl gebärdeter Interaktionen innerhalb von Washoes Familie. Ende 1981 unterhielten sich Washoe, Moja und Loulis etwa einmal pro Stunde mit Gebärden. Meist war es Loulis, der damit anfing, weil er seine Mutter oder Moja zum Spielen überreden wollte. KOMM KITZELN, KUCKUCK, SCHNELL HUT (eines seiner Lieblingsspielzeuge) und KOMM GIB MIR SCHUH (ein weiteres beliebtes Spiel). Moja war damals neun: In diesem Alter sind Schimpansinnen absolut fasziniert von Babys. Wie Washoe war auch sie am gesprächigsten, wenn sie mit Loulis spielte oder ihn beruhigte.

Mit unseren Beobachtungen zur sozialen Funktion der Sprache bei Schimpansen kamen wir gut voran, als es im Januar 1982 zu einem Durchbruch kam: In diesem Monat zogen Dar und Tatu ein. Auf einmal gab es viel mehr zu bereden, und die Gespräche in Washoes Familie nahmen um das Fünffache zu. Im Februar fanden pro Stunde bis zu zehn Gespräche statt, und diese Frequenz hielt das ganze Jahr an. Der Auslöser war meist Loulis. Mit vier Jahren begann er allmählich, sich von seiner Mutter abzunabeln und sein Augenmerk auf sein soziales Umfeld zu richten. Bei Menschen ist das nicht anders: Vierjährige sprechen mit ihrer Mutter nicht annähernd soviel wie mit ihren Freunden. Die Ankunft von Dar und Tatu war, als wären bei einer alleinerziehenden Mutter mit einem Kind zwei neue Kinder eingezogen: Die Gesprächshäufigkeit stieg sprunghaft an.

In den ersten drei Monaten des Jahres registrierten wir an die 1300 gebärdete Interaktionen, die von Loulis ausgingen. (Insgesamt waren es viel mehr, aber unsere Beobachtungen beschränkten sich auf dreieinhalb Stunden pro Werktag.) Am häufigsten wandte er sich an Dar, der ihm in gleicher Weise antwortete. Ihre wilden Spiele führten jetzt häufiger zu Kämpfen, was bedeutete, daß beide Jungen öfter von Washoe beruhigt und gegroomt werden mußten. Statt Moja war nun Dar Loulis' bester Spielkamerad, und Moja hatte mehr Zeit für Unterhaltungen mit ihrer Schwester Tatu. Doch während des Östrus wandte sich Moja vorwiegend an menschliche Männer und an Dar.

Diese Schimpansengespräche ähnelten sehr stark der Ausdrucksweise zweijähriger Kinder, die Wörter mit Gesten beziehungsweise, wenn sie taub sind, Gebärden mit Gesten kombinieren. Mit etwa zehn Monaten beginnt das Kind mit hinweisenden, den sogenannten deiktischen Gesten – das heißt, es zeigt, reicht, deutet –, um sich zu äußern oder etwas zu verlangen. Doch auch wenn es bereits die ersten Wörter beziehungsweise Gebärden beherrscht, hört es deshalb nicht auf zu gestikulieren, sondern reiht »Sequenzen kommunikativer Signale« aneinander, wie die Linguistin Virginia Volterra sagt.[3] Anstatt zwei Wörter aneinanderzufügen, kombiniert ein hörendes Kind mitunter auch zwei Gesten, um mitzuteilen: »Gib mir das«, oder eine Geste und ein Wort für: »Du ißt«, und ein gehörloses Kind kombiniert gelegentlich anstelle zweier Gebärden eine Geste mit einer Gebärde, um mitzuteilen: »MAMA da.« So, wie sich Laut- und Gebärdensprache aus den Gesten unserer Hominidenvorfahren entwickelten, besteht zwischen den ersten Gesten und der späteren Sprache eines Kindes ein fortlaufender Zusammenhang.

Die direkten Gespräche zwischen kleinen Kindern sind nicht der ideale sprachliche Austausch, wie ihn die Akademiker in Form von Diagrammen graphisch darstellen. Gehörlose Kinder verbinden nahtlos Gebärden- mit Körpersprache. Ebenso die Schimpansen: Tatu ging einmal auf Moja zu, die gerade einen Becher Fruchtsaft entgegennehmen wollte. Moja fühlte sich gestört und schrie. Daraufhin forderte Tatu sie auf: LÄCHELN, und veranlaßte Moja damit, ihr den Rücken zuzukehren.

Bei diesem Austausch kam nur eine einzige Gebärde vor, aber die gesamte Interaktion bestand aus vier sprachlichen und nichtsprachlichen Elementen: Annäherung, Geschrei, LÄCHELN, Abwenden. Die Konversation ließe sich folgendermaßen übersetzen:

Tatu: GIB MIR TRINKEN
Moja: NEIN
Tatu: LÄCHELN
Moja: GEH

Die Schimpansen kommunizierten nicht nur wie gehörlose Kinder, sondern entwickelten auch einige der Strategien, die in menschlichen Familien verbreitet sind. Bei einem Streit zwischen den beiden Jungen gab Loulis unweigerlich Dar die Schuld an dem Aufruhr. Sobald Washoe herbeieilte, um einzugreifen, deutete ihr Loulis: GUT GUT ICH, und zeigte auf Dar, woraufhin Washoe Dar maßregelte. Nach einigen Monaten hatte Dar begriffen, was da gespielt wurde, und warf sich jedesmal auf den Boden, wenn er Washoe kommen sah. Dann fing er an zu weinen und bat sie verzweifelt: KOMM UMARMEN. Washoe marschierte nun auf Loulis zu und schimpfte ihn aus, indem sie ihm befahl: GEH DORTHIN und auf den Ausgangstunnel über ihnen wies.

Das signifikanteste Ergebnis dieser Studie über Schimpansengespräche war der Beweis, daß die Schimpansen die Sprache keineswegs dazu verwenden, um Belohnungen zu ergattern, wie Terrace und andere behauptet hatten.[4] In dem liebevollen und anregenden Umfeld, in dem Washoes Familie lebte, erfüllte die Sprache denselben Zweck wie in menschlichen

Familien: Sie diente dazu, persönliche Beziehungen aufzubauen und im Alltag zu pflegen. Die meisten Gebärden drehten sich um Spiele, Strafmaßnahmen, Hausputz, Trost und Beruhigung. Häufig führten die Schimpansen auch Selbstgespräche mit Gebärden, etwa wenn sie Fotos ansahen, Bilder malten oder aus dem Fenster schauten und die Menschen oder Dinge im Freien betrachteten. Lediglich 5 Prozent ihrer Unterhaltungen hatten mit Essen zu tun, und interessanterweise ähnelten diese Gespräche eher einer menschlichen Konversation am Eßtisch als dem, was man als »Bettelei« bezeichnen würde.

Manche Schimpansen unterhalten sich über Essen ebensogern wie manche Menschen, besonders wenn sie Hunger haben. Tatu zum Beispiel war auf regelmäßige Mahlzeiten geradezu fixiert. Jeden Tag etwa eine Stunde vor dem Mittagessen verkündete sie allen Familienmitgliedern, es sei jetzt ESSEN ZEIT. Dann wollte sie wissen, was auf dem Speiseplan stand. Nahm sie keine Küchendüfte wahr, erinnerte sie die Menschen in der Nähe an die ESSEN ZEIT. War dann immer noch nichts Eßbares in Sicht, benahm sie sich wie ein erboster Gast im Restaurant und verlangte nach dem Geschäftsführer: ROGER ROGER ROGER! Einmal sagten wir ihr, zuerst müsse ihr Zimmer aufgeräumt werden, ehe sie eine Banane bekäme, woraufhin sie die anderen antrieb: SCHNELL SAUBERMACHEN! BANANE! BANANE!

Tatu hatte auch sämtliche Termine im Kopf. 1986 kamen Debbi und ich am Morgen nach dem Erntedankfest ins Labor und begannen, sauberzumachen. Die Studenten waren nach Hause gefahren, und es war sehr viel ruhiger als sonst. Draußen schneite es. Tatu starrte auf den Schnee, dann lief sie uns nach und fragte BONBON BAUM? BONBON BAUM?, um uns daran zu erinnern, daß es bald Zeit war für den Weihnachtsbaum. Debbi antwortete NEIN, NOCH NICHT. Tatu ließ nicht locker: BONBON BAUM, BONBON BAUM! Als Debbi ihr noch einmal erklärte, sie müsse noch ein paar Tage warten, ließ Tatu sich auf die Bank plumpsen, steckte den Daumen in den Mund und fragte niedergeschlagen: BANANE?

Eine seit Platon verbreitete Binsenweisheit behauptet, nur

der Mensch sei in der Lage, sich an die Vergangenheit zu erinnern und die Zukunft zu planen. Wenn es um Feiertage und Essen ging, konnte Tatu sich nicht nur erinnern, sondern kannte offenbar auch genau die Reihenfolge der Feste. Nach der Halloweenparty verlangte Tatu VOGEL FLEISCH, denn als nächstes Fest stand Thanksgiving an. Nach Debbis Geburtstagsfeier fragte Tatu wiederholt: EIS DAR? EIS DAR?, denn am folgenden Tag hatte Dar Geburtstag.

Wir notierten die Gebärden der Schimpansen genauso, wie Jane Goodall ihre Beobachtungen an wilden Schimpansen festhielt, nämlich in einem Logbuch. 1983 brachte uns eine interessante Verkettung von Ereignissen auf die Idee einer völlig neuen Dokumentationsweise. Debbi arbeitete damals an ihrem Diplom in experimenteller Psychologie und wollte ihre Abschlußarbeit über Loulis' wachsende Sprachfähigkeiten schreiben. Ihr Prüfungskomitee, das hauptsächlich aus Skinnerianern bestand, war von dem Thema alles andere als begeistert: Die Prüfer bezweifelten, daß Washoes Familie überhaupt der Gebärdensprache mächtig sei, wobei sie sich auf die Anschuldigungen von Herb Terrace beriefen. Sie schlugen Debbi daher vor, Videokameras an der Wand anzubringen, um die Schimpansen in Abwesenheit von Menschen zu filmen: Damit ließe sich ein für allemal beweisen, daß Schimpansen nur gebärdeten, wenn sie von Menschen dazu aufgefordert würden.

Debbi war von der Idee begeistert: Wenn ferngesteuerte Videokameras dazu dienen sollten, den Gebrauch der Gebärdensprache bei Schimpansen zu widerlegen, dann konnten sie auch für das Gegenteil benutzt werden und den *endgültigen Beweis* liefern. Die Frage war nur, warum wir nicht selbst auf die Idee gekommen waren. Wir hatten zwar mit Videokameras gefilmt, um zu dokumentieren, wie Loulis von Washoe Gebärden lernte, aber laut Aussage der Skinnerschen Psychologen genügte ja schon unsere bloße *Anwesenheit* als Anreiz für die Schimpansen, zu gebärden. Die logische Antwort darauf waren deshalb ferngesteuerte Videoaufnahmen.

Debbi montierte vier Kameras in den Räumen der Schimpansen und schloß sie an einen Bildschirm in einem anderen Zimmer an. Dreimal täglich wurden die Schimpansen zu beliebigen Zeiten 20 Minuten lang gefilmt. Allein in den ersten 15 Stunden waren mehr als 200 Interaktionen mit Gebärden zu sehen, und bald war uns klar, daß wir mit unserer alten Beobachtungsmethode die Häufigkeit von Gebärden in Washoes Familie unterschätzt hatten. Ein menschlicher Beobachter kann nur in eine Richtung blicken, und selbst mit dem Abkürzungssystem, das wir benutzten, schreibt er nicht so schnell, wie es nötig wäre. Die Videoaufnahmen hingegen hielten alles fest. (In Jane Goodalls Forschungsstation am Gombe-Strom wird inzwischen auch mit Videofilmen und deren Analyse gearbeitet.) Die Gespräche zwischen den Schimpansen waren so klar, daß sich unabhängige ASL-Experten, die sich die Videofilme ansahen, in neun von zehn Fällen über die Bedeutung der Gebärden einig waren.

Zwischen 1983 und 1985 nahm Debbi 45 Stunden Schimpansengespräche auf, die zu verschiedensten Tageszeiten gefilmt wurden. Auf den Videobändern ist zu sehen, wie Washoes Familienmitglieder sich mittels Gebärden unterhalten, während sie Decken austauschen, spielen, frühstücken und sich auf die Nacht vorbereiten. Gebärden kamen sogar mitten in den heftigsten familiären Auseinandersetzungen vor, und das war der beste Beweis, daß die Gebärdensprache ein natürlicher Bestandteil ihres geistigen und emotionalen Lebens geworden war. Wenn sie sich über ihre Leibspeisen unterhielten, dann nicht, um darum zu betteln – es waren ja keine Menschen anwesend –, sondern um sie zu kommentieren. Zum Beispiel schaute Dar mehrmals aus dem Fenster und machte dazu die Gebärde KAFFEE. Jedesmal traten wir im Nebenraum an unser eigenes Fenster, um zu sehen, worauf Dar sich bezog, und stellten fest, daß draußen jemand mit einer Kaffeetasse in der Hand vorbeiging.

Aber der beste Beweis, daß Schimpansen wie Menschen zunächst im engen Familienkreis Sprache lernen und sie dann einsetzen, um andere soziale Beziehungen zu knüpfen, war

Debbis Videoband von Loulis. Als Loulis größer wurde, lief er immer noch zu Washoe, wenn er Angst hatte, wütend war oder wenn ihm etwas weh tat, aber insgesamt sprach er viel weniger mit ihr, was besonders 1985, im letzten Jahr der Studie, auffallend war. Loulis hatte inzwischen innerhalb seiner Familie den korrekten Gebrauch von 55 Gebärden gelernt und benutzte sie im Schnitt bei jeder achten Interaktion mit anderen. Doch wenn er mit seinem besten Freund Dar zusammen war, gebärdete er häufiger, bei jeder fünften Interaktion. Insgesamt sprach Loulis mit Dar nun dreimal so oft wie mit Washoe: Wie ein sechsjähriges Kind griff er auf die Sprache zurück, um Freundschaften zu festigen.

Interessanterweise weigerte sich Loulis anfangs, sich mit Menschen in ASL zu unterhalten. In den fünf Jahren, seit er nach Oklahoma gekommen war, hatte Loulis praktisch nie Gebärden bei Menschen beobachtet. Und als wir ihn am 24. Juni 1984 erstmals mit Gebärden ansprachen, ignorierte er uns prompt, als wollte er sagten: »Das ist meine Sprache, nicht eure.« Er reagierte nur auf gesprochene Worte. Es dauerte vier Monate, bis Loulis unsere ASL-Gebärden akzeptierte und entsprechend antwortete.

Debbis Prüfer waren über ihre Ergebnisse alles andere als erfreut, doch sie konnten die gefilmten Beweise schlecht in Frage stellen, und so erhielt sie ihr Diplom. Wir zeigten das Video auf dem Internationalen Psychologenkongreß 1984 und im Jahr darauf im Rahmen einer Konferenz des Amerikanischen Verbands zur Förderung der Wissenschaften. Trotz der Kontroverse um Nim und Washoe einige Jahre zuvor hatten nur sehr wenige Wissenschaftler tatsächlich je einen gebärdenden Schimpansen *gesehen*. Das letzte Filmmaterial, das in der Öffentlichkeit vorgeführt worden war, stammte aus den späten sechziger Jahren: es waren alte 16-Millimeter-Filme von Washoe. Sehen heißt glauben, sagt man: Der Anblick von Washoe, Loulis, Moja, Dar und Tatu, die sich mit Gebärden unterhielten, schlug die Wissenschaftler in Bann. Endlich gab es einen überwältigenden Beweis, daß Schimpansen die Sprache auf dieselbe Weise einsetzen können wie Menschen.

Eines Tages im März 1985 lagen Washoe, Moja und Dar nach dem Mittagessen auf der Bank, Tatu saß im Tunnel. Loulis hing an der Decke und fing plötzlich an, mit den Zähnen zu klappern und den Kopf hin und her zu schütteln. Er sprang auf den Boden und begann, wie ein Gummiball von einer Wand zur anderen zu hüpfen. Während Moja aufschrie und mit einem Satz davonsprang, ging Washoe mit ausgebreiteten Armen auf Loulis zu und setzte ihn nieder. Sie öffnete seinen Mund und spähte hinein wie ein Löwenbändiger, um festzustellen, was ihm fehlte. Aber Loulis schloß den Mund und machte sich von ihr los. Daraufhin packte Washoe einen Schlauch, wickelte ihn zu einem Nest und befahl Loulis, sich neben sie zu setzen. Während die anderen Schimpansen sich um sie scharten und aufmerksam zusahen, zwang Washoe von neuem Loulis' Kiefer auseinander und begann, in seinem Mund herumzustochern. Das war ihm offenbar unangenehm, denn er sprang auf, kletterte von neuem zur Decke hinauf und baumelte zähneklappernd am Maschendraht. Nach ein paar Minuten kam er wieder herunter, und diesmal versuchte Moja, der Sache auf den Grund zu gehen. Aber Loulis lief davon, legte sich auf die Bank und schüttelte den Kopf.

Auf einmal hörten wir ein lautes »Klack«, und etwas fiel auf den Boden. Alle Schimpansen liefen hin, um nachzusehen; Washoe war am schnellsten: Sie hielt einen Milchzahn in die Höhe. Den Rest des Tages rannte Loulis mit offenem Mund herum und zeigte allen, Schimpansen wie Menschen, wo der Zahn gewesen war. Am nächsten Morgen brachte ihm die Zahnfee ein paar frischgetrocknete Birnen.

Mit sechs Jahren begann für Loulis der lange Übergang von der Kindheit zur Adoleszenz. Das kleine weiße Fellbüschel am Steiß war verschwunden, sein Gesicht dunkelte nach, und durch das dünner werdende Fell trat die beeindruckende Muskulatur seines wachsenden Körpers zutage. Sein aggressives Imponiergehabe, das so süß und lustig gewirkt hatte, war nun tatsächlich einschüchternd wie bei einem Erwachsenen. Die Auseinandersetzungen mit dem großen Dar nahm er jetzt viel ernster und lief nicht mehr nach jeder Rauferei zur Mama.

In der Wildnis fordern junge Männchen in diesem Alter ihre Mutter und deren Freundinnen so lange heraus, bis sie aus der weiblichen Gesellschaft verbannt werden. Sie kehren zwar ihr Leben lang immer wieder zur Mutter zurück, doch jetzt beginnt der schwierige und aggressive Prozeß der Eingliederung in die Hierarchie der erwachsenen Männer. Auch Loulis fing jetzt zu rebellieren an: Beim Essen setzte er sich auf Washoes Lieblingsplatz, so daß sie ihn verjagen mußte. Er blockierte den Tunnel, und Washoe mußte schieben und stoßen, bis er wimmernd den Weg freigab.

Trotz solcher Ausbrüche war Loulis nach wie vor das einzige Kind des dominanten Weibchens, und in gewisser Weise blieb er immer ein Kind. Noch mit acht Jahren war er eine regelrechte Landplage, wütete und bespuckte Schimpansen wie Menschen, die ihm nicht ihre ungeteilte Aufmerksamkeit widmeten. Aber schon im nächsten Augenblick war er wieder der süße kleine Junge, hielt Händchen und wollte geküßt werden. Und auf eine traurige Miene fiel er immer wieder herein: Wenn wir taten, als weinten wir, riß Loulis die Augen weit auf und bot uns zum Trost einen Kuß an.

Doch nicht nur Loulis erlebte einschneidende Veränderungen. Nach einer rabaukenhaften Kindheit war Dar zu einem lässigen und umgänglichen Zehnjährigen herangewachsen. Trotz seiner Größe erledigte er alles mit einem Minimum an körperlicher Anstrengung. Selbst bei dem typisch männlichen Imponiergehabe – wenn er auf zwei Beinen stampfend durch den Käfig tobte –, sah man ihm an, daß er eigentlich nur seine Pflicht tat. Hingegen entwickelte er sich zu einem leidenschaftlichen Bastler. Er hantierte gern mit Werkzeugen und zerlegte alle möglichen Gegenstände, um zu sehen, wie sie funktionierten. Kam ein Klempner oder Elektriker, folgte ihm Dar auf Schritt und Tritt und sah ihm bei der Arbeit zu. Eines Tages hörten wir metallische Töne aus dem Gehege, und als wir nachsahen, fanden wir Dar vor den Einzelteilen einer Spieluhr sitzen und an den Metallzinken zupfen wie ein Kind, das die Klaviertasten ausprobiert.

Aber auch Dar stellte fest, daß die Adoleszenz eine Reihe

von Problemen mit sich bringt. Mit Ausnahme von Washoe und Debbi hatte er weibliche Wesen nie besonders geschätzt. Doch als er in die Pubertät kam, besann er sich eines Besseren und fand Moja und Tatu auf einmal recht interessant. Nun sahen wir, wie Dar ausgiebige Groomingsitzungen mit den beiden Mädchen veranstaltete und es sogar schaffte, Mojas geliebte Haarbürste und ihren Spiegel zu ergattern. Er war in jeder Hinsicht so lästig wie ein menschlicher Teenager, kniff und zwickte Moja so lange, bis sie zum Wasserhahn ging und ihm einen Mundvoll Wasser ins Gesicht spie. Der überraschte Dar schnaubte und nieste und stellte seine Gemeinheiten ein.

Die vierzehnjährige Moja hingegen wurde zur regelrechten Aufreißerin, wann immer ein menschlicher Mann in der Nähe war. Mit lautem Keuchen versuchte sie seine Aufmerksamkeit zu erregen, und wenn das nicht gelang, bürstete sie sich sehr auffällig die Haare. Obwohl Moja stets die erste war, die mit neuen Mitarbeitern Freundschaft schloß, war sie noch immer unsicher und leicht neurotisch. Sie kreischte, wenn jemand sie auf die falsche Art ansah, wenn zwei Familienmitglieder stritten, sogar wenn sie an ihrem eigenen Geburtstag zuviel Aufmerksamkeit bekam. Sie kreischte selbst dann, wenn sie schlimme Befürchtungen hegte: Wenn wir Moja einen Lippenstift schenkten, schien ihre erste Sorge zu sein, daß Washoe ihn ihr wegnehmen werde. Sie lief zu Washoe, hielt den Lippenstift in die Höhe und schrie, wie um zu sagen: »Ich weiß genau, daß du ihn mir wegnimmst.« Und was passierte? Washoe nahm ihr den Lippenstift weg.

Im Verhältnis zu Menschen war Tatu mit ihren elf Jahren das genaue Gegenteil von Moja. Sie war eine sehr reservierte junge Dame, die sich in einer Beziehung nur soweit engagierte, wie sie es für nötig hielt. Zwar räumte sie jeden Tag das Gehege der Familie auf, doch nicht ohne einen Preis dafür zu verlangen: Essen, Spielsachen oder Zeitschriften. Sie war pragmatisch, energisch und außerordentlich stur. Tatus Persönlichkeit erinnerte mich an ihre Mutter Thelma. Wie Thelma zeigte auch Tatu kaum je ihre Gefühle, es sei denn, sie war extrem frustriert. Und wenn sie dann loslegte, klangen ihre Wutanfälle genau wie die ihrer Mutter. Wenn ich Tatu kreischen hörte, hätte ich schwören können, daß Thelma im Gebäude war. Das war um so erstaunlicher, als Mutter und Tochter in Oklahoma nur einen Tag zusammengewesen waren, bevor die Gardners Tatu zu sich nahmen.

Im Verlauf ihrer Adoleszenz wurde Tatu immer widerborstiger. Besonders im Östrus suchte sie ständig Streit. Tatu, die fast nie FANGEN spielen wollte, kam plötzlich hereingeprescht und forderte die anderen zu aggressiven Spielen auf. Sie legte alle herein, Schimpansen oder Menschen, bot ihnen etwas an und riß es ihnen gleich darauf wieder aus der Hand. In ihrer eigensinnigsten Phase streikte Tatu wochenlang und weigerte sich, aufzuräumen. Die anderen Schimpansen hoben zwar gelegentlich einen Löffel oder einen Napf auf, doch abgesehen davon verließen sie sich völlig auf Tatu. Nach jeder Mahlzeit sahen sie hoffnungsvoll zu ihr hinüber, bis sie irgendwann das Chaos nicht mehr ertrug und den Haushalt wieder übernahm.

Washoe, Loulis, Moja, Dar und Tatu lebten seit fünf Jahren miteinander und waren in dieser Zeit zu einer komplexen, eng verbundenen Familie zusammengewachsen. Ihre Kultur war eindeutig menschlich beeinflußt (American Sign Language, Weihnachtsbäume, Modezeitschriften), doch immer noch sehr schimpansenartig (Kommunikation mit Gesten, Werkzeuggebrauch und kreatives Spielen). Zwischen ihrem neuen Leben und den bedrückenden Verhältnissen in Oklahoma bestand ein himmelweiter Unterschied.

Doch ein wichtiges Element fehlte in ihrem Leben: die Möglichkeit, sich jeden Tag im Freien aufzuhalten. Im zweiten Stock des Psychologiegebäudes lebten die Schimpansen sicher, gesund und oft glücklich, aber nie konnten sie frische Luft atmen, die Sonne auf dem Gesicht spüren oder auf einen hohen Baum klettern. Im Unterschied zu Menschen sind Schimpansen von Natur aus Kletterer, und mehr als alles andere wünschten wir Washoes Familie die Freiheit, um draußen in der Sonne auf Bäume klettern zu können.

1985 begannen Debbi und ich, unseren Traum von einem Freigehege zu Papier zu bringen. Wir gaben Pläne für eine neue, freistehende Anlage in Auftrag, in der Washoes Familie auf natürlichere Weise zusammenleben konnte. Und wir bemühten uns, die 500000 Dollar zusammenzubringen, die Washoes neues Heim voraussichtlich kosten würde. Ende 1986 hatten wir die ersten 75000 Dollar zusammen. Doch am 29. Dezember 1986 traten äußere Umstände dazwischen.

An diesem Nachmittag prüften Debbi und ich die neuesten Baupläne, als die Post uns eine unauffällige Videokassette von einer Gruppe namens Wahre Tierfreunde brachte. Das Video zeigte die Lebensbedingungen von Schimpansen in einem biomedizinischen Forschungslabor in Maryland. Es dauerte nur 16 Minuten, aber diese 16 Minuten veränderten mein Leben für immer.

13
Affenschande

Debbi und ich gingen in unseren Datenraum und legten die Videokassette der Wahren Tierfreunde ein. Die Kamera folgt einer Frau, die einen Gang entlanggeht. Sie trägt eine Maske und gehört offensichtlich einer Gruppe von Tierschützern an, die in das Gebäude eingedrungen ist, um die dortigen Zustände zu dokumentieren. Sie betritt einen Raum, in dem sich vom Boden bis zur Decke kleine Käfige übereinander stapeln; in jedem ist ein einzelner Affe untergebracht. Viele von ihnen drehen sich im Kreis, was ein Zeichen von schwerem Streß ist. Ein Kapuzineraffe liegt tot in seinem Käfig. Ein anderer schlägt mit dem Kopf gegen das Gitter, wieder andere übergeben sich. Einige haben sich offensichtlich selbst verstümmelt.

Im nächsten Raum reihen sich Kästen aneinander, die wie Stahlkühlschränke aussehen. In die Vorderseite jedes Schranks ist eine dicke Plexiglasscheibe eingelassen. Die Kamera zoomt auf eines der Fenster, und man erkennt, daß in dem Container ein ausgewachsener Schimpanse sitzt. Nach Auskunft des Schilds über der Scheibe wurde Schimpanse Nummer 1164 im Februar 1986 infiziert. Die sogenannte »Isolette« aus Edelstahl, in der er hermetisch abgeriegelt ist, dient dazu, Viren herauszufiltern. Man hört das laute Summen eines Ventilators, der für die Belüftung der Container sorgt.

Die Frau öffnet nun die Stahltür der Isolette: Darin befindet sich ein zweiter Käfig aus Eisenstangen. Der Schimpanse reagiert nicht, als die Tür geöffnet wird. Er kauert in der sterilen Kammer, wiegt sich vor und zurück, vor und zurück und bewegt die Lippen, als murmelte er vor sich hin. Er scheint völlig wahnsinnig geworden zu sein.

Im nächsten Raum stehen kleinere Isoletten, etwa sechzig

Zentimeter breit und einen Meter hoch, in zwei Reihen übereinander auf beiden Seiten des Raums. Mit den kleinen Fenstern sehen sie aus wie zu groß geratene Mikrowellenherde. Ich fürchte mich jetzt schon vor dem Anblick, der gleich kommen muß.

Die Frau entriegelt eine Isolette und öffnet die Tür. Der Schimpanse, der darin sitzt, kann nicht älter als vier Jahre sein. Auch er wiegt sich hin und her. Er unterbricht die Bewegung nicht für einen Augenblick, als die Besucherin hineinspäht. Sein Gesichtsausdruck ist völlig leer, die Augen tot. In dem Container hat er kaum genug Platz, um sich umzudrehen. Er leidet unter vollständigem Reizentzug – er sieht nichts, riecht nichts, fühlt nichts. Das einzige Geräusch, das er hört, ist der ständig laufende Ventilator.

Als nächstes stellt uns die Frau zwei Schimpansenbabys namens Kyle und Eric vor, die zur Infizierung mit HIV oder Hepatitis-Viren und zur Isolation in Stahlcontainern bestimmt sind. Zu zweit sitzen sie seit drei Monaten eingepfercht in einem Käfig, der so groß wie eine Katzentragetasche ist. In der verzweifelten Hoffnung auf Körperkontakt und Zuwendung strecken sie ihre winzigen Händchen durch das Gitter.

Als die Kamera ihre Gesichter in Großaufnahme zeigt, starren Debbi und ich sie fassungslos an. Einer von ihnen hat eine unheimliche Ähnlichkeit mit Dar. Die beiden wurden in einer Zuchtanstalt der Air Force geboren, wahrscheinlich bei Holloman in New Mexico. Dars Vater lebt noch und wird in Holloman zur Zucht verwendet: Dieser kleine Schimpanse ist mit großer Wahrscheinlichkeit Dars Bruder. Als die Frau die beiden Babys streichelt, hämmern die Schimpansen in den Nachbarkäfigen an die Gitterstäbe. Auch sie wollen Zuwendung.

In der letzten Szene begegnen wir einer jungen Schimpansin namens Barbie, die in einer der kleinen Isoletten eingesperrt ist. Barbie kann noch nicht lange inhaftiert sein, denn sie sieht der Frau direkt in die Augen, als die Tür sich öffnet. Die beiden berühren sich und halten einander an den Händen. Die Frau gibt Barbie einen sanften Kuß, den diese erwidert. Als die Frau die Stahltür wieder schließt, schlingt Barbie beide

Arme um sich und beginnt hemmungslos zu schreien. Barbies Blick in dem Moment, als die Tür sich schließt – ihre nackte Panik, wieder im Container allein zu sein –, wird mich mein Leben lang verfolgen.

Debbi und ich waren sprachlos. Ich versuchte, diese grauenvollen Bilder zu begreifen. Schon früher hatte ich Schimpansen im Gefängnis erlebt, sogar in Einzelhaft. Aber Menschenaffen in Stahlcontainern hermetisch wegzusperren? Die Wissenschaftler, die mit diesen furchtbaren Apparaten arbeiteten, überschritten die Grenze zwischen medizinischer Forschung und perverser Bestrafung. Wie brachten sie es fertig, die Qual und die Angst in den Gesichtern dieser Schimpansen zu ignorieren?

An dieser Stelle muß ich Ihnen ein paar Hintergrundinformationen geben. 1984, zwei Jahre zuvor, hatten Wissenschaftler zum erstenmal Schimpansen mit HIV injiziert, dem Virus, das Aids verursacht. Unter den Menschen wütete die Seuche, und es bestand ein enormer Druck, ein »Tiermodell« zu finden – eine nichtmenschliche Spezies, an der man den Krankheitsverlauf verfolgen, Therapien testen und, so die Hoffnung, einen Impfstoff entwickeln könnte, und als unser nächster biologischer Verwandter drängte sich der Schimpanse zu diesem Zweck geradezu auf. Aber in der Natur erkranken Schimpansen nicht an Aids, und deshalb mußten die Forscher die Krankheit im Labor künstlich herbeiführen. Nach der Injektion mit HIV-Viren zeigten die Schimpansen eine Antikörperreaktion, das heißt, sie waren mit dem menschlichen Virus infiziert. Jetzt beantragten die Wissenschaftler bei den National Institutes of Health (NIH), jener staatlichen Institution, die den Großteil der medizinischen Forschung finanziert, eine umfangreiche Schimpansenlieferung, um ihre Testreihen durchführen zu können.

Das war allerdings ein Problem. Bis zur Mitte der siebziger Jahre kauften biomedizinische Forscher ihre Schimpansen von internationalen Tierhändlern, »verbrauchten« sie und bestellten dann neue. Schimpansen galten als erneuerbare Ressourcen, wie Bäume. Doch seitdem immer mehr tropischer Regenwald in Afrika zerstört wurde, immer mehr Schimpansen erlegt und aufgegessen und Tausende von ihnen gefangen und an amerikanische und europäische Labors, Zirkusse, Zoos verkauft wurden, schrumpften die Populationen wilder Schimpansen in atemberaubendem Tempo.

1975 schob das neue weltweite Abkommen über den internationalen Handel mit gefährdeten Arten dem Export von Schimpansen aus Afrika einen Riegel vor: Nun war der Import wilder Schimpansen in die Vereinigten Staaten illegal, und den Labors ging der Nachschub aus. Die NIH reagierten mit der Einrichtung von Zuchtanstalten auf die Schimpansenknappheit. 1986 legten sie ein ehrgeiziges Schimpansenzucht- und Forschungsprogramm vor, das die Unterbringung von 327 »engagierten Zuchttieren« und einen »Ertrag« von 35 Schimpansenbabys pro Jahr vorsah – genug, um künftige Aids-Studien mit Schimpansenbabys zu beliefern.

Zu diesem Zeitpunkt, genau drei Monate vor dem Eintreffen der Videokassette, hatte ich mich in eine politische Kontroverse eingeschaltet. Ich war entschlossen, gegen das neue Schimpansenzuchtprogramm vorzugehen, und legte meine Ansichten in einem wissenschaftlichen Gutachten dar, das ich an den für das NIH-Budget zuständigen Kongreßausschuß schickte. Ich brachte zwei schwerwiegende Einwände gegen das Zuchtprogramm vor, einen moralischen und einen wissenschaftlichen. Ich fragte, ob es moralisch richtig sei, Schimpansenbabys eigens zu züchten, um sie ihren Müttern wegzunehmen, zu infizieren und zu töten. Und ferner fragte ich, ob Versuche mit Schimpansen tatsächlich die bestmögliche Verwendung der ohnehin beschränkten Mittel für die Aids-Forschung seien.

Mir war sehr daran gelegen, daß unsere Gesellschaft sich endlich der ethischen Tragweite von Experimenten an unseren nächsten lebenden Verwandten bewußt würde. Schließlich hatten fünfundzwanzig Jahre Forschung, darunter auch meine eigene, unser Wissen über die Schimpansen vollkommen auf den Kopf gestellt: Wir wissen inzwischen, daß diese Tiere, die wir noch in den fünfziger Jahren für »geistloses Vieh« hielten, hochintelligente soziale Wesen mit Gefühlen sind, mit denen wir uns in unserer eigenen Sprache unterhalten können. Ist es moralisch vertretbar, unseren evolutionären Geschwistern im Namen der menschlichen Gesundheit Schmerzen und Leid zuzufügen und sie zu töten?

Ich wollte mit diesen Fragen in keiner Weise die schrecklichen Leiden der Aids-Kranken oder die dringende Notwendigkeit einer wirksamen Therapie herunterspielen. Schon immer haben menschliche Krankheiten uns gezwungen, unangenehme moralische Entscheidungen zu treffen. Die erschreckende Wirklichkeit von Aids erspart uns nicht das ethische Dilemma, in das wir auf der Suche nach Therapien geraten. Seit jeher war ich der Ansicht, daß die öffentliche Debatte einer der entscheidenden Kontrollmechanismen einer Demokratie gegen Übergriffe durch eine hemmungslose Wissenschaft ist – gleichgültig, ob es um Sterbehilfe, Gentechnik, die Erzeugung von Klonen oder um Tierversuche geht. Aus diesem Grund forderte ich den Kongreß auf, die Frage zu erörtern, ob dieser Einsatz von Schimpansen für das amerikanische Volk moralisch akzeptabel sei.

Ich persönlich war und bin gegen die Zucht und die Verwendung von Schimpansen für Versuche, die schädlich für sie sind; dazu zählt auch die Aids-Forschung. Es wäre undenkbar für mich, ein Tier aus unserer eigenen Schimpansenfamilie oder irgendeinen anderen Schimpansen der schmerzhaften, oft tödlichen Forschung auszuliefern. Und es spielt für mich keine Rolle, wie sehr Menschen, selbst Angehörige meiner eigenen Familie, davon profitieren. In den zwanzig Jahren, die ich mit Individuen wie Washoe, Loulis, Moja, Tatu und Dar verbracht hatte, war diese Überzeugung in mir gewachsen. Und wahrscheinlich empfänden viele Menschen ähnlich, wenn sie die Schimpansen so gut kennengelernt hätten wie ich.

Über den Ausgang der Debatte machte ich mir keine Illusionen. Mir war klar, daß der Kongreß aller Wahrscheinlichkeit nach zu dem Schluß käme, Versuche an Schimpansen seien zulässig und könnten fortgesetzt werden. Doch die Wissenschaftler waren noch immer den Beweis schuldig, daß Schimpansen tatsächlich das richtige »Tiermodell« sind. Nach drei Jahren wies nicht einer von hundert HIV-infizierten Schimpansen die Symptome einer Aids-Erkrankung auf, und man äußerte immer häufiger die Vermutung, Schimpansen seien möglicherweise Träger des Virus, ohne daran zu erkranken. In diesem Fall konnten Schimpansen kein taugliches Modell sein, um Medikamente und andere Therapien gegen HIV-bedingte Erkrankungen zu testen.

Offensichtlich waren die Schimpansen auch resistent gegen das HIV-Virus selbst: Die Replikationsrate war bei Schimpansen weitaus geringer, und ihr Immunsystem zeigte eine wesentlich geringere Antikörperreaktion als das menschliche. Das warf die beunruhigende Frage auf, ob Daten von Schimpansen auf den Menschen übertragbar und vor allem: Ob Schimpansen für die Entwicklung eines HIV-Impfstoffs überhaupt zu gebrauchen waren. Die Forscher planten, den Schimpansen einen experimentellen Impfstoff zu injizieren und sie dann mit HIV in Kontakt zu bringen, um festzustellen, ob der Impfstoff wirkt. Aber die »Wirksamkeit« eines Impfstoffs bei Schimpansen könnte einfach auf deren natürlicher Resistenz beruhen, so daß er *auf jeden Fall* auch noch am Menschen getestet werden müßte.

Im Jahr 1986 wußten wir, daß Schimpansen zumindest ein unvollkommenes, vielleicht sogar untaugliches Modell für die Aids-Forschung sind. Zu dem Zeitpunkt standen den Aids-Forschern nicht gerade üppige Mittel zu Verfügung. Schon fünf Jahre hatte die Seuche unter Homosexuellen und Drogenabhängigen gewütet, ohne daß sie von Präsident Reagan auch nur erwähnt worden war. Die National Academy of Sciences appellierte an die Regierung, zwei Milliarden Dollar jährlich in den Kampf gegen Aids zu investieren, doch 1986 betrug das Jahresbudget lediglich 100 Millionen.

Die brauchbaren Daten über Aids stammen ausschließlich aus Studien an Menschen. Aber für Humanstudien – klinische

Tests von Medikamenten im Versuchsstadium, In-vitro-Zellforschung, epidemiologische Untersuchungen, Präventionsprogramme – fehlte es an Geld. War es angesichts dessen wirklich sinnvoll, innerhalb von vier Jahren 10 bis 20 Millionen Dollar allein für die Schimpansenzucht auszugeben? War es nicht sinnvoller, dieses ohnehin geringe Budget in die Forschung am Menschen zu investieren, die nachweislich Erfolge erzielte und zu der sich Tausende von Infizierten freiwillig als Testpersonen zur Verfügung stellten? Außerdem machte ich den Kongreß darauf aufmerksam, daß wir eine ganze Generation HIV-infizierter Schimpansen unter Umständen für weitere fünfzig Jahre unterbringen müßten: Die Kosten für ihre Versorgung – viele Millionen Dollar – müßten ebenfalls von den Aids-Forschungs- und Präventionsprogrammen abgezogen werden.

Am Ende fand über die moralischen oder wissenschaftlichen Probleme im Zusammenhang mit der Aids-Forschung überhaupt keine Diskussion statt. »Tiermodell!« erschallte es einmütig aus der biomedizinischen Gemeinschaft, wie der Schrei »Feuer« in einem überfüllten Theater, und die Panik, die daraufhin ausbrach, trug ihr staatliche Subventionen in Millionenhöhe ein.

Nach dem Video der Wahren Tierfreunde lasen Debbi und ich den beigefügten Bericht einer anderen Tierschutzgruppe, die sich »Menschen für die moralische Behandlung von Tieren« nannte. Das Labor, hieß es in dem Bericht, sei die Sema Inc., in Rockville, Maryland. Sema führte Aids- und Hepatitis-Forschungen durch, finanziert mit eineinhalb Millionen Dollar Steuergeldern, die von der NIH zugeteilt wurden. Der Bericht dokumentierte entsetzliche Vernachlässigung und Todesfälle im Labor. In den vergangenen fünf Jahren waren viele Primaten nicht an den Studien selbst, sondern aufgrund mangelhafter tierärztlicher Fürsorge und an Unfällen gestorben. Laut einem zweiten Bericht, erstellt vom Landwirtschaftsministerium (USDA), das auch für die Überwachung von Tierversuchslabors zuständig ist, verstieß die Sema gegen die Tierhaltungsbestimmungen hinsichtlich der Größe von Käfigen, der Ernährung, der tierärztlichen Versorgung und so weiter. Doch trotz dieser Übertretungen ging mit Hilfe von Steuergeldern bei der Sema alles seinen gewohnten Gang.

Außerdem bekam ich einen Brief von Roger Galvin, dem Anwalt und Vizepräsidenten des Animal Legal Defense Fund, einer weiteren Tierschutzorganisation. Er bat mich um ein Gutachten mit meiner professionellen Meinung zu den Verhältnissen bei der Sema, insbesondere zu den Isolationskammern. Er meinte, es lägen genügend Beweise für »unnötiges Leiden« vor, um unter Berufung auf das Gesetz zur Verhinderung von Grausamkeit bei der Staatsanwaltschaft von Maryland eine Klage gegen die Sema zu beantragen. Diese Aktion, betonte er, sei kein Angriff gegen die Forschung im allgemeinen, sondern solle die Sema zwingen, auf Isolationskammern zu verzichten und »sich aufrichtig um das Wohl der Tiere zu bemühen«.

Es bedurfte keiner großen Überredungskunst. Innerhalb von zwei Wochen hatte ich ein Gutachten verfaßt, in dem ich darauf hinwies, daß die Schimpansen der Sema aufgrund der lebensgefährlichen Unterbringung sehr wahrscheinlich psychische und neurophysiologische Schäden davontrügen. Diese Tatsachen konnten den NIH, die Semas Isoletten finanzierten, nicht unbekannt sein. Dieselbe Regierungsbehörde hatte in den fünfziger Jahren Dr. Harry Harlows berüchtigte Isolationsexperimente an Primaten unterstützt. Harlow begann damit, Affenbabys von ihren Müttern zu trennen, und trieb seine Versuche immer weiter, bis er Jahre später Affen vollkommen allein auf dem Boden einer V-förmigen Metallkammer aufwachsen ließ, die er »Grube der Verzweiflung« oder »Hölle der Einsamkeit« nannte.[1] Die Affen aus Harlows »Grube der Verzweiflung« entwickelten die extremsten Symptome menschlicher Depression und Schizophrenie. Während derselben Zeit hielt Richard Davenport, ein Psychologe von Yerkes, Schimpansenbabys zwei Jahre lang isoliert in kleinen Kisten. Die Schimpansen zeigten bald die Symptome von Hospitalismus – sie wiegten sich hin und her, schlugen den Kopf gegen die Wand und so weiter.

Im Februar 1987, einen Monat nach meinem Gutachten über die Sema Inc., rief mich Jane Goodall an. Auch sie hatte die Videokassette erhalten und sie mit ihrer Familie während der Weihnachtsferien in England angesehen. Sie waren tief verstört. Jane hatte sich von biomedizinischen Labors stets ferngehalten und sich mit großer Energie für den Schutz wilder Schimpansen eingesetzt. Aber ich spürte, daß dieses Video auch für sie alles verändert hatte. Sie war erschüttert und sehr wütend, und auch sie hatte ein Gutachten verfaßt, in dem sie die Zustände bei Sema als »hochgradig schädlich für die Psyche der Tiere« und »vollkommen unannehmbar« anprangerte. Noch wichtiger war die Tatsache, daß Jane ihre Meinung öffentlich kundtat und damit gegen ein ungeschriebenes Gesetz der wissenschaftlichen Gemeinde verstieß: Über unmenschliche Zustände in Labors spricht man nicht.

Dr. John Landon, der Präsident der Sema Inc., stritt alles ab. In seinem Labor gebe es keine Probleme, behauptete er und warf Jane vor, sie schenke den Videoaufnahmen einer Tierschutzgruppe Glauben, ohne das Labor je besucht zu haben.[2] Daraufhin antwortete Jane, sie wolle das Labor und die Schimpansen persönlich sehen. Zu ihrem Erstaunen war man einverstanden, und das war der Grund ihres Anrufs: Sie bat mich, sie zu Sema zu begleiten. Jane kannte nur wilde Schimpansen und wollte jemanden mitnehmen, der Erfahrung mit Schimpansen in Gefangenschaft hatte.

Ende März wurden Jane und ich in Washington, D.C., von einem hohen NIH-Angestellten abgeholt und zu Sema im nahe gelegenen Rockville, Maryland, gebracht. Ich weiß nicht, was ich erwartet hatte; aber als wir vor dem Gebäude vorfuhren, war ich verblüfft, wie gewöhnlich es von außen aussah. Es war ein einstöckiges Bürogebäude mit zugezogenen Vorhängen; daneben befand sich eine Bank. Hier kommen jeden Tag Hunderte von Menschen vorbei, dachte ich. Ob irgend jemand vermutete, daß in dem Gebäude fünfhundert Affen und Menschenaffen in Stahlcontainern eingesperrt waren?

Dr. John Landon nahm uns in Empfang und übergab uns dann dem Oberveterinär, der die Führung veranstaltete, einem äußerst geschäftsmäßigen Mann. Ich hatte vermutet, Sema werde sich auf unseren Besuch vorbereiten, größere Käfige besorgen und Ordnung schaffen. Aber als wir durch die Gänge wanderten und kurz jeden Raum betraten, stellte ich fest, daß nichts dergleichen geschehen war. Die Zustände waren genauso, wie der Film sie dargestellt hatte. Die Kapuzineraffen rannten im Kreis. Andere rammten die Köpfe gegen die Gitterstäbe. Schimpansenbabys waren paarweise in 55 mal 55 Zentimeter große Käfige gezwängt und warteten, voneinander getrennt darauf, mit HIV infiziert und in Isoletten gesperrt zu werden. Wir fanden die halbwüchsigen Schimpansen vor, 32 an der Zahl, jeder in eine eigene Stahlisolette gesperrt, die 66 Zentimeter breit, 78 Zentimeter tief und einen Meter hoch war. Ich spähte in eine Isolette, aber sie war so schwach beleuchtet, daß ich kaum das Gesicht darin erkennen konnte.

Jane und ich wollten Barbie sehen, die junge Schimpansin, die voller Todesangst geschrien hatte. Der Veterinär versicherte uns, Barbie schreie nicht immer so und sei nur über die Störung erregt gewesen. Er führte uns zu Barbies Isolette, ein Labortechniker öffnete die Tür. Barbie schrie nicht. Sie wiegte sich auch nicht vor und zurück wie die anderen. Das Gesicht zu Boden gewandt, kauerte sie in ihrem Käfig, vollkommen verzweifelt. Langsam hob sie den Kopf und sah uns an. Ihre Augen waren leer. Es war derselbe Blick, »2000 Meilen entfernt«, sagte Jane später, den sie in den Augen verhungernder afrikanischer Kinder gesehen habe, die mit ansehen mußten, wie ihre Eltern niedergemetzelt und ihre Häuser angezündet wurden. Barbie war verloren.

»Holen Sie sie raus«, sagte der Veterinär zu dem Labortechniker. »Holen Sie sie raus.«

Der Techniker packte Barbie und zog sie hervor wie einen Sack Kartoffeln. Er sprach nicht mit ihr, versuchte nicht, sie zu trösten. Sie lag in seinen Armen und klammerte sich nicht einmal fest.

»Geben Sie ihr den Apfel.« Der Veterinär zeigte auf einen Apfel, der wahrscheinlich unseretwegen auf einem Labortisch lag. Barbie aß den Apfel mechanisch, ohne Spur von Interesse oder Genuß.

»Sehen Sie, es geht ihr gut«, sagte der Tierarzt. »Sie hat überhaupt nicht geschrien.«

Was mich bei unserer Führung durch die Sema am meisten verblüffte, war die Unbekümmertheit, mit der meine Kollegen ihr Geschäft betrieben. Hätte ich ein paar Bankkunden von nebenan zusammengetrieben und durch das Labor geführt, wäre den meisten wahrscheinlich übel geworden, und sie wären hinausgestürzt. Doch die Wissenschaftler und Laborangestellten, die vermutlich anständige Menschen waren und ihre Katzen und Hunde liebten, zeigten angesichts der Grausamkeiten, die sie diesen Wesen zufügten, keine Gefühlsregung. Sie kamen ja nicht einmal auf die Idee, uns irgend etwas zu verheimlichen.

»Wie halten sie das aus?« fragte ich Jane, als wir wieder gingen.

»›Die Fertigkeit in Greueln würgt das Mitleid‹«, antwortete sie mit einem Shakespeare-Zitat. Alles Mitgefühl, das sie einmal empfunden hatten, war durch Gewöhnung längst verschwunden.

Nach der Führung fand eine Besprechung mit der Laborleitung und Regierungsvertretern statt. Jane hielt einen fundierten und ergreifenden Vortrag über die Psyche der Schimpansen – über die lange Mutter-Kind-Bindung, die behütete, verspielte Kindheit, die komplexen sozialen Beziehungen, die Fähigkeit zu lachen, zu trauern und zu verzweifeln. Diese Fakten kann man in jährlich mindestens 100 wissenschaftlichen Artikeln nachlesen, und sie sind jedem Fernsehzuschauer bekannt. Doch als ich in die Runde blickte, sah ich nur leere Gesichter, als wären wir noch im Jahr 1959 und wüßten nicht das geringste über Schimpansen. Hat ein Wissenschaftler sich einmal eingeredet, daß sein Schimpanse ein leidensunfähiges

Forschungsobjekt ist, fällt es ihm leichter, alle Vorschläge zur Vermeidung oder wenigstens Verringerung von Leiden abzublocken.

So sagten die Leiter von Sema, die Isoletten seien erforderlich, um die Laborarbeiter vor einer HIV- oder Hepatitisinfektion zu schützen. Jane und ich wiesen darauf hin, daß vermutlich HIV-infizierte Menschen bei Sema arbeiteten, doch es bestehe gewiß nicht die Absicht, auch *sie* unter Quarantäne zu setzen und in Isoletten einzusperren: Nach dem, was wir über die Übertragungsweise von HIV und Hepatitis B wüßten, gebe es keine medizinisch begründete Notwendigkeit, die Schimpansen derart grausamen und unüblichen Maßnahmen zu unterwerfen. Diese Ansicht unterstützten viele führende Forscher, darunter Dr. Alfred Prince vom New York Blood Center, der das Non-A-Non-B-Hepatitis-Virus entdeckt hatte.

Wir fragten die Leiter von Sema, weshalb man die HIV-infizierten Schimpansen nicht in Gruppen oder paarweise unterbringen könne, damit sie wenigstens Gesellschaft hätten?

Das ist unwirtschaftlich, lautete die Antwort. *Wenn zwei infizierte Schimpansen in einem Käfig sitzen, können wir nur die Daten von einem studieren. Das ist eine Verschwendung von Schimpansen.*

Jane schlug daraufhin vor, Tieraffen und Schimpansen paarweise unterzubringen. (Die meisten Tieraffenspezies sind nicht anfällig für HIV, obwohl sie Träger eines verwandten Virus namens SIV sein können.) Junge Tieraffen und Schimpansen kommen oft recht gut miteinander aus.

Das macht zuviel Mühe.

Dann geben Sie ihnen wenigstens größere Käfige, damit sie sich bewegen können.

Das macht es schwerer für die Techniker, ihnen Spritzen zu geben und Blut abzunehmen.

Dann geben Sie ihnen wenigstens Spielsachen, mit denen sie sich beschäftigen können.

Spielsachen können Krankheiten übertragen.

Sie haben Autoklaven (Druckkessel, die Laborgeräte mit Wasserdampf sterilisieren). Damit können Sie die Spielsachen keimfrei machen.

Dann sind die Käfige schwieriger zu reinigen.

Und so weiter und so fort. In einem System, das darauf angelegt ist, so billig, effizient und platzsparend wie möglich zu funktionieren, ist die seelische Gesundheit eines Schimpansen nichts wert. Die größte Ironie liegt jedoch darin, daß die Forscher wissenschaftliche Daten produzieren, die extrem fragwürdig, vielleicht sogar nutzlos sind. Denn sie ignorieren die psychischen Bedürfnisse ihrer Versuchsobjekte, und es ist wohlbekannt, daß psychischer Streß das Immunsystem aller Tiere sehr stark beeinträchtigen kann, so daß sie anfälliger für eine Reihe physiologischer Erkrankungen sind. Dennoch werden Schimpansen im Labor üblicherweise unter Bedingungen gehalten, die so streßerzeugend sind, daß sie zu abartigem Verhalten führen. Doch die an anomalen Schimpansen gewonnenen Daten lassen sich nicht auf die normale menschliche Bevölkerung übertragen: Kein Forscher würde einen für gesunde Menschen vorgesehenen Impfstoff an Versuchspersonen testen, die in Isolationshaft leben: ohne jegliche Zuwendung, ohne sozialen Kontakt und ohne geistige Anregung.

Um optimale Testergebnisse zu erzielen, müssen die Forscher dem Bedürfnis der Schimpansen nach sozialem Kontakt und geistiger Stimulation Rechnung tragen. Und da liegt der Haken. Jeder biomedizinische Forscher arbeitet mit einem Widerspruch: »Wir müssen an Schimpansen experimentieren, weil sie *physiologisch* so sind wie wir.« Wie kann es dann akzeptabel sein, Tiere, die uns derart ähnlich sind, zu isolieren, zu foltern, ja zu vernichten? »Weil sie *psychisch nicht* so sind wie wir.«

Wenn ein Wissenschaftler sich eingesteht, daß seine Versuchsobjekte emotionale Bedürfnisse haben, gerät er in ein moralisches Dilemma. Hat er einem Schimpansen erst einmal in die Augen gesehen und seine Persönlichkeit zur Kenntnis genommen, fällt es ihm sehr viel schwerer, ihm Schmerzen zuzufügen.

Als Jane und ich das Labor verließen, fragte ich mich, warum die National Institutes of Health unserem Besuch überhaupt zugestimmt hatten. Wortlos saßen wir auf dem Rücksitz des Wagens, mit dem der NIH-Vertreter uns nach Washington zurückbrachte.

»Jane«, sagte der Funktionär über die Schulter, »Sie werden jetzt zugeben müssen, daß für die Schimpansen gut gesorgt ist. Es ist doch sicher kein Problem für Sie, einen Brief zu schreiben und zu erklären, daß das Labor die Vorschriften des Landwirtschaftsministeriums erfüllt und daß keine Verstöße stattfinden.«

Wahrscheinlich konnte er Jane im Rückspiegel nicht sehen, sonst hätte er sich diese Bemerkung verkniffen. Die Tränen liefen ihr übers Gesicht.

Sie riß sich zusammen und sagte betont langsam: »Unter keinen Umständen werde ich einen solchen Brief für Sie schreiben.«

Jane verweigerte nicht nur die erhoffte Unterstützung, sondern sie veröffentlichte im Magazin der *New York Times* einen schonungslosen Bericht über unseren Besuch bei der Sema.[3] Unter dem Titel »Gefangene der Wissenschaft« beschrieb sie die lebenslange Haft der Schimpansen unter »schlimmeren Bedingungen, als sie die gefährlichsten menschlichen Verbrecher je erleben«. Sie forderte neue und bessere Richtlinien für die Versorgung von Labortieren. Ihre massive Attacke war ein Ruf, den die ganze Welt vernahm: Jane enthüllte das gut gehütete Regierungsgeheimnis, daß nahezu zweitausend Schimpansen der grausamsten Behandlung ausgesetzt sind, die man sich vorstellen kann. Mehr noch: die National Institutes of Health konnten die Anschuldigungen nicht länger als unbegründete Vorwürfe eines Häufleins von Tierschutzfanatikern abtun.

Der Zeitpunkt war günstig, um eine Offensive für humanere Laborverhältnisse zu starten; zufällig bot sich im darauffolgenden Monat, im April 1987, dazu eine Möglichkeit. Zwei Jahre zuvor hatte der Kongreß die Bestimmungen des Tierschutzgesetzes verschärft: seitdem waren die Labors verpflichtet, »angemessene Verhältnisse zu schaffen, die dem psychischen Wohlbefinden von Primaten zuträglich sind«. Nun berief das amerikanische Landwirtschaftsministerium ein Gremium aus Primatensachverständigen ein – unter denen auch Jane Goodall und ich waren –, um Vorschläge für die neuen Richtlinien zu erarbeiten, an die sich die Labors bei der Versorgung ihrer Schimpansen künftig zu halten hätten.

Jane konnte nicht an der Sitzung teilnehmen, doch wir hatten im voraus besprochen, daß ich versuchen würde, die Gremiumsmitglieder zur Empfehlung größerer Käfige zu überreden: Das war der einfachste und praktischste Weg, das Leben der gefangenen Schimpansen zu verbessern. Nach den geltenden Bestimmungen war es erlaubt, einen 115 Kilo schweren Schimpansen wie Dars Vater, ja selbst einen 300 Kilo schweren Gorilla, in einem eineinhalb mal eineinhalb Meter großen Käfig zu halten und ihm einmal am Tag zu essen und zu trinken zu geben. Das war völlig unzumutbar, und ich war mir sicher, daß alle sich dieser Ansicht anschließen würden.

Dem war nicht so. Unter den neun Experten des Gremiums waren sechs Vertreter großer NIH-geförderter biomedizinischer Labors, die uns drei Verhaltensforschern eindeutig feindlich gesinnt waren. Ein exklusiver Kreis von NIH-Beamten, die die Subventionen für praktisch alle Mitglieder des Gremiums vergaben, notierte alles, was in der Sitzung geäußert wurde. Als ich erklärte, größere Käfige stünden an allererster Stelle, erhob sich ein Sturm der Entrüstung über die immensen Kosten. Der Leiter eines NIH-Labors faßte diesen Standpunkt folgendermaßen zusammen: »Wenn die Käfige größer werden müssen, verarbeite ich die Hälfte meiner Affen zu Hundefutter.« Ich erinnerte daran, daß nach den Bestimmungen des Tierschutzgesetzes für das psychische Wohlbefinden der Primaten nicht nur dann Sorge zu tragen sei, wenn es für die Labors billig und bequem sei. Wir waren zusammengekommen, um eine humanere Regelung zu finden, *egal, um welchen Preis*.

Am folgenden Tag stellte ich den Antrag, die Käfige auf sechs mal sechs Meter zu vergrößern, damit die Schimpansen sich bewegen und spielen könnten. Niemand unterstützte meinen Antrag, nicht einmal die beiden Experten für Schimpansenverhalten. Dr. Michael Keeling, der Vorsitzende des Gremiums und Leiter eines NIH-geförderten Schimpansenforschungszentrums, fragte sarkastisch, ob ich noch einen anderen Antrag stellen wolle, der den Anwesenden annehmbarer erscheine. Ich wiederholte meinen Antrag, und wieder fand ich keine Unterstützung.

Schließlich sagte ich: »Dann geben wir ihnen wenigstens fünf Quadratmeter.« Schweigen.

»Tja, Roger«, sagte der Vorsitzende Keeling lächelnd, »anscheinend ist niemand daran interessiert, Ihren Antrag zu unterstützen.«

Ich fühlte mich von den beiden anderen Verhaltensforschern im Gremium im Stich gelassen, und nach der Sitzung stellte ich den einen zur Rede. »Roger«, sagte er, »Ihnen muß doch klar sein, daß das die Leute sind, die meine Forschung bezahlen.« Er sprach offensichtlich für alle Anwesenden. Mir wurde allmählich klar, wie lang der Arm der NIH war. Es war eine Sache, ein Gutachten gegen ein Labor wie die Sema zu schreiben oder die NIH-Politik in einem Bericht an den Kongreß anzugreifen, aber es war etwas ganz anderes, vor die eigenen Kollegen hinzutreten und von ihnen zu verlangen, daß sie sich andere Arbeitsweisen zulegten. Ich war aus der Klüngelei der Primatenexperten und ihrer staatlichen Förderer ausgebrochen. Mein nächster Forschungsantrag würde nicht auf Wohlwollen stoßen.

Warum hatte ich nicht den Mund gehalten wie die anderen Verhaltensforscher im Gremium? Durch meine Stellungnahme hatte ich nichts zu gewinnen, aber alles zu verlieren. Warum gefährdete ich meine Karriere auf diese Weise?

Ich dachte an die Schimpansen, die im selben Augenblick in ihrer Isolationshaft litten: Ally war im Forschungslabor White Sands, wenn er nicht ohnehin schon tot war; Booee war im LEMSIP, dort waren auch Tatus Mutter Thelma und Mojas Mutter; Loulis' Mutter war in Yerkes, Dars Vater in Holloman und sein Bruder bei der Sema.

Wer trat für sie ein, wenn nicht ich? Ich wollte gewiß kein

Märtyrer sein, aber ich brachte es auch nicht fertig, nach Ellensburg zurückkehren, mich mit Washoes Familie zu verschanzen und so zu tun, als gebe es keine biomedizinischen Labors. Jetzt war es ernst geworden: Die Regierung hatte mich gezwungen, mich zwischen meinen Kollegen und den Schimpansen, an denen sie experimentierten, zu entscheiden.

Ich hielt meinen Standpunkt nicht für unvernünftig. Wenn die Wissenschaft die Schimpansen schon zwingt, ihr ganzes Leben in den Dienst des menschlichen Wohlergehens zu stellen, dann sollte sie zumindest diesen Beitrag anerkennen und ihnen größere Käfige, Bewegung und soziale Kontakte gönnen. Das erschien mir das mindeste an Anstand und Dankbarkeit.

Die gesetzlichen Bestimmungen waren klar. Der Kongreß hatte das Tierschutzgesetz verabschiedet, weil er die Bedingungen für gefangene Primaten verbessern wollte, und ich war bereit, mich noch einmal durch das System hindurchzuarbeiten, um dem Gesetz Geltung zu verschaffen. Glücklicherweise hatte ich in Jane Goodall eine Verbündete. Jane war fest überzeugt, die biomedizinischen Forscher seien schlichtweg Opfer ihres Unwissens. Sie arbeiteten in Systemen, die aufgebaut worden waren, lange bevor wir etwas über die Intelligenz und die emotionalen Bedürfnisse der Schimpansen wußten. Sie meinte, wir müßten nur genügend Labortüren aufstoßen und die Forscher aufklären, damit ihnen endlich die Schuppen von den Augen fielen und sie einverstanden wären, die Zustände zu verbessern.

Wir versuchten es auf einem anderen Weg. Jane und ich schlugen den National Institutes of Health vor, ein internationales wissenschaftliches Gipfeltreffen mit biomedizinischen Forschern, Verhaltensforschern und Ethologen aus Afrika zu veranstalten, um eine gemeinsame Basis für neue, humane Maßstäbe für die Lebensbedingungen von Schimpansen zu finden. Nach dem Fiasko bei der Sema waren die NIH-Vertreter um Schadensbegrenzung bemüht und reagierten geradezu begeistert auf unseren Vorschlag, Brücken zu schlagen. Wir sollten sofort einen Förderungsantrag stellen, damit sie Mittel bewilligen und als Sponsor der hochkarätigen Konferenz auftreten könnten. Doch bei den biomedizinischen Forschern ließ der Vorschlag die Alarmglocken läuten, und nachdem der stellvertretende NIH-Direktor uns monatelang ermutigt hatte, bestellte er Jane Goodall und mich eines Tages in sein Büro in Washington: Die Konferenz sei abgeblasen, sagte er. In Janes Gesicht las ich, daß sie begriff, was gespielt wurde. Wissenschaftler wie wir waren Personae non gratae.

Als ich an diesem Tag den Hauptsitz der NIH verließ, war mir klar, daß ich nun endgültig aus dem wissenschaftlichen Establishment verbannt war. Bald darauf wurden Jane Goodall und ich von NIH-Vertretern als Häretiker und Tierschutzfanatiker gebrandmarkt: Jeder, der die Situation der Tiere in der Forschung verbessern wollte, wurde beschuldigt, er habe nichts anderes im Sinn als die biomedizinische Forschung abzuschaffen, und sollte exkommuniziert werden.

Im Gegensatz zu Jane und anderen Ethologen war ich Laborwissenschaftler. Um staatliche Unterstützung zu erhalten, mußte ich mich bei den National Institutes of Health oder ihrer Schwesterorganisation, der National Science Foundation (NSF), bewerben. Zwar verließ ich mich schon seit 1980 nicht mehr auf staatliche Forschungsgelder – damals hatte die Regierung mir vorgeschlagen, mit Washoe biomedizinische Experimente durchzuführen –, trotzdem bewarb ich mich jedes Jahr um kleinere Beträge, meist für Material.

Jetzt lehnten NIH und NSF meine Anträge ab. Die Ablehnungen hätten nichts mit meiner Einstellung zu tun, wurde mir versichert, doch die Bemerkungen auf dem rosafarbenen Ablehnungsbescheid vom NSF sprachen Bände: »Der Forscher [Fouts] ist Mitglied mehrerer Organisationen, die gegen jegliche Art von Forschung an Tieren sind.« Ich gehörte damals nur einer einzigen Organisation an, die sich »Psychologen für die ethische Behandlung von Tieren« nannte und nichts anderes verlangte als die humane Behandlung von Labortieren.

Die Wahrheit ist, daß meine Einstellung gegenüber der Tierforschung mit der Zeit weder ins Lager der Anhänger noch ins Lager der Gegner so recht paßte. Der Einsatz von Menschenaffen in jeder Form von Forschung, nicht nur der biomedizinischen, widerstrebte mir. Von meinen Erfahrungen in Oklahoma wußte ich nur zu gut, was Schimpansen selbst bei Verhaltensstudien zu leiden haben. Bereits 1974 hatte ich für Washoe und mich einen Ausweg aus der Schimpansenforschung gesucht – vergeblich; es gab keinen Ausweg, und deshalb beschloß ich, alles zu tun, um den Schimpansen in meiner Obhut und später allen Schimpansen in Gefangenschaft ein besseres Leben zu ermöglichen. Zu dem Zeitpunkt, als ich die Sema besuchte, war mir klar, daß es sinnlos ist, eine klare moralische Trennlinie zwischen biomedizinischen Versuchen und Sprachexperimenten zu ziehen. So grauenhaft viele biomedizinische Labors auch sind, das gemeinsame Problem aller Tierforschung ist die Gefangenschaft; die Haftbedingungen unterscheiden sich lediglich im Ausmaß an Grausamkeit. Die einzige humane Lösung besteht meiner Ansicht nach darin, schrittweise aus *jeglicher* Forschung an gefangenen Menschenaffen auszusteigen. Und wenn ich irgendeine moralische Autorität auf diesem Gebiet beanspruchen wollte, dann durfte ich auch meine eigene Forschung nicht ausnehmen.

Je schwieriger ich es fand, moralische Grenzen zwischen verschiedenen Forschungszweigen zu ziehen, desto schwerer fiel es mir auch, moralische Grenzen zwischen Arten zu ziehen. Mit Sicherheit leidet ein Pavian oder ein Hund unter biomedizinischen Experimenten nicht weniger, als ein Schimpanse oder ein Mensch leiden würde. Und deshalb gelten für alle Forschungstiere dieselben beunruhigenden Fragen: Ist es richtig, Tiere zu töten, um das menschliche Leben zu verlängern? Dürfen wir einer Spezies Leiden zufügen, um das Leiden einer anderen zu verringern?

Washoe war es, die mich lehrte, daß »menschlich« nur ein Adjektiv zur Beschreibung von »Sein« ist und daß die Essenz meiner selbst nicht mein Menschsein ist, sondern die Tatsache, daß ich ein Lebewesen bin. Es gibt Menschenwesen, Schimpansenwesen, Katzenwesen. Die Unterschiede, die ich früher zwischen all den verschiedenen Lebewesen gezogen hatte – Unterschiede, die einer Spezies das Recht einräumten, eine andere Spezies zu inhaftieren und zu Experimenten zu benutzen –, waren für mich nicht länger moralisch vertretbar.

Mit Recht hätte die NIH mir vorhalten können, mein Endziel sei die Befreiung aller Tiere aus der Forschung: Das stimmt. Falsch war hingegen die Behauptung, ich sei »gegen jegliche Art von Forschung an Tieren«: Schließlich stellte ich Subventionsanträge, um Forschung an Tieren zu betreiben. Es wäre der Gipfel der Heuchelei gewesen, hätte ich mich öffentlich gegen jede Art von Forschung ausgesprochen; das habe ich nie getan. In diesem Punkt widersprach ich allen, die grundsätzlich die gesamte Tierforschung abschaffen wollten. Mir war und ist klar, daß es vielleicht Jahrzehnte dauern wird, bis mein Ziel erreicht ist – bis wir nach und nach aus der Tierforschung ausgestiegen sind und unsere Forschungsobjekte, meine eigenen eingeschlossen, auf humane Weise behandeln. Deshalb trat ich für eine pragmatische Vorgehensweise ein und forderte, die Schmerzen und Leiden der Labortiere soweit wie möglich zu verringern und anstelle der Tierversuche alternative Forschungsmethoden anzuwenden, wo immer dies machbar sei; das ist gar nicht so selten. Wenn wir diesem humanen Weg folgen, werden wir hoffentlich eines Tages alle Käfige in allen Labors öffnen, auch meine eigenen in Ellensburg.

Aber mein Plädoyer für dieses humane, graduelle Vorgehen stieß bei den NIH-Vertretern auf taube Ohren. Mit Vorliebe beriefen sie sich auf das Schreckgespenst Aids und gaben jeden der Lächerlichkeit preis, der sich für die Schimpansen einsetzte. Jeder Wissenschaftler, der es wagte, die Laborbedingungen zu kritisieren, wurde als »irrational«, »menschenfeindlich« oder beides abgestempelt. Die Tatsache, daß ich von der Regierung lediglich verlangt hatte, die Schimpansen mit dem gesetzlich vorgeschriebenen Anstand und Mitgefühl zu behandeln, ging in dieser Schlammschlacht völlig unter.

Im Dezember 1987 veranstalteten Jane Goodall und ich unsere Konferenz über die Verbesserung der Lebensbedingungen für Schimpansen ohne Unterstützung oder Teilnahme der NIH. Gastgeber war statt dessen die Humane Society of the

United States, und die Teilnehmer waren Fachleute von großen Labors, Zoos und Schimpansenkolonien. Wir erarbeiteten eine Liste vernünftiger Vorschläge: Schimpansen sollten stets in Gruppen untergebracht werden; ihre Käfige müßten groß genug sein (40 Quadratmeter), damit sie sich bewegen und Beziehungen pflegen können; Babys sollten so lange wie möglich bei ihren Müttern bleiben, und alle Schimpansen müßten ein Recht auf Spielsachen und Abwechslung haben. Wir legten unsere Empfehlungen dem Landwirtschaftsministerium vor, das zu dem Zeitpunkt an den Bestimmungen zur Förderung des psychischen Wohlbefindens von Primaten arbeitete, wie der Kongreß angeordnet hatte.[4]

1991 verabschiedete die Regierung endlich die längst überfälligen Bestimmungen zur Betreuung von Schimpansen. Aber darin war keine Rede von größeren Käfigen, auch keiner unserer sonstigen Vorschläge war berücksichtigt worden. Ich hatte angenommen, der Wille des Kongresses – das Tierschutzgesetz – werde sich zu guter Letzt durchsetzen, doch die Lobby der biomedizinischen Industrie hatte im Hintergrund ihre Fäden gezogen und alle Verbesserungsvorschläge im Keim erstickt. Von vielen Wissenschaftlern, darunter auch einigen biomedizinischen Forschern, wußte ich, daß sie die neuen Bestimmungen für skandalös hielten: Sie waren nicht nur schlecht für die Schimpansen, sondern untergruben auch das Vertrauen der Öffentlichkeit in die Wissenschaft. Die wissenschaftliche Gemeinschaft hätte mit Entrüstung reagieren müssen, und ich wartete auf einen empörten Aufschrei. Aber niemand sagte ein Wort.

Es hatte keinen Sinn mehr, das wissenschaftliche Establishment von innen verändern zu wollen. Jemand mußte vor das Bundesgericht treten und die Regierung wegen des Verstoßes gegen das Tierschutzgesetz anklagen. Ich stellte bald fest, daß einige wenige ähnlich dachten. Christine Stevens vom Animal Welfare Institute fragte, ob ich bereit sei, gemeinsam mit ihrer Organisation sowie dem Animal Legal Defense Fund ein Gerichtsverfahren anzustrengen. Sie wollten einen Forscher als Mitkläger gewinnen.

Mir war klar, wie es aussehen würde, wenn ich mich einer Tierschutzgruppe anschloß und gegen das wissenschaftliche Establishment vor Gericht zog. Ich hatte mir ohnehin schon den Mund verbrannt, und nun würde man mir Verbrüderung mit »dem Feind« vorwerfen. Damit wäre meine fünfundzwanzigjährige Entwicklung vom Wissenschaftler zum Aktivisten perfekt, und ich würde mit den Konsequenzen leben müssen.

Zum Glück kannte ich die Anwälte des Animal Legal Defense Fund schon von dem Fall gegen die Sema und war von ihnen sehr beeindruckt. Sie waren keine wilden Extremisten, sondern erfolgreiche Profis, die mit ihrem Gewissen gerungen und sich schließlich entschieden hatten, sich für die Labortiere einzusetzen. Ich war froh, sie als Verbündete zu haben.

Am 15. Juli 1991 trat ich der Klage gegen das Landwirtschaftministerium bei. Fast zwei Jahre später, im Februar 1993, entschied Richter Charles Richey vom US-Bundesbezirksgericht nicht nur zu unseren Gunsten, sondern erteilte der Regierung und der biochemischen Industrie einen geharnischten Verweis. Die Weigerung der Regierung, die Käfige zu vergrößern und Maßstäbe für psychisches Wohlbefinden zu setzen, sagte er, sei »willkürlich, eigenwillig und gesetzwidrig«.[5] Nach Ansicht von Richter Richey meinte der Kongreß durchaus, was er sagte. Die Labors würden nun konkrete, nachweisbare Schritte zur Verbesserung der Lebensbedingungen für gefangene Schimpansen unternehmen müssen, und es sei eben Pech, wenn sie für die biomedizinische Industrie kostspielig seien – das sei dem Kongreß durchaus bewußt gewesen, als er das Gesetz entwarf. Mein Glaube an die Regierung war wiederhergestellt. Vorläufig.

Denn leider hatte Richter Richeys Urteil nicht Bestand. Gemeinsam mit der Regierung focht der Bundesverband der biomedizinischen Forschung das Urteil an: Im Juni 1994 hob das Berufungsgericht die Weisung zur Einführung strengerer Maßstäbe auf. Das Gericht stellte nicht die Urteilsbegründung in Frage, sondern entschied, wir hätten keinen Schaden erlitten und seien deshalb nicht klageberechtigt. Nach Ansicht des Gerichts waren es die Schimpansen, die unter der staatlich sanktionierten Mißachtung des Tierschutzgesetzes zu leiden hatten.

Aber in unserem gegenwärtigen Rechtssystem sitzen die Schimpansen in einer Zwickmühle: Sie sind Eigentum, und aus juristischer Sicht kann Eigentum keinen Schaden erleiden. Wenn ich den Wagen eines anderen beschädige, ist es der Autobesitzer, der den Schaden erleidet, nicht das Auto. Dasselbe gilt für Schimpansen. Die Forscher können einen Schimpansen körperlich und seelisch verletzen, doch nach juristischer Definition ist die Beschädigung eines Schimpansen unmöglich, und folglich gibt es keinen Mißstand, dem sich abhelfen ließe.

Das wird sich alles eines Tages ändern, wenn unser Rechtssystem endlich anerkennt, daß Schimpansen keine leblosen Objekte, sondern denkende und fühlende Individuen sind, die sehr wohl leiden und daher rechtlichen Schutz brauchen. Unser Prozeß gegen die Regierung war erst der Anfang und nicht das Ende des Rechtsstreits um den Schutz der Schimpansen.[6] Und ich bin überzeugt, daß die Bundesgerichte innerhalb der nächsten zehn Jahre Präzedenzurteile fällen werden, aufgrund deren unsere Mitprimaten endlich eine bessere Behandlung durch unsere Gesellschaft erfahren.

Ich habe die Hoffnung nicht aufgegeben, vor allem weil in manchen Labors tatsächlich erhebliche Veränderungen stattfanden. Zum Beispiel hat die Sema, die noch immer von Dr. John Landon geleitet wird und nun Diagnon heißt, ihre Isoletten abgeschafft und bringt die Schimpansen heute in Plexiglaskäfigen unter, die immerhin größer sind, als die derzeitigen Bestimmungen vorschreiben. Zum Großteil sind die Schimpansen zwar immer noch einsam, doch sie haben regelmäßigen Kontakt zu Menschen und dürfen manchmal mit anderen Schimpansen spielen. Ideal ist dieser Zustand noch lange nicht, aber er ist schon eine enorme Verbesserung gegenüber dem Alptraum, den Jane Goodall und ich 1987 miterlebten.

Dennoch erwarte ich keine generellen Verbesserungen in der Tierforschungsindustrie, solange die Forscher nicht dazu gezwungen werden. Und deshalb arbeite ich weiterhin mit den Anwälten der Tierschutzvereine zusammen, bis sämtliche biomedizinischen Labors der Weisung des Kongresses aus dem Jahr 1985 endlich folgen und sich für das seelische Wohl der Schimpansen einsetzen.

Während wir in Amerika für bessere Laborverhältnisse kämpften, veröffentlichte das Jane Goodall Institut einen erschütternden wissenschaftlichen Bericht über wilde Schimpansenpopulationen in Afrika.[7] Die Zahlen waren alarmierend: Um die Jahrhundertwende hatten auf dem afrikanischen Kontinent fünf Millionen Schimpansen gelebt, jetzt waren es noch 175 000. Einst in 25 Ländern beheimatet, waren die Schimpansen inzwischen in vier Nationen völlig und in fünf so gut wie verschwunden, in fünf weiteren standen sie kurz vor dem Aussterben. In Westafrika war die Schimpansenpopulation von einer Million auf schätzungsweise 17 000 Individuen zurückgegangen – in Ländern wie Guinea, Sierra Leone und Liberia war die Ursache dieses Schwunds zum großen Teil die Nachfrage an biomedizinischen Forschungsobjekten.

Nach Prüfung dieses Berichts gab der U.S. Fish and Wildlife Service bekannt, der Status der Schimpansen müsse neu definiert werden: Sie seien nicht länger als *bedrohte*, sondern als *gefährdete* Spezies einzustufen.[8] Ich begrüßte diesen Schritt, denn damit wären die Labors gezwungen, die Öffentlichkeit über den Einsatz und die Behandlung von Schimpansen in der Forschung zu informieren. Doch eine andere Regierungsbehörde wehrte sich gegen diesen vernünftigen Vorschlag: die National Institutes of Health. Von NIH-Seite war zu hören, es herrsche ein bedenklicher Mangel an Versuchstieren, weshalb dringend wilde Schimpansen aus Afrika beschafft werden müßten.[9] Das war seit Anfang der siebziger Jahre nicht mehr vorgekommen. Die staatliche Gesundheitsbehörde bezweifelte den »angeblichen Rückgang« der Schimpansenpopulationen und stellte den Bericht des Goodall-Instituts in Frage.

Der U.S. Fish and Wildlife Service erhielt 54 212 Briefe von Bürgern, Tierschutzorganisationen, Wissenschaftlern und afrikanischen Regierungen, die sich alle für die Klassifikation der

Schimpansen als *gefährdete* Art aussprachen. Gegner der Neudefinition waren lediglich acht biomedizinische Forscher und ein Zirkusunternehmer.

Dennoch setzte sich die biomedizinische Lobby durch. Die National Institutes of Health handelten ein Abkommen mit dem U.S. Fish and Wildlife Service aus, das die Schimpansen in zwei Kategorien teilte: Gefangene Schimpansen galten weiterhin nur als *bedroht*, was bedeutete, daß die Forscher nach wie vor das Recht hatten, heimlich und ohne Rechenschaftspflicht an ihnen zu experimentieren. Als *gefährdete* Art wurden lediglich die wilden Schimpansen eingestuft.

Die Weigerung der Vereinigten Staaten, *alle* Schimpansen zu schützen, war eine Botschaft an den Rest der Welt: Gegenüber den menschlichen Bedürfnissen haben Schimpansen zurückzustecken, wann immer es für den Menschen vorteilhaft ist. Wenn die Amerikaner mit gefangenen Schimpansen handeln, sie benutzen und töten können, ohne einer internationalen Behörde Rechenschaft schuldig zu sein, warum sollte sich dann ein afrikanischer Wilderer irgendeinen Zwang antun? Die National Institutes of Health reduzierten »Aussterben« zu einem abstrakten Begriff ohne Bedeutung und lieferten den potentiellen Mördern der letzten 175 000 wilden Schimpansen auf dem afrikanischen Kontinent eine moralische Rechtfertigung.

Für die NIH-Vertreter mögen die Opfer unter den Schimpansen gesichtslose Tiere gewesen sein, doch 1988, während der Kampf um die Klassifikation als gefährdete Art tobte, erfuhr ich, daß meine alte Freundin Lucy auf der Pavianinsel im Fluß Gambia tot aufgefunden worden war. Janis Carter fand Lucys Skelett bei ihrem einstigen Lagerplatz[10]: Offenbar war sie von Wilderern erschossen und gehäutet worden. Lucy hatte menschliche Eindringlinge auf ihrer Insel immer sofort begrüßt – sie hatte ja keine Angst vor Menschen. Ihre Mörder hatten ihr Hände und Füße abgeschnitten und wahrscheinlich als Trophäen auf einem der zahlreichen afrikanischen Märkte verkauft, die auch Gorillaschädel und Elefantenfüße anbieten.

Der Bericht über Lucy und mich, der 1972 in der Zeitschrift *LIFE* veröffentlicht worden war, schien aus einem anderen Leben zu stammen. Lucy hatte tatsächlich zwei Leben. Auf einem Jahrmarkt in Florida geboren, verbrachte sie ihre ersten dreizehn Jahre als behütete Tochter menschlicher Eltern – eine Schimpansin, die nie andere Schimpansen kennenlernte. Ihre letzten zehn Jahre verbrachte sie im afrikanischen Dschungel, wo sie es trotz aller Widrigkeiten schaffte, sich in eine Gemeinschaft von Artgenossen einzugliedern.

Janis hatte Lucy kurz zuvor nach einer sechsmonatigen Trennung auf der Pavianinsel besucht. Sie brachte ihr einen Spiegel, eine Puppe, einen Hut, Bücher und andere Spuren aus ihrem früheren Leben in Oklahoma mit und hoffte, die Erinnerung daran werde Lucy nicht mehr aus der Fassung bringen. Nachdem sie einander umarmt und gegroomt hatten, drehte Lucy sich um und verschwand im Dschungel. Die Andenken ließ sie liegen.

Lucy war eine Überlebenskünstlerin gewesen, wie Washoe. Sie entkam den Klauen von William Lemmon, wie ihre Eltern gehofft hatten. Sie entging der Einzelhaft und den biomedizinischen Versuchen, die Ally und Booee ertragen mußten. Aber den Menschen entkam sie letztlich nicht. Es waren Menschen, die Lucy aufzogen, ihr Sprache beibrachten, sie nach Afrika schickten und in die Wildnis eingliederten. Und sie schließlich umbrachten.

Lucys außergewöhnliches Leben reduzierte sich auf eine Zahl in der Statistik über gefährdete Arten. Sie war einer jener 175 000 letzten afrikanischen Schimpansen gewesen, unseren nächsten lebenden Verwandten. Mit dem brutalen Mord an meiner Freundin sind die Schimpansen dem Aussterben wieder einen Schritt näher gekommen.

14
Endlich ein Zuhause

Als Washoe ein kleines Mädchen war und wir in Reno lebten, lief sie jeden Morgen nach dem Frühstück zur Tür des Wohnwagens und verlangte HINAUS GEHEN, HINAUS GEHEN. Ob es regnete oder die Sonne schien, Washoe rührte sich nicht von der Tür, bis ich sie hinausließ. Dann raste sie in den Garten und direkt in den Sandkasten oder auf ihre geliebte Weide. War sie erst einmal draußen, so war es nahezu unmöglich, sie wieder hereinzuholen. DRAUSSEN sein war für Washoe gleichbedeutend mit Glück.

Anfang der neunziger Jahre war es endlos lang her, daß Washoe und die anderen Schimpansen zum letzten Mal DRAUSSEN gewesen waren. 1979 hatte Washoe zum letzten Mal die Sonne gespürt und die Vögel singen hören, als sie mit ihrem neuen Adoptivsohn Loulis in Oklahoma spazierenging. Moja, Tatu und Dar hatten 1982 zum letzten Mal Gras unter ihren Füßen gespürt.

Ein Ausflug zu einem Drive-in-Lokal, zu dem wir Tatu einmal mitnahmen, veranschaulicht, weshalb wir die Schimpansen nicht mehr HINAUS lassen konnten. Wir saßen im Auto und standen in der Warteschlange. Plötzlich sah die Frau im Auto vor uns Tatu im Rückspiegel. Sie riß die Autotür auf, und ehe ich mich versah, rannte sie auf uns zu und schrie: »Ein Affe, ein Affe!«

Für einen Schimpansen gibt es nichts Bedrohlicheres auf der Welt als einen Primaten, der mit fuchtelnden Armen und schreiend auf zwei Beinen auf ihn zurennt. Es wäre verständlich gewesen, wenn Tatu die Frau aus Notwehr gebissen hätte. Ich kurbelte sofort das Autofenster hoch, doch die Frau war schneller und streckte den Arm herein. Ich kurbelte weiter und klemmte ihr den Arm ein. Sie sah mich an, als wäre ich nicht bei Trost. Aber wenn sie Tatu angefaßt und einen Angriff provoziert hätte, dann hätte man selbstverständlich Tatu die Schuld daran gegeben.

Das war unser letzter Ausflug mit einem Schimpansen. Sie mußten sich damit abfinden, die Natur nur noch aus der Ferne, aus dem zweiten Stock des Psychologiegebäudes betrachten zu können. Dort saßen sie am Fenster und unterhielten sich über BLUMEN, AUTOS, GRAS, BÄUME und HUNDE. Nach ein paar Jahren bedeutete die Gebärde DRAUSSEN bei den Schimpansen nicht mehr HINAUS, sondern: *Ich will hinüber ins Spielzimmer gehen*. Sich im Freien aufzuhalten war für sie undenkbar geworden, und sie hatten keine Gebärde mehr dafür.

Aber das Schlimmste war, daß der ständige Aufenthalt in geschlossenen Räumen schreckliche Folgen für Tatus und Mojas Gesundheit hatte. Sie waren beide von einer mysteriösen Krankheit befallen, die sie zunehmend lähmte. Ende 1991 fiel uns zum ersten Mal auf, daß Tatu steif und lethargisch wirkte. Ein Jahr später hatte sie ständig Durchfall und war von 45 auf 30 Kilo abgemagert: Inzwischen war sie so dürr, daß sie nicht mehr menstruierte. Auch Mojas Gelenke wurden immer steifer: Sie konnte sich nicht einmal mehr mit den Händen am Zaun festhalten.

Wir vermuteten, daß sie auf irgendwelche Umweltgifte reagierten, vielleicht auf das Zink in den Metallzäunen im Psychologiegebäude, und ließen eine Reihe von Tests durchführen, die jedoch keinen Hinweis ergaben. Wir reicherten ihre Nahrung mit Vitaminpräparaten und Mineralstoffen an, falls sie unter Nährstoffmangel leiden sollten.

Doch im Jahr 1993 konnte Tatu kaum noch kriechen. Mit ihren 17 Jahren sah sie aus wie eine achtzigjährige bucklige Greisin. Mitten in der Nacht brachten wir sie ins örtliche Krankenhaus, und die Ultraschalluntersuchung ergab einen blockierten und vergrößerten Dickdarm, aber das erklärte nicht die übrigen verheerenden Symptome.

Schließlich schickte ich ein Videoband von Tatu zusammen mit ihren Testergebnissen an einen namhaften Arzt, den wir kannten. Seine Antwort war niederschmetternd: »Seien Sie darauf gefaßt, daß Tatu bald sterben wird.«

Am 7. Mai 1993 wachte Washoe auf, sah sich um und rieb sich die Augen. Sie war nicht in dem Raum, in dem sie am Abend zuvor eingeschlafen war. Und als sie durch die Glastür schaute, sah sie, daß sie nicht mehr im zweiten Stock des Psychologiegebäudes war. Statt dessen blickte sie auf eine riesige Graslandschaft – mehr als 500 Quadratmeter – mit hohen Klettergerüsten und -stangen, aufgeschütteten Terrassen und baumelnden Feuerwehrschläuchen, überdacht von einer zehn Meter hohen Kuppel aus Drahtgeflecht. Durch die Kuppel flutete Sonnenlicht auf das Gras.

Washoe war in ihrem neuen Zuhause. Nach 15 Jahren Planung – alles in allem hatten das Spendensammeln zehn Jahre, die Entwürfe acht Jahre und die Bauzeit zwei Jahre in Anspruch genommen – war unser Traum von einem Institut für die Kommunikation von Schimpansen und Menschen wahr geworden. Um zwei Uhr morgens hatten wir die Schimpansen narkotisiert und ärztlich untersucht. Dann wickelten wir sie in Decken und brachten einen nach dem anderen vom Psychologiegebäude zu unserem neuen Institut. Die Strecke betrug nur 400 Meter, doch auf der letzten Fahrt mit Moja ging uns das Benzin aus – keiner hatte daran gedacht, zu tanken. Schließlich trugen wir Moja, die inzwischen aufgewacht war und sich aufsetzte, in einer improvisierten Sänfte über den Campus. Sie sah aus wie die Königin von Saba und genoß jede Minute.

Die Wochen vor dem großen Umzug waren schwierig gewesen. Besonders Washoe war reserviert und zog sich zurück, als sie uns Kisten packen sah, in denen ihr Spielzeug verschwand, und die Alltagsroutine ihrer Familie in Unordnung geriet. Vielleicht erinnerte sie sich an die schrecklichen Umwälzungen, nachdem sie mit fünf Jahren aus Reno fortgeschickt worden war und mit 15 aus Oklahoma. Vielleicht fragte sie sich, wen von ihrer Familie und ihren Freunden sie diesmal zurücklassen mußte.

Um den Schimpansen den Umzug in ihr neues Heim zu erleichtern, drehte einer der Volontäre einen Videofilm von Debbi und mir in ihrem neuen Schlafquartier, in der Küche, in den Turngehegen und auf dem Spielplatz im Freien. Zwei Tage vor dem Umzug versammelten sich Washoe, Loulis, Moja, Dar und Tatu vor dem Fernseher und sahen sich das Video an.

SEHT! erzählte ihnen einer der Freiwilligen, DA IST ROGER IN EUREM NEUEN HEIM! ROGER ZEIGT EUCH BETT. ER GEHT HINEIN – GROSSES SPIELZIMMER. SEHT! TÜR DORT – IHR KÖNNT HINAUS GEHEN! SEHT GRAS. IHR KÖNNT RENNEN, KLETTERN, SPIELEN. NEUES HAUS WIRD EUCH GEFALLEN! WIR GEHEN ALLE MIT EUCH!

Die Schimpansen waren hingerissen, und der Anblick der bekannten Gesichter im neuen Haus beruhigte sie sichtlich. Als das Video zu Ende war, wollten sie es gleich noch einmal sehen.

Jetzt, zwei Tage später, stand ich morgens neben Washoe in ihrem neuen Haus, als sie langsam aus ihrem Betäubungsschlaf erwachte. Sie starrte auf die sonnenüberflutete Wiese vor der Tür. Sofort schien ihr klar zu sein, daß dies das HEIM aus dem Videofilm war, und sie kreischte vor Entzücken, wie am Weihnachtsmorgen. Sie sprang auf, drehte sich zu Loulis um und umarmte ihn. Dann marschierte sie zu den Glastüren, sah mich mit leuchtenden Augen an und verlangte: HINAUS, HINAUS!

Ursprünglich hatten wir vorgehabt, die Schimpansen während der ersten zwei Wochen nicht hinauszulassen, aber sie flehten uns zwei Tage lang an, ins Freie zu dürfen. Also sagte ich ihnen am dritten Tag nach dem Frühstück: HEUTE GEHT IHR HINAUS. Washoe sprang auf, setzte sich vor der hydraulischen Tür nieder, die auf die obere Plattform hinausführt, und rührte sich nicht mehr von der Stelle. Mehr als eine Stunde wartete sie, Loulis direkt hinter ihr. Er wirkte ein wenig nervös und brauchte die Beruhigung durch seine Mutter.

Endlich glitt die Tür auf. Auf zwei Beinen marschierte Loulis drauflos, schien dann aber seine Meinung zu ändern und setzte sich wieder hin. Washoe wartete geduldig auf ihn, doch unterdessen drängelte sich Dar an ihnen vorbei und schoß durch die Tür nach unten. Mit derart ekstatischen Bewegungen raste er über das Gras, daß er aussah wie ein Seilspringer auf allen vieren. Er lief schnurstracks zur entferntesten Terrasse, kletterte den zehn Meter hohen Zaun hinauf und blickte über Ellensburg. Dann drehte er sich zu uns um und stieß laute, glückselige *Pant-hoots* aus.

Als nächste kam Washoe heraus. Sie stand aufrecht und betrachtete die Terrassen, den Garten und die bekannten menschlichen Gesichter hinter dem Beobachtungsfenster unter ihr. Dann sah sie, daß Debbi in der Nähe am Zaun stand. Sie ging auf sie zu und küßte sie durch den Zaun. Das war ihre Art, »Danke« zu sagen.

Inzwischen schlich Loulis durch die Tür. Washoe ging ihm ermutigend ein paar Schritte voraus, drehte sich um und forderte ihn auf: UMARMEN. Loulis klammerte sich am Zaun fest. Washoe war es leid zu warten und stieg die restlichen Stufen hinunter zur Wiese. Dort stand sie aufrecht, stampfte mit den Füßen und hieb mit dem Handrücken gegen das Beobachtungsfenster: Sie nahm ihr Revier in Besitz. Dann drückte sie die Lippen ans Fenster und küßte mehrere Freunde durch das Glas, darunter auch Dr. Fred Newschwander, den Tierarzt.

Dar kletterte wieder vom Zaun herunter, rannte über die Wiese und umarmte Washoe, die gemächlich durchs Gras schlenderte, eine Kletterstange erklomm, sich darauf setzte und Moja beobachtete, die jetzt zur Tür herauskam. Mojas Bewegungen waren langsam und steif, aber sie schaffte es, über die Stufen auf die Terrasse hinunterzusteigen. Dann griff sie zu meinem Erstaunen nach dem Zaun und kletterte bis zum höchsten Punkt hinauf. Dort oben, hoch über der Erde, umrundete sie den gesamten Garten.

Jetzt kroch Tatu auf die Plattform. Eine Weile sah sie dem aufgeregten Treiben zu. Schließlich schleppte sie ihren verkrüppelten Körper langsam die Treppe hinunter. Unten angelangt, suchte sie sich eine schöne Stelle im Garten, wo sie den ganzen Nachmittag damit verbrachte, Grashalme zu untersuchen und verschiedene Pflanzen zu kosten.

Loulis war noch immer auf der Plattform und wagte sich nicht vorwärts. Also kletterte Washoe von ihrer Stange und ging zu ihm. Loulis kroch wieder ins Haus und nickte Washoe zu, als wollte er ihr klarmachen, daß es Zeit sei, heimzugehen. Washoe packte ihn und zerrte ihn zurück ins Freie. Nun kam Dar auf die Plattform, offensichtlich um Loulis herunterzuholen. Dar setzte sich neben seinen Freund und schaute in den Himmel – mit dem breitesten Schimpansengrinsen, das ich je gesehen habe. Dar an seiner Seite zu haben gab Loulis anscheinend neuen Auftrieb, und endlich stieg er vorsichtig die Treppe hinunter. Zum ersten Mal seit seiner frühen Kindheit berührten seine Füße die Erde.

Dar gab laute *Pant-hoots* von sich, nahm Anlauf und sprang mit einem gewaltigen Satz von zweieinhalb Metern auf den Boden unter ihm. Er landete in der Hocke, rollte sich auf einen Reifen und sprang in die Höhe, um Washoe zu umarmen, die ihrerseits Loulis umarmte.

Zu unserer größten Verblüffung marschierte Loulis daraufhin zum Zaun und kletterte hinauf. In seinem ganzen Leben war er noch nie höher als zwei Meter über dem Boden gewesen. Als er jetzt hinunterschaute und zehn Meter unter sich das Gras erblickte, schrie er vor Entsetzen, und Washoe stürmte den Zaun hinauf, um ihn zu retten.

Als Loulis wieder unten angekommen war, ging er zu Dar hinüber, der sich auf der Plattform sonnte. Dar legte seinem kleinen Bruder den Arm um die Schulter und drückte ihn an sich. »Das ist das wahre Leben, kleiner Freund«, schien er zu sagen. »*Das* ist Leben!«

Moja und Tatu weigerten sich wochenlang, das Haus zu betreten, nicht einmal zu den Mahlzeiten kamen sie herein. Wir mußten bitten und betteln, damit sie überhaupt etwas aßen. Sie verbrachten soviel Zeit an der Sonne, daß ihre bleiche Haut feuerrot wurde. Aber der Sonnenbrand schien ihnen nichts auszumachen, sie lebten ausschließlich für die Sonne. Im August, drei Monate nach dem Umzug, waren Moja und Tatu nicht nur braungebrannt, sondern auch seelisch und körperlich wie neugeboren. Moja, die im alten Labor so gehumpelt hatte, daß sie lieber die meiste Zeit auf der Bank lag, zugedeckt mit verschiedenen Kleidungsstücken, kletterte jetzt behende quer über den Zaun bis zur Kuppel. Tatu, die dem Tod nahe gewesen war, benahm sich wieder wie eine Siebzehnjährige – sie rannte durchs Gras, schwang sich an den Feuerwehrschläuchen hin und her und spielte mit den anderen Kitzeln-und-Fangen. Jeden Tag bezeichnete sie alles, was der Garten zu bieten hatte, als SCHWARZ SCHWARZ. Sie und Moja beteiligten sich sogar an der Revierabgrenzung, was im alten Labor undenkbar gewesen wäre.

Wir waren außer uns vor Freude über ihre wunderbare Heilung. Erst Wochen später, als ich wieder einmal einen medizinischen Artikel las, lösten wir das Rätsel um ihre Krankheit. Tatu und Moja hatten unter Rachitis gelitten, einer Knochenkrankheit, die durch Vitamin-D-Mangel entsteht. Die Schimpansen waren zwar durch die Nahrung und Nahrungszusätze ausreichend mit Vitamin D versorgt worden, doch nur durch direkte Sonneneinstrahlung wandelt sich Vitamin D in die für das Knochenwachstum brauchbare Form um. Das Sonnenlicht, das im alten Labor durch die Fenster schien, war nutzlos, denn das Glas filterte die UV-Strahlen heraus – mit der Folge, daß Tatu und Moja vor Sehnsucht nach Sonne buchstäblich verkümmerten.

Noch heute lasse ich alles liegen und stehen, wenn ich sehe, wie Tatu und Moja zehn Meter über dem Boden kopfüber Fangen spielen. Beim Anblick ihrer Akrobatik wird mir schwindlig. Wer könnte glauben, daß sie vor drei Jahren halb gelähmt auf dem Betonboden gelegen hatten?

Selbst bei Regen und Schnee betteln Tatu und Moja und wollen HINAUS. An einem eiskalten Morgen im ersten Winter, den sie in ihrem neuen Heim verbrachten, wartete Tatu vor der Tür und bat: HINAUS GEHEN.

BEDAURE, SEHR KALT, antwortete einer der Volontäre. DU MUSST WARTEN.

GIB MIR KLEIDER, verlangte Tatu. Also gaben wir ihr Pullover, und sie marschierte los.

Nicht nur Tatu und Moja genossen ihre wiedererlangte Freiheit. Washoe, die mit ihren 28 Jahren und 80 Kilo Körpergewicht im alten Labor ziemlich faul geworden war, viel auf der Bank gelegen und in Lebensmittel- und Modekatalogen geblättert hatte, wartete nun jeden Morgen an der Tür, wie damals als Kind in Reno, und verwandelte sich zurück in den Wirbelwind, der sie gewesen war: Im einen Moment jagte sie Loulis und im nächsten kletterte sie in die Kuppel des Zauns hinauf und schaute zu den schneebedeckten Bergen im Norden hinüber. Manchmal hatten wir den Eindruck, daß sie aus reiner Lust an der Bewegung durch das Gelände raste. Übrigens nahm sie dabei etliche Kilo ab.

Der siebzehnjährige Dar hatte endlich ein Zuhause gefunden, in dem er seine Männlichkeit ausleben konnte. Im Freien wirkte er noch imposanter und stellte seine Kraft mit erstaunlichen Sätzen und Sprüngen aus großer Höhe zur Schau, wobei er mit den Füßen gegen die Beobachtungsfenster donnerte. Dieses territoriale Imponiergehabe schien kein Zeichen von Mißfallen zu sein. Debbi meinte, er sei »angenehm erregt«: selbstbewußt, dominant und glücklich. Immer noch begrüßte er uns jeden Morgen mit einem Kuß, doch abgesehen davon war er viel zu sehr damit beschäftigt, den Chef herauszukehren, um noch viel Zeit für Menschen übrig zu haben.

Seit dem Tag im Jahr 1985, an dem wir mit der Planung des Instituts für die Kommunikation von Schimpansen und Menschen begonnen hatten, standen die psychischen und biologischen Bedürfnisse von Washoes Familie an erster Stelle. Schimpansen brauchen ebenso wie Menschen den Rückhalt einer kommunikativen, familiären Umgebung. Aber im Unterschied zu uns sind sie von Natur aus Waldbewohner. Ein wilder Schimpanse baut sich sein Schlafnest bisweilen in 15 bis 25 Metern Höhe. Natürlich konnten wir keinen afrikanischen Urwald pflanzen, doch ich wollte dem so nahe wie möglich kommen und eine Umgebung schaffen, die aus der Sicht der Schimpansen immerhin die Funktion eines Waldes erfüllt.

Dieser funktionelle Ansatz ist das Gegenteil dessen, was man normalerweise in den Tiergärten zu sehen bekommt. Die meisten Zoos sind für die menschlichen Besucher angelegt, nicht für ihre nichtmenschlichen Bewohner. Zum Beispiel ist das Schimpansengehege so gebaut, daß die Besucher aus allen Blickwinkeln Einsicht haben und die Schimpansen sich nirgends verstecken können. Das Gelände selbst ist nach den Bedürfnissen des Menschen ausgerichtet: In vielen modernen Zoos sitzen die Schimpansen zwar nicht mehr in den alten Käfigen, sondern leben auf einer Insel, um die sich ein Wassergraben zieht, doch die großen Inseln mögen den Menschen gefallen – für Schimpansen sind sie nutzlos. Es sei denn, sie haben Gelegenheit zu klettern: Schimpansen brauchen keine riesige Grundfläche, sondern einen hohen vertikalen Raum mit zahlreichen Klettermöglichkeiten.

Washoes Heim ist die dreidimensionale Version eines tropischen Walds. Auf einer mit Gras und anderen Pflanzen bewachsenen Grundfläche von fünfhundert Quadratmetern können die Schimpansen auf Entdeckung gehen und spielen. Darüber hinaus bieten die drei Stockwerke hohen Zaunwände ringsum eine vertikale Kletterfläche, die dreimal so groß ist. Und das gesamte Gehege ist mit Maschendraht überdacht, an dem sich die Schimpansen entlanghangeln können wie im Blätterdach eines Urwalds. Echte Bäume wären binnen kürzester Zeit abgeerntet und kahl; deshalb stellten wir als Baumersatz Telefonmasten auf, die anstelle der Äste Plattformen haben und mit »Lianen« aus alten Feuerwehrschläuchen verbunden sind. Es gibt mehrere Terrassen auf verschiedenen Ebenen, die sie erforschen, Netze aus dicken Seilen, in denen sie faulenzen, einen Überraschungshügel, aus dem sie mit Werkzeugen Leckerbissen ausgraben können, und außerdem eine Höhle als private Rückzugsmöglichkeit.

Ferner stehen ihnen zwei große überdachte Turngehege mit Tageslicht zur Verfügung – jedes 55 Quadratmeter groß und drei Stockwerke hoch –, die mit Terrassen, Klettergerüsten, hängenden Feuerwehrschläuchen und Traktorreifen ausgestattet sind. Die eingezäunten Schlafquartiere liegen gegenüber der Küche, die aus Glaswänden besteht, damit die Schimpansen beim Kochen zuschauen und sich mit den Köchen unterhalten können.

Menschen betreten Washoes Heim nur zur Reinigung, zu Reparaturen und zur ärztlichen Versorgung. Abgesehen davon leben Washoe und ihre Familie weitgehend natürlich in ihrer eigenen sozialen Gemeinschaft. Als die Schimpansen jünger waren, brauchten sie unsere körperliche Zuwendung; jetzt haben sie einander. Ohnehin waren unsere Spiele für uns sehr viel aufregender als für sie, seitdem sie zu voller Größe herangewachsen sind: Dar ist so stark wie ein 340-Kilo-Mann in Höchstform. Wenn er mit mir spielte, mußte er äußerst vorsichtig sein, um mich nicht zu verletzen – es war etwa so, als spielte ein Kind mit spröden Knochen Football mit einem Profi. Die Schimpansen gingen immer behutsam mit uns um, selbst durch den Maschendraht, dennoch ist es auch für mich nicht ratsam, ihr Heim zu betreten: Bricht ein Familienkrach aus, während ich bei ihnen bin, könnte es sein, daß sie sich vergessen und mich wie ein Familienmitglied behandeln – mit verheerenden Folgen.

Außer zu den regelmäßigen Mahlzeiten und in der Nacht, die sie im Haus verbringen, sind die Schimpansen frei, zu tun und zu lassen, was sie wollen. Nach wie vor sind Volontäre anwesend, falls die Schimpansen Spielsachen, Zeitschriften, Kostüme zum Verkleiden und so weiter haben wollen, aber seit sie in ihrem neuen Freigehege leben, wo sie rennen, klettern und nach Herzenslust spielen können, sind sie nicht mehr auf die ständige Abwechslung angewiesen, die wir ihnen früher bieten mußten.

Das wichtigste wissenschaftliche Ziel des Instituts für die Kommunikation von Schimpansen und Menschen ist das Studium der Gebärden innerhalb von Washoes Familie, und unsere Studenten sammeln nach wie vor Daten, wenn sie der Familie die Mahzeiten servieren und ihre Aktivitäten beobachten, nun allerdings nur noch von außen. Wir setzen auch weiterhin ferngesteuerte Videokameras ein. Keine unserer Studien greift auf Drill, Prüfungen oder Training zurück. Eine

Studie, die Interaktionen zwischen Menschen und Washoes Familie erfordert, kann nur mit dem Einverständnis der Schimpansen durchgeführt werden: Wenn sie Lust haben, sich zu Studienzwecken mit Menschen zu unterhalten, lassen sie sich darauf ein; wenn die Studie sie nicht interessiert und sie davonschlendern und lieber in ihren Zeitschriften blättern oder auf eine Stange klettern, ist die Studie abgebrochen. Hin und wieder beschwert sich ein Student, daß er keinen der Schimpansen überreden kann, an seiner Studie teilzunehmen. »Pech«, sage ich dann. »Sie müssen sich eben etwas Lustigeres ausdenken.«

Ein Großteil der Kosten für Washoes Heim wurde aus dem Universitätsbudget des Staates Washington finanziert. Als Gegenleistung versprachen wir, die Öffentlichkeit, besonders Schulkinder und Collegestudenten, über Biologie, Kommunikation, Familienleben und Kultur der Schimpansen zu informieren. Washoes Heim sollte ein Modell sein, an dem junge Menschen eine nichtinvasive, einfühlsame Form von wissenschaftlicher Forschung kennenlernen können. Die Besucherzone ist durch Glaswände abgetrennt und schlängelt sich etwa 200 Meter durch das Freigehege der Schimpansen. So haben die Menschen den Eindruck, mitten unter den Schimpansen zu sein, allerdings nur, wenn die Schimpansen sich sehen lassen: Sie haben die Möglichkeit, Besucher am Beobachtungsfenster zu begrüßen oder aber sich in Ecken zurückzuziehen, wo sie unsichtbar sind. Das dicke Glas schirmt die menschlichen Stimmen ab, so daß die Familie nicht gestört wird.

Das Ganze beruht auf einem einzigen Prinzip: Die Bedürfnisse der Schimpansen stehen an erster Stelle, der Wissensdurst der Besucher an zweiter. Die Handvoll Zoodirektoren, die ebenfalls diesem Prinzip folgen – der totalen Umkehr der alten Zoo-Idee –, registrieren wachsende Besucherzahlen. Humane Umgebungen, in denen die Schimpansen sich nach Lust und Laune bewegen können und ein interessantes, geselliges Leben führen, sind attraktiver als Käfige, selbst wenn das bedeutet, daß sie für den Besucher manchmal nicht zu sehen sind. Debbi und ich haben in den letzten zehn Jahren Hunderten von Zoodirektoren Vorschläge unterbreitet, wie sich ihre Schimpansengehege aufregender gestalten lassen. Eine neue Generation von Zoodirektoren hält sich an diese Empfehlungen, und heute sind in Schimpansengehegen Rosinenbretter, Wasserschläuche, Buntstifte und Luftballons zu sehen, was vor zehn Jahren noch undenkbar gewesen wäre.

Mit den Jahren war unser Budget für den Bau von Washoes Heim von 500000 auf 2,3 Millionen Dollar angewachsen: weit mehr, als die Universität erwartet hatte. Wir bombardierten Landespolitiker mit Hunderten von Briefen und Anrufen, und dank eines Verwaltungsmitarbeiters namens Ron Dotzauer erhielt Washoe Besuch vom Gouverneur und dessen Frau, Booth und Jean Gardner, die sich sehr für den geplanten Bau einsetzten. Und an einem kritischen Punkt kam Jane Goodall nach Olympia im Bundesstaat Washington und sprach vor einer Vollversammlung des Washingtoner Parlaments. Zwanzig Minuten lang blieben alle anderen Geschäfte liegen, während Jane ihr leidenschaftliches Plädoyer für Washoes Familie hielt. Das Parlament stimmte ab und entschied, mehr als 90 Prozent der Kosten für Washoes Heim zu übernehmen; der Rest wurde durch Spenden an die Friends of Washoe aufgebracht.

Der Umzug in das neue Heim schien uns der richtige Zeitpunkt, um eine andere längst überfällige Angelegenheit zu erledigen. Loulis hatte zwar schon 14 Jahre als Washoes Adoptivsohn bei ihr gelebt, war jedoch nach wie vor Eigentum des Primatenzentrums Yerkes. 1979 war er uns als »unbefristete Leihgabe« überlassen worden, doch falls uns irgend etwas zustoßen sollte, würde man Loulis höchstwahrscheinlich nach Yerkes und in die biomedizinische Forschung zurückbringen.

Doch das war nicht unsere einzige Sorge. Angesichts des sprunghaften Anstiegs der Aids-Forschung suchten die Labors händeringend nach »sauberen« Schimpansen, die nicht mit HIV, Hepatitis oder anderen Krankheiten infiziert waren. Falls das allein für Yerkes noch nicht Grund genug war, Loulis zurückzufordern, kam erschwerend hinzu, daß ich mich bei ihnen dank meiner lautstarken Opposition gegen die NIH-Politik nicht direkt beliebt gemacht hatte.

Debbi und ich beschlossen, nicht abzuwarten, bis Yerkes bei uns anklopfte. Der Umzug von Washoe und ihrer Familie war der richtige Zeitpunkt, um Yerkes ein Angebot für Loulis zu machen. Wenn wir ihn kauften, konnte er für immer bei Washoe und in Sicherheit bleiben. Ich rief Fred King an, den Direktor von Yerkes, der Loulis' Beitrag zur Erforschung der Gebärdensprache bei Schimpansen anerkannte und sich bereit erklärte, uns Loulis für 10000 Dollar abzutreten: Das war der Marktpreis für einen nichtinfizierten Schimpansen. In den nächsten Monaten sammelten wir Spenden, hauptsächlich in Form von Fünf- und Zehndollarscheinen, gestiftet von Menschen aus dem ganzen Land, die von Washoe und Loulis gelesen hatten. In dem Moment, als wir das Geld an Yerkes schicken wollten, machte unser Buchhalter uns darauf aufmerksam, daß noch 750 Dollar fehlten. Wie beim Kauf eines Autos mußten wir auch für Loulis 7,5 Prozent Mehrwertsteuer zahlen. Wir sammelten also weiter und konnten schließlich 10750 Dollar an Yerkes schicken: Damit wurde Loulis im juristischen Sinn Eigentum der Friends of Washoe, einer Organisation zum Schutz seiner Familie.

Im Juni 1993 wurde ich 50. Debbi und ich feierten mit unseren Kindern und den Schimpansen. Jeder Schimpanse verdrückte etliche Donuts und trank eine Tasse Kaffee mit viel Sahne: ihr Lieblingsgetränk. Dann trug ein stummer Chor HAPPY BIRTHDAY ROGER vor und half mir beim Ausblasen der Kerzen auf meinem riesigen Geburtstags-Donut. Am Abend gaben meine Freunde eine Party. Sie überreichten mir einen in Geschenkpapier gewickelten Rollstuhl und ein herz- und kreislaufstärkendes Tonikum.

Gar so alt fühlte ich mich zwar nicht, dennoch hatte ich das Gefühl, in eine neue Phase meines Lebens einzutreten. Laut Erik Erikson, dem berühmten Entwicklungspsychologen, ist das siebte Lebensstadium etwa im Alter von 50 abgeschlossen, wenn wir eine berufliche Karriere aufgebaut oder Kinder großgezogen haben und uns fragen: »Was hinterlasse ich der nächsten Generation? Wie nützt mein Leben denen, die nach mir kommen?«

Ich glaube, daß besonders Wissenschaftler, die ihre Glanzleistungen in der Regel zwischen 20 und 40 erbringen, irgendwann an dem Punkt angelangt sind, an dem ihnen klar wird, daß sie ihre produktivsten Jahre hinter sich haben. Man zieht Bilanz und beginnt sich zu fragen, wie bedeutend der eigene Beitrag innerhalb des größeren Zusammenhangs eigentlich war.

Für mich war dieser Moment der Rechenschaft eine große Chance. Ich sah mir zunächst meinen eigenen Lebenslauf an und fand ihn lang genug – gleichgültig, wie bedeutend oder unbedeutend er war. Da ich mich jetzt mehr und mehr für das Wohlergehen von Schimpansen außerhalb von Washoes Familie einsetzte, hatte ich meine Forschungsarbeit ohnehin schon reduziert. Meine Studenten führten weiterhin wichtige Studien über Gebärdengespräche in Washoes Familie durch, und ihre Ergebnisse wurden in wissenschaftlichen Zeitschriften veröffentlicht. Ich stand ihnen mit Rat und Tat zur Seite und ließ sie gern im eigenen Namen publizieren, damit sie eine berufliche Laufbahn aufbauen konnten. Das ist freilich nichts Ungewöhnliches: Alternden Professoren liegt ihr akademischer Nachwuchs von Natur aus sehr am Herzen.

Unorthodoxer war hingegen, was ich außerhalb des Labors vorhatte. Abgesehen von meinem Unterricht, beschloß ich mich noch weiter von der Theorie zu entfernen und stärker in die Praxis einzusteigen. Immer häufiger hielten Debbi und ich als Team Vorträge vor Zoodirektoren, Naturschützern und biomedizinischen Forschern. Wenn wir überhaupt noch etwas publizierten, dann meist über den humanen Umgang mit Schimpansen in Gefangenschaft oder das moralische Dilemma medizinischer Experimente.

Als ich 50 wurde, erkannte ich, daß ich nicht nach meinen wissenschaftlichen Artikeln über Schimpansen beurteilt werden wollte, sondern danach, was ich für sie *getan* habe. Ich halte diese Einstellung nicht für besonders edel oder rechtschaffen, sondern sie war einfach der natürliche und notwendige

Abschluß meiner ziemlich ungewöhnlichen wissenschaftlichen Laufbahn.

Ich gebe gern zu, daß ich an Washoe und ihrer Familie hänge, aber das ist nicht der einzige Grund, der mich in die Politik getrieben hat. Nach allem, was ich von Washoe und anderen Schimpansen gelernt habe, bleibt mir gar keine andere Wahl, als zur Tat zu schreiten. Nachdem ich sie 30 Jahre lang beobachtet und mich mit ihnen unterhalten habe, bin ich mehr denn je überzeugt, daß die Intelligenz von Menschen und Schimpansen grundlegend ähnlich ist: Das muß so sein, denn das Schimpansenhirn und das Menschenhirn haben sich aus ein und derselben Wurzel entwickelt, dem Gehirn unseres gemeinsamen affenähnlichen Vorfahren. Durch Anpassung an unterschiedliche soziale Bedürfnisse und Notwendigkeiten haben sich im Verlauf von sechs Millionen Jahren die Denkvorgänge in diesen beiden Gehirnen zwar unterschiedlich spezialisiert, doch im wesentlichen bauen beide auf der Intelligenz unserer Vorfahren auf.

Ich glaube, daß die Evolution des menschlichen Gehirns zum großen Teil von der Zunge vorangetrieben wurde. Wie schon erwähnt, begannen unsere Vorfahren vermutlich vor etwa 200000 Jahren zu sprechen, als ihre zunehmend präzisen Gesten und die Herstellung von Werkzeugen – Bewegungen der Hände – ebenso präzise Bewegungen der Zunge zur Folge hatten. Und seltsamerweise prägten diese Zungenbewegungen die Evolution des menschlichen Gehirns.

Ehe unsere Hominidenvorfahren ihre ersten Wörter artikulierten, funktionierte ihr Gehirn vermutlich genauso wie das der übrigen Menschenaffenarten, bei denen die rechte Gehirnhälfte die linke Körperseite steuert und umgekehrt. Aber an spezialisierten Funktionen war das gesamte Gehirn beteiligt, nicht nur die eine oder andere Hemisphäre. Eines der nach wie vor ungelösten Rätsel um die Evolution des Menschen ist die Frage, weshalb die menschliche Spezies *als einzige unter den Menschenaffen* eine dominante Hirnhemisphäre entwickelt hat.

Ich glaube, es kam folgendermaßen: Unsere Hominidenvorfahren kommunizierten mit Gesten, für die eine bilaterale Gehirnaktivität erforderlich war. Die beiden Gehirnhälften steuerten die beiden gestikulierenden Hände, wobei die rechte Hand in erster Linie von der linken und die linke Hand von der rechten Hemisphäre gesteuert wurde. Doch als dann die Zunge begann, sich präzise zu bewegen und Wörter zu bilden, stand das menschliche Gehirn vor einem erheblichen neurologischen Problem: Würde die Zunge von beiden Gehirnhälften gesteuert, käme es zu einer Art vokaler Lähmung – es ist dasselbe, als kämpften zwei Fahrer um das Steuer eines Wagens. (Tatsächlich ist diese Art von Konkurrenz beim modernen Menschen einer der Gründe für das Stottern.) Das menschliche Hirn löste das Problem, indem es einer Gehirnhälfte die Steuerung der Zungenbewegungen beim Sprechen übertrug. Bei den meisten Menschen ist es die linke Hemisphäre.

In dem Maß, wie die linke Gehirnhälfte Mechanismen entwickelte, die ganze Abläufe gesprochener Worte steuerten, übernahm sie konsequenterweise auch die Kontrolle über andere feinmotorische Bewegungen, etwa die Werkzeugherstellung, bei der komplexe Arbeitsvorgänge wie Hacken, Schneiden, Schälen aufeinanderfolgen.[1] Die enge Verbindung zwischen Lautsprache und Werkzeugherstellung liefert eine Erklärung, weshalb allein unsere Spezies eine dominante Gehirnhälfte entwickelt hat, die sowohl auf das Sprechen als auch auf die Steuerung der bevorzugten Hand spezialisiert ist. Schimpansen können Rechts- oder Linkshänder sein, aber die Verteilung ist annähernd gleich, während unter den Menschen 90 Prozent Rechtshänder sind; bei ihnen sind die neuronalen Mechanismen, die sowohl die Sprache als auch die bevorzugte rechte Hand steuern, in der linken Gehirnhälfte lokalisiert. (Bei 80 Prozent der Linkshänder wird das Sprachvermögen ebenfalls von der linken Gehirnhälfte gesteuert, für die Steuerung der bevorzugten linken Hand ist hingegen die rechte Hemisphäre zuständig.)

Die Verlagerung des Schwerpunkts auf eine dominante Gehirnhälfte hatte einschneidende Folgen für die Entwicklung der menschlichen Intelligenz. Unsere immer stärker ausgeprägte Fähigkeit zu langen Bewegungsabläufen von Zunge und Händen führte dazu, daß die Menschen begannen, auch in langen Ketten zu *denken* und einen Gedanken auf den anderen folgen zu lassen. Diesen Prozeß nannte Charles Darwin »komplexe Gedankengänge« und vermutete ganz richtig, daß unsere Fähigkeit zu denken aus den zunehmend vielschichtigen Wortgefügen der Sprache erwuchs.[2] Vor etwa 5000 bis 6000 Jahren kamen unsere menschlichen Vorfahren auf die Idee, diese Gedankenfolgen aufzuschreiben, und bald folgte eine regelrechte Explosion von logischem Denken; das Ergebnis waren unter anderem Mathematik, Astronomie und Technik.

Mit der wachsenden Dominanz der linken Gehirnhälfte übernahm die rechte Hemisphäre eine eher unterstützende Rolle. Die rechte Gehirnhälfte ist auf Aufgaben spezialisiert, bei denen Informationen *simultan* verarbeitet werden müssen. Wenn wir die Körpersprache eines anderen auf Anhieb begreifen, denken wir simultan. Wenn ich zum Beispiel einen Freund im Gespräch unabsichtlich gekränkt habe, denke ich nicht in logischer Reihenfolge: »Er sagt nichts mehr, sein Gesicht wird rot, er wendet den Blick ab, und seine Hände sind fahrig. Anscheinend habe ich ihn beleidigt«, sondern ich verarbeite alle diese Informationen gleichzeitig, ohne irgendeinen bewußten Gedankengang.

Wir alle kennen Aktivitäten, bei denen wir zunächst sequentiell und erst später simultan denken. In unseren ersten Fahrstunden beispielsweise lernen wir einen bestimmten Handlungsablauf: Fuß auf die Kupplung, Zündschlüssel drehen, Handbremse lösen, in den Rückspiegel schauen, Gang einlegen, Gas geben und so weiter. Wir müssen uns sehr bewußt auf jeden einzelnen Schritt konzentrieren, um die richtige Reihenfolge einhalten und fahren zu können. Nach einiger Zeit aber steigen wir ins Auto und fahren los, ohne einen Gedanken an diesen Handlungsablauf zu verschwenden: Das Gehirn arbeitet nun simultan, und wir reagieren auf jede Kurve, jedes entgegenkommende Auto und jede Ampel, ohne darüber nachzudenken. Das Fahren wird uns so automatisch, daß wir währenddessen sogar sequentiell denken können. Mehr als einmal, wenn ich samstags zum Einkaufen fahren wollte, fing ich unterwegs an zu träumen oder unterhielt mich mit Debbi und merkte plötzlich, daß ich zum Universitätsparkplatz gefahren war, weil mein Gehirn mich an Werktagen normalerweise dorthin führt.

Das gleiche gilt, wenn wir lernen, einen Baseball, Golfball oder Tennisball zu treffen: Wir konzentrieren uns auf eine präzise Abfolge von Bewegungen, die alle aufeinander aufbauen. Aber mit entsprechender Übung wird aus dem gesamten Prozeß mehr als die Summe seiner Teile. Die Fähigkeit, einen Ball exakt zu treffen, ist eine Leistung der simultanen Verarbeitung, bei der das Gehirn das sequentielle Denken völlig aufgibt und augenblicklich und intuitiv auf eine enorme Menge eintreffender Informationen reagiert. Findet dieser Prozeß unbewußt und mühelos statt, dann sagen wir: »Es läuft von allein.« Die mentale Kraft, die Realität in einem einzigen Augenblick zu erfassen und zu reagieren, ohne nachzudenken, gilt seit Jahrhunderten als das Geheimnis großer Kunst und geistiger Einsicht.

Unzählige populärwissenschaftliche Psychologiebücher verwenden diese beiden mentalen Prozesse – das sequentielle und das simultane Denken – als Synonyme für die linke und die rechte Gehirnhälfte, aber so einfach läßt sich das menschliche Gehirn nicht trennen. Bei zwei Prozent der Rechtshänder und fast 20 Prozent der Linkshänder werden die Sprache und andere sequentielle Prozesse von der *rechten* Gehirnhälfte gesteuert und die simultane Verarbeitung von der linken. Es ist sogar möglich, daß sämtliche geistigen Prozesse in einer einzigen Gehirnhälfte stattfinden, wie der Fall des englischen Jungen Alex anschaulich belegt.

Statt unsere mentalen Prozesse der linken beziehungsweise rechten Gehirnhälfte zuzuordnen, sollten wir besser die Hirnsubstanz an sich betrachten: Es gibt davon zwei Sorten, die graue und die weiße Substanz, die in beiden Gehirnhälften vorhanden sind, allerdings in je unterschiedlichen Anteilen. Die graue Substanz ist für die sequentielle Verarbeitung zuständig, die weiße für die simultane. Bei den meisten Menschen weist die linke Gehirnhälfte verhältnismäßig mehr graue Substanz auf als die rechte.[3] Daher rührt die Verallgemeinerung linksseitiges und rechtsseitiges, logisches und intuitives Denken. Doch zwei Prozent der Rechtshänder und 20 Prozent der Linkshänder sind eine Ausnahme von dieser Links-Rechts-Regel: Bei ihnen enthält die rechte Gehirnhälfte anteilsmäßig mehr graue Substanz als bei den übrigen Menschen.

Zum Überleben sind beide Arten von Gehirnsubstanz und beide Arten des Denkens erforderlich, die sequentielle und die simultane. Um beispielsweise Werkzeuge herstellen und Nahrung anpflanzen zu können, müssen wir sequentiell planen. Und um einen Partner zu finden und uns fortzupflanzen, müssen wir simultan auf soziale Reize reagieren. Genaugenommen denken wir bei fast allem, was wir tun, sequentiell *und* simultan, und dies verdanken wir der Faserverbindung zwischen den beiden Gehirnhälften, dem sogenannten Corpus callosum oder Balken, der ihre Zusammenarbeit ermöglicht.

Leider betrachten die Philosophen schon seit Platon die simultane Intelligenz als zweitrangig oder ignorieren sie schlichtweg. Das Problem der Koexistenz von Vernunft und Gefühl in ein und demselben Gehirn löste René Descartes, indem er einfach eine rigorose Trennung vornahm: Er definierte den menschlichen Verstand allein aufgrund seiner analytischen Fähigkeiten und verbannte die nonverbalen Vorgänge ins Reich der niedrigeren, primitiven Tiere. Und seither haben die meisten Psychologen die natürliche Wechselwirkung zwischen sequentiellem und simultanem Denken mißachtet und sich statt dessen auf das leicht meßbare lineare Denken konzentriert. (Eine bemerkenswerte Ausnahme waren die Gestaltpsychologen, die sich mit der simultanen Wahrnehmung beschäftigten.)

Jede Sichtweise, die den Geist vom Körper und die verbalen von den nonverbalen Prozessen trennt, übersieht die komplexe Wechselwirkung zwischen simultanem und sequentiellem Denken, die bei jedem Menschen stattfindet. Unsere Fixiertheit auf meßbare, sequentielle Intelligenz verleitet viele Wissenschaftler dazu, einen grundsätzlichen Unterschied zwischen dem menschlichen Verstand und der Intelligenz der Schimpansen anzunehmen. In Wahrheit jedoch beruhen geistige Vorgänge beim Menschen und beim Schimpansen auf beiden Formen des Denkens.

Wenn zwei Schimpansen einander mit Gesten umwerben, greifen sie auf dieselbe simultane Verarbeitung zurück wie zwei verliebte Menschen, die sich bei Kerzenlicht in die Augen schauen. Wenn ein Schimpanse sich einen ganz bestimmten Stein aussucht, um ihn später als Hammer zum Öffnen von Nüssen zu verwenden, findet in seinem Gehirn dieselbe sequentielle Verarbeitung und Planung statt wie bei dem Menschen, der abends seinen Abfall zur Mülltonne trägt, weil am nächsten Morgen die Müllabfuhr kommt.

Dank unserer »Zungenfertigkeit« verläßt sich das Gehirn des modernen Menschen inzwischen wesentlich stärker auf das sequentielle Denken. Am einfachsten läßt sich die Evolution des menschlichen Denkens an der Entwicklung eines Babys nachvollziehen. Bei der Geburt ist beim Menschenbaby (wie auch beim Schimpansenbaby) noch keine Gehirnhälfte dominant. Das Kind ist weitgehend auf simultane Verarbeitung angewiesen, insbesondere wenn es lernt, den Gesichtsausdruck der Mutter zu erkennen und zu deuten. Wenn jedoch im Alter zwischen zwei und vier Jahren die Zunge lernt, sich exakt zu bewegen und das Sprechen einsetzt, nimmt die graue Substanz in einer Gehirnhälfte, meist der linken, rasch zu und wird dominant. Dennoch denkt ein Vorschulkind immer noch vorwiegend simultan, wie seine abstrakten Kritzeleien, seine überschwengliche Phantasie und sein intensiver körperlicher Kontakt zur Natur zeigen. Sobald es jedoch beginnt, Lesen und Schreiben zu lernen, rückt das sequentielle und analytische Denken in den Vordergrund – nicht anders als bei unserer gesamten Spezies nach der Erfindung ebendieser Aktivitäten vor etwa 5000 Jahren.

Die simultanen und die sequentiellen Denkprozesse sind untrennbar miteinander verbunden, doch ihr jeweiliges Ausmaß ist individuell sehr unterschiedlich. Einer meiner Kollegen ist derart sequentiell geprägt, daß er nicht gleichzeitig denken und Auto fahren kann; er hatte immer wieder Unfälle, bis die Polizei ihm schließlich den Führerschein abnahm. Andererseits habe ich unter anderen Pokerspieler und Prozeßanwälte kennengelernt, die wie Schimpansen und Kinder absolut genial darin sind, Körpersprache zu deuten und zu ihrem Vorteil zu nutzen.

Es gibt keine scharfe Trennlinie zwischen der Intelligenz der Schimpansen und der Intelligenz der Menschen: Beide vermischen simultanes und sequentielles Denken auf jeweils typische Weise. Die Tatsache, daß sich dieses Verhältnis bei beiden Spezies verändern läßt, ist der beste Beweise dafür, wie eng verwandt der Verstand des Schimpansen und der des Menschen tatsächlich sind. Unsere Gehirne sind sich noch immer so ähnlich, daß sich durch entsprechende Beeinflussung die jeweiligen Denkweisen einander annähern können.

Genau das war bei Washoe der Fall. Als wir die kleine Washoe in einer menschlichen Familie aufzogen, verlagerte sich in ihrem Denken der Schwerpunkt von der im Dschungel überlebenswichtigen simultanen Verarbeitung auf die sequentielle Verarbeitung, die für die menschliche Sprache erforderlich ist. Die Vernetzungen in jedem Gehirn – die Verbindungswege von Milliarden Neuronen – sind das jeweils charakteristische Ergebnis der Erfahrungen und Informationen, die es in den ersten prägenden Lebensjahren verarbeitet. Washoes Gehirn und ihre Denkprozesse sind zwar nicht typisch menschlich geworden, aber sie entsprechen auch nicht mehr der Denkweise eines wilden Schimpansen: Washoe hat die charakteristische Intelligenz eines Schimpansen, der sich in einer Gebärdensprache äußert. Das ist nur deshalb möglich, weil Schimpansen und Menschen ihr Gehirn und ihre Intelligenz von demselben affenähnlichen Vorfahren geerbt haben.

In ihrer Intelligenz unterscheiden sich Menschen und Schimpansen nur graduell; die geistigen Prozesse an sich unterscheiden sich nicht. Im sequentiellen Denken sind Schimpansen weniger »intelligent« als Menschen. Es ist unwahrscheinlich, daß ein Schimpanse je die komplette Syntax, die komplexen sequentiellen Muster der Gebärdensprache, in denen sich gehörlose Erwachsene verständigen, beherrschen wird. Doch er kann genügend Gebärden lernen, um in erstaunlichem Maß sequentiell zu kommunizieren. Im simultanen Denken hingegen sind wir Menschen weniger »intelligent« als Schimpansen: Es ist unwahrscheinlich, daß ein Mensch nonverbale Signale je so gut zu deuten lernt wie ein Schimpanse. Doch ein unter wilden Schimpansen aufgewachsener Mensch wäre gewiß in der Lage, beachtliche Fertigkeiten in der simultanen Verarbeitung zu entwickeln.

Die Behauptung, menschliche Intelligenz sei der Intelligenz der Schimpansen überlegen, wäre dasselbe, als hielten wir unseren aufrechten Gang für besser als ihre vierbeinige Fortbewegungsart. Schimpansen verbringen ihr ganzes Leben in kleinen, vertrauten Gruppen. Ihre simultane Intelligenz ist an ihre soziale Umgebung perfekt angepaßt. Sie brauchen keine ausgefeilte sequentielle Sprache, geschweige denn globale Datenverarbeitungsnetze.

Es steht außer Frage, daß dem sequentiellen Denken der Menschen viele wertvolle Errungenschaften zu verdanken sind, eine großartige Literatur, gewaltige architektonische Leistungen und so weiter, doch wir haben dafür viel aufgegeben. Wir brauchen nur für zehn Minuten in die Welt der Kinder einzutauchen, um zu erkennen, wie unmittelbar, körperhaft und emotional sie die Realität wahrnehmen – um diese Art des Erlebens zu würdigen, reichte ein ganzer Roman nicht aus. Meine eigenen Kinder sind inzwischen erwachsen, aber ich kann diese verlorene Welt jederzeit wiederfinden, wenn ich Washoe, Loulis, Dar, Moja und Tatu besuche, in denen die bewundernswerte simultane Wahrnehmung unserer Ahnen weiterlebt.

Die überwiegend sequentielle Intelligenz ist ein neues Experiment der Evolution, und ihr adaptiver Wert ist noch sehr fraglich. Seit der Erfindung der Landwirtschaft vor 12000 und der geschriebenen Sprache vor etwa 5000 Jahren hat die sequentielle Intelligenz in einer Art Schneeballeffekt eine technologische Innovation nach der anderen hervorgebracht. Allein innerhalb der letzten drei oder vier Generationen erfand unsere überproportionale graue Substanz viele Neuerungen, die der Menschheit zugute kommen, doch ebenso verdanken wir ihr die Atomwaffen, die massive Umweltverschmutzung und den allmählichen Zusammenbruch des lebenserhaltenden Systems der Erde. Jeder, der sich mit der Evolution ernsthaft auseinandersetzt, wird mindestens noch eine halbe Million Jahre abwarten wollen, ehe er über dieses Experiment, das man den menschlichen Verstand nennt, ein Urteil abgibt.

Im Herbst 1993 standen Debbi und ich erneut vor einer finanziellen Krise. Die Central Washington University hatte uns eine staatliche Unterstützung von jährlich 210 000 Dollar für den Unterhalt des neuen Instituts für die Kommunikation von Schimpansen und Menschen zugesagt, die für Lebensmittel, verschiedene Aktivitäten, die Bezahlung von Tierpflegern sowie unser eigenes Gehalt als Kodirektoren gedacht war. Doch schon im ersten Jahr erhielten wir nur 90 000 Dollar, wovon sich der Betrieb kaum aufrechterhalten ließ. Und in den folgenden Jahren verschoben sich die Prioritäten der Universität, wie das bei Universitäten eben so ist, und unsere Unterstützung versiegte nahezu völlig.

Nun hatten wir diese moderne, schimpansengerechte Anlage, wie wir sie uns immer gewünscht hatten, aber kein Geld, um sie zu unterhalten. Was sollten wir mit den vierzig Studenten und zehn Doktoranden anfangen, die sich eingeschrieben hatten, um die Schimpansen zu beobachten und Daten zu sammeln? Wie sollten wir entsprechend unserer Zusage Erwachsenenbildung anbieten, wenn wir nicht genug Geld hatten, um dem Publikum unsere Türen zu öffnen?

In dieser neuerlichen Krise dachte ich mir das »Schimposium« aus, ein neues Programm, um Washoes Heim für zahlende Besucher zugänglich zu machen und das für den autarken Betrieb des Instituts nötige Geld aufzubringen. Das »Schimposium«, einstündige Fortbildungs-Workshops, sollte von

Mitgliedern der Gemeinde veranstaltet werden, und deshalb begannen wir damit, Lehrer, Viehzüchter, Landwirte, Geschäftsleute, Hausfrauen, sogar einen Polizeichef zu unterrichten. Mit der Zeit entwickelten diese engagierten Freiwilligen beachtliche Fähigkeiten, das Verhalten der Schimpansen zu beobachten und mit ihnen in den Grundbegriffen der ASL zu kommunizieren.

Jeden Samstagmorgen findet nun ein einstündiges Schimposium statt, dessen Teilnehmer für den Gegenwert von 10 Dollar die sprechenden Schimpansen kennenlernen können. Die Workshops beginnen mit einem kurzen Film und einem Vortrag über Schimpansenkulturen in Afrika, ihre gegenwärtige Notlage und die Geschichte des Projekts Washoe. Dann lernen die Besucher bestimmte Höflichkeitsregeln wie zum Beispiel die Annäherung in tief gebückter Haltung und mit bedeckten Zähnen sowie die Gebärde FREUND. Erst dann werden sie in die schallisolierte, glasverkleidete Beobachtungszone außerhalb Washoes Heim geführt. Von dort aus können die Besucher den Schimpansen beim Spielen zusehen oder beobachten, wie sie sich miteinander durch Gebärden unterhalten oder gebärdete Selbstgespräche führen, während sie Zeitschriften und Bücher betrachten.

Allein in den ersten zwei Monaten kamen 500 Teilnehmer, und im Jahr 1995 hatten wir 50 Dozenten, die 8000 Besucher aus aller Welt willkommen hießen. Von den Einnahmen konnte sich das Institut knapp über Wasser halten. Die Schimpansen paßten sich spielend an die neue Situation an: Wenn sie nicht in der Stimmung waren, Gäste zu empfangen, verzogen sie sich einfach. Doch meistens begrüßen sie die Besucher zunächst mit Imponiergehabe – sie stampfen mit den Füßen, inszenieren Sturmangriffe und hämmern gegen die Scheibe, um niemanden im Zweifel darüber zu lassen, daß dies *ihr* Zuhause ist – und anschließend mit Gebärden. (Schimpansen im Zoo versuchen kaum je zu imponieren: Sie fühlen sich nicht als Herren im Haus.)

Loulis ist ein besonderer Freund von Schulkindern: Häufig sucht er sich eines aus der Menge aus und fordert das Kind mit der Gebärde für FANGEN zum Spielen auf. Alle Schimpansen kommentieren immer wieder das Aussehen ihrer Besucher: ihre Statur, ihre Kleidung, T-Shirts, Glatzen, Bärte, Heftpflaster, Narben und ihr komisches Benehmen. Sie sind genauso fasziniert von den Menschen wie die Menschen von den Schimpansen.

Mit dem Schimposium-Programm hat sich mir ein langjähriger Traum erfüllt: Ich wollte immer auch anderen die Möglichkeit geben, von den Schimpansen soviel zu lernen, wie ich selbst gelernt habe. Inzwischen konnten Tausende von Menschen in einer Atmosphäre des Respekts und gegenseitigen Verständnisses unseren evolutionären Geschwistern in die Augen schauen. In Washoes Heim unterhalten sich menschliche Besucher und Schimpansen und erkennen einander als Verwandte an.

Von allen, die Washoes Familie besuchen, fällt es gehörlosen Kindern am leichtesten, in den Schimpansen unsere nächsten Verwandten zu erkennen. Wenn man beobachtet, wie ein gehörloses Kind, das sich Tag für Tag abmühen muß, um sich seinen Mitmenschen verständlich zu machen, sich angeregt mit einem Schimpansen unterhält, wird einem klar, wie absurd die uralte Trennung zwischen »denkendem Menschen« und »dummem Tier« ist. Wenn gehörlose Kinder Washoe anschauen, dann sehen sie kein Tier: Sie sehen eine Person. Und es ist mein innigster Wunsch, daß alle Wissenschaftler eines Tages genauso klar sehen.

Anfang 1995 bekam ich einen Anruf von Dean Irwin, einem Produzenten von *20/20*, dem Nachrichtenmagazin des Senders ABC. Im Zuge seiner Recherchen für eine Sendung über die Moral hinter biomedizinischen Experimenten an Schimpansen hatte er von Booee und meinen anderen einstigen Schimpansenschülern bei LEMSIP gehört, dem biomedizinischen Labor der New York University. Er fragte, ob ich bereit sei, das Labor zu besuchen und Booee vor laufenden Fernsehkameras wiederzusehen.

Ich wollte eigentlich ablehnen. Ich hatte LEMSIP absichtlich gemieden, seit Booee und die anderen 1982 dorthin gebracht worden waren. Sie wiederzusehen, würde qualvoll sein, zumal ich wußte, daß ich nicht das geringste tun konnte, um sie zu retten. Ich hatte schon versucht, ihnen zu helfen: 1988 hatten Jane Goodall und ich Mark Bodamer, einen meiner Studenten, zu LEMSIP geschickt, um für alle 250 Schimpansen ein Programm zur Verbesserung ihrer Lebensqualität in Gang zu bringen. Das Programm war ein großer Erfolg, doch kaum war Mark fort, wurde es wieder eingestellt.

Mark konnte Booee nicht besuchen – er war vorübergehend in ein anderes Labor verlegt worden –, doch er besuchte Bruno. Als Mark ihn mit Gebärden ansprach, antwortete Bruno mit zwei eigenen Gebärden: SCHLÜSSEL HINAUS. Ich war mir nicht sicher, ob sich Booee nach über zehn Jahren noch an mich erinnern würde. Doch wenn er sich erinnerte, würde er sicher denken, ich sei gekommen, um ihn zu befreien; und das konnte ich nicht. Es würde uns beiden das Herz brechen.

Aber mir war ebenso klar, daß ein Besuch bei Booee ein hervorragendes Thema für eine Fernsehsendung war: Endlich würden Millionen von Menschen ein biomedizinisches Forschungslabor von innen sehen – davon hatte ich immer geträumt, seit ich sieben Jahre zuvor bei der Sema Inc. gewesen war. Wenn nur die geringste Chance bestand, daß die Aufdekkung der Verhältnisse vor einem derart breiten Publikum die Laborbedingungen verbesserte oder Booee half, dann war ich dazu bereit.

Einige Monate später saß ich neben dem Moderator Hugh Downs auf dem Rücksitz einer langen schwarzen Limousine und war auf dem Weg zu LEMSIP. Ein Tontechniker und ein Kameramann, die uns gegenübersaßen, schnitten unser Gespräch mit, und ich mußte daran denken, daß wir in dieser Limousine mehr Platz hatten als Booee in seinem Käfig. Hugh Downs wollte wissen, ob Booee sich an mich erinnern würde. Das wußte ich selbst nicht.

Wie sich 13 Jahre Einzelhaft in einem Käfig auf den Geist und die Persönlichkeit auswirken, konnte ich mir nicht einmal annähernd vorstellen. Aber je näher wir LEMSIP kamen, desto inständiger hoffte ich, Booee werde sich nicht an mich erinnern und mich nur für einen Besucher in Laborkleidung halten. Ich wollte Booee nicht AUF WIEDERSEHEN sagen müssen; ich fürchtete, zusammenzubrechen.

Im Labor wies man uns an, weiße Kittel anzuziehen und Kappen aufzusetzen. Dann brachte Dr. James Mahoney Hugh Downs, den Kameramann und mich zu Booees fensterloser Baracke. Booee lebte in der »akuten Zone«, deren Insassen alle Träger des einen oder anderen Virus waren. Booee war mit Hepatitis C (Non-A-Non-B-Hepatitis) infiziert, einer Viruskrankheit, die eine fortschreitende Leberschädigung verursachen kann. Durch die Tür sah ich meinen Freund allein in seinem Käfig sitzen.

Er sieht noch genauso aus, nur größer, dachte ich.

Als ich Booee zum letzten Mal gesehen hatte, war er ein Teenager gewesen, wie Loulis. Jetzt war er 27.

Es passiert wirklich. Ich kann nicht mehr zurück.

Ich zögerte noch einen Moment, dann betrat ich in gebückter Haltung den Raum und ging mit den leisen Begrüßungslauten der Schimpansen auf Booees Käfig zu.

Ein glückliches Lächeln breitete sich über Booees Gesicht. Er erinnerte sich also doch.

HI, BOOEE, deutete ich. ERINNERST DU DICH?

BOOEE, BOOEE, ICH BOOEE, antwortete er, überglücklich, daß ihn endlich jemand erkannte. Immer wieder fuhr er sich mit dem Finger von hinten nach vorn über den Kopf – das war der Gebärdenname, den ich ihm 1970 gegeben hatte, drei Jahre, nachdem NIH-Wissenschaftler sein Babygehirn in zwei Hälften getrennt hatten.

JA, DU BOOEE, DU BOOEE, erwiderte ich.

GIB MIR ESSEN, ROGER, bat er.

Booee erinnerte sich nicht nur, daß ich immer Rosinen für ihn dabei hatte, er nannte mich auch bei dem Spitznamen, den er mir 25 Jahre zuvor gegeben hatte: Statt am Ohrläppchen zu ziehen, schnippte er den Finger vom Ohr weg – es war dasselbe, als würde er mich »Rodg« statt »Roger« nennen. Als ich diesen alten Spitznamen erkannte, war ich am Ende. Ich hatte ihn vergessen – Booee nicht. Er erinnerte sich besser an die guten alten Zeiten als ich.

Ich gab Booee ein paar Rosinen, und die Jahre schmolzen dahin, wie immer bei alten Freunden. Er griff durch die Gitterstäbe und groomte meinen Arm. Er war wieder glücklich. Er war wieder derselbe freundliche kleine Junge, den ich Jahrzehnte früher an einem Herbsttag kennengelernt hatte, als Washoe und ich zum ersten Mal Dr. Lemmons Schimpanseninsel betreten hatten. Das war noch vor all den Schrecken, vor den Gewehren und Dobermännern, vor der Erwachsenenkolonie und Sequoyahs Tod, vor Yerkes und Sema. Damals war ich ein frischgebackener Doktor und besserwisserischer junger Professor gewesen. Einmal hatte ich Booee angeschrien, und er demütigte mich vor meinen allerersten Collegestudenten, indem er mich vom Boden aufhob und in der Luft baumeln ließ. Fünfundzwanzig Jahre lang erzählte ich meinen Studenten, wie Booee mich danach umarmt und mir meine Wut auf ihn verziehen hatte.

Seht ihn euch heute an, dachte ich. Dreizehn Jahre in der Hölle, und er verzeiht noch immer, ist noch immer ohne Groll. Booee liebte mich immer noch, trotz allem, was die Menschen ihm angetan hatten. Wie viele Menschen hätten eine so großzügige Seele?

Als wir uns mit Gebärden unterhielten und durch die Gitterstäbe KITZELN-FANGEN spielten, vergaß ich die Kameras und die Millionen Menschen, die uns sehen würden. Einen wunderbaren Augenblick lang vergaß ich sogar, wo wir waren. Aber nur einen Augenblick.

ICH MUSS JETZT GEHEN, BOOEE, sagte ich ihm nach einer Weile. Booees Grinsen wurde zur Grimasse, und er sank in sich zusammen. ICH MUSS GEHEN, BOOEE. Booee zog sich nach hinten in seinen Käfig zurück. AUF WIEDERSEHEN, BOOEE.

Als wir LEMSIP verließen, schüttelte ich Dr. Jan Moor-Jankowski, dem Direktor, freundlich die Hand, als wären wir zwei Kollegen, die irgendeine banale geschäftliche Angelegenheit erledigt hatten. Ich war von Scham überwältigt. Ich schämte mich für Booees Hepatitis, schämte mich für das professionelle Gehabe von Moor-Jankowski und mir, schämte mich für den Anstrich von Normalität und Anständigkeit über all dem Elend.

Dann fuhr die Limousine durch das vergitterte Sicherheitstor, und während der gesamten Rückfahrt ins Hotel sprach keiner ein Wort.

Am 5. Mai 1995 wurde die Fernsehsendung ausgestrahlt. Die Wirkung, die das Porträt von Booee, einer in der biomedizinischen Forschung gefangenen nichtmenschlichen Person, auf die Zuschauer im ganzen Land ausübte, übertraf sämtliche Erwartungen. Für die meisten war es der allererste Blick, den sie in diese abgeriegelte Welt taten, und sie waren fassungslos, als sie sahen, wie ein denkender, liebender, sprechender Schimpanse ohne Zuwendung und Kontakt in einem hängenden Käfig dahinvegetierte. Daß Booee den Rest seines Lebens – vielleicht noch 30 Jahre – in diesem Käfig verbringen sollte, war unvorstellbar.

Eine Flut von Spenden brach über ABC herein: Sie stammten von mitfühlenden Zuschauern, die hofften, auf diese Weise Booees Freilassung aus der Forschung zu finanzieren. Wieder einmal wurde LEMSIP von der Öffentlichkeit belagert, die eine Amnestie für Schimpansen forderte. Im Oktober 1995, fünf Monate nach der Ausstrahlung von *20/20*, entließ LEMSIP Booee und acht andere erwachsene Schimpansen in die Freiheit. Ein Lastwagen brachte sie in die nichtkommerzielle Wildlife Way Station in Kalifornien. Dort dürfen sie jetzt in einem neuen Heim ihren »Ruhestand« verbringen: in großen, luftigen und sonnigen Räumen mit Aussicht auf üppige Sträucher, mit Kletterseilen und einem Angebot an anregenden Aktivitäten, darunter auch Musik, Bücher, Fernsehen, Zeitschriften und Spielsachen. Booee trägt noch immer die unheilbare Krankheit in sich, mit der die LEMSIP-Forscher ihn infiziert haben, aber bis jetzt sind keine Symptome aufgetreten.

Ein paar Monate später besuchten Debbi und ich Booee in seinem neuen Zuhause. Er war überglücklich, uns zu sehen. Den ganzen Vormittag verbrachten wir damit, uns gegenseitig zu groomen, miteinander zu spielen und uns zu unterhalten. Als wir gehen mußten, geriet Booee nicht aus der Fassung: Er stand am Zaun seines Geheges und sagte ruhig: AUF WIEDERSEHEN.

15
Rückkehr nach Afrika

Als wir von unserem Besuch bei Booe zurückkehrten, verbrachten Debbi und ich den Nachmittag mit Washoes Familie. Wir sahen zu, wie sie selig miteinander spielten und sich unterhielten, und ich war bestürzt über die Zufälligkeit ihres Glücks. Vierzig Jahre lang waren die Schimpansen ihrer Generation mit wenig Sinn und Verstand quer durch Amerika hin und her geschickt worden, ohne Rücksicht darauf, wo jeder einzelne landete.

Washoe war im Dschungel gefangen worden, aber am Ende hatte sie eine liebevolle Familie gefunden. Auch Thelma war aus dem Dschungel entführt worden, doch sie endete in einem biomedizinischen Labor. Ihre Tochter Tatu war in Oklahoma zur Welt gekommen und hatte nie ein Labor von innen gesehen, während Bruno, der ebenfalls aus Oklahoma stammte, im LEMSIP landete, wo er vor einigen Jahren starb. Moja, Loulis und Dar waren alle als »Labortiere« geboren worden, dennoch leben sie heute mit Washoe in einem schönen Zuhause. Ally und Lucy hatten ihr Leben in einer liebevollen menschlichen Familie begonnen und waren dann für immer verschwunden. Und was Booee betrifft, so war sein Leben ein Mikrokosmos seiner ganzen Generation: Geboren im Labor, dann adoptiert und wie ein menschliches Kind aufgezogen, nach Oklahoma geschickt, wo er zum ersten Mal mit Schimpansen zusammenkam, dann wieder an die Forschung verkauft und schließlich zum zweiten Mal befreit – und dies alles vor seinem 30. Geburtstag, vor der Mitte seines Lebens.

Ich versuchte, in all diesen Geschichten einen Sinn zu erkennen, und fand keinen. Ein klares Muster trat nur dort zutage, wo es um ein glückliches oder unglückliches Ende ging:

Washoe, Loulis, Moja, Dar, Tatu und Booee hatten deshalb Glück gehabt, weil Debbi und ich zufällig genügend Macht besaßen, um jedem einzelnen von ihnen zu helfen.

Was ist mit jenen, die kein Glück hatten? Welche Verpflichtung haben wir gegenüber Schimpansen, die ihr gesamtes Leben im Dienst der menschlichen Gesundheit verbracht haben, wenn sie uns nicht mehr nützlich sind?

In vielen biomedizinischen Labors ist heute eine wachsende Zahl überflüssiger Schimpansen untergebracht, die zu alt, zu krank oder zu psychotisch für weitere Forschungen sind. Infektionen mit HIV oder Hepatitis bedeuten für einen Schimpansen in der Regel das Ende. Hat ein Schimpanse wie Booee das gesamte Impfungs-Testprotokoll durchlaufen, ist er höchstwahrscheinlich nicht mehr verwendbar und wird ausgemustert. Aber dann ist er vielleicht erst sieben oder acht und hat weitere 40 oder 50 Jahre Einzelhaft in einem kahlen Käfig von der Größe eines Besenschranks vor sich. Was werden wir mit diesen Überlebenden anfangen?

Denken Sie an das Schicksal der berühmtesten Schimpansen Amerikas, der »Weltraumschimpansen«, die in den fünfziger und sechziger Jahren von der US-Air-Force aus Afrika zwangsverschleppt wurden. Ham und Enos, die beiden »Schimponauten«, die John Glenn und Alan Shepard den Weg ebneten, sind schon lange tot, während ein paar andere wie Washoe Glück hatten und befreit wurden, doch immer noch leben 150 Raumfahrtschimpansen und ihre Nachkommen in Käfigen auf dem Holloman-Luftstützpunkt in New Mexico und weitere 25 in einem Labor in Texas.

Schon vor Jahren hat die Air Force aufgehört, Schimpansen an einem Zentrifugalarm durch die Luft zu wirbeln, um die Folgen außergewöhnlicher Gravitationskräfte zu studieren. In den letzten 30 Jahren wurden diese Schimpansen zum Zweck biomedizinischer Experimente zwischen verschiedenen Forschern hin und her geschickt. Bei einem Versuch, hörte ich, wurden einer Gruppe von Schimpansen mit einer Stahlkugel alle Zähne ausgeschlagen, damit Studenten der Zahnmedizin Rekonstruktionstechniken an ihnen üben konnten.

Die Raumfahrtschimpansen sind immer noch Eigentum der Air Force, aber seit 1994 werden sie von der Coulston Foundation verwaltet und auf Fünfjahresbasis verliehen. Dr. Frederick Coulston, der Begründer und Eigentümer der Coulston Foundation, ist Toxikologe; er gibt zu, daß die Einstellung seines Unternehmens gegenüber Schimpansen in der Forschung eher »ungewöhnlich« ist. Während führende Biomediziner Schimpansen nur für die Erforschung von Infektionskrankheiten einsetzen, stellt Coulston seine Schimpansen für die Entwicklung von Insektiziden und Kosmetika zur Verfügung. Nach seiner Aussage sind Schimpansen »das bestmögliche Modell, um die Wirkung körperfremder Chemikalien auf den Menschen zu testen«.[1]

Coulston leitet das White Sands Research Center, in das Ally 1982 geschickt worden sein soll. Seine Labors können eine Liste zahlreicher Verstöße gegen das Tierschutzgesetz und »unbeabsichtigter Todesfälle« bei mehreren Schimpansen vorweisen. Um nur ein grauenhaftes Beispiel aus jüngster Zeit zu nennen: Von Coulstons Schimpansen wurden drei praktisch gekocht, als ein Heizstrahler vor ihren Käfigen auf höchster Stufe steckenblieb und die Zimmertemperatur auf 60 Grad Celsius trieb.[2] (Aufgrund dieses und weiterer Vorfälle erhob die Staatsanwaltschaft formell Anklage gegen die Coulston Foundation.)

1995 versuchte die Air Force, ihr Arrangement mit Dr. Coulston unauffällig in eine Dauereinrichtung umzuwandeln: Um jede weitere moralische und finanzielle Verantwortung gegenüber den Schimpansen von sich zu weisen, forderte sie den Kongreß auf, Dr. Coulston zum rechtmäßigen Eigentümer der Raumfahrtschimpansen zu ernennen. Mit der Abschiebung ihrer Schimpansen an einen Forscher, der kürzlich in *The New York Times* den Vorschlag geäußert hatte, man könne Schimpansen wie Rinder züchten, um sie als lebende Blut- und Organbanken zu verwenden, hätte die US-Luftwaffe ihr Problem ein für allemal gelöst.[3]

Dem engagierten Einsatz einiger Tierschutzverbände und der ausschlaggebenden Intervention von Jane Goodall ist es zu verdanken, daß die Öffentlichkeit auf die geplante Übertragung der Raumfahrtschimpansen an Coulston aufmerksam wurde und der Kongreß den Antrag 1995 schließlich ablehnte. Statt dessen wies der Kongreß die Air Force an, mittels öffentlicher Ausschreibung einen endgültigen Eigentümer für die Schimpansen zu suchen. Damit hat eine Tierschutzgruppe die Möglichkeit, sich um die Schimpansen zu bemühen und sie, wenn ihre Bewerbung Erfolg hat, endgültig der Forschung zu entziehen. Doch vorerst bleiben die Schimpansen bei Holloman in der Gewalt von Dr. Coulston, bis 1999 sein Pachtvertrag mit der Air Force ausläuft.

Die Raumfahrtschimpansen sind nicht die einzigen Gefährten aus Washoes Vergangenheit, die Gefahr laufen, in eines von Coulstons Labors zu geraten. Nach 15 Jahren im LEMSIP werden Thelma, Cindy und meine übrigen ehemaligen Schüler aus Oklahoma abermals auf den Weg geschickt. 1995 verkündete die New York University, die Eigentümerin von LEMSIP, sie sei nicht bereit, die Mittel aufzubringen, die für die Langzeitversorgung der zu Forschungszwecken nicht mehr brauchbaren Schimpansen nötig sind (sieben bis acht Millionen Dollar), und schloß einen Handel mit Coulston ab, der das Abtreten ihrer gesamten Schimpansenpopulation vorsieht. Das Geschäft ist zwar noch nicht definitiv, doch von den 225 Schimpansen wurden bereits an die 100 in Labors der Coulston Foundation verschickt. Mit Ausnahme von Booee, der befreit wurde, und Bruno, der starb, werden William Lemmons Schimpansen höchstwahrscheinlich dort enden, wo die Geschichte der amerikanischen Schimpansen vor 40 Jahren begann – in einem Forschungslabor in New Mexico.

Falls Coulston den gesamten LEMSIP-Bestand übernimmt, besitzt er 750 Schimpansen, was der Hälfte der gesamten Schimpansenpopulation in der biomedizinischen Forschung der USA entspricht. (Selbst wenn er LEMSIP nicht übernimmt, sind immer noch mehr als 600 Schimpansen in seiner Hand.) Er ist auf bestem Weg, der, wie er sagt, »einzige Schimpansenlieferant für die Forschung« zu werden.[4] Die Idee eines Ruhestands für Schimpansen findet Coulston absurd: Seiner Ansicht nach sollte ihr Einsatz in der Forschung ausgedehnt werden.[5] In seinen Labors hat man ihnen alles mögliche injiziert, von Trichloräthylen, einem industriellen Lösungsmittel zur chemischen Reinigung, bis hin zu Benzol, einer bekanntermaßen karzinogenen Substanz, und wir müssen deshalb davon ausgehen, daß den Schimpansen in Coulstons wachsendem Laborimperium eine lange Zukunft weiterer Mißhandlungen und Experimente bevorsteht. Und sein Imperium wird zwangsläufig wachsen, denn immer mehr Labors suchen nach Möglichkeiten, sich aus dem Geschäft mit Schimpansen vollständig zurückzuziehen.

Noch vor zehn Jahren beklagten sich die National Institutes of Health, es bestehe ein derartiger Mangel an Schimpansen, daß man wohl gezwungen sein werde, sich wilde Schimpansen zu beschaffen. Doch heute ist der Schimpansenmarkt gesättigt, und das NIH-Zuchtprogramm wurde reduziert. An den meisten Laborschimpansen wird heute eine strenge Geburtenkontrolle praktiziert. Einem Reporter gegenüber äußerte kürzlich der Leiter eines der größten Primatenlabors: »Auch wenn ich hundert Schimpansen geschenkt bekäme, würde ich sagen: Nein, danke.«[6]

Die Nachfrage nach Schimpansen ist deshalb so drastisch gesunken, weil sich herausgestellt hat, daß sie als Versuchstiere für die Aids-Forschung nichts taugen. Seit 1986 wurden 32 Millionen Dollar allein für die Zucht von Schimpansen und weitere Millionen für eine nicht bekannte Anzahl von Studien ausgegeben, und jetzt stellen wir fest, daß wir durch die Schimpansen nichts Neues über Aids erfahren haben. Jeden größeren Durchbruch in der Aids-Forschung – von der Entdeckung der Wirkungsweise des Virus über die Entwicklung effizienter Medikamente (AZT, 3TC und Proteasehemmer) bis hin zur Identifizierung möglicher genetischer Faktoren, die vielleicht die Resistenz begünstigen – verdanken wir Studien an Menschen.[7]

Seit 1984 entwickelten lediglich drei bis vier von über 100 HIV-infizierten Schimpansen Aids-ähnliche Symptome, und es ist durchaus möglich, daß ihre Krankheit durch ein mutiertes oder ein völlig neues Virus ausgelöst wurde. Das Immunsystem des Menschen unterscheidet sich so grundlegend von dem des Schimpansen, daß *sämtliche* an Schimpansen gewonnenen Daten »auf den Menschen praktisch nicht anwendbar sind«, wie es in einem neueren Bericht des Medical Research Modernization Committee heißt.[8]

In der Mehrheit sind sich die Biomediziner heute einig, daß Schimpansen für die Aids-Forschung nicht nötig sind. 1986 warnte ich die Regierung, die Züchtung von Schimpansen und ihre Infizierung mit HIV sei höchstwahrscheinlich eine Verschwendung von Aids-Forschungsmitteln in Millionenhöhe und werde eine ganze Population Aussätziger erzeugen. Zu meinem großen Kummer behielt ich recht. Heute fehlt es immer noch an Geld für aussichtsreiche Studien an Menschen, während die Labors voller HIV-infizierter Schimpansen sind, die noch Jahrzehnte in kostspieliger Isolation vor sich haben und von Pflegern in ansteckungssicheren Raumanzügen versorgt werden müssen. In ihrer Gier nach Forschungsmitteln wollen manche Labors diese überflüssigen Schimpansen mit neuen Erregern wie dem BSE-Virus infizieren, andere erhoffen sich Rettung durch Frederick Coulston. Es ist sehr viel bequemer, Schimpansen zu beseitigen, als die moralische und finanzielle Verantwortung für sie zu übernehmen und sich um sie zu kümmern.

Vor einigen Jahren befürworteten die National Institutes of Health die Euthanasie als billige Methode, um überflüssige Schimpansen loszuwerden, aber nachdem eine heftige Kontroverse zu befürchten stand, nahm man von dem Vorhaben wieder Abstand; dennoch propagieren etliche Laborleiter nach wie vor die Euthanasie als Lösung. In jüngerer Zeit richteten die NIH einen Ausschuß ein, der Richtlinien erarbeiten soll, aber in diesem Ausschuß sitzt kein einziger auch nur halbwegs erfahrener Anwalt der Schimpansen: Was ihre Interessen betrifft, kann man offensichtlich weder den NIH noch der biomedizinischen Forschung trauen.

Aus diesem Grund haben eine Gruppe betroffener Wissenschaftler, darunter auch ich, dem Kongreß ihre eigene Lösung vorgeschlagen: ein nationales Asylsystem für Schimpansen. Wir denken dabei an ein Netzwerk von Zufluchtsstätten, in denen Schimpansen, die von der Forschung nicht länger benötigt werden, ihr Leben in sozialen Gruppen beenden können, mit Gras unter den Füßen, genügend Platz zum Klettern und der Freiheit, zu spielen.

Derzeit ist ein wissenschaftlicher Beratungsausschuß damit beschäftigt, diese Zufluchtsstätten zu entwerfen. Unter seinen dreizehn Mitgliedern sind einige der herausragendsten Primatenexperten der Welt, zum Beispiel Jane Goodall, der Zoologe Vernon Reynolds und der Anthropologe Richard Wrangham. Debbi und ich wurden in den Vorsitz gewählt, und wir sind entschlossen, uns dafür mindestens ebenso stark zu engagieren wie für Washoes Zuhause.

Unser Entwurf sieht weitläufige Gehege vor, in denen jedem Schimpansen mindestens viertausend Quadratmeter zur Verfügung stehen, einer Gruppe von elf bis 20 Schimpansen 80000 Quadratmeter. Diese Freigehege sollen von natürlichen Hindernissen und Zäunen umschlossen sein, damit die Schimpansen gesellig leben und ungestört miteinander spielen können. Selbst virusinfizierte Schimpansen sollen in Gesellschaft leben können: HIV-Schimpansen werden unter sich bleiben, ebenso die Hepatitis-Schimpansen, und so weiter. Besonderen Wert wird man auf die Rehabilitierung jener Schimpansen legen, die unter den seelischen Folgen jahre- oder jahrzehntelanger Einzelhaft leiden: Individuen, die unfähig sind, soziale Bindungen einzugehen, werden zahlreiche Anregungen von seiten menschlicher Pfleger erhalten. In den Asylen sind ferner die Verköstigung der Schimpansen, Schlafstätten und medizinische Versorgung vorgesehen, außerdem didaktische Programme für menschliche Besucher, die allerdings die Schimpansen nur von erhöhten Laufstegen aus beobachten können, so daß der Freiraum der Schimpansen, ihre Aktivitäten und ihre Privatsphäre gewahrt bleiben.

Unser Ziel ist es, bis zum Jahr 2000 mehrere hundert Schimpansen in unserem nationalen Asylnetz unterzubringen. Natürlich hoffen wir, daß die 175 »Weltraumschimpansen« der

Air Force zu den ersten Asylbewohnern zählen werden. Aber zuerst muß der Kongreß dieses Asylsystem per Gesetz genehmigen. Dann müssen wir Geld auftreiben, Land kaufen und Anlagen bauen. Das Asylsystem soll als private, gemeinnützige Organisation arbeiten, wobei das erste Kapital aus einer Kombination von Bundesmitteln (darunter die von der Regierung ohnehin schon vorgesehene »Altersrente« der Schimpansen), privaten Spenden und Beiträgen von biomedizinischen Labors gestellt werden soll, die sich damit die Verpflegung unnützer Schimpansen ersparen. Die Einrichtung der Asyle wird mehrere Millionen Dollar kosten, aber das ist immer noch billiger als die »Aufbewahrung« in Labors.

Manche Biomediziner greifen unseren Ansatz bereits an. In erster Linie geht es ihnen darum, sich die Versorgung mit Schimpansen für zukünftige biomedizinische Experimente sicherzustellen; sie würden gern die Schimpansen zwischen Asylen und Labors hin und her schicken und den künftigen Bedarf an Forschungsobjekten durch die im Asyl geborenen Jungtiere decken. Wir sind der Meinung, daß der Ruhestand der Schimpansen endgültig und absolut sein sollte. Die Labors können entscheiden, welche ihrer Versuchstiere sie wann entlassen, aber sobald die Schimpansen einmal ein Asyl betreten haben, sollten sie für den Rest ihres Lebens vor weiteren Experimenten sicher sein.

In den letzten vierzig Jahren haben wir Schimpansen in Zentrifugen umhergeschleudert und in den Weltraum katapultiert. Wir haben ihnen mit Stahlkolben die Schädel eingeschlagen und sie als Dummys für Crashtests benutzt. Wir haben ihnen sämtliche Kontakte zur Mutter verwehrt und sie psychotisch gemacht. Wir haben sie benutzt, um tödliche Pestizide und krebsverursachende Lösungsmittel für die Industrie an ihnen zu testen. Wir haben sie massiv mit Polio, Hepatitis, Gelbfieber, Malaria und HIV infiziert.

Die Schimpansen, die all das überlebt haben, haben es weiß Gott verdient, für den Rest ihres Lebens in Frieden gelassen zu werden.

Selbst wenn es uns gelingt, ein Asyl für »verbrauchte« Schimpansen einzurichten, müssen wir uns immer noch die grundlegendere Frage stellen, ob es überhaupt moralisch vertretbar ist, gesundheitsschädliche Experimente an Schimpansen durchzuführen.

Vor nur 40 Jahren, als die Air Force Schimpansen aus dem afrikanischen Regenwald entführte, verkündeten uns die Wissenschaftler mit unbeirrbarer Gewißheit, diese haarigen Tiere seien geist- und seelenlose Wesen. Die Erzählungen afrikanischer Stämme von werkzeugherstellenden Schimpansen wurden als Aberglauben abgetan. Hätte ein Anthropologe gewagt, das Wort »Schimpansenkultur« in den Mund zu nehmen, wäre er mit Hohngelächter aus der Akademie vertrieben worden.

Heute wissen wir, daß unsere wissenschaftlichen Kenntnisse von Schimpansen vor 1960 nicht viel mehr waren als unser eigener, mittelalterlicher Aberglaube: Seitdem Jane Goodall erstmals beobachtete, wie die Schimpansen am Gombe-Strom Werkzeuge herstellen, zeigte eine Lawine weiterer Entdekkungen, daß Schimpansengemeinschaften eine einzigartige Jäger-und-Sammler-Kultur besitzen, nicht anders als die Gemeinschaften von Menschen, die vor und außerhalb der Technologie lebten und leben.

Der Schweizer Ethologe Christophe Boesch hat die Steingerätekultur der Schimpansen studiert, die in ganz Westafrika verbreitet ist.[9] Manche ihrer Hämmer und Ambosse, die sie zum Öffnen von Nüssen verwenden, sind identisch mit den Werkzeugen unserer eigenen Hominidenvorfahren, und wie bei unseren Ahnen unterscheiden sich auch die jeweiligen Verfahren der Werkzeugherstellung von einer Gemeinschaft zur anderen.

Der Anthropologe Richard Wrangham dokumentierte die Verwendung von Heilpflanzen.[10] Die westafrikanischen Mende ergänzen seit langem ihre eigenen Kenntnisse von Arzneipflanzen, die sie »Blätter« nennen, indem sie den Schimpansen folgen und von ihnen lernen.[11] Inzwischen ließen sich auch die westlichen Forscher von den Schimpansen anregen und entdeckten durch sie eine Vielfalt früher unbekannter

Pflanzenarten, deren pharmazeutischer Wert von antibiotischen bis antiviralen Wirkungen reicht. Richard Wrangham meint, es gebe sehr unterschiedliche medizinische Kulturen unter den Schimpansen in ganz Afrika. Wie sich gezeigt hat, ist der kulturelle Graben zwischen Menschen und Schimpansen ebenso illusorisch wie der vermeintliche kognitive Unterschied zwischen unseren beiden Spezies.

Vor vier Jahrzehnten, als wir begannen, die Schimpansen einzusperren, wußten wir es nicht besser; heute sehr wohl. Wir wissen, daß die Schimpansen keine seelenlosen Geschöpfe sind, sondern hochintelligente und einfallsreiche Wesen, die einander über Jahrmillionen komplexe Kulturen weitergegeben haben. Sie sind unsere evolutionsgeschichtlichen Geschwister. Was sind die moralischen Konsequenzen dieser wissenschaftlichen Erkenntnis?

Es ist eine in der menschlichen Geschichte immer wiederkehrende Tatsache, daß die moralischen Universen, die wir entwerfen, immer nur jene einschließen, die uns ähnlich sind, und alle ausgrenzen, die anders sind als wir. Wer innerhalb unserer moralischen Sphäre Platz gefunden hat, dem räumen wir bestimmte Rechte und Freiheiten ein; wer außerhalb steht, darf von uns ausgebeutet werden. Wie legen wir fest, wer »innen« und wer »außen« steht? In Lauf der Geschichte waren unsere Kriterien Intoleranz, Aberglauben, religiöse Dogmen, kulturelle Gepflogenheiten, juristische Präzedenzfälle oder wissenschaftliche »Beweise« – und manchmal alles zusammen.

Wir sähen die Wissenschaft gern als das ehrenwerte Streben nach objektiver Erkenntnis, als stetigen Vormarsch im Dienst der Wahrheit. Aber die Wissenschaftler verkörpern die Vorurteile ihrer Zeit. Und Wissenschaftler sind weitaus gefährlicher als intolerante Durchschnittsmenschen, weil sie Ignoranz als Wissen präsentieren können und ihre »Erkenntnisse« sich zur Errichtung und Befestigung moralischer Grenzen benutzen lassen. Leider hat die Geschichte gezeigt, daß die Kombination von Ignoranz und Arroganz in der Regel tödliche Konsequenzen für alle zeitigt, die außerhalb des moralischen Universums einer Kultur stehen.

Seit Aristoteles, dem Vater der abendländischen Philosophie, war die Wissenschaft den jeweils geltenden moralischen Grundsätzen unterworfen. In seiner *Scala naturae* steht der griechische Mann als das vollkommenste Wesen an der Spitze, gefolgt von Elefanten, Delphinen und Frauen – in dieser Reihenfolge. Es dauerte 2000 Jahre, um das Züchtigungsrecht des Ehemannes abzuschaffen. Unterdessen verlegten sich Generationen von Wissenschaftlern darauf, zu »beweisen«, daß Frauen Hexen, von Dämonen besessen oder Hysterikerinnen seien. Neben den Frauen standen auch Schwarze, Asiaten und Eingeborenenvölker außerhalb der moralischen Ordnung des Westens, und die Minderwertigkeit all dieser Gruppen »bewies« im 19. Jahrhundert die Pseudowissenschaft der Anthropometrie, bei der Gehirngrößen, Schädelformen und allgemein die Proportionen des menschlichen Körpers vermessen wurden. Trügerische Laborerkenntnisse lieferten die Rechtfertigung zur Versklavung von Afrikanern, Ausrottung von Eingeborenen und Verweigerung von Bürgerrechten für Asiaten. Besonders anschaulich zeigte sich dieses beschämende Kapitel der Wissenschaft auf der Weltausstellung in St. Louis im Jahr 1904, auf der Pygmäen und andere Rassen »minderer Kultur und Intelligenz« zusammen mit Schimpansen und Affen in einer Art Zoo vorgeführt wurden.

Mit dem Aufstieg der modernen biomedizinischen Experimentalforschung begannen sich Wissenschaft und moralisches Bewußtsein wechselseitig zu beeinflussen: Die Wissenschaft wurde benutzt, um die Ausgrenzung bestimmter Gruppen aus der moralischen Ordnung zu rechtfertigen, woraufhin man die Außenseiter wieder der Wissenschaft zur Verwertung im Labor vorwerfen konnte. Afroamerikaner, europäische Juden, geisteskranke Erwachsene und geistig zurückgebliebene Kinder wurden zu »Versuchstieren«.

Ab 1932 untersuchten weiße Ärzte im Auftrag des US-amerikanischen Gesundheitswesens in einem Zeitraum von 40 Jahren an 400 afroamerikanischen Männern den Krankheitsverlauf der Syphilis ohne medizinische Behandlung. In der gesamten Geschichte der Medizin war dies das längste Experiment, das je an Menschen ohne deren Einwilligung durchgeführt wurde.[12] In den vierziger Jahren nahmen die NS-Ärzte an Juden in den Konzentrationslagern grauenhafte und häufig tödliche medizinische Experimente vor. In den fünfziger Jahren injizierten Ärzte der Willowbrook School in New York geistig behinderten Kindern Hepatitis-Viren.

All diese Forscher betrachteten ihre Experimente als ethisch korrekt. Mehr noch: Es galt als unmoralisch, sich gegen solche Experimente auszusprechen oder sie gar zu verhindern. Wenn man das Leben eines einzigen NS-Piloten retten konnte, indem man untersuchte, wie lang ein Jude brauchte, um in eiskaltem Wasser zu erfrieren, dann galt es innerhalb des moralischen Universums der Nationalsozialisten als verwerflich, diese Forschungen zu *unterlassen*. Wenn Experimente an schwarzen Baumwollpflückern das Leben eines einzigen weißen Syphiliskranken retten konnten, dann war es im Bewußtsein der Weißen unmoralisch, darauf zu verzichten.

Heute erfüllen uns diese Experimente mit Grauen, und wir erweitern unsere moralischen Grenzen auf alle Menschen, unabhängig von kulturellen, rassischen und kognitiven Unterschieden – die in manchen Fällen enorm sind: Ich habe mit Kindern gearbeitet, die geistig derart behindert waren, daß sie normalen Kindern nur noch äußerlich ähnelten. In manchen Fällen sind sie nach Aussage der Eltern weniger ansprechbar und reaktionsfähig als die Haustiere der Familie. Dennoch haben wir endlich erkannt, daß unser moralisches Universum auch diese Kinder, die unsere Zuwendung und unseren rechtlichen Schutz so dringend benötigen, nicht ausschließen darf.

Nachdem die medizinische Forschung nun nicht länger an Afroamerikanern, Juden und behinderten Kindern experimentieren kann, hat man sich den Schimpansen zugewandt, unseren nächsten Verwandten außerhalb unseres moralischen Universums. Dahinter stand keine böse Absicht: Die Forscher waren von der Existenz unüberwindlicher geistiger und seelischer Grenzen zwischen Menschen und Nichtmenschen überzeugt.

Diese Grenzen haben sich als illusorisch erwiesen; dennoch

beherrschen sie nach wie vor unser Handeln, und wir erhalten eine Doppelmoral aufrecht, die jeder wissenschaftlichen Norm hohnspricht: Es ist illegal, Experimente an einem gehirntoten Menschen durchzuführen, der nichts mehr denkt und nichts mehr wahrnimmt, aber es ist vollkommen legal – mehr noch, es ist moralisch korrekt –, dasselbe Experiment an einem bewußten, denkenden, fühlenden Schimpansen vorzunehmen. Wenn ein Experiment das Leben eines einzigen Menschen innerhalb unserer moralischen Gemeinschaft verlängern kann, ist es gerechtfertigt, zahllosen Schimpansen, die außerhalb unserer moralischen Gemeinschaft stehen, Leiden zuzufügen.

Kurz, wir leben nach einem Moralkodex, der auf einer willkürlichen Grenzziehung zwischen Innen und Außen beruht – in diesem Fall zwischen zwei verschiedenen Spezies. Diese Tatsache müßte jeden aufrütteln, der meint, moralische Prinzipien sollten universell Geltung haben.

Wir könnten zum Beispiel unser moralisches Universum auf alle Wesen ausdehnen, die über eine bestimmte Art von Intelligenz und Selbstbewußtsein verfügen, Familienbindungen eingehen und fähig sind, seelische Qualen zu empfinden. Bei gerechter Anwendung dieser Prinzipien würden wir auf der Stelle sämtliche Menschenaffen – Schimpansen, Gorillas und Orang-Utans – als Mitglieder unserer moralischen Gemeinschaft anerkennen, weil sie nachweislich alle diese Eigenschaften besitzen.

Dies ist das Ziel des »Projekts Menschenaffen«, einer internationalen Vereinigung von Wissenschaftlern und Philosophen, der auch ich angehöre. Wir sind der Ansicht, daß den Menschenaffen bestimmte Grundrechte zustehen, wie etwa das Recht auf Leben, Freiheit und körperliche Unversehrtheit. Anders ausgedrückt: Die Menschen sollten nicht das Recht haben, Menschenaffen zu töten, einzusperren oder ihnen Schmerzen zuzufügen.

Mit diesen beschränkten Rechten wären Washoe und andere Menschenaffen noch keine vollwertigen Mitglieder unserer Gesellschaft. Wir können nicht erwarten, daß sie sich an Gesetze halten, das Wahlrecht ausüben und Steuern zahlen. Aber das erwarten wir auch nicht von Kindern und geistig behinderten Erwachsenen; dennoch schützen wir sie davor, eingesperrt, gefoltert und getötet zu werden.

Eine Hürde vor unserem Ziel ist die immer noch weitverbreitete Überzeugung, die Überlegenheit des Menschen gegenüber Menschenaffen sei selbstverständlich, weshalb alle gegenteiligen Erkenntnisse der Wissenschaft häufig auf Ablehnung stoßen.

Wir haben Seelen – jedenfalls »höhere« Seelen. Gott hat uns über die Tiere gesetzt – so steht es in der Bibel. Wir beherrschen den Planeten – das ist der Beweis, daß wir besser sind.

Dieselben Argumente wurden immer wieder benutzt, um die Überlegenheit der Männer über die Frauen, der Weißen über die Schwarzen, der Europäer über die Eingeborenen zu begründen. Den meisten, die sich für die Überlegenheit des Menschen stark machen, ist nicht klar, daß ihre Ansichten von denselben überholten Vorstellungen herrühren, die den Rassismus des 19. Jahrhunderts hervorbrachten: Niedrigere Lebensformen seien zum Nutzen der höheren Formen geschaffen. Die oberste Sprosse dieser Perfektionsleiter, die Überlegenheit des weißen Mannes, wurde lediglich durch die Überlegenheit des Menschen gegenüber allen anderen Spezies ersetzt.

Die Erfinder dieser Perfektionsleiter, die griechischen und arabischen Philosophen, wußten nichts von der biologischen Verwandtschaft zwischen allen Lebensformen. Sie wußten nicht, daß die weiße mit der schwarzen Rasse verwandt und alle Menschen Vettern sind, Nachkommen eines gemeinsamen frühmenschlichen Vorfahren. Sie wußten nicht einmal von der Existenz des Schimpansen, geschweige denn von seiner Verwandtschaft mit dem Menschen über einen weiter zurückliegenden gemeinsamen Vorfahren. Die Überzeugung von der Überlegenheit einer Rasse und der Überlegenheit des Menschen entstammt ein und demselben alten Irrglauben, die Natur sei eine Ansammlung nicht verwandter Lebensformen.

Aus der Geschichte meiner eigenen Familie weiß ich, welchen schrecklichen Preis die Vorstellung rassischer Überlegenheit fordert. Mein Urgroßvater, William Henry Harrison Jones, war ein Sklavenhalter. Ich habe ihn nicht kennengelernt, aber ich fühle mich ihm zu besonderem Dank verpflichtet: Er zog meine Mutter von frühester Kindheit an auf, nachdem ihre Mutter im Wochenbett gestorben war. Ihrem liebevollen Bericht zufolge war er ein anständiger, ehrbarer, schwer arbeitender und mitfühlender Mann, er hing nur der Überzeugung an, Schwarze seien »Untermenschen«. Deshalb fühlte er sich berechtigt, sie zu besitzen und ihren Schmerz, ihre Leiden zu mißachten. Das wirtschaftliche Interesse, das mein Urgroßvater an diesen Leiden hatte, bestärkte ihn nur in seinem Glauben an die Unterlegenheit der Schwarzen. Er war sogar bereit zu sterben, um dieses Eigeninteresse zu verteidigen – was ihm auch beinahe gelungen wäre, denn er kämpfte im amerikanischen Bürgerkrieg.

Was im 19. Jahrhundert die Vertreter der weißen Überlegenheit wie mein Urgroßvater niemals akzeptieren konnten, ist die evolutionäre Tatsache, daß jeder Mensch auf Erden mit jedem anderen Menschen verwandt ist; wir sind eine Familie. Und was wir noch heute nicht akzeptieren, ist die zweite evolutionäre Tatsache, daß jeder Mensch auf Erden mit jedem Schimpansen, Gorilla und Orang-Utan verwandt ist; wir gehören alle zur selben Familie der Hominoiden. Durch eine ununterbrochene Kette von Müttern und Töchtern, Vätern und Söhnen, die sechs Millionen Jahre weit zurückreicht, sind Sie und ich mit Washoe verwandt.

Warum also meinen wir, menschliches Leiden sei wichtiger als das Leiden eines Schimpansen? Warum ist menschliches Leben mehr wert als das Leben eines Schimpansen? Bestenfalls experimentieren wir an Schimpansen aus schierem Eigennutz. Interessanterweise geben immer mehr Biomediziner dies zu. Nicht selten hört man heute einen Forscher seine Experimente mit der Bemerkung begründen: »Wir haben zwar nicht das Recht, an Schimpansen zu experimentieren, aber wir brauchen die Experimente.«

Eigennutz mag zwar nicht so ehrenwert sein wie moralische Grundsätze, aber er ist ein Überlebenstrieb, der uns allen zu eigen ist. Zuallererst kümmern wir uns um uns selbst und um unsere Familien. Auf die rhetorische Frage der Forscher: *Würden Sie an einem Schimpansen experimentieren, wenn Sie damit das Leben Ihres Kindes retten könnten?* antworten die meisten Eltern ohne zu zögern mit Ja. Man stellt uns vor die Wahl zwischen ihnen und uns, und die Entscheidung ist klar.

Als Gesellschaft jedoch setzen wir regelmäßig und mit jedem Recht dieser Sorte von unverhohlenem Eigennutz moralische Grenzen. Nehmen wir zum Beispiel an, meine Tochter sei wegen einer Herzkrankheit dem Tod geweiht und könne nur gerettet werden, wenn man ihr das Herz meines Nachbarn einpflanzt. Zwar brauche ich dringend das Herz meines Nachbarn, und wenn ich vor die Wahl gestellt werde, zwischen ihm und meiner Tochter zu entscheiden, werde ich jederzeit meine Tochter wählen. Schließlich steht mir meine Tochter genetisch näher als mein Nachbar, und sie bedeutet mir weitaus mehr.

Aber die Gesellschaft hindert mich daran, einem Mitmenschen das Herz zu entnehmen, denn abgesehen von unseren oberflächlichen Unterschieden stehen er und ich uns sehr nahe. Er gehört zwar nicht zu meiner allernächsten Familie, doch wir sind über einen gemeinsamen Ahnen miteinander verwandt. Wir sind Vettern. Jede genetische Trennlinie, die ich zwischen uns ziehe, ist willkürlich, und ich muß meine natürliche Neigung, mein Kind zu retten, indem ich meinen Nachbarn umbringe, unterdrücken. Das zu akzeptieren fällt mir zwar nicht sehr schwer, denn ich *kenne* meinen Nachbarn, und er hat mein Mitgefühl. Deshalb würde mein Gewissen mich daran hindern, ihn zu ermorden, selbst wenn das Gesetz es mir erlaubte.

Einem Schimpansen das Herz herauszunehmen ist aus evolutionärer Sicht nichts anderes, als ginge ich nach nebenan und fiele über meinen Nachbarn her. Der Schimpanse steht mir nicht so nahe wie meine Tochter, aber wir sind über einen gemeinsamen Ahnen miteinander verwandt. Er ist mein Vetter, wie mein Nachbar. Wenn mein moralisches Bewußtsein mich hindert, meinen menschlichen Vetter umzubringen, muß es auch dem Mord an meinem Schimpansenvetter im Weg stehen. Warum fällt es uns so schwer, die Logik *dieses* moralischen Verbots zu akzeptieren? Ich glaube, der Grund liegt darin, daß die meisten Menschen Schimpansen nicht so gut kennen wie ihre Nachbarn. Es ist leichter, den Schimpansen als *anders* anzusehen und zu objektivieren als ein Wesen, das kein Mitgefühl verdient hat. Es ist leichter, einen Schimpansen zum Außenseiter zu stempeln.

Warum aber sollten wir unsere moralische Gemeinschaft lediglich auf Schimpansen, Gorillas und Orang-Utans erweitern? Auch mit den Hunden verbinden uns gemeinsame Vorfahren. Sollen wir die Grundrechte auch auf sie ausdehnen? Und wie steht es mit den Mäusen? Wo hört es auf? Ich weiß es nicht, aber wir können die Tür zu unserem moralischen Universum nicht aus der Furcht heraus verriegeln, andere, »weniger erwünschte« Gruppen könnten später Eingang finden. Die Zeit geht weiter, und unsere moralische Sphäre wird selten enger: In der Regel dehnt sie sich aus. Das ist immerhin etwas Gutes. Andernfalls würden wir noch immer in Rechtssystemen leben, die allein den Weißen Rechte einräumen, während sie Schwarze, Juden und geistig Behinderte zu Forschungsobjekten degradieren, wie noch vor fünfzig Jahren geschehen.

Eines haben uns die Biowissenschaften in den letzten hundert Jahren gelehrt: daß es vollkommen müßig ist, solche Alles-oder-nichts-Grenzen zwischen Spezies zu ziehen. Die Natur ist ein großes Kontinuum. Mit jedem Jahr stoßen wir auf weitere Beweise für Darwins revolutionäre These, daß die Erkenntnisfähigkeiten und das Seelenleben der Tiere sich lediglich graduell voneinander unterscheiden, von den Fischen über die Vögel zu den Affen und den Menschen.

Ich persönlich halte es für sinnlos, moralische Grenzen zu ziehen, wo wissenschaftliche Grenzen nicht existieren. Es ist sinnlos, Schimpansen auf die oberste, übernatürliche Stufe der Perfektionsleiter an die Seite des Menschen zu erheben, jedoch Paviane, Delphine, Elefanten auszuschließen, die alle hochintelligente, soziale und emotionale Lebewesen sind. In einer idealen Welt würde ich diese antiquierte Leiter völlig abschaffen. Aber unser gegenwärtiges Rechts- und Moralsystem beruht auf einer eingebildeten Kluft zwischen Menschen und Nichtmenschen. Diese Kluft können die Menschenaffen am leichtesten überbrücken. Und sobald das einmal geschehen ist, werden wir Menschen vielleicht eher geneigt sein, von unserem gottähnlichen Thron weit oberhalb der Natur herabzusteigen und unseren rechtmäßigen Platz als Teil der natürlichen Welt einzunehmen.

Langfristig sollte unser moralisches Bewußtsein von demselben Kriterium bestimmt sein, das wir den Biowissenschaften schon heute zugrunde legen: der Kontinuität aller Lebensformen. Aus diesem Grund glaube ich, daß es letztlich unser Ziel sein sollte, auf Tierversuche ganz zu verzichten. Die Tiere, an denen wir heute experimentieren, werden mit Sicherheit morgen Teil unseres moralischen Universums sein. Warum also sollten wir nicht auf diesen unausweichlichen Tag hinarbeiten, statt ihn hinauszuzögern?

Mitgefühl darf nicht vor den imaginären Schranken zwischen Spezies haltmachen. Mit einem System, das Menschen von den Gesetzen zur Verhinderung von Grausamkeit freistellt, nur weil sie zufällig weiße Laborkittel tragen, kann etwas nicht stimmen. Eine Wissenschaft, die sich vom Leiden anderer Wesen distanziert, wird sehr bald monströs. Gute Wissenschaft braucht Verstand *und* Gefühl. Die Ärzte in der biomedizinischen Forschung haben sich viel zu weit vom Leitsatz des Hippokratischen Eids entfernt: »Ich will mich enthalten jedes willkürlichen Unrechts und jeder anderen Schädigung.« Hippokrates bezog sich nicht nur auf Menschen. »Die Seele ist bei allen Lebewesen gleich«, sagte er, »auch wenn ihre Körper sich unterscheiden.«

Charles Darwin zweifelte nicht daran. Unser moralisches Empfinden, sagte er, entstamme unserem »sozialen Instinkt«, uns um andere zu kümmern – ein Instinkt, den wir mit jeder anderen Tierspezies teilen. Zuerst kümmern wir uns nur um jene, die uns am nächsten stehen. Aber mit der Zeit erstreckt sich unsere Anteilnahme auf immer mehr Mitgeschöpfe. Von moralischem Fortschritt, meinte Darwin, könnten wir erst dann reden, wenn wir unser Mitgefühl auf die Menschen aller Rassen ausweiten, dann auf »die Idioten, die Krüppel und andere nutzlose Mitglieder der Gesellschaft« und schließlich auf die Angehörigen sämtlicher Spezies.[13] Es ist nicht überraschend, daß die beiden Gepflogenheiten seiner Zeit, die Darwin am meisten verabscheute, die Versklavung der Schwarzen und die Grausamkeit gegenüber Tieren waren. Beide bekämpfte er mit großem Engagement.

Darwin war ein Mann der Wissenschaft und der Religion, aber in seiner Ehrfurcht vor allen Formen des Lebens geriet er nicht in Loyalitätskonflikte. Ich ebensowenig. Die Achtung vor dem Leben, die aus der Erkenntnis der lückenlosen entwickungsgeschichtlichen Verwandtschaft aller Spezies erwächst, unterscheidet sich in keiner Weise von der Achtung vor der Einheit der göttlichen Schöpfung, wie sie alle wichtigen östlichen und westlichen Religionen lehren: Sie fordern dieselbe Ehrfurcht und dasselbe Mitgefühl. Wie mein Urgroßvater bin ich praktizierender Christ. Aber wäre er heute noch am Leben, würden wir uns in einem wesentlichen Punkt radikal unterscheiden. Mein Urgroßvater zog eine scharfe Trennlinie quer durch die Schöpfung: Die Wesen, mit denen er sich nicht identifizierte, schloß er aus seiner Welt aus. Ich habe mein Bestes versucht, um solche Trennlinien zu vermeiden. Diese Lektion der Demut habe ich weder von meinen Pfarrern noch von meinen Lehrern gelernt. Sondern von Washoe.

Als Allen und Trixie Gardner 1966 Washoe vom Holloman-Luftstützpunkt nach Hause brachten, gaben sie ihr den Namen des Countys in Nevada, in dem sie leben würde. Zu dem Zeitpunkt hatten sie keine Ahnung, was *Washoe* eigentlich hieß. Erst Jahre später entdeckten wir, daß das Wort in der Sprache der Washoe-Indianer, der Ureinwohner des Nordens von Nevada, *Person* und *Volk* bedeutet.

Dank Washoe habe ich viele Personen aus dem Volk der Schimpansen kennengelernt. Ich habe miterlebt, wie Washoe von einer übermütigen, trotzköpfigen Zweijährigen zu einer willensstarken und liebevollen Matriarchin heranwuchs. Und durch sie lernte ich andere kennen: den stolzen Bruno, den sanftmütigen Booee, die empfindsame Lucy, den schrulligen Ally, die pragmatische Tatu, den unbeschwerten Dar, die verunsicherte Moja. Und natürlich Loulis, Washoes kleinen Prinzen. Jeder einzelne von ihnen verfügt über ein breites Spektrum an Gefühlen, von der Freude bis zur Trauer, Angst, Wut, Mitleid, Liebe und Reue. Aber wie die Menschen drücken auch sie ihr seelisches und geistiges Leben auf völlig unterschiedliche Weise aus. Zum Beispiel malen sowohl Moja als auch Washoe, aber ihre Bilder würde ich nie verwechseln.

Ich habe ein ganzes Leben damit zugebracht, die Individualität von Schimpansen zu erkunden, und dabei vergaß ich die zweite Bedeutung von Washoes Namen. 1996 war ich noch einmal in Afrika, und dort erkannte ich, daß Schimpansen nicht nur individuelle Personen, sondern auch ein *Volk* sind – laut lexikalischer Definition *eine durch gemeinsame Religion, Kultur oder Sprache verbundene Gemeinschaft*. Vom Verstand her war mir natürlich klargewesen, daß die Schimpansen ein Volk sind, aber eine Schimpansenkultur mit eigenen Augen zu sehen war eine der beeindruckendsten Erfahrungen meines Lebens.

Jahrelang hatten Debbi und ich davon gesprochen, mit unseren Kindern einmal nach Afrika zu reisen, und immer wenn Jane Goodall nach Ellensburg kam, drängte sie uns, sie am Gombe-Strom in Tansania zu besuchen. Doch wir verschoben die Reise von einem Jahr aufs andere: Unsere Kinder waren zu jung, die Schimpansen brauchten uns, oder es fehlte uns einfach am nötigen Geld. Aber 1996 wurde uns klar, daß wir es nie tun würden, wenn wir weiter auf den idealen Zeitpunkt warteten, und deshalb nahmen wir Janes jüngstes Angebot an.

Unser Sohn Josh, der damals die Filmhochschule besuchte, war begeistert über die Gelegenheit, wilde Schimpansen zu filmen. Und unsere Tochter Hillary, die Anthropologie studiert, wollte fotografieren und freute sich, die Orte, die sie nur aus Büchern kannte, jetzt auch mit eigenen Augen zu sehen. Leider konnte unsere Tochter Rachel nicht mitkommen, denn sie unterrichtete.

Debbi und ich verfolgten mit dieser Reise in erster Linie zwei wissenschaftliche Ziele. Wir wollten die gestische Kommunikation der wilden Schimpansen auf Videofilm aufnehmen und ihre Gesten anschließend mit der Kommunikation innerhalb von Washoes Familie vergleichen. Und wir wollten mehrere afrikanische Schutzstationen für Schimpansen besuchen, um uns Anregungen für die Planung vergleichbarer Asyle in Amerika zu holen.

Auf dem Weg nach Afrika war ich schier überwältigt von Vorfreude. Nach 30 Jahren Arbeit mit Schimpansen in Gefangenschaft konnte ich kaum glauben, daß ich sie endlich in ihrer ureigenen Heimat erleben sollte, in der Freiheit des afrikanischen Dschungels. Am Morgen des 4. Juni 1996 krochen wir vier in der Forschungsstation am Gombe-Strom aus unseren Betten. Geführt von einem Spurenleser und »Verhaltensregistrator«, suchten wir nach den Schlafnestern von Freud, dem dominanten Männchen der Schimpansengemeinschaft am Gombe, und seinem Freund Gimbel. Wir folgten den beiden männlichen Schimpansen zu einer Lichtung, wo bald Fifi, Freuds Mutter und das höchstrangige Weibchen der Gemeinschaft, zu ihnen stieß. Fifi kam in Begeitung ihrer beiden jüngsten Söhne, des fünfjährigen Faustino und des zweijährigen Ferdinand. Während die Jungen in den Bäumen spielten, saßen die drei Erwachsenen auf dem Boden und hielten eine gemütliche Groomingsitzung ab.

Dieses Familienidyll kam mir vor wie eine Szene aus einem *National-Geographic*-Video. Wer sagt, es sei so schwierig, Schimpansen in der Wildnis zu beobachten, dachte ich, während ich fotografierte. Doch wie auf Befehl standen plötzlich alle fünf Schimpansen auf und verschwanden im Dschungel.

Die nächsten Stunden, während wir versuchten, Fifis Familie auf den Fersen zu bleiben, waren für mich die schlimmste körperliche Anstrengung meines Lebens. Wir kletterten Felswände hinauf, an Lianen geklammert, um nicht in den Tod zu stürzen, krochen bäuchlings durch unpassierbares Unterholz und bahnten uns mit bloßen Händen einen Weg durch dichtes Dornengestrüpp. Wir rutschten, stolperten, fielen und fluchten mit blutigen Armen, Beinen und Köpfen. Debbi hatte sich sogar das Brustbein aufgeschlagen, als sie einen Abhang hinuntergerutscht war und ein scharfer Felsen ihren Sturz gebremst hatte.

Es gab Momente, in denen ein zentimeterbreiter Felstritt oder eine lose Liane eine Frage von Leben und Tod schien, und jegliches Interesse an den Schimpansen verblaßte hinter meinem starken Überlebensinstinkt. Ich wurde allein von Adrenalin angetrieben, und vielleicht zum ersten Mal in meinem Leben waren sämtliche Sinnesneuronen aktiviert: Ich konnte Warzenschweine riechen, noch ehe ich eine Spur von ihnen entdeckte. Ich konnte hören, wie die Schimpansen sich kilometerweit entfernt im Dschungel begrüßten. Ich schmeckte die süß-salzige Mischung aus Blut und Schweiß, die mir von einem Schnitt im Gesicht in den Mund rann. Mein Gehirn verarbeitete alle diese Eindrücke gleichzeitig, genauso wie es unsere Vorfahren erlebt haben müssen. Aus dem primitivsten Teil meines Gehirns trat eine lang verschüttete Wachsamkeit zutage und beherrschte mein Bewußtsein. *Bleib nicht stehen, um dich auf einen Anblick, Geruch oder Laut zu konzentrieren*, sagte diese Stimme, *sonst verlierst du deine Gruppe und verirrst dich.*

Die Schimpansen, die sich geschwind und sicher auf allen vieren durch den Dschungel bewegten, hätten uns mit Leichtigkeit binnen Sekunden abhängen können. Aber sie schienen es nicht eilig zu haben. Als es uns gelang, sie einzuholen, schenkten sie uns nicht mehr Aufmerksamkeit als den übrigen Quälgeistern des Dschungels, wie Pavianen und Insekten. Wir waren jetzt auf ihrem Terrain, und unsere ganze sequentielle Intelligenz war vollkommen nutzlos. Manche Wissenschaftler lieben es, die Intelligenz von Tieren durch Vergleiche mit dem menschlichen IQ zu messen. Bei solchen Tests, die nach Maßgabe der menschlichen Umwelt konzipiert sind, schneiden Schimpansen wie geistig zurückgebliebene Kinder oder Erwachsene ab. Aber wenn *wir* im Dschungel ausgesetzt werden, sind wir nichts anderes als geistig zurückgebliebene Schimpansen, während die Schimpansen sich als wahre Genies erweisen.

Auf dem Weg durch den Dschungel haben wir nicht die Zeit, zwei Gedanken linear aneinanderzureihen. Das Überleben hängt von der gleichzeitigen Verarbeitung sämtlicher Informationen ab: In jeder Sekunde müssen wir uns bewußt sein, wo unsere Familie und unsere Gemeinschaft sich aufhalten, Raubtiere uns auflauern und früchtetragende Bäume stehen. Ich erkannte sofort, daß auch Faustino und der winzige Ferdinand hervorragend an die Denkweise angepaßt waren, die unverzichtbar ist, um im Dschungel zu überleben. Ich war es nicht.

Nach drei Stunden mühseligen Vorankommens hatten wir eine Hügelkuppe erklommen. Als wir auf die Lichtung taumelten, erblickten wir nicht weniger als 22 Schimpansen, praktisch die gesamte Gemeinschaft vom Gombe, die alle auf diesem sonnigen Fleck versammelt waren. Die meisten Erwachsenen saßen beeinander und groomten sich gegenseitig, ein paar Weibchen jedoch waren im Östrus und hofierten Männchen, bis es zur Paarung kam. Die Kinder und Jugendlichen tobten unterdessen durch die Bäume, schwangen sich an Lianen hin und her und lieferten sich spielerische Kämpfe. Ein erwachsenes Männchen fungierte als eine Art Spielplatzaufseher und rief jedes Kind zur Ordnung, das zu stürmisch wurde oder sich auf die groomenden Erwachsenen herabfallen ließ.

Dieses gesellige Beisammensein dauerte ein paar Stunden; dann ging die Gruppe auseinander, und wir folgten wieder Fifi und ihren Kindern. Irgendwann verschwand Fifi im Dschungel, doch ein paar Minuten später tauchte sie mit einem langen Zweig wieder auf; ich fragte mich, was sie damit vorhatte. Sie ging auf eine grasbewachsene Lichtung zu, befreite den Zweig von den Blättern und begann, in einem Ameisenhügel herumzustochern. Als sie ihren Stock wieder hervorzog, wimmelte er von roten Wanderameisen. Mit einer einzigen geschmeidigen Bewegung leckte sie die Ameisen von ihrem Stock, zerkaute sie rasch und schluckte sie, ehe sie ihr den Mund verbrennen konnten. Ihr Sohn Ferdinand saß daneben und sah dem Tun seiner Mutter aufmerksam zu.

Auf einmal hörten wir das Gezeter von Affen und eilten zu

einer anderen Lichtung hinüber, wo eine Gruppe roter Kolobusaffen in den Baumwipfeln kreischend einen Trupp jagender Schimpansen beschimpfte. Es war zu spät. Durch unsere Ferngläser sahen wir, daß Beethoven, ein erwachsener Schimpansenmann, einen Affen gefangen hatte. Nun stürmten alle übrigen Schimpansen den Baum, um sich ihren Anteil von der Beute zu holen. 15 Meter über dem Boden versammelten sie sich in den Ästen und zerlegten den Affen in Stücke. Der zweijährige Ferdinand veranstaltete einen Höllenzirkus, um seinen Anteil zu bekommen: Er kreischte und wand sich und drohte, sich vom Baum herabzustürzen – erst in letzter Sekunde hielt er sich an einem Ast fest. Seine Vorführung war so mitreißend, daß Fifi ihm ein Stück Fleisch reichte, woraufhin er sich beruhigte. Josh, unser Kameramann, hielt diese außergewöhnliche Szene auf Videofilm fest.

Wir folgten Fifis Familie weiter durch den Dschungel und blieben nur hin und wieder stehen, um auf dem Weg ein paar kleine orangefarbene Beeren zu pflücken. Wir gelangten zu einer weiteren Lichtung: Fifi war schon da und begrüßte ein anderes Weibchen, Patti, während Pattis Kinder Tanga und Titan mit Ferdinand und Faustino spielten. Irgendwann wurde ihr Spiel zu grob, und Ferdinand fing an zu schreien. Auf der Stelle eilte Fifi zu ihrem Jüngsten, um ihn zu trösten.

20 Jahre hindurch hatte ich Jane Goodalls Beschreibungen von Fifis Mutterverhalten gelesen; daß ich diese Schimpansenlegende auf einmal in Fleisch und Blut vor mir hatte und mit eigenen Augen sah, wie sie ihre zwei Jungen betreute, hatte etwas Unwirkliches. Ebendiese Fifi und ihre enge Beziehung zu ihrer eigenen Mutter Flo hatten Jane 30 Jahre zuvor die wahre Natur der Mutter-Kind-Bindung und der Familienbande bei Schimpansen offenbart. Fifis Einfluß auf ihr eigenes Volk ist unverkennbar: Sie ist die höchstangesehene und tonangebende Schimpansin der Gemeinschaft am Gombe.

Während ich zusah, wie sie ihren jüngsten Sohn tröstete, mußte ich natürlich an Washoe denken. Wie Fifi war auch Washoe die geborene Matriarchin. Welche Art von Familie hätte sie im Dschungel großgezogen? Welche Spuren hätte sie bei ihrem Volk hinterlassen? Wir werden es nie erfahren. Als die Tierfänger 1965 das Kleinkind Washoe für das US-Raumfahrtprogramm entführten, zweifellos indem sie ihre Mutter umbrachten, raubten sie mehr als nur Washoes persönliche Zukunft: Sie nahmen ihrem Volk eine liebevolle Mutter, eine fürsorgliche Schwester, einen unbeugsamen Geist.

Als ich an Washoes Leben in Ellensburg dachte, überkam mich mit einemmal tiefe Trauer. Endlich hatte sie ein Freigelände, auf dem sie rennen und klettern konnte, – aber wie armselig kam mir dieser Ort nach einem Tag im Dschungel vor. Dieser Regenwald war ihre eigentliche Heimat. Und als wir unsere Siebensachen packten, um den Gombe wieder zu verlassen, grübelte ich immer wieder darüber nach, ob es nicht doch eine Möglichkeit gäbe, Washoe und ihre Familie nach Afrika zurückzubringen.

Am nächsten Tag flogen wir nach Kenia und besuchten Sweetwaters, ein Wildreservat mit einer weitläufigen Schutzstation für wild geborene Schimpansen: etwa 20 Erwachsene und ebenso viele Kinder, die man von Wilderern beschlagnahmt hatte, ehe sie als Haustiere, Zirkusclowns oder biomedizinische Forschungsobjekte nach Amerika geschickt werden konnten.

Sweetwaters ist ein ausgezeichnetes Modell für das nationale Schimpansen-Asylsystem, das wir in Amerika einrichten wollen. In Sweetwaters leben die Schimpansen auf einem über vier Quadratkilometer großen Savannengelände. Ringsum verläuft ein Elektrozaun, der die Bewohner an der Flucht hindert und Wilderer fernhält. Tagsüber spielen die Schimpansen, pflegen ihr Sozialleben und durchstreifen ihr Revier, verspeisen die Früchte, mit denen menschliche Pfleger sie versorgen, und nachts schlafen sie in Hängematten unter einem Dach.

Wenn irgendeine Hoffnung besteht, Schimpansen je in die Wildnis zurückzuführen, dann ruht sie auf Orten wie Sweetwaters und einer Handvoll afrikanischer Schutzstationen unter Leitung des Jane-Goodall-Instituts. Diese in der Wildnis geborenen jungen Schimpansen leben zwar nicht in ihrer natürlichen Gemeinschaft, doch viele von ihnen beherrschen noch die Überlebenstechniken der Futtersuche, Jagd und Werkzeugherstellung, die ein Überbleibsel ihrer eigenen Kultur sind. Diese Kultur können sie wiederum an die jüngeren Schimpansen weitergeben, die immer wieder aus der Gewalt der Wilderer gerettet werden. Idealerweise könnten diese Schutzstationen in Afrika als Rehabilitationszentren fungieren, bis die Schimpansen in einen Bereich des Regenwalds verlegt werden können, der von Wildhütern beschützt und überwacht würde. Diese Wildreservate würden von Einheimischen verwaltet werden, die auf diese Weise auch ein wirtschaftliches Interesse am Schutz des Lebensraums für Schimpansen hätten.

Leider werden selbst wild geborene Schimpansen aus einem Freigehege wie Sweetwaters nie in der Lage sein, in den Regenwald zurückzukehren, falls die menschliche Bevölkerung Afrikas mit derart atemberaubender Geschwindigkeit weiterwächst wie derzeit, wodurch der Bedarf an Ackerland und Bauholz immer mehr zunimmt. Menschen und Schimpansen konkurrieren nun um denselben unberührten Wald, und die Menschen haben die besseren Karten. Aber langfristig überschneiden sich die Interessen unser beider Spezies; die Afrikaner werden dem ewigen Kreislauf erdrückender Armut nicht entrinnen, und die Schimpansen werden gar nicht überleben, es sei denn, den lokalen Regierungen gelingt es, das Bevölkerungswachstum einzudämmen und nachhaltiges Wachstum zu fördern.

Die Hindernisse, die den wild geborenen Schimpansen in Sweetwaters entgegenstehen, zeigten mir deutlich, wie sinnlos die Schimpansen-Zuchtprogramme in amerikanischen und europäischen Zoos in Wahrheit sind. Im Namen der Arterhaltung züchten immer mehr Zoos gefährdete Spezies, um – wie sie es gern nennen – eine »Arche« überlebender Tiere zu schaffen, die in die Wildnis zurückgebracht werden könnten, falls eine Art ausstirbt. Aber wilde Schimpansen werden sich niemals durch Zoobestände ersetzen lassen. Schimpansen, die im Zoo oder anderswo in Gefangenschaft aufgewachsen sind, haben sämtliche kulturellen Traditionen und Überlebenstechniken eingebüßt; sie und ihr Nachwuchs werden für immer auf die Arche des Zoos angewiesen sein. Die Tiergärten sollten sich statt dessen lieber für den Erhalt der natürlichen Lebensräume in Afrika einsetzen und die wild geborenen Schimpansen unterstützen, die zumindest eine Chance haben, im Regenwald zu überleben.

Am Ende unserer Reise durch Ostafrika hatte ich meine romantischen Vorstellungen, Washoes Familie könnte in die Wildnis zurückkehren, weitgehend überwunden. So verlokkend der Dschungel aussah, waren doch auch Washoes persönliche Geschichte und ihre Bedürfnisse zu bedenken. In einem Reservat wie Sweetwaters würde sie zwar prächtig gedeihen (solange sie ihre Spielsachen und ihre Zeitschriften hatte), doch in den Regenwald, in dem sie zur Welt gekommen war, konnte ich sie nie mehr zurückbringen. Niemals konnte ich ihr die Freiheit zurückgeben, die man ihr 30 Jahre zuvor genommen hatte.

Bei unserer Rückkehr aus Afrika wurden Debbi und ich von Washoes Familie mit Freudengeschrei und stürmischen *Pant-hoots* empfangen – ein Begrüßungskomitee nach Schimpansenart, das wirklich herzerfreuend war. Aber es war ein bittersüßes Wiedersehen. Ich konnte nicht aufhören, an die Schimpansen vom Gombe zu denken, an Fifi und ihre Kinder, die mit soviel Würde und Eleganz auftraten. Seit 30 Jahren wußte ich, daß Washoe in der Wildnis geboren worden war, aber erst jetzt hatte ich gesehen, wieviel sie tatsächlich verloren hatte.

Unser Wiedersehen war auch in anderer Hinsicht vielsagend. Früher, wenn Debbi und ich die Schimpansen für ein paar Tage oder Wochen verlassen hatten, demonstrierten sie bei unserer Rückkehr, wie böse sie auf uns waren. Vor allem Washoe ließ während meiner Abwesenheit den Kopf hängen, und wenn ich wiederkam, strafte sie mich mit Nichtachtung, die sie nur unterbrach, um mich als SCHMUTZIGER ROGER zu beschimpfen. Aber diesmal schienen Washoe und die anderen uns gar nicht vermißt zu haben.

Tatsächlich waren sie ausgesprochen glücklich und zufrieden. Sie hatten ein großes Freigelände, das sie liebten. Sie hatten die Freiheit, jeden Morgen nach dem Aufstehen hinauszulaufen, sogar im Winter, und diese Freiheit kosteten sie aus. Unsere Entscheidung, uns von ihrem neuen Heim fernzuhalten – uns körperlich von ihnen zurückzuziehen –, hatte sich ausgezahlt. Sie waren nun seelisch nicht mehr auf uns angewiesen, sondern hatten einander. Sie brauchten uns zwar noch für alles mögliche, nicht zuletzt, weil sie ihr Essen von uns bekamen, doch sie hatten auch viele andere vertraute und liebevolle menschliche Pfleger. Und vor allem ist eine ehemalige Studentin von mir, Dr. Mary Lee Jensvold, seit zehn Jahren mit den Schimpansen zusammen und führt in unserer Abwesenheit den Betrieb.

Debbi und ich hatten erst diese lange Reise nach Afrika gebraucht, um zu begreifen, daß die Schimpansen wie unsere eigenen Kinder endlich erwachsen geworden waren, auf sehr reale Weise. Man gerät leicht in die Falle, Menschenaffen in Gefangenschaft so zu behandeln, als wären sie ewige Kinder. Jahrelang hatten wir alles unternommen, um Washoe, Loulis, Moja, Dar und Tatu als die vollkommen erwachsenen, kompetenten Wesen zu achten, die sie in Wahrheit sind. Und jetzt akzeptierten wir endlich mit einer Mischung aus Trauer und Erleichterung, daß sie auch emotional nicht mehr von uns abhängig waren.

Gleichzeitig empfanden wir große Bewunderung für unsere drei erwachsenen Kinder. Sie hatten zwar für uns immer an erster Stelle gestanden, doch als wir vor 30 Jahren begannen, Schimpansen in die Familie aufzunehmen, bedeutete das für unsere Kinder, daß sie die Liebe der Eltern mit den vielen komisch aussehenden Neuankömmlingen teilen mußten. Daß Josh, Rachel und Hillary die Schimpansen immer als Geschwister mit besonderen Bedürfnissen, nicht als Rivalen betrachteten, sagt viel über sie aus. Sie finden es merkwürdig, wenn jemand sie fragt, wie es gewesen sei, mit Washoe aufzuwachsen; sie haben nie etwas anderes kennengelernt. Nach Hause zu kommen, um mit den Schimpansen Geburtstag zu feiern, ist ein selbstverständliches Ritual in ihrem Leben. Ihre Einstellung und Achtung gegenüber nichtmenschlichen Tieren wurde durch ihre praktische Erfahrung mit unserer Arbeit früh und tief geprägt. Wie jede andere Familie hatten auch wir unsere Höhen und Tiefen, doch diese Reise haben wir gemeinsam unternommen – und nach Aussage unserer Kinder war sie eine große Bereicherung ihres Lebens.

Nachdem die Schimpansen nun erwachsen und unabhängiger geworden sind, liegt mir ein Wunsch besonders am Herzen: daß unser Institut irgendwann nicht mehr nötig sein wird. Ich glaube, daß jede Forschung, deren Voraussetzung die Gefangenschaft ist, auch meine eigene, nach und nach eingestellt werden sollte. Um diesem Ziel näherzukommen, werden wir Nachwuchs in Washoes Familie verhindern. Bislang zeigten die Schimpansen zwar hin und wieder sexuelles Interesse aneinander, doch bis zur Paarung reichte es nie. Nachdem sie gemeinsam aufgewachsen sind, halten sie sich vermutlich an dasselbe Inzesttabu wie wilde Schimpansen. Falls sich jedoch zwei Mitglieder aus Washoes Familie tatsächlich paaren sollten, werden wir die Geburtenkontrolle einführen. Ihren Kindern steht in unserer Gesellschaft keine glückliche Zukunft bevor, zumal in 30 oder 40 Jahren, wenn Debbi und ich nicht mehr da sind.

Ein sentimentaler Teil von mir wünscht sich, Washoe, Moja und Tatu hätten die Gelegenheit, Kinder auszutragen und aufzuziehen. Es ist unsäglich tragisch, daß wir unter den gefangenen Angehörigen einer gefährdeten Spezies die Geburten beschränken müssen, während die einheimische Schimpansenbevölkerung in Afrika vom Aussterben bedroht ist. Aber Schimpansen wie Washoe sind nicht darauf vorbereitet, in einem nordamerikanischen oder afrikanischen Ökosystem autark zu existieren. Ohne die nötigen kulturellen Traditionen und Überlebenstechniken werden sie im besten Fall immer in einer Art Rehabilitationszentrum leben und vom Schutz, von der Verpflegung und medizinischen Versorgung des Menschen abhängig sein. Das ist keine humane Lösung für die Notlage, in der Washoes Volk steckt.

Debbi und ich träumen davon, Washoes Familie in eine noch bessere Umgebung zu verlegen, in der Schimpansen weitgehend unabhängig leben können: Das könnte ein geschütztes Waldgebiet auf Hawaii oder in einem anderen tropischen Land sein, wo sie frei umherstreifen, Früchte ernten und sich mit ihren Freunden treffen könnten. Wir wären bereit, Washoe zu diesem neuen Heim zu begleiten, kurzfristig oder für immer – je nachdem, was besser für sie ist. Ich könnte durchaus unseren Lebensunterhalt bestreiten, indem ich unterrichte und mit kommunikationsgestörten Kindern arbeite, den Menschen, die vor 30 Jahren den Wunsch in mir weckten, Psychologe zu werden.

In derselben Woche, in der Debbi und ich aus Afrika zurückkehrten, am 21. Juni 1996, feierten wir Washoes dreißigsten Geburtstag und den dreißigsten Jahrestag des Projekts Washoe, der längsten durchgehenden Studie über die Sprachfähigkeit von Menschenaffen. In Wirklichkeit ist Washoe 1965 geboren, aber nachdem wir den Tag nicht wissen, feiern wir ihren Geburtstag an dem Tag, an dem sie 1966 bei den Gardners eintraf. Ursprünglich hatten wir geplant, an Washoes Dreißigstem eine große wissenschaftliche Konferenz zu veranstalten, aber dann hielten wir eine kleine Party für Familienangehörige und Freunde für angemessener.

Am Morgen ihres Geburtstags fand Washoe, als sie in den Garten kam, zwölf langstielige Rosen vor – ihre Lieblingsblumen. Sie wurde sehr aufgeregt. RIECHT GUT, deutete sie, an niemanden im besonderen gerichtet, als sie daran schnupperte. Dann bettete sie sich die Rosen vorsichtig in den Arm und kletterte zu einem hoch über dem Boden gespannten Netz hinauf. Oben angelangt, verspeiste sie die Rosen mit größtem Genuß, Blüte für Blüte, wobei sie immer wieder verkündete: GUTES ESSEN.

Der Florist vom Ort lieferte außerdem 24 Bananen, einzeln in gelbes Zellophan verpackt, ein Geschenk von Washoes menschlichen Freunden. Der Anblick dieser Leckerbissen entfesselte Stürme von Entzückensschreien und *Pant-hoots*. Daraufhin stimmten wir im Chor, mit Gebärden, ein stürmisches HAPPY BIRTHDAY, WASHOE an. Das Geburtstagskind umarmte ihre gesamte Familie, und dann strömten alle aus, um die Geschenke und Tüten mit Leckerbissen zu suchen, die wir im hohen Gras versteckt hatten. Allen Gardner und seine Studenten hatten eine große Kiste geschickt, in der sich Drachen, Stofftiere, verschiedenste Köstlichkeiten und Schuhe aller Art fanden. (Trixie Gardner, die freundliche und mitleidige Seele des Projekts Washoe, war im Jahr zuvor während einer Vortragsreise durch Europa plötzlich verstorben.) Andere Freunde aus dem ganzen Land hatten grüne Kokosnüsse, Buntstifte, schöne Kostüme und einen Fußball geschickt.

Washoe war im siebten Himmel. Stundenlang zerrte sie einen Plastikeimer hinter sich her und sammelte ihre Schätze ein. Moja schleppte ein paar Kleider und Bücher und eine Tüte mit Süßigkeiten auf eine hohe Plattform, wo sie den Vormittag damit verbrachte, sich zu verkleiden und Bilder anzuschauen. Tatu verspeiste ihren gesamten Vorrat an Kaugummi und Bonbons, dann putzte sie sich die Zähne mit einer nagelneuen Zahnbürste und der Zahnpasta, die sie in ihrer Überraschungstüte gefunden hatte. Loulis durchwühlte nicht nur seine eigene, sondern auch Dars Tüte, während Dar, ganz der geduldige Bruder, wartete, bis Loulis fertig war, um dann mit seiner Tüte zu seinem Lieblingspatz hinaufzuklettern, zehn Meter über der Erde. Eine Stunde später setzte er sich eine Taucherbrille auf und jagte Loulis umher.

Mir gab Washoes dreißigster Geburtstag Zeit zum Nachdenken – eine seltene Gelegenheit in meinem Leben mit Schimpansen. Die letzten 30 Jahre hatten mir intensive Freuden, große Qualen und erstaunliche Erkenntnisse gebracht. Und niemals Langeweile. Wie ein Kanufahrer im turbulentesten Wildwasser komme ich nie dazu, mich umzudrehen. Aber an Washoes Geburtstag schaute ich zurück.

Unter den vielen Erinnerungen, die auf mich einströmten, von Washoes ersten Gebärden bis zu ihren ersten Erfahrungen als Mutter, ragte eine besonders hervor: jener schreckliche Vormittag im Herbst 1970, als die fünfjährige Washoe in der Schimpansenkolonie am Institut für Primatenforschung in Oklahoma aus ihrer Betäubung erwachte. Zum ersten Mal seit ihrer frühesten Kindheit stand sie anderen Schimpansen von Angesicht zu Angesicht gegenüber und bezeichnete sie voller Abscheu als SCHWARZE KÄFER. Washoe hätte in ihrer menschlichen Überheblichkeit verharren und die anderen Schimpansen ignorieren oder mißhandeln können – schließlich waren sie merkwürdig aussehende, schlecht erzogene Wesen, die nicht einmal die Gebärdensprache beherrschten. Aber Washoe legte ihre kulturelle Arroganz ab und faßte eine innige Liebe zu ihren so lang verlorenen Artgenossen. Sie bemutterte die Jungen und verteidigte die Schwachen, und einem Neuankömmling rettete sie das Leben.

Ich habe mich oft gefragt, wie es wäre, wie Washoe eines Tages aufzuwachen und festzustellen, daß man nicht das überlegene Wesen ist, für das man sich gehalten hat. Wie hätte zum Beispiel mein Urgroßvater reagiert, wenn er erfahren hätte, daß er zu einem Teil schwarz war? Hätte er sein wahres Selbst anerkannt und seine neugefundenen Verwandten angenommen – seine eigenen Skaven? Oder hätte er sie aus Selbsthaß und Angst vor der Entlarvung nur um so mehr unterdrückt? Was würde ich selbst angesichts eines solchen Dilemmas tun?

Das wird mir nie passieren, sagen Sie wahrscheinlich.

Aber es ist schon passiert. Als Charles Darwin uns verkündete, wir seien mit den Affen verwandt, erlebten wir alle einen schrecklichen Alptraum: *Sie sind wie wir.* Und in den 100 Jahren, die seither vergangen sind, haben wir in einer Raserei der Leugnung, Arroganz und des Eigennutzes Millionen von Schimpansen ausgerottet. Dieser Brudermord ist beinahe vollendet. Und wenn wir ihm nicht sofort Einhalt gebieten, werden wir eines nicht fernen Tages aufwachen und feststellen, daß wir das lebende Bindeglied zu unserer evolutionären Vergangenheit vernichtet haben. Washoe war mir eine ständige Erinnerung daran, daß wir Menschen nicht allein auf dieser Erde sind. Die vergangenen sechs Millionen Jahre haben wir in Begleitung einer Sippe zurückgelegt, die biologisch und geistig mit uns verwandt ist und die wir Schimpansen nennen.

Wenn Washoe und ich einen kleinen Beitrag leisten können, um die Schimpansen vor dem Aussterben zu retten, dann hatte alles, was wir gemeinsam durchgemacht haben, einen Sinn. Dann bleibt die Kette der Ahnen, der Mütter und Töchter, der Väter und Söhne, die jeden Menschen mit jedem Schimpansen verbindet, intakt. Meine Enkelkinder werden ihren eigenen Schimpansenvettern, den Enkeln von Washoes Schwestern im Dschungel, von Angesicht zu Angesicht gegenüberstehen. Sie werden diese sechs Millionen Jahre alte Kluft überbrücken, nicht um ihre feindlichen Geschwister zu versklaven oder zu vernichten, sondern um ihre nächsten Verwandten zu umarmen.

Anmerkung des Autors

Washoes Familie wird von Menschen aus aller Welt durch private Spenden unterstützt. Wenn Sie den Friends of Washoe beitreten wollen, wenden Sie sich bitte an:

Friends of Washoe
Chimpanzee and Human Communication Institute
Central Washington University
400 East 8th Avenue
Ellensburg, WA 98926-7573
USA

Telefon: 001/509/963-2244
Fax: 001/509/963-2234

Oder besuchen Sie uns auf unserer Homepage im Internet:
www.cwu.edu/~cwuchci/

Fast 2000 Schimpansen leiden weiterhin in Gefangenschaft, weil unser Rechtssystem sie als Gegenstände – als unbelebtes Eigentum – betrachtet und nicht als die denkenden, fühlenden Individuen, die sie tatsächlich sind. Der effektivste, am leichtesten durchsetzbare und folgenreichste Weg, unsere nächsten Verwandten zu schützen, besteht darin, ihren Rechtsstatus zu ändern. Zu diesem Zweck haben sich das Great Ape Project, zu dessen Vorstand Debbie und ich gehören, und der Animal Legal Defense Fund zusammengetan und das Great Ape Legal Project gegründet. Unser Ziel ist es, Grundrechte für alle nichtmenschlichen Primaten durchzusetzen, darunter das Recht auf Leben, Freiheit und Schutz vor grausamer Behandlung. Derzeit versuchen wir, in einer Reihe von Prozessen das

Justizsystem zu zwingen, unsere Mitprimaten als »Wesen« anzuerkennen, um ihnen den Rechtsschutz zukommen zu lassen, denn sie verdienen.

Wenn Sie diese Arbeit unterstützen wollen, wenden Sie sich bitte an:

Great Ape Legal Project
40 Fourth Street, Suite 256
Petaluma, CA 94952
USA

Danksagung

Normalerweise ist es in Danksagungen üblich, Familienangehörige an letzter Stelle zu nennen, aber wie das Projekt Washoe war *Unsere nächsten Verwandten* eine Familienangelegenheit, deshalb beginnen wir mit unseren Lebenspartnern. Debbi Fouts ist eigentlich die dritte Autorin dieses Buchs. Sie hat die Geschichte mit Hingabe und Entschlossenheit gelebt, und ihre Erinnerungen, ihre Klugheit und Wärme sind auf jeder Seite dieser Nacherzählung spürbar. Das Leben und die Ereignisse, die hier geschildert werden, hätten ohne ihre unendliche Liebe und Ermutigung nie stattgefunden. Susan Emmet Reid trug das Ihre bei, um den Samen dieses Buchs zu pflanzen; von Anfang an erkannte sie, was in ihm steckt, und half ihm zu wachsen, Tag für Tag, Seite um Seite, durch ihre Fürsorglichkeit und Pflege, ihre grenzenlose Neugier und ihren scharfen Blick. Wir beide danken euch beiden aus tiefstem Herzen.

Dann unsere Kinder: Joshua, Rachel und Hillary Fouts können wir nicht genug dafür danken, daß sie in all den Jahren so klaglose, verständnisvolle und großartige Gefährten bei unserem Abenteuer waren. Auch sie waren eine unverzichtbare Hilfe bei diesem Buch, indem sie großzügig ihre frühesten Kindheitserinnerungen ausgruben und mitteilten. Sky Reid-Mills war eine unerschöpfliche Inspiration und eine wandelnde Enzyklopädie über Primatenverhalten im vierten und fünften Lebensjahr. Jeder einzelnen Geschichte hat er seinen Stempel aufgeprägt.

Tiefe Dankbarkeit schulden wir Joshua Horwitz von Living Planet Press, der auf die Idee zu diesem Buch kam, die Autoren zusammenbrachte und schließlich bei den Geburtswehen Hebamme spielte, achtzehn zermürbende Monate lang. Ohne ihn hätten wir es nicht geschafft. Wir danken Steve Ann Chambers vom Animal Legal Defense Fund, die ebenfalls den Weg zu unserer Zusammenarbeit geebnet hat, und unserer Agentin Gail Ross, die unser Buch bestmöglich unterbrachte.

Großes Lob gebührt Henry Ferris, unserem Lektor bei Morrow: Er hat *Unsere nächsten Verwandten* auf dem Kurs gehalten, sowohl in dramaturgischer wie in wissenschaftlicher Hinsicht. Hunderte von Bleistiftnotizen und aufmerksame E-mail-Nachrichten erwiesen sich für die letztendliche Klarheit und Lesbarkeit des Buchs als unerläßlich.

Im Zuge der Recherchen halfen uns viele Menschen, die ihre persönlichen Erfahrungen, ihr Material und ihre Sachkenntnis mit uns teilten. Von besonderer Hilfe waren uns Bob Fouts, Don Fouts, Mark Bodamer, Valerie Stanley, Raymond Corbey, Michael Aisner, George Kimball, Shawna Grant, Christiane Bonin und Eric Klieman von In Defense of Animals.

Ferner wollen wir mehreren Personen danken, die das Manuskript in verschiedenen Stadien lasen und sehr hilfreiche Kommentare abgaben: Richard Johnson, Geraldine Brooks, Helen Saxenian, Tania Rose, Barbara Newell, Jeffrey Moussaieff Masson und Jeffrey Norman. Besonderer Dank gilt Linda Lopez, Sydell Tukel und Kenneth Tukel nicht nur für ihr Feedback, sondern auch für ihre unentwegte moralische Unterstützung.

Zu großem Dank verpflichtet sind wir drei Wissenschaftlern, deren Kritik diesem Buch sehr zugute kamen: Dr. Augustin Fuentes, Dr. Lisa Weyandt und Dr. Mary Lee Jensvold. Etwaige noch vorhandene Fehler sind natürlich unsere eigenen.

Die Arbeit am Projekt Washoe und im Institut für die Kommunikation von Schimpansen und Menschen war nur durch den Einsatz Tausender engagierter Personen möglich. Wir möchten den Hunderten Freiwilligen danken, die im Verlauf der letzten dreißig Jahre eine Menge Zeit geopfert haben, um Washoes Familie zu verstehen und zu versorgen. Viele von ihnen – zu viele, um ihre Namen einzeln zu nennen – haben persönliche Anekdoten und Beobachtungen im *Friends of Washoe Newsletter* veröffentlicht, die schließlich ihren Weg in dieses Buch fanden. Gleichermaßen dankbar sind wir den ehrenamtlichen Dozenten unseres Instituts, die Tag für Tag zur Information der Öffentlichkeit beitrugen und sowohl das Bewußtsein unserer eigenen Spezies schärften als auch Mittel zur Unterstützung der Schimpansen aufbrachten.

Unser herzlicher Dank gilt auch den Bürgern von Norman, Oklahoma, und Ellensburg, Washington, von den Mitgliedern der La Leche League bis zu den Angestellten der Produktionsabteilung von Albertsons, die dafür sorgten, daß Washoes Familie auch in schweren Zeiten immer gut ernährt wurde und in Sicherheit war. Und herzlichen Dank an die Friends of Washoe, die Washoes Familie durch ihre Spenden im Lauf der Jahre so großzügig unterstützten. Danken wollen wir auch Washoes akademischen Anhängern auf der ganzen Welt, die diese Forschung selbst zu Zeiten verteidigten, als man sich damit nicht gerade beliebt machte. Und allen Kindern, die Washoe besucht und sie ohne Zögern als Person akzeptiert haben: Wir beten für euch und alles, was ihr tut, damit es in eurer Zukunft Schimpansen geben wird.

Besondere Dankbarkeit schulden wir Allen und Beatrix Gardner, die zeigten, daß fundierte Wissenschaft auch auf mitfühlende und anteilnehmende Weise betrieben werden kann. Und unser herzlicher Dank geht an Jane Goodall, die schon vor langer Zeit die Idee zu diesem Buch hatte, nicht nur für ihr sanftes Drängen, sondern auch für ihren Einsatz, mit dem sie Washoes Familie im Lauf der Jahre in vielen kritischen Phasen half, und für alles, was sie für alle Schimpansen der Welt getan hat.

Mit liebevoller Erinnerung denken wir an zwei Familienmitglieder zurück, Ed Fouts und Milton Mills, die während der Entstehung dieses Buchs gestorben sind. Sie werden es zwar nie lesen, aber mit Sicherheit haben auch sie ihren Anteil daran gehabt.

Und mit besonderer Freude bezeigen wir schließlich jenen fünf Personen, deretwegen dieses Buch überhaupt entstanden ist, unsere Hochachtung – mit großem Dank, vielen Umarmungen und *Pant-hoots*: Washoe, Loulis, Moja, Tatu und Dar. Wir haben unser Allerbestes versucht, um eure Geschichte in demselben großartigen Geist zu erzählen, in dem ihr sie gelebt habt.

Anmerkungen

1

1 Robert M. Yerkes, *Almost Human*, The Century Company, 1925.

2 Ein Baby in der Familie

1 J. R. und P. H. Napier, *The Natural History of the Primates*, MIT Press, 1994; John G. Feagle, »Primate Locomotion and Posture«, und Matt Cartmill, »Nonhuman Primates«, in: *The Cambridge Encyclopedia of Human Evolution*, Cambridge University Press 1994.
2 R. Allen Gardner und Beatrix T. Gardner, »A Cross-Fostering Laboratory«, in: *Teaching Sign Language to Chimpanzees*, hrsg. von R. Allen Gardner, Beatrix T. Gardner und Thomas E. Van Cantfort, State University of New York Press, 1989.
3 W. N. und L. A. Kellogg, *The Ape and The Child*, Hafner Publishing Co., 1933.
4 Cathy Hayes, *The Ape in Our House*, Victor Gollancz Ltd., 1952.
5 Robert M. Yerkes, *Almost Human*, The Century Company, 1925.
6 Beatrix T. Gardner und R. Allen Gardner, »Two-Way Communication with an Infant Chimpanzee«, in: *Behavior of Nonhuman Primates*, Bd. 4, hrsg. von Allan M. Schrier und Fred Stollnitz, Academic Press, 1971.

3 Aus dem Herzen Afrikas

1 Michael Aisner, »The Astro Chimps on Their 30th Anniversary«, in: *Gombe 30 Commemorative Magazine*, The Jane Goodall Institute, 1991. Die Angaben über Schimponauten stützen sich zum Großteil auf Aisners Bericht.
2 Eric Linden, *Apes, Men and Language*, Penguin Books, 1981.
3 Paul Richards, »Local Understandings of Primates and Evolution: Some Mende Beliefs Concerning Chimpanzees«, in: *Ape, Man, Apeman: Changing Views since 1600*, hrsg. von Raymond Corbey und Bert Theunissen,

Abteilung für Frühgeschichte, Universität Leiden, 1995. (Dieses Buch kann bezogen werden bei: Dr. R. Corbey, Dept. of Prehistory, Leiden University, P.O. Box 9515, NL-2300 Leiden; Fax: 0031/71/5272928.)

4 Frédéric Joulian, »Représentations traditionelles du chimpanzé en Côte d'Ivoire«, in: *Ape, Man, Apeman: Changing Views since 1600*, hrsg. von Raymond Corbey und Bert Theunissen, Abteilung für Frühgeschichte, Universität Leiden, 1995. Die Angaben über die Baoulé, Bakwé und Bété stammen ebenfalls aus Joulians Untersuchung.

5 Steven M. Wise, »How Nonhuman Animals Were Trapped in a Nonexistent Universe«, in: *Animal Law*, 1, Nr. 1, 1995.

6 Emily Hahn, *On the Side of the Apes*, Thomas Y. Crowell Company, 1971. Battells Bericht wurde 1613 von Samuel Purchas aufgezeichnet und 1625 in dem Buch *Purchas His Pilgrimes* veröffentlicht, James MacLehose and Sons, 1905.

7 J.M.M.H. Thijssen, »Reforging the Great Chain of Being«, in: *Ape, Man, Apeman: Changing Views since 1600*, hrsg. von Raymond Corbey und Bert Theunissen, Abteilung für Frühgeschichte, Universität Leiden, 1995.

8 Robert Wokler, »Enlightening Apes«, in: *Ape, Man, Apeman: Changing Views since 1600*, hrsg. von Raymond Corbey und Bert Theunissen, Abteilung für Frühgeschichte, Universität Leiden, 1995.

9 Thomas Henry Huxley, *Evidence as to Man's Place in Nature*, Williams and Norgate, 1863. (Dt.: *Zeugnisse für die Stellung des Menschen in der Natur*. Stuttgart: Gustav Fischer, 1963.)

10 Zitat in: *The Essential Darwin*, hrsg. von Robert Jastrow, Little, Brown and Company, 1984.

11 V. Sarich und A. Wison, »Immunological Timescale for Human Evolution«, in: *Science*, 158, 1967. Eine populärwissenschaftliche Zusammenfassung der Dokumentation und Sarichs Zitat von den Taschenratten finden sich in V. Sarich, »Immunogical Evidence on Primates«, in: *The Cambridge Encyclopedia of Human Evolution*, Cambridge University Press, 1994.

12 C. G. Sibley und J. E. Ahlquist, »The Phylogeny of the Hominoid Primates, as Indicated by DNA-DNA Hybridization«, in: *Journal of Molecular Evolution*, 20, 1984. Die beste populärwissenschaftliche Zusammenfassung der Erkenntnisse von Sibley und Ahlquist findet sich in Jared Diamond, *The Third Chimpanzee*, Harper Collins, 1993.

13 C.G. Sibley, »DNA-DNA Hybridization in the Study of Primate Evolution«, in: *The Cambridge Encyclopedia of Human Evolution*, Cambridge University Press, 1994. Die Angaben über den Familienstammbaum sind diesem Artikel entnommen, die Darstellung des Sibleyschen Nachwei-

ses folgt Jared Diamond. Die Hominiden-Klassifikation orientiert sich an *Mammal Species of the World* (siehe nächste Anmerkung). Eine skeptischere Betrachtung der DNA-Uhr und ihrer Anwendung auf den Stammbaum der Menschenaffen findet sich in J. Marks, »Chromosomal Evolution in Primates«, in: *The Cambridge Encyclopedia of Human Evolution*. Eine Übersicht über die wissenschaftlichen Publikationen und Stellungnahmen zu diesem Thema gibt der Abschnitt »Weitere Literatur« in Jared Diamond, *The Third Chimpanzee*.

14 *Mammal Species of the World*, 2. Ausg., hrsg. von Don E. Wilson und DeeAnn M. Reeder, Smithsonian Institution Press, 1993.

15 V. Sarich, »Immunological Evidence on Primates«, in: *The Cambridge Encyclopedia of Human Evolution*, Cambridge University Press, 1994.

4 Zeichen von intelligentem Leben

1 Descartes wird zitiert in Jeffrey Moussaieff Masson und Susan McCarthy, *When Elephants Weep*, Delacorte Press, 1995 (Dt.: *Wenn Tiere weinen*. Reinbek: Rowohlt, 1996). Das Original stammt aus *Discours de la méthode*.

2 Huxley wird zitiert in Sue Savage-Rumbaugh und Roger Lewin, *Kanzi*, John Wiley & Sons, Inc., 1994. Das Original stammt aus *Evidence as to Man's Place in Nature and Other Anthropological Essays*, D. Appleton and Company, 1900.

3 Merlin Donald, *Origins of the Modern Mind*, Harvard University Press, 1991. Dieses Werk ist eine hervorragende Untersuchung von Darwins Hypothese über den Ursprung der Sprache.

4 K. Hayes und C. H. Nissen, »Higher Mental Functions of a Home-raised Chimpanzee«, in: *Behavior of Nonhuman Primates*, Bd. 4, hrsg. von Allan M. Schrier und Fred Stollnitz, Academic Press, 1971.

5 B.T. Gardner, R.A. Gardner und S.G. Nichols: »The Shapes and Uses of Sign in a Cross-Fostering Laboratory«, in: *Teaching Sign Language to Chimpanzees*, hrsg. von R. Allen Gardner, Beatrix T. Gardner und Thomas E. Van Cantfort, State University of New York Press, 1989.

6 Beatrix T. Gardner und R. Allen Gardner, »Two-Way Communication with an Infant Chimpanzee«, in: *Behavior of Nonhuman Primates*, Bd. 4, hrsg. von Allan M. Schrier und Fred Stollnitz, Academic Press, 1971.

7 R. Allen Gardner und Beatrix T. Gardner, »A Cross-Fostering Laboratory«, in: *Teaching Sign Language to Chimpanzees*, hrsg. von R. Allen Gardner, Beatrix T. Gardner und Thomas E. Van Cantfort, State University of

New York Press, 1989. Darin berichten die Gardners auch, wie Washoe die Gebärden für MEHR, ZAHNBÜRSTE und RAUCHEN lernte.

8 Beatrix T. Gardner und R. Allen Gardner, »Two-Way Communication with an Infant Chimpanzee«, in: *Behavior of Nonhuman Primates*, Bd. 4, hrsg. von Allan M. Schrier und Fred Stollnitz, Academic Press, 1971.

9 Beatrix T. Gardner und R. Allen Gardner, »Two-Way Communication with an Infant Chimpanzee«, in: *Behavior of Nonhuman Primates*, Bd. 4, hrsg. von Allan M. Schrier und Fred Stollnitz, Academic Press, 1971.

10 Beatrix T. Gardner und R. Allen Gardner, »Two-Way Communication with an Infant Chimpanzee«, in: *Behavior of Nonhuman Primates*, Bd. 4, hrsg. von Allan M. Schrier und Fred Stollnitz, Academic Press, 1971.

11 C. Boesch, »Aspects of Transmission of Tool-Use in Wild Chimpanzees«, in: *Tools, Language and Cognition in Human Evolution*, hrsg. von K.R. Gibson und T. Ingold, Cambridge University Press, 1993. Von der Anleitung der Schimpansenmutter berichtet Boesch in *The New Chimpanzee*, einer von *National Geographic* herausgegebenen Videokassette.

12 B.T. Gardner, R.A. Gardner und S.G. Nichols, »The Shapes and Uses of Signs in a Cross-Fostering Laboratory«, in: *Teaching Sign Language to Chimpanzees*, hrsg. von R. Allen Gardner, Beatrix T. Gardner und Thomas E. Van Cantfort, State University of New York Press, 1989.

13 R. Allen Gardner und Beatrix T. Gardner, »Feedforward Versus Feedbackward: An Ethological Alternative to the Law of Effect«, in: *Behavioral and Brain Sciences*, 11, 1988.

14 Beatrix T. Gardner und R. Allen Gardner, »Two-Way Communication with an Infant Chimpanzee«, in: *Behavior of Nonhuman Primates*, Bd. 4, hrsg. von Allan M. Schrier und Fred Stollnitz, Academic Press, 1971.

15 R. Allen Gardner und Beatrix T. Gardner, »Feedforward Versus Feedbackward: An Ethological Alternative to the Law of Effect«, in: *Behavioral and Brain Sciences*, 11, 1988. Aus diesem Artikel stammt das Zitat von Desmond Morris; das Original steht in Desmond Morris, *The Biology of Art*, Knopf, 1962. (Dt.: *Biologie der Kunst*. Düsseldorf: Rauch, 1963.)

16 Sämtliche Zitate von Kortlandt stammen aus Emily Hahn, »Chimpanzees and Language«, in: *The New Yorker*, 11. Dezember 1971. Die Originale stehen in Adriaan Kortlandt, »Der Gebrauch der Hände bei wilden Schimpansen«, in: *Der Gebrauch der Hände und die Kommunikation von Affen, Menschenaffen und frühen Hominiden*, hrsg. von B. Rensch, Verlag Hans Huber, 1968.

17 W.C. McGrew und C.E.G. Tutin, »Evidence for a Social Custom in Wild Chimpanzees?«, in: *Man*, Bd. 13, 1978.

18 T. Nishida, »Local Traditions and Cultural Transmission«, in: *Primate Societies*, hrsg. von B.B. Smuts, D.L. Cheney, R.M. Seyfarth, R.W. Wrangham und T.T. Struhsaker, University of Chicago Press, 1987.
19 Jane Goodall, *The Chimpanzees of Gombe*, Harvard University Press, 1986.

5 Ist es wirklich Sprache?

1 Noam Chomsky, *Knowledge of Language: Its Nature, Origin, and Use*, Praeger, 1986.
2 Philip Lieberman, *The Biology and Evolution of Language*, Harvard University Press, 1984.
3 Noam Chomsky, *Cartesian Linguistics*, Harper and Row, 1966.
4 R.L. Birdwhistell, »Background to Kinesics«, in: *ETC*, 13, 1955; R.L. Birdwhistell, *Kinesics and Context: Essays on Body Motion Communication*, University of Pennsylvania Press, 1970.
5 Douglas C. Baynton, *Forbidden Signs*, The University of Chicago Press, 1997.
6 Siehe B.T. Gardner und R.A. Gardner, »A Test of Communication«, in: *Teaching Sign Language to Chimpanzees*, hrsg. von R. Allen Gardner, Beatrix T. Gardner und Thomas E. Van Cantfort, State University of New York Press, 1989. In diesem Artikel werden die Testverfahren der Gardners, der Einsatz von Gehörlosen mit der Muttersprache ASL als unabhängige Beobachter sowie Washoes Testergebnisse und Fehler diskutiert.
7 Diese Beobachtungen werden berichtet in Beatrix T. Gardner und R. Allen Gardner, »Two-Way Communication with an Infant Chimpanzee«, in: *Behavior of Nonhuman Primates*, Bd. 4, hrsg. von Allan M. Schrier und Fred Stollnitz, Academic Press, 1971.
8 Beatrix T. Gardner und R. Allen Gardner, »Development of Phrases in the Utterances of Children and Cross-Fostered Chimpanzees«, in: *The Ethological Roots of Culture*, hrsg. von R.A. Gardner, B.T. Gardner, B. Chiareli und F.X. Plooij, Kluwer Academic Publishers, 1994. Dieser Artikel zeigt die parallele Entwicklung der Sprache bei Kindern und menschlich aufgezogenen Schimpansen auf.
9 R.A. Gardner und B.T. Gardner, »Teaching Sign Language to a Chimpanzee«, in: *Science*, 165, 1969.
10 S.E. Snow, »Mother's Speech to Children Learning Language«, in: *Child Development*, 43, 1972. Eine Studie über englischsprachige und spa-

nischsprachige Familien findet sich in B. Blount und W. Kempton, »Child Language Socialization: Parental Speech and Interactional Strategies«, in: *Sign Language Studies*, 12, 1976. Eine Untersuchung über Familien, die sich in ASL verständigen, stellt J. Maestas y Moores an: »Early Linguistic Development: Interactions of Deaf Parents with their Infants«, in: *Sign Language Studies*, 26, 1980.

11 J.S. Bronowski und Ursula Bellugi, »Language, Name, and Concept«, in: *Science*, 168, 1970.

12 R.A. Gardner und B. T. Gardner, »Comparative Psychology and Language Acquisition«, in: *Annals of the New York Academy of Sciences*, 309, 1978.

II

1 Polignac wird zitiert in Robert Wokler, »Enlightening Apes«, in: *Ape, Man, Apeman: Changing Views Since 1600*, hrsg. von Raymond Corbey und Bert Theunissen, Abteilung für Frühgeschichte, Universität Leiden, 1995. Das Original stammt aus Diderot, *Suite du rêve de d'Alembert*.

2 Rousseau wird zitiert in Robert Wokler, »Enlightening Apes«, in: *Ape, Man, Apeman: Changing Views Since 1600*, hrsg. von Raymond Corbey und Bert Theunissen, Abteilung für Frühgeschichte, Universität Leiden, 1995. Das Original steht in einem Brief von Rousseau an David Hume vom 29. März 1766.

6 Die Insel des Dr. Lemmon

1 Zitiert in Emily Hahn, »Chimpanzees and Language«, in: *The New Yorker*, 11. Dezember 1971.

2 Herbert Terrace, *Nim*, Columbia University Press, 1979.

3 Roger Fouts, »Acquisition and Testing of Gestural Signs in Four Young Chimpanzees«, in: *Science*, 180, 1973.

4 F. Vargha-Khadem, L. Carr, E. Isaacs, E. Brett, C. Adams und M. Mishkin, »Onset of Speech After Left Hemispherectomy in a Nine-year-old Boy«, in: *Brain*, 120, 1997.

5 Eine Diskussion ihrer These findet sich in Philip Lieberman, *Uniquely Human: The Evolution of Speech, Thought, and Selfless Behavior*, Harvard University Press, 1991. Der Originaltext von Melissa Bowerman, »What Shapes Children's Grammar«, steht in: *The Cross-linguistic Study of Language Acquisition*, hrsg. von D. I. Slobin, Lawrence Erlbaum Associates, 1987.

7 Hausbesuche

1 Maurice K. Temerlin, *Lucy: Growing Up Human*, Science and Behavior Books, 1975. Maury Temerlin beschreibt, wie seine Frau aus einer Gruppe von Jahrmarktschimpansen Lucy holte und sie nach Oklahoma brachte. Siehe auch Dale Peterson und Jane Goodall, *Visions of Caliban*, Houghton Mifflin Company, 1993. (Dt.: *Von Schimpansen und Menschen. Wir lieben und wir töten sie*. Reinbek: Rowohlt, 1994.) Mae Noell, Mitbesitzerin des Freizeitparks, berichtete Dale Peterson, Lemmon habe schriftlich zugesagt, Lucy nach Abschluß des Verhaltensexperiments der Temerlins zurückzugeben.

2 Maurice K. Temerlin, *Lucy: Growing Up Human*, Science and Behavior Books, 1975. Die Anekdoten aus Lucys Familienleben stammen aus Temerlins Buch.

3 Dale Peterson und Jane Goodall, *Visions of Caliban*, Houghton Mifflin Company, 1993.

4 R.S. Fouts, »Communication with Chimpanzees«, in: *Hominisation and Behaviour*, hrsg. von G. Kurthand und I. Eibl-Eibesfeldt, Gustav Fischer Verlag, 1975.

5 J. S. Bronowski und Ursula Bellugi, »Language, Name, and Concept«, in: *Science*, 168, 1970.

6 R.S. Fouts, G. Shapiro und C. O'Neil, »Studies of Linguistic Behavior in Apes and Children«, in: *Understanding Language Through Sign Language Research*, hrsg. von P. Siple, Academic Press, 1978; R.S. Fouts und R.L. Mellgren, »Language, Signs and Cognition in the Chimpanzee«, in: *Sign Language Studies*, 13, 1976.

7 Jane Goodall, *The Chimpanzees of Gombe*, Harvard University Press, 1986.

8 Dale Peterson und Jane Goodall, *Visions of Caliban*, Houghton Mifflin Company, 1993.

9 Zitiert in Emily Hahn, »Chimpanzees and Language«, *The New Yorker*, 11. Dezember 1971.

10 M. Shatz und R. Gelman, »The Development of Communication Skills: Modifications in the Speech of Young Children as a Function of Listener«, in: *Monographs of the Society for Research in Child Development*, 38, 1973; M. Tomasello, M. J. Farrar und J. Dines, »Children's Speech Revisions for a Familiar and an Unfamiliar Adult«, in: *Journal of Speech and Hearing Research*, 27, 1984.

11 D. Gorcyca, P.H. Gardner und R.S. Fouts, »Deaf Children and Chimpanzees: A Comparative Sociolinguistic Investigation«, in: *Nonverbal Communication Today*, hrsg. von M. R. Key, Mouton Publishers, 1982.

8 Autismus und der Ursprung der Sprache

1 Die Namen beider autistischer Kinder in diesem Kapitel wurden geändert.

2 B.A. Ruttenberg und E.G. Gordon, »Evaluating the Communication of the Autistic Child«, in: *Journal of Speech and Hearing Disorders*, 32, 1967; W. Pronovost, P. Wakstein und P. Wakstein, »A Longitudinal Study of the Speech Behavior of Fourteen Children Diagnosed as Atypic or Autistic«, in: *Exceptional Children*, 33, 1966.

3 R. Fulwiler und R. S. Fouts, »Acquisition of American Sign Language by a Noncommunicating Autistic Child«, in: *Journal of Autism and Childhood Schizophrenia*, 6, 1, 1976.

4 A. Miller und E. E. Miller, »Cognitive Developmental Training with Elevated Boards and Sign Language«, in: *Journal of Autism and Childhood Schizophrenia*, 3, 1973; C.D. Webster, H. McPherson, L. Sloman, M.A. Evans und E. Kuchar, »Communicating with an Autistic Boy by Gestures«, in: *Journal of Autism and Childhood Schizophrenia*, 3, 1973.

5 D. Kimura, »The Neural Basis of Language Qua Gesture«, in: *Studies in Linguistics*, Bd. 2, hrsg. von H. Whitaker und H. A. Whitaker, Academic Press, 1976.

6 Gordon Hewes, »Primate Communication and the Gestural Origin of Language«, in: *Current Anthropology*, Bd. 14, Nr. 1–2, 1973.

7 Derek Bickerton, *Language and Species*, University of Chicago Press, 1990.

8 David F. Armstrong, William C. Stokoe, Sherman E. Wilcox, *Gesture and the Nature of Language*, Cambridge University Press, 1995.

9 Gordon Hewes, »The Current Status of the Gestural Origin Theory«, in: *Origins and Evolution of Language and Speech*, hrsg. von S.R. Harnad, H.D. Steklis und J. Lancaster, *Annals of the New York Academy of Sciences*, 280, 1976.

10 Jane Goodall, *The Chimpanzees of Gombe*, Harvard University Press, 1986. Die Aussagen über Sexualität, Werbeverhalten und Inzest in diesem Kapitel stammen von Goodall.

11 Maurice K. Temerlin, *Lucy: Growing Up Human*, Science and Behavior Books, 1975. Auch die in den folgenden zwei Absätzen zitierten Angaben stammen aus Temerlins Buch.

10 Wie die Mutter, so der Sohn

1 R. M. Yerkes, *Chimpanzees: A Laboratory Colony.* Yale University Press, 1943.
2 Gordon Hewes, »The Current Status of the Gestural Origin Theory«, in: *Origins and Evolution of Language and Speech*, hrsg. von S. R. Harnad, H. D. Steklis und J. Lancaster, *Annals of the New York Academy of Sciences*, 280, 1976.
3 R.S. Fouts, A.D. Hirsch und D.H. Fouts, »Cultural Transmission of a Human Language in a Chimpanzee Mother/Infant Relationship«, in: *Psychobiological Perspectives: Child Nurturance Series*, Bd. 3, hrsg. von H.E. Fitzgerald, J.A. Mullins und P. Gage, Penum Press, 1982; R.S. Fouts, D.H. Fouts und T. Van Cantfort, »The Infant Loulis Learns Signs from Cross-Fostered Chimpanzees«, in: *Teaching Sign Language to Chimpanzees*, hrsg. von R. Allen Gardner, Beatrix T. Gardner und Thomas E. Van Cantfort, State University of New York Press, 1989.
4 Janis Carter, »A Journey to Freedom«, in: *Smithsonian*, April 1981.

III

1 Galileo Galilei, *Dialogo sopra i due massimi sistemi del mondo*, Florenz 1632. (Dt.: *Gespräch über die beiden hauptsächlichsten Weltsysteme, das ptolemäische und das kopernikanische.* Stuttgart: Teubner, 1982.)
2 Carl Sagan, *The Dragons of Eden*, Random House, 1977.

11 Plus zwei macht fünf

1 B.T. Gardner, R.A. Gardner und S.G. Nichols, »The Shapes and Uses of Signs in a Cross-Fostering Laboratory«, in: *Teaching Sign Language to Chimpanzees*, hrsg. von R. Allen Gardner, Beatrix T. Gardner und Thomas E. Van Cantfort, State University of New York Press, 1989.
2 Herbert S. Terrace, *Nim*, Columbia University Press, 1979. Sofern nicht anders angegeben, stammen sämtliche Zitate von Terrace aus diesem Buch.
3 Philip Lieberman, *The Biology and Evolution of Language*, Harvard University Press, 1984.
4 »Why Koko Can't Talk«, *The Sciences*, 8.–10. Dezember 1982.
5 C. Baker, »Regulators and Turn-Taking in ASL Discourse«, in: *On the Other Hand*, hrsg. von L. Friedman, Academic Press, 1977.

6 Philip Lieberman, *The Biology and Evolution of Language*, Harvard University Press, 1984.

7 T. Van Cantfort und J. B. Rimpau, »Sign Language Studies with Children and Chimpanzees«, in: *Sign Language Studies*, 34, Spring 1982.

8 C. O'Sullivan und C. P. Yeager, »Communicative Context and Linguistic Competence: The Effects of a Social Setting on a Chimpanzee's Conversational Skill«, in: *Teaching Sign Language to Chimpanzees*, hrsg. von R. Allen Gardner, Beatrix T. Gardner und Thomas E. Van Cantfort, State University of New York Press, 1989.

9 W. Stokoe, »Apes Who Sign and Critics Who Don't«, in: *Language in Primates*, hrsg. von H.T. Wider und J. de Luce. Springer, 1983.

10 David F. Armstrong, William C. Stokoe und Sherman E. Wilcox, *Gesture and the Nature of Language*, Cambridge University Press, 1995.

11 W. C. Stokoe, »Comparative and Developmental Sign Language Studies: A Review of Recent Advances«, in: *Teaching Sign Language to Chimpanzees*, hrsg. von R. Allen Gardner, Beatrix T. Gardner und Thomas E. Van Cantfort, State University of New York Press, 1989.

12 K. Beach, R.S. Fouts und D.H. Fouts, »Representational Art in Chimpanzees«, in: *Friends of Washoe Newsletter*, Sommer 1984 (Teil 1 der Studie) und Herbst 1984 (Teil 2 der Studie).

12 Gesprächsthemen

1 Eugene Linden, *Silent Partners: The Legacy of the Ape Language Experiments*. Times Books, 1986.

2 Boyce Rensberger, »Computer Helps Chimpanzees Learn to Read, Write and ›Talk‹ to Humans«, in: *The New York Times*, 29. Mai 1974.

3 V. Volterra, »Gestures, Signs, and Words at Two Years«, in: *Sign Language Studies*, 33, 1981.

4 R. S. Fouts, D. H. Fouts und D. Schoenfeld, »Sign Language Conversational Interactions Between Chimpanzees«, in: *Sign Language Studies*, 42, 1984.

13 Affenschande

1 Deborah Blum, *The Monkey Wars*. Oxford University Press, 1994.

2 Dale Peterson und Jane Goodall, *Visions of Caliban*, Houghton Mifflin Company, 1993.

3 Jane Goodall, »Prisoners of Science«, in: The *New York Times*, 17. Mai 1987.

4 Der gesamte Katalog der »Empfehlungen an das US-Landwirtschaftsministerium zur Schaffung besserer Bedingungen für das psychische Wohlbefinden in Gefangenschaft lebender Schimpansen« steht in Anhang B von Dale Peterson und Jane Goodall, *Visions of Caliban*, Houghton Mifflin Company, 1993.

5 813 F. Supp. 888–890 (D.C. 1993). Zur Gerichtsentscheidung im Berufungsverfahren siehe 29 F. 3d 720 (D.C. Cir. 1994).

6 Im März 1996 reichte der Animal Legal Defense Fund erneut gegen das US-Landwirtschaftsministerium Klage ein, weil das Ministerium noch immer keine angemessenen Richtlinien hinsichtlich des psychischen Wohlbefindens von Primaten gemäß dem Tierschutzgesetz herausgegeben hatte. Einer der Primaten, der durch diese Klage geschützt werden sollte, war ein Schimpanse namens Barney, der in einer staatlich autorisierten Wildfarm in Einzelhaft in einer Käfigzelle dahinvegetierte. Ich besuchte Barney und berichtete anschließend, er lebe vollkommen allein und leide aufgrund dessen unter schweren psychologischen und körperlichen Störungen. Am 30. Oktober 1996 befand Richter Charles Richey erneut das Landwirtschaftsministerium eines Gesetzesverstoßes für schuldig und ordnete eine Neufassung der Richtlinien zur Vorbeugung gegen Leiden bei Tieren an. Dieser bahnbrechende Sieg könnte, sofern er dauerhaft ist, die Lebensbedingungen für gefangene Primaten in allen Einrichtungen, auch in den Forschungslabors, enorm verbessern. Deshalb verkündete der Bundesverband biomedizinischer Forscher kürzlich, er werde gemeinsam mit dem US-Landwirtschaftsministerium das Urteil von Richter Richey anfechten. Zu seinem letzten Urteil siehe *ALDF v. Madigan*, 943. F. Supp. 44 (D.D.C. 1996).

7 Geza Teleki, »Population Status of Wild Chimpanzees and Threats to Survival«, in: *Understanding Chimpanzees*, hrsg. von Paul G. Heltne und Linda A. Marquardt, Harvard University Press, 1989. Jane Goodall meint heute, es gebe vielleicht 250 000 Schimpansen in Afrika, von denen die meisten in sehr kleinen Gruppen leben, verteilt über 21 Länder. Der World Wildlife Fund schätzt die Zahl auf 100 000 bis 200 000.

8 Geza Teleki, »Testimony Submitted to The Subcommittee on Oversight

and Investigations of the House Committee on Merchant Marine and Fisheries Concerning Implementation of CITES«, 13. Juli 1988, im Namen des Komitees für Erhalt und Pflege von Schimpansen und des Jane Goodall Instituts. Eine hervorragende Diskussion der verstohlenen NIH-Versuche, das Importverbot für Schimpansen zu umgehen, findet sich in Kapitel 11 von Dale Peterson and Jane Goodall, *Visions of Caliban*, Houghton Mifflin Company, 1993.

9 Geza Teleki, »They Are Us«, in: *The Great Ape Project*, hrsg. von Paola Cavalieri und Peter Singer, St. Martin's Press, 1993.

10 Janis Carter, »Freed from Keepers and Cages, Chimps Come of Age on Baboon Island«, in: *Smithsonian*, Juni 1988.

14 Endlich ein Zuhause

1 Doreen Kimura vermutet, daß die Entwicklung umgekehrt verlief; die Sprache geriet unter die Kontrolle der linken Hemisphäre, weil diese auf feinmotorische Bewegungen zur Werkzeugherstellung bereits spezialisiert war. Siehe Doreen Kimura, »Neuromotor Mechanisms in the Evolution of Human Communication«, in: *Neurobiology of Social Communication in Primates*, hrsg. von H.D. Steklis und M.J. Raleigh, Academic Press, 1979.

2 Merlin Donald, *Origins of the Modern Mind*, Harvard University Press, 1991.

3 R.C. Gur, I.K. Packer, J.P. Hungenbuher, M. Reivich, W.D. Obrist, W. S. Amarnek und H. Sackeim, »Differences in the Distribution of Gray and White Matter in Human Cerebral Hemispheres«, in: *Science*, 207, 1980.

15 Zurück nach Afrika

1 *Regulatory Toxicology and Pharmacology*, 5, 1985.

2 »King of the Apes«, *U.S. News and World Report*, 14. August 1995. Zur Beschwerde des US-Landwirtschaftsministeriums gegen die Coulston Foundation siehe Prozeßliste zum Tierschutzgesetz, Nr. 95–65. Der Fall wurde beigelegt, nachdem die Coulston Foundation sich bereit erklärt hatte, eine Strafe von 40000 Dollar zu zahlen und weitere Verstöße gegen das Tierschutzgesetz fortan zu unterlassen.

3 »Chimp Surplus Spurs Debate About Animal's Future«, in: *The New York Times*, 4. Februar 1997.

4 *Alamogordo Daily News*, 2. Oktober 1994.
5 »Apes on Edge«, in: *The Boston Globe*, 7. November 1994.
6 »King of the Apes«, in: *U.S. News and World Report*, 14. August 1995.
7 Neal D. Barnard und Stephen R. Kaufman, »Animal Research Is Wasteful and Misleading«, in: *Scientific American*, Februar 1997.
8 S. Kaufman, M. Cohen und S. Simmons, »Shortcomings of AIDS-Related Animal Experimentation«, in: *Medical Research Modernization Committee Report*, Nr. 3, September 1966.
9 C. Boesch und H. Boesch, »Tool Use and Tool Making in Wild Chimpanzees«, in: *Folia Primatologica*, 54, 1990; Frédéric Joulian, »Comparing Chimpanzee and Early Hominid Techniques: Some Contributions to Cultural and Cognitive Questions«, in: *Modelling the Early Human Mind*, hrsg. von P.A. Mellars und K.A. Gibson, McDonald Institute for Archaeological Research, 1996.
10 Michael A. Huffman und Richard W. Wrangham, »Diversity of Medicinal Plant Use by Chimpanzees in the Wild«, in: *Chimpanzee Cultures*, hrsg. von R.W. Wrangham, W.C. McGrew, F. de Waal und P. Heltne, Harvard University Press, 1994.
11 Paul Richards, »Local Understandings of Primates and Evolution: Some Mende Beliefs Concerning Chimpanzees«, in: *Ape, Man, Apeman: Changing Views since 1600*, hrsg. von Raymond Corbey und Bert Theunissen, Abteilung für Frühgeschichte, Universität Leiden, 1995.
12 Marjorie Spiegel, *The Dreaded Comparison*, Mirror Books, 1996; ebenso »Tuskegee's Long Arm Still Touches a Nerve«, in: *The New York Times*, 13. April 1997.
13 Zitat in James Rachels, »Why Darwinians Should Support Equal Treatment for Other Great Apes«, in: *The Great Ape Project*, hrsg. von Paola Cavalieri und Peter Singer, St. Martin's Press, 1993. Der Originalwortlaut steht in: Charles Darwin, *The Descent of Man, and Selection in Relation to Sex*, John Murray, 1871 (Dt.: *Die Abstammung des Menschen und die geschlechtliche Zuchtwahl*. Stuttgart: Schweizerbarth, 1875.)

Register